国外著名建筑师丛书(第二辑)

查尔斯·柯里亚

汪 芳 编著

中国建筑工业出版社

图书在版编目（CIP）数据

查尔斯·柯里亚/汪芳编著.—北京：中国建筑工业出版社，2003
（国外著名建筑师丛书；第二辑）
ISBN 978-7-112-05836-5

Ⅰ.查… Ⅱ.汪… Ⅲ.柯里亚-建筑艺术-研究 Ⅳ.TU-093.51

中国版本图书馆CIP数据核字（2003）第037205号

责任编辑：戴 静

国外著名建筑师丛书（第二辑）
查尔斯·柯里亚
汪 芳 编著
*
中国建筑工业出版社出版、发行（北京西郊百万庄）
各地新华书店、建筑书店经销
北京嘉泰利德公司制版
北京建筑工业印刷厂印刷
*
开本：787×1092毫米 1/16 印张：25 字数：609千字
2003年9月第一版 2016年11月第四次印刷
定价：**48.00元**
ISBN 978-7-112-05836-5
（11475）

版权所有 翻印必究
如有印装质量问题，可寄本社退换
（邮政编码 100037）

本社网址：http://www.cabp.com.cn
网上书店：http://www.china-building.com.cn

出 版 说 明

1980年是我国进入改革开放的新时期，人们渴望摆脱"文革"年代的封闭和僵化，迫切要求立足国内，走向世界，把理性的种子撒遍全中国。过去曾一度被视作禁区的西方建筑理论、流派、思潮和创作实践已愈来愈引起我国广大建筑同行们的兴趣。新形势的挑战，促使这套《国外著名建筑师丛书》应运而生，和广大读者见面了。

我们组织出版这套丛书的宗旨是：活跃学术空气，扩大建筑视野，交流技术信息，努力洋为我用，进一步提高我国建筑师的建筑学术理论和设计创作水平，更好地迎接新世纪的来临。

本丛书首批(第一辑)共分13个分册，主要介绍被公认的13名世界级著名建筑师。每个分册介绍一名，他们是：F·L·赖特；勒·柯布西耶；W·格罗皮乌斯；密斯·凡·德·罗；埃罗·沙里宁；A·阿尔托；尼迈耶；菲利浦·约翰逊；路易·康；贝聿铭；丹下健三；雅马萨奇；黑川纪章(为后补)。本丛书的编写体例基本包括三个部分：即有关建筑师本人创作思想的评价；本人设计作品选；本人主要论文著作和演讲稿。另在附录中还列有建筑师个人履历、作品年表及论文目录等，供读者参考。每个分册的编写内容均力求突出资料齐全、观点新颖、图照精美、版面活泼的特点。

自1989年初出版了第一分册《丹下健三》以来，至1998年已陆续出版了赖特；密斯·凡·德·罗；菲利浦·约翰逊；路易·康；贝聿铭；雅马萨奇；黑川纪章等八个分册，其中有的分册还先后重印过七次(平均每年重印一次)，在国内外产生了广泛的影响。率先出版的七个分册并荣获1996年第三届全国优秀建筑科技图书奖一等奖。

为了开拓丛书选题，以便更多地向建筑同行介绍国外著名建筑师，1989年由张钦楠先生主编的丛书第二辑亦脱颖而出，选择了詹姆士·斯特林(英)；矶琦新(日)；西萨·佩里(美)；约翰·安德鲁斯(澳)；赫曼·赫兹勃格(荷)；亚瑟·埃里克森(加)；诺曼·福斯特(英，增补的)；查尔斯·柯里亚(印，增补的)等几名著名建筑师。第二辑的编写体例基本参照了第一辑的模式。已出版的詹姆士·斯特林；矶琦新；西萨佩里及诺曼·福斯特四个分册，和第一辑一样，受到国内外广大读者的欢迎。特别值得提出的是有的分册如《黑川纪章》、《诺曼·福斯特》在编写过程中还得到建筑大师本人十分热情友好的合作，主动无偿地提供了大量第一手技术资料(包括自撰序言、作品插图和照片、原版书等)，大大提高了专集的图版质量和印刷质量。我们近期已在组织丛书第三辑的选题和出版计划，力求通过第一至第三辑的出版，在中外建筑师之间架起一座广阔的友谊之桥，让我国建筑同行全方位、多视点地了解国外世界级的著名建筑师，真正达到我们出版这套丛书的宗旨。

在组织落实丛书选题和编写工作过程中，得到了全国有关建筑专家、教授和建筑师同行的大力支持，这里谨向他们以及协助提供资料的有关单位和个人表示深深地谢意！

中国建筑工业出版社

(1998年4月修改稿)

目 录

中文目录 …………………………………………… vii
英文目录 …………………………………………… xi

序 一　查尔斯·柯里亚的道路／吴良镛 …………… xv

序 二　查尔斯·柯里亚的作品评述
　　　　／肯尼斯·弗兰姆普敦 ………………… xvii

前 言　印度新景象的耕耘者 ……………………… 1

第一部分　传统·现代 ……………………………… 7
　1　述　评 …………………………………………… 8
　　1.宇宙观的投射 …………………………………… 9
　　　1.1　曼荼罗的起源 ……………………………… 9
　　　1.2　曼荼罗的建筑原型 ………………………… 10
　　　1.3　柯里亚建筑中的曼荼罗 …………………… 12
　　　1.4　现代宇宙观的呈现 ………………………… 13
　　2.其他传统文化的印记 …………………………… 15
　　　2.1　漫游的路径 ………………………………… 15
　　　2.2　贡德的冥思 ………………………………… 18
　　　2.3　绘画的运用 ………………………………… 20
　　3.现代建筑大师的衣钵 …………………………… 22
　2　作　品 …………………………………………… 25
　　1.曼荼罗图形 ……………………………………… 25
　　　作品01　中央邦新国民议会大厦 …………… 25
　　　作品02　斋浦尔艺术中心 …………………… 30
　　　作品03　天文学和天体物理学校际研究中心 … 38
　　2.漫游的路径 ……………………………………… 41
　　　作品04　手织品陈列馆 ……………………… 41
　　　作品05　圣雄甘地纪念馆 …………………… 43
　　　作品06　印度斯坦·莱沃陈列馆 …………… 48
　　　作品07　国家工艺品博物馆 ………………… 49
　　　作品08　印度巴哈汶艺术中心 ……………… 54
　　3.贡德的冥思 ……………………………………… 60
　　　作品09　卡普尔智囊团成员寓所（未建）…… 60

作品10　苏利耶太阳贡德园 …………………… 62
　4.绘画的运用 …………………………………………… 64
　　　作品11　卡拉学院艺术表演中心 ……………… 64
　　　作品12　萨尔瓦考教堂 ………………………… 68
　　　作品13　果阿酒店 ……………………………… 71

第二部分　地域·气候 …………………………………… 77
1 述　评 …………………………………………………… 78
　1.西部沙漠地区 ………………………………………… 80
　2.西南部毗邻阿拉伯海的地区 ………………………… 82
　3.南部地区及滨海地区 ………………………………… 85
　4.中北部地区 …………………………………………… 86
　5.其他建筑设计气候调节手法 ………………………… 88
　　5.1　遮阳棚架 …………………………………… 88
　　5.2　方形平面变异 ……………………………… 91
　　5.3　花园平台 …………………………………… 94
　　5.4　中央邻里共享空间 ………………………… 94
2 作　品 …………………………………………………… 98
　1.西部沙漠地区 ………………………………………… 98
　　　作品14　凯布尔讷格尔镇住宅区 ……………… 98
　　　作品15　住宅和城市开发公司的带内院的住宅
　　　　　　　（未建） ……………………………… 101
　2.西南部毗邻阿拉伯海的地区 ………………………… 103
　　　作品16　管式住宅 ……………………………… 103
　　　作品17　艾哈迈达巴德低收入者住宅（未建）… 105
　　　作品18　拉姆克里西纳住宅 …………………… 107
　　　作品19　帕雷克住宅 …………………………… 109
　3.南部海滨地区 ………………………………………… 111
　　　作品20　科瓦拉姆海滨度假村 ………………… 111
　　　作品21　湾岛酒店 ……………………………… 114
　　　作品22　韦雷穆海滨住宅 ……………………… 117
　4.中北部地区 …………………………………………… 120
　　　作品23　干城章嘉公寓大楼 …………………… 120
　　　作品24　拉里斯公寓大楼（未建） …………… 125
　5.其他建筑设计手法 …………………………………… 126
　　5.1　遮阳棚架 …………………………………… 126
　　　作品25　印度人寿保险公司办公大楼 ………… 126
　　　作品26　戈巴海住宅 …………………………… 128
　　　作品27　印度电子有限公司办公综合楼 ……… 130
　　　作品28　阿拉梅达公园开发办公大楼（未建）… 132
　　5.2　方形平面变异 ……………………………… 134
　　　作品29　印度科学院尼赫鲁研究中心住宅 …… 134
　　　作品30　印度科学院尼赫鲁研究中心院长住宅… 136

作品31　提坦镇总平面设计 …………… 138
　5.3　花园平台 ……………………………… 144
　　　作品32　旁遮普组团住宅(未建) ……… 144
　　　作品33　CCMB住宅 …………………… 146
　　　作品34　卡哈亚住宅(未建) …………… 148
　5.4　中央邻里共享空间 …………………… 150
　　　作品35　塔拉组团住宅 ………………… 150
　　　作品36　水泥联合有限公司住宅区 …… 153
　　　作品37　天文学和天体物理学校际研究中心住宅 … 156

第三部分　低收入者住宅 ……………… 161
1　述　评 ……………………………… 162
　1.理想社区的蓝图 …………………… 163
　　1.1　城乡复合体的新型社区 ………… 163
　　1.2　低层建筑模式 …………………… 163
　　1.3　平等的基地 ……………………… 165
　　1.4　理想住宅×10000≠理想社区 … 166
　　1.5　适宜技术的选择 ………………… 166
　2.设计手法的思考 …………………… 167
　　2.1　地域气候的适应 ………………… 167
　　2.2　民间文化的运用 ………………… 168
2　作　品 ……………………………… 170
　　作品38　龙卷风难民住宅 ……………… 170
　　作品39　吉隆坡低收入者住房 ………… 171
　　作品40　马哈拉施特拉邦住宅开发委员会住宅开
　　　　　　发项目 ………………………… 173
　　作品41　普雷维住宅区 ………………… 176
　　作品42　孟买贫困人口住宅(未建) …… 180
　　作品43　马拉巴尔水泥公司住宅区 …… 181
　　作品44　贝拉布尔低收入者住宅 ……… 184

第四部分　城市规划 …………………… 191
1　述　评 ……………………………… 192
　1.大城市多中心对策 ………………… 192
　2.城市土地的整合 …………………… 193
　3.城市交通的组织 …………………… 194
　4.移民新城的建设 …………………… 194
2　作　品 ……………………………… 196
　　作品45　孟买规划 ……………………… 196
　　作品46　专为小贩设计的人行道(未建) … 201
　　作品47　纳里曼岬地区规划 …………… 204
　　作品48　巴格尔果德镇规划 …………… 206
　　作品49　乌尔韦:新孟买的城市中央商务区规划

作品50　政府委托的城市化研究项目 ……………… 213
　　　作品51　帕雷地区规划 …………………………… 217

第五部分　新景象 ………………………………… 221
　　　导　言 ……………………………………………… 223
　　　1. 城市化 …………………………………………… 226
　　　2. 空间作为一种资源 ……………………………… 235
　　　3. 平等 ……………………………………………… 242
　　　4. 交通 ……………………………………………… 247
　　　5. 大城市……可怕的地方 ………………………… 251
　　　6. 分散人口 ………………………………………… 256
　　　7. 政府意愿 ………………………………………… 258
　　　8. 审视几种选择 …………………………………… 264

第六部分　论著摘录 ……………………………… 273
　　　1. 昌迪加尔议会大厦(1964年) …………………… 274
　　　2. 气候控制(1969年) ……………………………… 279
　　　3. 前期策划和优先考虑因素(1971年) …………… 286
　　　4. 形式跟随气候(1980年) ………………………… 290
　　　5. 第三世界的城市住宅：建筑师的作用(1980年) … 294
　　　6. 露天空间——温暖气候条件下的建筑(1982年) … 299
　　　7. 太阳照耀的地方(1983年) ……………………… 303
　　　8. 寻找身份(1983年) ……………………………… 309
　　　9. 转变与转化(1987年) …………………………… 312
　　　10. 建筑的灵魂(1988年) …………………………… 323
　　　11. VISTARA建筑回顾展：印度的建筑(1988年) … 325
　　　12. 展望(1994年) …………………………………… 327
　　　13. 宇宙的模型(1994年) …………………………… 334

附　录 ……………………………………………… 337
　　　附录1　查尔斯·柯里亚简历 …………………… 338
　　　附录2　查尔斯·柯里亚主要作品一览表 ………… 341
　　　附录3　查尔斯·柯里亚发表论文及著书一览表 … 357
　　　附录4　汉英对照词汇表 …………………………… 363
　　　参考书目 …………………………………………… 370
　　　　书　籍 …………………………………………… 370
　　　　文　章 …………………………………………… 371
　　　致　谢 ……………………………………………… 374

　　封　面：戴柯布式眼镜的查尔斯·柯里亚与斋浦尔博物馆的
　　　　　　平面图意象

CONTENTS

CONTENTS in Chinese vii
CONTENTS in English xi

FOREWORD 1 The Road of Charles Correa
             by Liangyong Wu xv

FOREWORD 2 The Work of Charles Correa
             by Kenneth Frampton xvii

PREFACE The Practiser of New Landscape
          in India 1

PART I TRADITION-TODAY 7
   1 DESCRIPTION 8
     1. The Reflect of the World Outlook 9
       1.1 The Origin of Mandala 9
       1.2 The Architectural Archetype of Mandala 10
       1.3 Mandala in Correa's Architecture 12
       1.4 The Representation of Modern World Outlook
          13
     2. The Impression of Other Traditional Culture 15
       2.1 The Ritualistic Circumnavigation 15
       2.2 Muse in Kund 18
       2.3 The Application of Drawing 20
     3. The Legacy of Contemporary Great Architects ... 22
   2 PROJECTS 25
     1. Figure of Mandala 25
       Project 01 Vidhan Bhavan Bhopal 25
       Project 02 Jawahar Kala Kendra 30
       Project 03 Inter-University Center for Astronomy
                   & Astrophysics(IUCAA) 38
     2. The Ritualistic Circumnavigation 41
       Project 04 Handloom Pavilion 41
       Project 05 Gandhi Smarak Sangrahalaya 43
       Project 06 Hindustan Lever Pavilion 48
       Project 07 National Crafts Museum 49
       Project 08 Bharat Bhavan 54
     3. Muse in Kund 60

Project 09 Kapur Think Tank(unbuilt)	60
Project 10 Surya Kund	62
4. The Application of Drawing	64
Project 11 Kala Akademi	64
Project 12 Salvacao Church	68
Project 13 Cidade De Goa	71

PART II REGION—CLIMATE — 77

1 DESCRIPTION — 78

1. The Western Desert Area — 80
2. The Southwestern Area Abutting the Arabian Sea — 82
3. The Southern Area and the Seashore Area — 85
4. The Mid-Northern Area — 86
5. The Other Architectural Design Methods in Adjusting the Climate — 88
   5.1 Pergola — 88
   5.2 Variation of Square Plan — 91
   5.3 Roof Garden and Terrace — 94
   5.4 The Central Public Space of Community — 94

2 PROJECTS — 98

1. The Western Desert Area — 98
   - Project 14 Cablenagar Township — 98
   - Project 15 HUDCO Courtyard Housing(unbuilt) — 101
2. The Southwestern Area Abutting the Arabian Sea — 103
   - Project 16 Tube Housing — 103
   - Project 17 Low-income Housing(unbuilt) — 105
   - Project 18 Ramkrishna House — 107
   - Project 19 Parekh House — 109
3. The Southern Area and the Seashore Area — 111
   - Project 20 Kovalam Beach Resort — 111
   - Project 21 Bay Island Hotel — 114
   - Project 22 Verem Houses — 117
4. The Mid-Northern Area — 120
   - Project 23 Kanchanjunga Apartments — 120
   - Project 24 Rallis Apartments(unbuilt) — 125
5. The Other Architectural Design Methods in Adjusting the Climate — 126
   5.1 Pergola — 126
   - Project 25 Jeevan Bharati — 126
   - Project 26 Gobhai House — 128
   - Project 27 ECIL Administrative Complex — 130
   - Project 28 Alameda Park Development(unbuilt) — 132
   5.2 Variation of Square Plan — 134
   - Project 29 JNC Housing Project — 134
   - Project 30 JNC at IISc — 136

              Project 31 Titan Township ················· 138
        5.3 Roof Garden and Terrace ················· 144
              Project 32 Punjab Group Housing(unbuilt) ········ 144
              Project 33 CCMB ················· 146
              Project 34 Cahaya(unbuilt) ················· 148
        5.4 The Central Public Space of Community ········ 150
              Project 35 Tara Group Housing ················· 150
              Project 36 ACC Township ················· 153
              Project 37 Housing in IUCAA ················· 156

PART III LOW−INCOME HOUSING ················· 161
    1 DESCRIPTION ················· 162
        1. The Blueprint of Ideal Community ················· 163
            1.1 The New Community of Town-Country ········ 163
            1.2 The Pattern of Low-rise Housing ·············· 163
            1.3 Equity Plots ················· 165
            1.4 Ideal House × 10000 ≠ Ideal Community ··· 166
            1.5 The Appropriate Technological Option ········ 166
        2. Contemplation on Design Technique ·············· 167
            2.1 The Adaptation to Regional Climate ············ 167
            2.2 The Use of Folk Culture ················· 168
    2 PROJECTS ················· 170
        Project 38 Cyclone-Victims Housing ················· 170
        Project 39 Low-income Housing ················· 171
        Project 40 MHADA ················· 173
        Project 41 Previ Housing ················· 176
        Project 42 Squatter Housing(unbuilt) ·············· 180
        Project 43 Malabar Cements Township ············ 181
        Project 44 Belapur Low-income Housing ········ 184

PART IV CITY PLANNING ················· 191
    1 DESCRIPTION ················· 192
        1. Countermeasurement of the Multiple-Centers in
           Metropolis ················· 192
        2. Conformity of City Land ················· 193
        3. Organization of City Transportation ················· 194
        4. Construction of New Immigrant City ················· 194
    2 PROJECTS ················· 196
        Project 45 Planning for Bombay ················· 196
        Project 46 Hawkers Pavements(unbuilt) ············ 201
        Project 47 Nariman Point ················· 204
        Project 48 Bagalkot Township ················· 206
        Project 49 Ulwe: The CBD of New Bombay ······ 209
        Project 50 The National Commission on Urbanization
                    ················· 213
        Project 51 Parel ················· 217

xiii

PART V   THE NEW LANDSCAPE ················· 221
    Introduction ·································· 223
    1. Urbanization ······························· 226
    2. Space as a Resource ···················· 235
    3. Equity ······································· 242
    4. Mobility ····································· 247
    5. Great City······Terrible Place ············· 251
    6. Disaggregating the Numbers ············ 256
    7. Political Will ································ 258
    8. Scanning the Options ···················· 264

PART VI   ELECTED ESSAYS ················· 273
    1. The Assembly Chandigarh(1964) ········ 274
    2. Climate Control(1969) ···················· 279
    3. Programme and Priorities(1971) ········ 286
    4. Form Follows Climate(1980) ············ 290
    5. Urban Housing in the Third World:
       The Role of the Architect(1980) ········· 294
    6. Open to Sky Space —— Architecture in a Warm
       Climate(1982) ······························ 299
    7. A Place in the Sun(1983) ················ 303
    8. Quest for Identity(1983) ················· 309
    9. Transfers and Transformations(1987) ··· 312
    10.Spirituality in Architecture:Introduction(1988) ······ 323
    11.VISTARA:The Architecture of India(1988) ············ 325
    12.Vistas(1994) ······························· 327
    13.Models of the Cosmos(1994) ············ 334

APPENDIX ··· 337
APPENDIX 1 Biodata of Charles Correa ······ 338
APPENDIX 2 Chronological List of Projects by Charles
            Correa ································ 341
APPENDIX 3 Bibliography of Charles Correa ······ 357
APPENDIX 4 Index ······························· 363
REFERENCES ···································· 370
    Books ··· 370
    Essays ·· 371
ACKNOWLEDGMENTS ························ 374

Cover: Charles Correa with Corb-styled glasses and the
       image of Jawahar Kala Kendra's plan

序一 查尔斯·柯里亚的道路

吴良镛

印度建筑师查尔斯·柯里亚在国际上享有盛名,他的杰出作品在我国已取得更多的认识与喜爱。众所周知,印度与中国各自具有光辉的历史文化传统,同属第三世界,面临类似的问题,印度诞生了一些现代建筑大师,其成就对我们启示极大;也正因为如此,清华曾专门组织团队赴印度学习,一些院校的研究生把柯氏作为研究专题,这些都是饶有意义的。

柯氏作品精湛,显示出很高的建筑素养和奔放的创造力,值得我们学习,更重要的是,他立足第三世界,着眼于基层人民的生活需要,敏锐地了解他的国家和社会面临的种种棘手问题:城市化问题、大城市问题、人口猛增、城市用地、低收入住房以及小城镇发展问题,等等,他告诫人们"千万不要忘记这些亚洲国家的人们真实的生活条件,以及他们对美好未来所进行的苦苦挣扎",他根据自己的经济社会条件,洞悉迫切的需求,发掘自己的资源优势,脱离发达国家的生活标准和通用的模式,另辟蹊径,创造性地寻找自己的答案,如"形式跟随气候","在热带气候条件下,空间本身也是一种资源","没有其他任何一种艺术如此受到技术的制约","传统建筑,尤其是乡土建筑,使我们从中受益匪浅,它们逐渐发展成为了一种具有基本共性的建筑原型"。他的思想、理论、著作、作品等都体现了他的探索与创造,在第三世界国家的建筑现代化过程中开拓了新的道路,并以其独特的内涵丰富了世界建筑文化宝库。

柯氏有深厚的地区文化根基。正如他自己所说,"我们生活在有伟大文化遗产的国度里","印度之于柯里亚……是他精神食粮的源泉,其含义广泛,源于他深深扎根于特定的地理物质条件和文化风俗。……从过去的神秘文化和宇宙信仰中深受启发,获得灵感……"(弗兰姆普敦教授的评述)。我访问过印度,对这些的言论与评述稍有理解,想进一步补充的是,柯氏不仅对于他本国文化有造诣,就我所见,他对中国文化也十分关心。早在1981年,我就与柯氏结识,我们共同参加了中国建筑学会与阿卡汗建筑基金会联合召开的"变化中的中国农村"学术会议,后同赴西安、新疆考察农村建筑,在参观中,我注意到他对陕西的窑洞、新疆吐鲁番、喀什的生土建筑、居民生活修建技术等都专心致志,从不放弃一些关键的细节;在某次上海评图会的间隙,我和他一同参观淀山湖的"大观园",尽管这是根据中国名著《红楼梦》的意境,运用中国古典园林的传统技法,成功的现代艺术再创造,我注意到,他是如此的报以激情,潜心欣赏,使我深信他是一个真诚的探索者,并使我进一步理解为什么在他文章中多次强调文化的深层结构(deep structure),超越物质的哲学内涵的问题,为什么要将建筑作为一种历史来理解,"要找到创造出我们周围各种建筑形式的神话信仰,否则在寻根的过程中,我们很可能会陷入浅薄的形式转换的危机之中"。的确,他对世界文化的理解是有独到的修养和积淀的，中国有句成语"厚积薄发"，他的文章之所以能深入浅出，一语中的，就出于他的日常积累。

柯氏具有批判的精神。在他的文章中，我们常常看到他以犀利的笔锋批评专业界的不良现象，忠诚地对待建筑事业。例如，对于城市化问题，他说"我们这一职业需要面对的中心问题去寻找如何、何处、何时才能是一个对社会真正有用的人，这使得建筑师开拓视野，不再局限于关注中高等收入者委托项目的惟一方法，而这些项目在亚洲建筑行业中占绝大部分比重。"又说，"城市住宅不是一个独立的问题，社会对其付出的总体代价比房屋本身的造价要高昂得多。"在神圣的学术讲坛上，他从不放弃义正词严对建筑行业中不良现象的批判。1999年在就任清华大学客座教授的讲演上，他首先开门见山地说明两个基本观点：第一，建筑的发展不能脱离基本原则，它的实用功能、技术经济以及建立在上述前提下的艺术创造，脱离了前提，生活的要求，社会经济条件，就会步入歧途。"把建筑这个复杂问题简化到只考虑在外观和材质上玩些花样，这是流于表层肤浅的思考，这些短浅正是近十几年来影响现代建筑师的症结所在"；第二，建筑是一项很崇高的事业，首先为社会服务，不能仅着眼于赚钱，如要赚钱尽可以选择比建筑更赚钱的行业，而不必来学建筑。寥寥数语，义正词严，击中时弊，闪烁着这位大师的敬业精神，我们建筑行业中多么需要多一点这类清新的声音，来盖掉一些当前虚华的"建筑世故"与都市噪音。

敏锐地预见到时代的变化是柯里亚思想的过人之处。早在1980年代初，柯氏就认识到城市化的大潮将影响今后30年的建筑发展。在1985年国际建协的开罗大会上，他的主旨报告明确指出，这是一个"变化的时代"(era of change)，认识到变化，就必然促使创新，认定自己的目标、道路，扬帆前进，这20多年来乘风破浪，新见更多的作品问世。

本书的编著者汪芳博士为1999年国际建协UIA大会服务，认识柯氏，此后即以严谨的态度，翻译其《新景象》一书，在北大做博士后时又陆续收集可能找到的柯氏资料，汇集成书，书成求序于我，我回顾与柯氏20多年的友谊及对他的几点认识，欣然命笔，希对青年学者有所启发。我也是从年青走过来的，当然，那时没有"追星族"这个词，但对大师向往是一样的，大师之所以为大师，自有其非同一般的思想、道路、学术成就，初学者用心学习他人之长，结合一己的理解自有裨益。现在的同学何其幸运，在清华几乎每周都有外来的学者讲演，也许每两月就能见到一位大师。但是，也不免眼花缭乱，作为教了一辈子书的上了年纪的人想奉劝你们，追逐大师、博览群书固然是好，但还要有深思，要有酝酿自己的见解，要有辨别力。我在上文就柯里亚的道路、修养和精神，介绍给年青同志，在你们奠定基础、探索方向的过程中，都是至关重要的，柯里亚的成就可以作为你们的老师。

序二　查尔斯·柯里亚的作品评述[①]

肯尼斯·弗兰姆普敦

在过去的30年中，印度逐渐出现了一批体现现代建筑文化的出类拔萃的建筑，它们足以与世界上其他任何地区最优秀的建筑相媲美。然而，在这个次大陆之外，其中的许多建筑并不为人知，建筑师也默默无名。不过其中可能有一个例外，那就是建筑师查尔斯·柯里亚。像别的印度建筑师一样，柯里亚接受的是西方教育。在1950年代晚期，他开始职业生涯时，不得不调整自己的工作方法，来适应印度的社会－经济的现实情况。相比较而言，现在这些限制已有所减少。尽管在第三世界国家开展工作有显而易见的局限性，柯里亚也经常提到这一点，但他就像勒·柯布西耶一样，把这看成一个机会，充分利用印度的特有资源——强烈的阳光和充足的劳动力。这两个因素对于使用钢筋混凝土非常有利。除了季候风盛行的季节，在一年中剩余的大多数日子里气候通常是很适宜的。

在柯里亚的执着关注中，最重要的一个因素是他所命名的"露天空间"，即使不考虑它的种种衍生，这个范式也仍然是他建筑中的一个广为运用的主题。然而，这并不是柯里亚从苛刻的气候条件下所派生的惟一类型。第二种重要的范式就是他称之为的"管式住宅"，这非常适合炎热干燥的气候。这种形式被看作是节约能量的一种方式，尤其在经济能力承受不起使用空调的社会里非常有用。这种凸出的住宅形式，部分源于莫卧儿时期的建筑传统，部分源于勒·柯布西耶二战后采用的大型公寓的形式[②]。

柯里亚的第一座管式住宅(作品16)[③]成形于1962年。作为一种通常意义上的类型，它完全站在"露天空间"概念的对立面。这座狭窄的住宅宽12英尺，采用斜坡屋顶，建筑的断面设有通风口。建筑设计的重点放在一个内部的院子上，它几乎不能向天空开敞。很显然，采用这种内向形式的理由是将会为炽热的阳光照耀下的住宅形成遮蔽，使室内空间躲开日晒，同时还极易形成空气对流。利用文丘里管的良好效果，通过斜坡顶搭接而成的屋脊上的断开部分，将把通过管式住宅的热空气带走。

在柯里亚独立实践的最初20年中，这两种范式——"露天空间"和"管式住宅"被广泛用于住宅领域中。其实把前者运用于创造象征性的公共空间由来已久，尤其在两项于1958年开始建设的工程中可见一斑：它们分别是建在德里市普拉加蒂－迈丹的手织品陈列馆(作品04)，以及建在艾哈迈达巴德市的萨巴尔马蒂甘地故居旧址的圣雄甘地纪念馆(作品05)（又名：甘地·斯马拉克·桑格哈拉亚馆）。

在这最初的20年里，"住宅建筑"成为了柯里亚运用这两种范式的主要领域。他通过把极具独创性的单元式住宅模式进行组合，来非常娴熟地运用这些形式。遗憾的是，其中许多项目并没有付诸实施，包括1973年为孟买设计的农村迁徙到城市的贫

[①] 原文参见：Charles Correa. London: Thames and Hudson, 1996.8~16。肯尼斯·弗兰姆普敦授权本书编著者进行翻译。本书中所有脚注是编著者加入的，而非原文附带。另：此文译文还曾发表在《世界建筑导报》1995, 1, 题目为《查尔斯·柯里亚作品评述》，译者饶小军，但有部分段落删节。为了保持英文原文的完整，且统一专用词汇的表达，因此本书中的译文经过本书著者的重新独立翻译完成。另外，文中一些专用词汇的注释参见本书的后面部分。

[②] 原文中此处的"Megaton"，是指柯布西耶二战后采用的大型公寓的住宅形式，例如马赛公寓。

[③] (作品**)表示在本书中此项目的编号，在后文中有详细介绍。

困人口住宅(作品42)。同时柯里亚把"管式"的思想运用到许多私人住宅的设计中,其中包括建在艾哈迈达巴德市华丽的拉姆克里西纳住宅设计(作品18),这是管式住宅(作品16)原型的豪华版。他继续把这个观点同样运用到砖混结构的帕雷克住宅(作品19)上,此住宅位于艾哈迈达巴德市。接下来的相关设计就是1967年拉贾斯坦邦凯布尔讷格尔镇的住宅(作品14)。帕雷克哈住宅为柯里亚提供了一个机会,在这里,他把管式住宅(作品16)的概念演变成两个不同的相互并置的剖面,分别来适应夏季和冬季不同的气候条件,一起放置在一个连续的住宅空间内。夏季剖面的基部宽敞,顶部狭窄,这样就能把住宅由上而下封闭起来,同时还有冬季剖面,它采用倒金字塔的形式,向顶部开敞,设有屋顶平台,并覆盖有遮阳棚架。

在印度东南部热带雨林生长茂盛的地区,柯里亚采用了更具传统特征的剖面组织形式。我认为这在两个项目中的表达尤为突出,一个是1974年建于喀拉拉邦的科瓦拉姆海滨度假村(作品20),另一个是1982年建于安达曼海岛上的布莱尔港的湾岛酒店(作品21),两者都一样的优雅宜人。在后面这个项目中,采用遮阳的木构屋顶,悬挂在公共平台上,牵引人们的视线到下方的海面。早期设计的科瓦拉姆海滨度假村(作品20)的屋顶层层叠叠,呈阶梯状,以同样的方式倾斜而下,把视野引向大海。然而,科瓦拉姆海滨度假村(作品20)的建筑群能让我们注意到柯里亚建筑的另外一个特征,即熟练地处理楼面变化,在一个微观尺度的空间中来创造各种室内层次。除了部分向阿道夫·路斯①借鉴的手法,这种楼面的处理还把人们的思绪与约恩·伍重的一个概念联系起来:西方人倾向于墙面,而东方人倾向于地面。因此我们能观察到柯里亚作品中微妙的楼面变化,是具有明确的方位特征,同时也能以一种相当生动的方式把各个起居空间联系起来。这一点,在科瓦拉姆海滨度假村(作品20)清晰可见,每一个单元的小厨房都高于起居室,这样便为俯瞰大海提供宽广的视野。

柯里亚对路斯式的剖面置换以及运用楼面变化有强烈偏好,这在同年建于孟买的28层干城章嘉公寓大楼(作品23)中发挥得淋漓尽致。在这里,柯里亚运用其独创性的网格状单元到了极致。他很显然是在结合使用两种户型,一种是一层半高的错层式户型,带3～4间卧室;另一种是两层半高的户型,带5～6间卧室。楼层间细小的转换是这个设计的关键,其区别在于室外填土的平台和室内抬高的起居空间。通过运用这些微妙的转换手法,柯里亚使这座高层建筑单元能有效地抵抗烈日和季候风的影响。这座建筑取得的巨大成功也来自于设置了深深的悬挑花园阳台。很显然,这样的布置是有先例可循的,即在1952年勒·柯布西耶设计的马赛公寓的跃层式单元中就能看到。不过在孟买的这个剖面设计取得成功,并没有求助于上下单元运用截然不同的手法。但是并非柯里亚所有的高层住宅设计都如此精雕细凿,这从他早期的作品中可以看出,例如1966年设计的索马尔格公寓以及1973年建于孟买的五层高的城市和工业开发公司住宅(作品15),就要简单得多。

在整个印度,都非常需要低层高密的住宅。柯里亚将网格式的居住单元分散开来的观点,是因为考虑到将有不断增加的投入来逐渐改善居住条件。这个独到的策略是与柯里亚关于城市

---

① Loos, Adolph:阿道夫·路斯(1870-1933年),维也纳建筑师,提出了著名的建筑言论"装饰就是罪恶。"下文中的"Loosian"(路斯式)和"quasi-Loosian"(类似路易式)均与此有关。

规划与发展的整体思想密不可分的。与约翰·图尔纳最早的低成本自建住宅的工作相近似的是，柯里亚公开承认印度城市化中一直面临的窘境，以及采用传统方法难以解决大多数人住房的事实。正如1985年他在其著作《新景象》中写道："长期以来，我们一直纵容城市密度由私人开发商在片面的思考中进行随机决策，即以高密度来引发高地价，反之亦然。这导致密度与地价螺旋式恶性上升，就像一条咬住自己尾巴的大毒蛇。"ⁱ

柯里亚接着写道，这已经导致了非人性的环境，我们一直忽视一个事实：即在热带气候条件下，空间本身也是一种资源。柯里亚已经意识到伴随着城市贫困给城市发展带来了惩戒性的制约。为此，他施展才能，为新型的城市中下阶层的住房需要做出了贡献，这首先体现在1973年他为秘鲁利马所设计的住宅(作品41)原型。这是被称之为普雷维的2层高的住宅类型，由具有独创性的T形、L形和S形单元组合而成。不过，最终，这种住宅单元形式被简化了。

在后来的20年里，柯里亚大量的低层高密住宅得以实施，主要是为印度城市的中等阶层而建，例如1978年建于新德里郊区的塔拉组团住宅(作品35)。塔拉项目为四层高，围绕着一个中心社区空间布置，是由120套立面狭窄、两层高的二联式住宅叠置组合而成。入口设在一层或是二层，这些标准的公寓住宅楼单元都可归结为一种模式：3m宽，6m高。

当柯里亚进入职业的成熟阶段时，他更加关注在带院落的住宅中所蕴涵着的传统与本质的东西。这种类型在地中海地区就像在印度地区一样普遍。把传统的范式进行重新诠释是他设计自己的住宅和工作室时的出发点。这座建筑最近在班加罗尔建成，它被称之为科拉马南加拉住宅。在最简单的组合中蕴涵着一种神秘的魅力。首先，这座住宅和工作室有着微妙的阴阳组合，围绕着仅有一棵树的中心庭院螺旋形布置。其次，通过使用以方形花岗石为基座的圆柱，竖立在方形庭院的四角，来强化"露天空间"的象征意义与实际功用。这些柱子并不需要来承重庭院中方形蓄水池的木构架，它自身带有瓦屋面。这种地中海式的形制可以追溯到庞培，并通过注入有当地特点的空间设计而加以变形。他创造性地使用院落，尤其是工作室，是通过锯齿转角空间序列，与较大体量的L形住宅部分分离开来，这使人能联想到进入拉贾斯坦的哈维利斯式①住宅的入口通道。围绕着中心露天空间的方形柱廊形式并没有因为这种变形而被破坏。相反，通过这些微妙的置换，还加强了它所具有的永恒的宁静感，因为工作室迷宫式的墙被延伸到围合体量的间隙里，尤其是带有栏杆的铺砖楼梯间抬升起来，为一层的卧室服务。

柯里亚关于住宅的思想中蕴涵的更进一步的含义是不能与他作为一个城市规划师的工作脱离开的，这是他整个工作中一个非常重要的方面。在与同事普拉维纳·赫塔、夏里希·帕特尔共同工作中，于1960年代后期，柯里亚开始涉足城市规划，为孟买的扩建提出了非常中肯的意见(作品45)。在最初提出提案到现在已过去了30年，但提案的意义与价值并未因此而减弱。

考虑到在孟买已建成区的内部及周边，大量的来来往往的上班人群造成城市拥挤，而且这种情况在1950年代中期以后越来越严重，几乎失控。在城市中心上班的人们，在路上花的时间

---

① Haveli：哈维利斯式住宅，印度北部一种传统的多层住宅形式，围绕一个庭院建造。

单程就需要4个小时。根据这种现象,柯里亚与同事们一道,提出穿越海湾,建立一个新孟买。州政府已将此计划付诸实施。在1970年至1974年间,柯里亚作为总建筑师,来主持新城以及城市和工业开发公司的工作。1985年,城市和工业开发公司获得差不多5.5万亩土地,来安置两百多万人口,这使柯里亚有了一个很好的机会,通过在单层的城市结构中运用"露天空间"的序列关系,来着重考虑社会中最贫困人口的住房需求。他如是写道:

"在一个亚洲城市的居住空间不仅仅是使用单个的小房间。这样一个鸟巢似的房间,仅仅只是人们需要的整个空间体系中的一个组成部分而已。作为一个序列,这个体系由四个主要元素组成:家庭需要有排他性的私人空间(如做饭和睡觉的地方),有亲密接触的地方(如孩子们玩耍、和邻居聊天的门前台阶);邻里地方(如城市里的打水处),在那里你会融入到社区生活中;最后,基本的城市空间(如绿化广场)由整个城市共同使用。"ii

考虑到在人们日常生活中,至少有3/4的基本活动,例如做饭、睡觉和娱乐等等,在一年中的70%的时间都能在私家院子里进行,柯里亚因此提出一个单层、土砖、茅草屋顶的住宅结构,点缀着各种规模、并各具特色的院落。

就孟买而言,第二个最为关键的要素就是提供便宜快捷、能直达城市中心的交通网。为了实现这个目的,柯里亚提出一个复杂的地下交通结构,终点站能到达德洛贾、本韦尔和乌伦,它是由公交环状的线形路线组成,通过一系列短途的链状交通来运送居民,在将来,这些线路将与高速运输枢纽联系起来,直接到达孟买城市中心。作为这个计划进一步的发展,柯里亚提出所谓的乌尔韦节点,大约为1580亩的区域,从山脉下降到瓦格伊瓦伊湖区,这是位于新孟买的商业中心区。一旦将来的高速运输枢纽形成,就将成为整个计划的中心轴,并通过大量的铁路线,来加速村镇交通,到达高速运输枢纽的任一侧,这样就能把上班的人群带到火车站,然后到达城市中心。在村镇与高速运输枢纽之间,两侧有大面积的场地,这些空间将进一步连接起来,作为公共广场,每个村庄一个。设计的整个规划将容纳70%的人口,到达任何一个电车站或火车站,步行不用10分钟。

不像新孟买其他地区,乌尔韦的结构为一个生态的土地管理体系,其中包括创造性地进行一系列的保留,如保留池塘,进一步提供精心设计的排水和防洪系统。这是因为考虑到,这个地区的供水系统应为各种各样的可能发生的经济活动提供保障,从蔬菜水果的灌溉,到渔业生产和垃圾处理,最后一项可以与沼气生产相适应。柯里亚把这些都看作是甘地城市经济计划中的一项。乌尔韦计划在许多细节方面都解决得很好,它同时也是分阶段来实现,在数年内,它仍会发生效应。

当柯里亚任城市和工业开发公司的总建筑师时,除了为中等阶层设计的六层退台式的公寓之外,迄今为止在新孟买实现的惟一一处住宅群是在贝拉布尔地区(作品44)。柯里亚有意避免给建筑赋予特定阶层的住宅形象,在设计贝拉布尔住宅时,他采用L形平面、斜坡屋顶的单元组合,在低矮的墙体围合形成私密的露天空间。这样的多个单元形成组群,同时产生一个较大的"露天空间居中心/边角"的方形居住模式。如果把它同其他三个同样的方形居住单元组合起来，就将产生一个更大的集合：一个12m×12m的露天空间把21户住宅联系起来。这种高一级的组合产生曲曲折折的雷德朋①的形式。建筑师把这些建筑组群从外围的大体块中拉出来，用作插入停车场，内部错落有致的露天空间利用一条小溪，来排放暴雨季节的积水。通过给每户住宅提供内墙分隔，柯里亚超越用户所处阶层和经济状况的界限，在相同的组群内依据不同规模和造价，并同时为住宅单元将来的发展和形式的调整提供条件。毋用赘言，我们在其他住宅项目中也能发现通过采用毗邻的墙体，产生此种模式的变形，例如在1984年在安得拉邦的ACC住宅和1986年在焦特布尔的城市和工业开发公司的公共住宅设计中。

在柯里亚的职业生涯中，他尝试着接受各种建筑类型的挑战。而大型的遮阳棚架在这些建筑中反复出现，不同的工程形式各异，这也和他为之做设计的不同的官僚机构有关。这个元素第一次以大尺度出现，是在1968年印度电子有限公司的办公综合楼(作品27)的设计中，此建筑建在海得拉巴。在这个项目中，三层的办公综合楼是由三组相互关联、又彼此独立的T形办公建筑组成。如果不是采用这种大型的遮阳棚架作为一个深深的悬挑，把整个建筑从西南到东北立面都笼罩在屋顶之下，综合楼将会彼此割裂，形体零散，不成整体。

这同样的手法也用在了1991年建在马德拉斯的橡胶工厂(MRF)总部大楼。不过，在这里是采用一个从正西跨越到正北的弧形遮阳棚架。在印度电子有限公司(ECIL)大楼中，遮阳棚架连续跨越中央入口的庭院；两年以后，在毛里求斯建造的人寿保险公司办公大楼，也坚持了这同样的原则，虽然在这个例子里，这个巨大的遮阳棚架和七层高的柱廊一道，在建筑的转角处形成传统的巴蒂门塔角的效果。

1986年，在新德里建造的人寿保险公司办公大楼(作品25)，柯里亚把遮阳棚架设计成巨大的空间网架，跨越建筑北部长长的体量。遗憾的是，这座办公楼试图把两种完全冲突的力量调和起来，但没有成功。一方面，它与其后的现代高层开发区显然不是采用相同的秩序；另一方面，它与康诺特圆形区周围所使用的古典柱廊在尺度和形式上也缺乏联系。这座建筑显然是受到了路易·康的影响，"被服务区"是幕墙围合的办公空间，"服务区"是砖石管井，表面采用红砂岩贴面。人寿保险公司(LIC)办公大楼放弃了类似路易式的镂空窗的美学趣味，而这是柯里亚在他几乎所有的办公建筑中都用到的手法，其中包括建在纽约的(其表面采用红色饰面钢)印度驻联合国代表团大楼，以及最近于1996年为墨西哥城设计的阿拉梅达公园开发办公大楼(作品28)，这是作为一大片城市更新区域的一部分，现在正根据莱戈雷塔的8区总平面设计来实施。在这个项目中，柯里亚的方形办公楼，表面全部采用黑色凝灰岩，有两个3层齐屋顶高的棚架面对着公园敞开。柯里亚有意通过采用满墙高度的壁画来装饰每一个巨大的体量，这是由当地的一位艺术家来完成，内容为墨西哥传统的壁画形式。在柯里亚设计的其他办公楼中，像这样巨大的开敞部分的上方都会覆盖有百叶形式的遮阳棚架。

1958年，在德里手织品陈列馆(作品04)的设计中，柯里亚首次提出他所称之为的"沿着一条变换轴线形成仪式般路径"的概

---

① 美国规划师C·施泰因(Clarence Stein)于1933年在新泽西以北开始进行(但迄今还没有完成)雷德朋新城的建设。他运用的首要原则是在基层居住区中，应该把特别为家庭主妇和孩子们使用的步行道路与汽车道分隔开。在雷德朋，施泰因建设了一个分隔的步行道路系统，通向每户住宅的后门。这种步行道经过住宅之间的公共绿地，然后再从地下穿越机动车道。机动车道则是按照分级的原则设计的，从主要道路通向局部性支路，然后通向按"尽端路原则"设计的，服务于一小组住宅的局部性道路。这就是"雷德朋"模式。(参见：[英]P·霍尔著．邹德慈，金经元译．城市和区域规划．北京：中国建筑工业出版社，1985.57)

念。这个设计是由一个方形的多层迷宫式的平台组成，用晒干砖砌成，露天平台通过15个缆绳拉住的帆布伞架来遮阳，每一个伞架覆盖一块方形场地，平台共被分割成16块场地。惟一的一个没有用伞架遮盖的场地还保持开敞，位于不对称的"中心"，构成一个花园庭院，环绕四周的是螺旋式的展览路线，穿梭往返，通过斜坡或楼梯将四个不同标高的平台联系起来。

柯里亚在1963年在艾哈迈达巴德的萨巴尔马蒂甘地故居旧址设计完成了圣雄甘地纪念馆(即甘地·斯马拉克·桑格哈拉亚馆)(作品05)，其中采用了更为严谨的建筑手法来表达同样的主题。它由非常严格的网格空间组成，从地面升起。圣雄甘地纪念馆(作品05)的外墙面采用清水砖混结构，从它最抽象的意义上来说，是受到了莫卧儿时期建筑的强烈影响(可与法特普尔·西克里城建筑相比较)。这座博物馆保留了本世纪随处可见的最具表现力的国家纪念碑的形式。就像柯里亚在1989年所写道的一样：

"在德里和拉合尔，伟大的伊斯兰大清真寺是建筑空间的一种独特形式：主要是由大面积露天空间构成，四周包围着足够的建筑实体，使人产生身在建筑"内部"的感觉……这种阴阳对比关系(露天空间周围环绕着建筑实体，或反之亦然)构成某种图底模式，其中露天空间可以作为界于围合空间之间的视觉停留区域——这是博物馆设计中具有极大潜力的设计原则。这种模式不仅仅创造出一种机会，集聚合与休息的功能于一体，而且为参观者在参观博物馆的各个不同部分时转换路径成为可能性。"[iii]

在设计了甘地博物馆之后，柯里亚的象征意义的"露天空间"更具有了某种有机性和拓扑学的特性，而极少受到建筑结构的束缚。这在1965年浦那市为甘地夫人所作的纪念馆中能很清晰地看到这一点。这个纪念性的空间是由一系列的砖墙限定而成，引导人们下行，就像穿越一个蜿蜒曲折的迷宫到达"等持"一样。与手织品陈列馆(作品04)一样，整个结构位于一个砖砌平台之上，只不过在这个例子中是设置了一个小型博物馆。

在接下来一系列的作品中，柯里亚仍然采用相同的形式，这是一个系列的延续，在如下作品中就得到了部分的实现，例如1969年在德里的拉吉卡达建成的甘地百年纪念馆、同年在日本大阪'70世博会的印度馆(未建成)、1974年的科钦滨水地区的工程项目，以及最后在1981年建于博帕尔湖上的奢华的印度巴哈汶艺术中心(作品08)。在这里，场地天然的等高线被用来作为创造一个不规则的带有平台花园和下沉庭院的"卫城"，周围组织了一系列的文化设施，包括一些画廊、一座土著人艺术博物馆、一座图书馆，并附带一个露天圆形剧院，以及为在此居住的艺术家提供作坊和研究室。在科钦滨水地区的工程项目中，柯里亚首次广泛使用阶梯式平台，采用传统的石材，作为水浴而设的河边石阶。后来，他反复使用这一母题，开始是在一些小型公共祈祷空间，例如1986年建于德里的苏利耶太阳贡德园(作品10)，然后就是1992年建于斋浦尔市的贾瓦哈尔－卡拉－坎德拉博物馆(作品02)，它专门收集拉贾斯坦的工艺品，是为了纪念贾瓦哈尔拉尔·尼赫鲁。

其中提到的最后一个作品是一组具有象征意义的复杂的建筑群，代表了柯里亚迄今为止建筑思想的精髓，是他一直孜孜不倦地探求大众文化与古代宇宙论之间某种关系的综合表达。和印度手织品陈列馆(作品04)一样，中心象征性的广场被留空，并在四周用石阶式的平台进行限定，创造出一个贡德，这是用来象征苏利耶。其他八个方块，或称为玛哈尔，分别代表不同的星座和属相。参观者的游览路线在这些方形空间中穿梭迂回，沿着每个玛哈尔中轴线的开放空间，是想唤起人们对吠陀巡神仪式路线的联想，即"钵喇特崎拿"仪式。然而，这样看起来"循环"的路线并没有对参观者形成约束，而是让他们能很自由地随意进入到这个建筑群的不同区域。

整个建筑群中最令人惊讶，并让人耳目一新的是，其光彩夺目的大众化的建筑中充满了各种图案，包含着古代传说的精华，同时也保留了当代工艺的活力。这座建筑物含蓄的地区性特征是通过采用拉贾斯坦的红砂岩贴面来表现，墙顶则是用米色的托尔布尔石封顶。这同样的材料也曾用于法特普尔·西克里城的让塔·曼塔观象台以及阿格拉红堡。在每一个玛哈尔的铺地上，都采用白色大理石、黑色花岗石和灰色云母石镶嵌而成的适宜的图案，从而富有生气、增色不少。同时，通过当地艺术家们的创造，在整个室内画满了印度教黑天神[①]和其他的宇宙图案，并在内部的穹顶和四周墙面上也画上了耆那教的宇宙学说图形。

这种围绕中间贡德布置的曼荼罗结构模式，在柯里亚1980年代后期的建筑中反复出现，首次是用在新德里的英国议会大厦，然后是在海得拉巴的贾瓦哈尔拉尔·尼赫鲁发展银行学院(JNIDB)里，这两栋建筑都是于1992年完工。其中，英国议会大厦产生了非常强烈的震撼力，主要是因为在它的门廊部分，装饰着一幅令人称奇的大型壁画，由白色大理石和黑色的库达帕哈石砌成，是英国艺术家霍华德·霍奇金设计完成的。这是一个直接用艺术品来做建筑的罕见例子。同时也是一个用二维平面的象征性的抽象图案来强调空间深度，从而赋予三维空间以活力的例子。这个作品最具有修饰意义的方面在于它的"露天空间"的门廊，令人依稀回忆起申克尔在柏林的阿尔泰斯博物馆，其特点在于开敞部分面对着被称之为"察·巴尔"的中心庭院，而且在长长的场地尽端是一个装饰性的花园。

和墨西哥建筑师里卡多·莱戈雷塔一样，柯里亚似乎同时被生动的抽象构图和一种更为直接的方言隐喻所牵绊着。前者来源于大众文化，在他的建于1982年的作品果阿酒店(作品13)中可以非常清晰地看到。后者我们在1991年终于落成的国家工艺品博物馆(作品07)中可以找寻到踪影。比较之斋浦尔贾瓦哈尔-卡拉-坎德拉博物馆(作品02)，这个作品在精神上更加接近博帕尔的印度巴哈汶艺术中心(作品08)。它不是严格地按照曼荼罗的形式加以组织，而是由一系列方形院落组成，形式非常优雅。虽然有时也拾级而上形成非正式的表演平台，但也不能把它看作是与吠陀教贡德相类似的手法。相反，它是以一种非常随意的方式，沿着曲折的路线，各个院落都能通到不同的展览空间，如乡村苑、祠庙苑和宫廷苑等等。在巴哈汶艺术中心(作品08)，矮墙被精心处理成两层：在地面层通过一系列的庭院，在上一层通过一系列的屋顶平台。同时，大多数提供食宿的单层空间被整个围合起来。

[①] Krishna：黑天神，"黑天"是印度崇拜者最多的诸神之一。印度教认为，他是毗湿奴的第八个化身，是诸神之首，是千千万万印度教徒对之守贞专奉的本尊。(参见：《不列颠百科全书》国际中文版(9).北京：中国大百科全书出版社，1999.358)

就像乔丁德拉·贾殷所写道的一样,这个建筑设计的关键在于把整个博物馆看作是印度村落的永恒空间,在这里;各种并无关联的手工艺品共同展示出来。贾殷表达道,印度的民间文化一直处于非官方管理的自治状态,尽管殖民化企图把这些艺术品的特征加以规范化。贾殷也看到了国家工艺品博物馆(作品07)的价值在于帮助这些民间文化保持自我,抵抗现代社会抹杀它们的宝贵个性[iv]。

到目前为止,柯里亚设计的9个方形空间组成的曼荼罗系列的最后一个作品是在中央邦首府——博帕尔的新国民议会大厦(作品01)。虽然这个项目在1983年就已经开始着手进行,但是到现在、已是12年以后还没有完工。这样的耽搁在印度建造完成一座建筑的过程中是非常常见的。建筑平面和剖面设计的灵感来自于距该城50多公里的半球形的桑吉窣堵坡,该建筑多少有象征着弥楼山之意。然而,在圆形之内,建筑平面被垂直分隔9个单元,四角分别是圆形的立法议会厅、上议院、众议院和图书馆。从安全的角度考虑,在每个部分都采用圆形的模式,并各自成一体。这样,贵宾从东南方向沿着一条轴线进入建筑内部,同时公众从西南方向进入。这两条轴线上的路径最终在中心广场交汇,在这里柯里亚没有像其他曼荼罗设计中的贡德一样,上面覆盖遮阳棚架。通过一个检查口,经过一个复杂的坡道和升高的交通体系,公众可以到达观景走廊来俯瞰三个主要大厅。这种漫游式的建筑再现了柯布西耶式的设计常用语汇,也许可类比为桑吉用于祭祀的窣堵坡绕行的仪式通道。

1992年在靠近浦那城的浦那大学,柯里亚完成了天文学和天体物理学校际研究中心(作品03),这是一个比斋浦尔贾瓦哈尔-卡拉-坎德拉博物馆(作品02)气氛更为凝重的建筑。这主要是因为建筑师试图把这个作品与对宇宙太空的探讨联系起来。这种追求表现"黑色复黑色"的美学效果,使人联想到了美国艺术家莱因哈特。建筑的墙体表面采用黑色玄武岩,上部采用深色的库达帕哈石,最后还运用了黑色的抛光花岗石封顶。采用这种深色的石材饰面,是来象征宇宙空间,并衬托出主要入口。在入口处设立两根素混凝土柱子作为限定,暗示着引导入中心贡德的轴线。在这个例子里,通过把花岗石平板按对角线方向布置,镶嵌上玻璃,来对贡德进行修改,引导人们到达中心空间尽端处的两个毗邻的庭院。这种具有景观效果的对角线布置,打破了广场的宁静,同时也表达了一种向空间边界扩散的离心力。因此,贡德传统的概念被整个改变了,仅仅只是作为一个有机的平面形式,是基于对学院类型学和场地的实际形状的考虑,而不再拘泥于遵循曼荼罗的概念。在许多情况下的组合是取决于对文字符号语义的可识别性,例如伽利略、牛顿、爱因斯坦,以及印度大科学家塞奇·阿耶波多的雕像。在15世纪以前,塞奇·阿耶波多就明确提出世界是圆形的。这两个周边的院落也同样可以此方法来安排景观,以象征经典科学事件。用作宿舍的方庭景观设计中,铺地所采用的三角形图案,即蛇形纹,同时计算机的庭院形式是象征拉格朗日的圆裂片结构。

毋用赘言,柯里亚的建筑是他自己建筑形式语言的产物。也就是说,他同等程度地受到了理查德·巴克敏斯特·富勒的间接思考以及勒·柯布西耶的影响。富勒是柯里亚在美国求学时的一位老师，而勒·柯布西耶，作为一位城市规划师和建筑师，在印度当代建筑史中留下了不可磨灭的痕迹。即使到今天，在柯里亚的作品中，这种影响仍清晰可见，虽然他已不再直接引用柯布西耶具体的建筑手法。然而，即使是曼荼罗的形式也能在勒·柯布西耶晚期重要的作品中找到相同的几何形体：例如1965年勒·柯布西耶设计的威尼斯医院。但这个项目并未建成，真是一件憾事。

柯里亚与柯布西耶另外一个共同的气质是，他始终怀有西格弗里德·吉迪恩所称的"永恒表现"的信念。这是一种深邃的源泉，把柯里亚不仅与自己的过去、而且与南亚取之不尽的历史联系起来。印度的历史表现出它的过去、现在与未来共存，且相互融合、连续统一。"我们生活在有伟大文化遗产的国度里"，柯里亚说道，"这些国家承载着它们的过去，就像妇女穿戴莎丽一样容易[v]"。因此，印度之于柯里亚，正如地中海之于勒·柯布西耶，是他精神食粮的源泉，其含义广泛，源于它深深地扎根于特定的地理－物质条件和文化风俗。像他同时代的印度知识分子，柯里亚从过去的神秘文化和宇宙信仰中深受启发，获得灵感。通过这种方式，柯里亚已能精心组织各种元素，把最初的图解转化成诗意的空间。

在一篇批评后现代形式流于肤浅的文章中，柯里亚提出了三个分别独立的层次，这使得"环境"概念化并便于理解：首先，是作为一种日常实用性的定义；其次，是作为这种或那种时尚形象所不可避免出现的范畴；第三，差不多是作为一种无形的文化根基，有时会被看作是一种特定地区的文化潜意识。柯里亚论述到，这三重关系将在建筑发展过程中，通过气候、技术与社会逐渐出现的需求的动态的相互影响，作进一步的修改。在第三世界国家现代化进程中，关于塑造建筑的种种力量，柯里亚写道：

"……在深层的结构层次上，气候决定了文化及其表达形式、以及习俗礼仪。从它自身来说，气候是神话之源。在印度和墨西哥文化中，露天空间所具有的超自然的特性是其所处热带气候的伴随产物。就像英格玛·伯格曼的电影，如果脱离了瑞典挥之不去的黯淡冬季，人们将无从理解。"

"对建筑起作用的第四种力量是技术。没有其他任何一种艺术如此受到技术的制约……每数10年优势技术就会发生改变。而面对每次的技术变革，建筑都必须重新创造它以之为基础的虚拟形象和价值观念的表达方式。"[vi]

这两个段落非常简洁而有力地总结了柯里亚在过去30年中建筑实践的全部内容。实际上，在印度，建筑技术的革新远不如世界上其他地区那么明显。也许要有待时日才能解释，为什么在这种情况下，柯里亚能轻而易举地把历史进行重新诠释和复兴，而融入到他的卓越杰出的建筑作品之中。

---

i   Charles Correa.The New Landscape.The Book Society of India, 1985.46

ii Ibid.34

iii Museum Quarterly.UNESCO Review.No.164.N：4.1989.223

iv Dr.Jyotindra Jain.Metaphor of an Indian Street.Architecture + design.Delhi,Vol.Ⅷ.N：5, Sept-Oct 1991.39～43

v Charles Correa.Singapore：Concept Media.1st Edition, 1984.9

vi MASS.Journal of the University of New Mexico.Vol.IX.Spring 1992.4～5

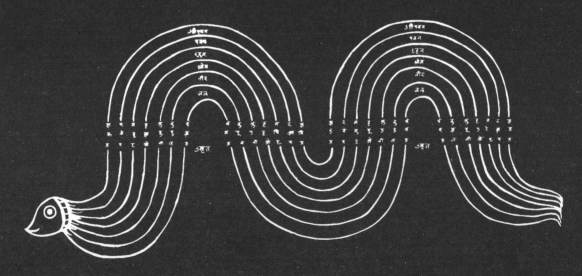

PREFACE   THE PRACTISER OF NEW LANDSCAPE IN INDIA

前   言   印度新景象的耕耘者

酝酿写作《查尔斯·柯里亚》一书始于1999年在北京召开的国际建筑师协会(UIA)第20届大会。大会之前，我所接触到的有关柯里亚的资料就是《世界建筑》上寥寥几篇相关的文章和《世界建筑导报》1995年第1期的柯里亚作品专集。虽然，当时有关安藤忠雄、盖里等当红大师的介绍铺天盖地，而印度大师的这点报导只能算是几朵小浪花，但也就是这些独具慧眼的报导，使柯里亚在我的阅读视野里越来越明晰。

柯里亚的经历为典型的"西方教育，扎根本土"。他1930年出生于印度，后留洋到美国的密歇根大学和麻省理工学院学习建筑。1958年回到印度孟买①成立建筑事务所，开始独立执业。熟悉本国社会风情和传统文化的特点，注重地域、气候和环境对建筑的影响，在传统和现代之间架起一座飞桥，柯里亚就是这么一位第三世界国家建筑师中的代表人物。他曾被印度政府授予"人民建筑师"的称号，早已跻身世界一流大师行列。

我心中一直暗存一个疑问。印度虽然文化灿烂但经济毕竟算不上发达。像柯里亚这种早期能有条件留学美国，应该是有他尊贵的家世作为后盾。而且诸如圣雄甘地纪念馆(1958-1963年)(作品05)、甘地博物馆、甘地百年纪念馆等有国家影响的大项目，以及一些豪华公寓、巨贾私宅、公司总部大楼等工程每每能落到当时还"初出茅庐"的柯里亚的肩头，除开他日益显现的卓越才华之外，也应该有其良好的背景。因此我常常纳闷，这样一位建筑大师，为何会把职业生涯中大段的精力和时间投向农村人群和低收入家庭？在印度等级观念甚重的社会氛围中，他与他们应是属于两个相去甚远的世界。如果柯里亚愿意的话，我相信，他应该有机会的，将一生的目光停留在金碧辉煌的殿宇里和流光溢彩的豪宅中。我想，柯里亚之所以成为"人民的建筑

---

① Bombay: 孟买，马哈拉施特拉邦的首府，印度中西部城市，位于近海岸的孟买岛，邻近沙尔塞特岛，是印度的主要港口、最大的贸易和工业中心城市之一。

图1 本书作者和柯里亚在恭王府的合影（作者资料）

图2 品尝全聚德烤鸭（作者资料）

图3 柯里亚赠送《新景象》一书上的签字（作者资料）

图4 柯里亚赠送的信纸（作者资料）

师"，之所以吸引后学者的目光，便源于此吧。1984年的英国皇家建筑师协会金奖授予柯里亚的原因，不仅是因为他在圣雄甘地纪念馆(1958-1963年)(作品05)等一批国家级的大项目中纯熟精到的演绎，更因为他对改善人类居住质量的贡献，尤其是对生活在社会底层的低收入人群住宅的关注。1990年的UIA金奖颁予柯里亚时的评语是："他将艺术性和人性融入了他的建筑中，作品高度体现当地历史文脉和文化环境。大尺度的几何形体与大量地方材料的结合使公众感到亲切的同时得到了鼓励，其作品不炫耀财富和权力，而是展示普通的情感以及对人的关心和对生活的热爱。"

因此，当得知柯里亚要来到北京参加UIA大会并作主要发言的消息时，当时正在清华大学建筑学院攻读博士学位的我便积极报名参加志愿者的服务活动。陪同大师期间，留下了许多愉快的回忆：听着大师评点北京的城市建设，随同大师游览故宫和恭王府(图1)，品尝全聚德的北京烤鸭(图2)，逛友谊商店为他的小孙儿挑选中国传统服饰。临行前，大师签名赠送的《新景象》("The New Landscape")(图3)和印刷印度传统图案的精美信纸(图4)，成为了我的珍藏。此后，我还与大师保持联系，得到大师的答疑解惑，新年时还收到了大师事务所自行设计的贺卡(图5)。凡此种种，向更多的人介绍大师的思想和作品，成为了我心中无法放下的心愿。

案头有关柯里亚的资料越来越多，文章结构也几经调整。我无法满意以建筑类型(住宅、公建)分类或者建设年表来作为写作的线索，也不希望喋喋不休地进行资料罗列。借鉴S·雅各布爵士[①]于1890年出版的6大卷《斋浦尔建筑细部图集》的思路，如

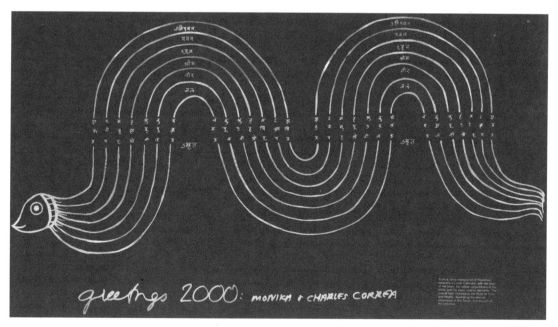

图5 柯里亚赠送的新年贺卡——宇宙模式（作者资料）

---

① Jacob, S; S·雅各布爵士(1841-1917年)，他所开展的工作对20世纪初期的南亚建筑有着决定性的影响。曾任斋浦尔的公共工程执行工程师，主管工程师、土邦主顾问。任职期间，他雇佣人员复制邻近宫殿、寺庙和其他古建上的装饰，后来和其他资料一起经过复制，收入到《斋浦尔建筑细部图集》中。(参见：R·麦罗特拉. 综合评论.《20世纪世界建筑精品集锦》第8卷南亚.北京：中国建筑工业出版社，1999.28 的注解7)

建筑不是按照时间或者地区,而是按照功能来编排,第一卷为石屋顶和基座,第二卷为拱券等等,目的在于汇集一系列施工图,并将它们以活页的形式装订。我所做的就是把这些体现承接关系的作品剖析开,拿出它们最精华的部分,把柯里亚多年演变而成的几手"绝活"归类,让人们更便利地了解和学习。归类的依据便是:传统·文化、地域·气候、低收入者住宅与城市规划。

在40多年的实践中,柯里亚注重将建筑设计和城市规划紧密结合,并致力于解决第三世界国家因发展而带来的城市问题和人民居住环境问题,是第三世界发展廉价住宅的倡导者之一。作为一个建筑师、规划师、社会活动家和理论家,他设计的作品涉及范围广泛,大部分在印度,从圣雄甘地纪念馆(1958-1963年)(作品05)、中央邦新国民议会大厦(1980-1996年)(作品01),到德里、孟买等几个印度大城市的城镇规划和低造价公共住房,国外也有部分作品,共计多达百余项。1970-1975年,柯里亚任总建筑师和孟买区域发展署住房理事会主席,负责"新孟买城"的规划,主持一个拥有200万人口并在现状城市的基础上跨越港口发展的城市中心建设项目,此方案后来被政府接受。由于其突出的学术造诣,1985年受前总理拉吉夫·甘地委托,出任印度政府国家城市建设委员会主席。

柯里亚的成就得到了国际范围内的认可。他参加过许多国际建筑大奖的评审会,如1977-1986年的阿卡汗奖[①]评委和1992-1998年的普利茨克建筑奖[②]评委。其作品曾在美、意、法、日、德及墨西哥等国展出,并刊登在许多建筑期刊和书籍上。他还在多所名校任教,如在哈佛大学、宾夕法尼亚大学、华盛顿大学等著名学府授课,1962年被任命为麻省理工学院的贝米斯教授;1974年被任命为伦敦大学的弗莱彻尔教授;1985年被任命为剑桥大学的尼赫鲁教授;同时还是哈佛大学、哥伦比亚大学、清华大学和同济大学等著名高校的客座教授或特约评论员。

在进行大量实践的同时,柯里亚也将自己的深邃思想倾诉笔端。1985年出版的《新景象》[③]作为柯里亚的代表著作,集中反映了他多年来不断演变成熟的建筑思想。此书基于印度的现实和柯里亚在新孟买规划(1964年)(作品45)中积累的经验,讨论了当今第三世界国家的人口猛增、城市扩张、经济技术落后的问题,还进一步从人类聚居、城市历史文化和政治经济等角度探讨发展中国家城市化问题,为解决城市居住的途径进行新的探索。柯里亚深感发展中国家必须走自己的路,不可能和西方国家一样选择同样的发展标准和生活模式。

我国与印度同属第三世界国家,在城镇发展和城市化、经济技术水平等等方面有许多相似之处,而在文化历史方面,同属世界文明古国之列,拥有悠久的古代文明和鲜明的民族特性,更是共同面对着继承、更新和发展的困难。由于科技的进步、交通的发达、信息的迅速传播,使得世界文化存在着趋同现象。"乡土建筑的现代化,现代建筑的地区化"[④]成为了当务之急。

因此,研究学习印度建筑师柯里亚的学术思想一定将对我们的建筑创作和建设实践有所启发。他的学术思想的核心,即"传统与地域",对于我国的建设极有现实意义。众所周知,中国幅员广阔,地区的自然地理(如地形地貌、气候条件及其他资源的蕴藏等)的差异、经济开发的水平、社会文化的差异等都很

---

① Aga Khan Award: 阿卡汗建筑奖,这是伊斯兰世界最重要的建筑奖项。阿卡汗(Aga Khan),伊斯兰世界著名宗教领袖,巴基斯坦人。阿卡汗基金主要用于支持不发达国家的医疗、教育等社会福利事业。1978年建立了阿卡汗建筑奖,目的是鼓励和促进伊斯兰各国领导人、建筑师和城市规划师,重视伊斯兰的信仰和传统,重视尊重伊斯兰生活方式的新环境的创造。1980年,首次对一些穆斯林国家的新建筑进行评奖,每三年举行一次(参见:世界建筑,1981,3)。1998年柯里亚的作品曾获此奖。

② Pritzker Prize for Architecture 普利茨克建筑奖,普利茨克建筑奖由哈特基金会创立于1979年,每年用于奖励那些通过建筑艺术为人类和建筑环境做出卓越贡献的建筑师。该奖取名于普利茨克家族。普利茨克建筑奖在奖金及程序等诸多方面模仿诺贝尔奖,常被誉为"最有威信的建筑奖"或"建筑诺贝尔奖"。(参见:王毅.建筑界的"诺贝尔奖"——普利茨克建筑奖.北京:世界建筑,1992,6)

③ 全书译文参见本书的第五部分。

④ 这是吴良镛先生在"97当代乡土建筑——现代化的传统"国际学术研讨会上的发言题目。

大，必须根据具体情况作具体分析。

至于学习柯里亚的方法和目的，正像两院院士吴良镛先生所谓"在于从本国的需要与实际出发，进行探索、创造自己的道路"。我们学习柯里亚的意义，"不仅在于他的业务上的杰出造诣和成就，更为重要的是他的献身于吾土吾民的赤诚之心和创造精神了"。[①]

如今在崇尚可持续发展的时代，"民族的也是世界的"今天，"柯里亚"一词在这几年的专业杂志上频频出现，在许多建筑学和城市规划专业的博士、硕士学位论文中，柯里亚也成为了引用率最高的建筑师之一。沙石终究掩不住珍珠的光彩，慢慢磨拭的宝剑将闪烁着夺目光芒。在与欧美明星建筑师争芬斗艳的建筑大舞台上，同为第三世界国家的印度大师柯里亚的作品焕发着独特的天竺奇香。

柯里亚在我心中的感受，或许就如少年追星族心中璀璨夺目的明星，闪烁在遥远的印度，令我景仰，令我神往。相信有朝一日，我会来到当年唐僧师徒历经千辛万苦到达的"天竺圣国"，怀着虔诚而热切的心细细体味着柯里亚作品的精彩。大师的力量是无处不在的，有时似天际的导航星斗，有时是眼前的夜读明灯。与大师的相处时日短暂，但大师的一言一行举手投足都已成为我日后时常拾起的美好回忆。从那时起，地域建筑、低收入者住宅、建筑与气候、小城镇建设等就已成为了我持久关注的论题。乡村里绿荫掩映下的朴实民宅（图6～7），于我而言，和建筑大师们的杰出作品一样值得关注。

[①] 吴良镛.广义建筑学.北京：清华大学出版社，1989

图6～7　山坳里的朴实民宅（自摄）

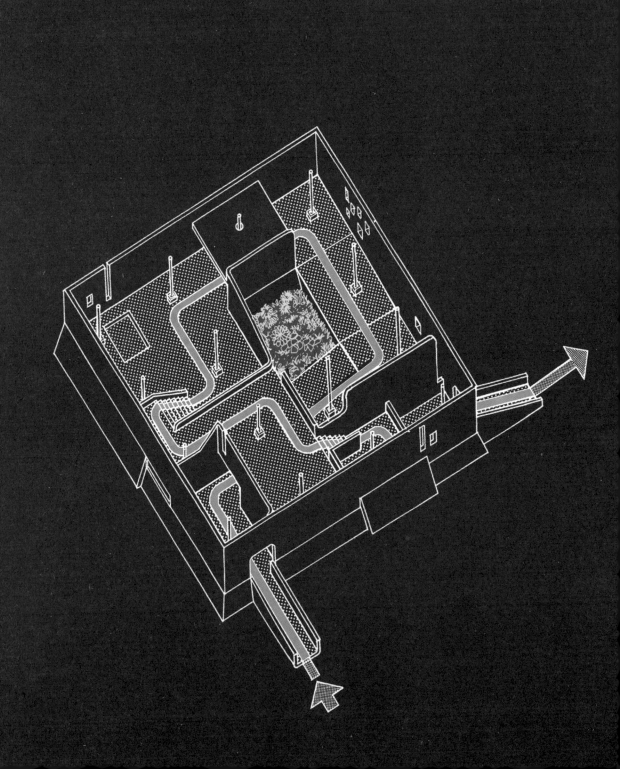

PART I TRADITION-TODAY

第一部分　传统·现代

1 述评

印度作为世界上四大古文明摇篮之一，历经史前文化、印度河文明、吠陀[①]时期、佛教时期、孔雀王朝、笈多王朝、伊斯兰教文化的进入、莫卧儿帝国[②]的穆斯林文化、近代英国东印度公司势力的扩张使印度开始受到西方文化最彻底的影响，直至印度独立的各个阶段。但"只要文明在这里存在，这个国家就从未停滞过，并且是一直在稳步的发展着。印度有4000多年的文明，这部文明史中的每个时期都为今天留下了一份遗产"[③]。现在正处于发展中国家阶段的印度，悠久历史与现代文明、繁荣发展与贫困落后、中世纪社会与现代高新技术并存，从而构成了印度城市与建筑的多元化。在这种多元化的情况下，优秀的建筑作品应该是从不同的社会角度观察问题并寻求解决途径。

同时，印度是个多民族的国度(图1)。400多个民族包括有印度斯坦、泰卢固、马拉提、泰米尔、孟加拉、古吉拉特、旁遮普、拉贾斯坦、比哈尔、锡克等，各具特色的民族给印度文化带来了多姿多彩的浓墨重彩。而且，印度也是一个极富宗教传统的国家，被誉为"宗教博物馆"。印度是两大世界性宗教——印度教[④]和佛教的诞生地。对于各民族的大部分人们来说，神明无所不在，图腾信仰和祖先崇拜也相当普遍。除占人口83%的人们信仰的印度教以外，其他主要宗教还包括伊斯兰教、基督教、锡克教、佛教、耆那教[⑤]等[⑥]。

历史悠久、崇信宗教、民族多元，必定带来印度建筑的多姿多彩，也为印度本土建筑师提供了丰富的创作题材和借鉴素材。文化遗产的继承不仅仅是对过去的保护，它的个体与集体

① Vedic: 吠陀教，又作"Vedism。"公元前1500年左右从现称伊朗的地区进入印度，为讲印欧语的各民族所信奉的宗教。因其圣典称"吠陀"，因此得名。吠陀教为印度最古老而又有文字记载的宗教活动。印度教即源于此教。(参见：《不列颠百科全书》国际中文版(17). 北京：中国大百科全书出版社，1999.457)

② Moghul: 莫卧儿，"莫卧儿"系"蒙古"一词的讹称。莫卧儿王朝在1526-1859年期间统治印度，在这个时期产生了一批伟大的建筑，如泰姬陵、法特普尔·西克里城和阿格拉红堡等等，是印度古代建筑取得极高成就的时期。

③ A·L·巴沙姆主编. 印度文化史. 北京：商务印书馆，1997.6

④ Hindu: 印度教，源于古印度的吠陀教(产生于公元前2000年左右)和婆罗门教(产生于公元前7世纪左右，由吠陀教演化而来)，并吸收了佛教等其他教派以及民间信仰的因素。(参见：我国周边国家(地区)概况. 空司情报部，1993.447)

⑤ Jainism: 耆那教，耆那教与印度教及佛教共为源起于印度的三大宗教。"耆那"意为胜利者，是该教24代祖的共同称号。耆那教与佛教都兴起于公元前6世纪，都反对吠陀教(早期印度教)的繁文缛节。其教义主要内容有：时间无尽无形，宇宙无边无际；万物分为命与非命两类，即灵魂与非灵魂；相信一切灵魂平等等等。(参见：《不列颠百科全书》国际中文版(8). 北京：中国大百科全书出版社，1999.501)

⑥ 于增河主编. 中国周边国家概况. 北京：中国民族大学出版社，1994.315、338

图1 缤纷多彩的印度多民族服饰（引自：Gordon Johnson.Cultural Atlas of India.Facts On File, Inc., 1996.封二）

的记忆与经验在时间的延续中将塑造出(新的)生活方式和价值观。文化遗产像是大树的根,成功地利用文化遗产的丰富资源将会为个体和社会注入活力①。柯里亚的作品中曼荼罗、贡德②、漫游的路径、绘画和雕塑等元素的反复出现,表明着他对印度取之不尽的历史和文化传统的孜孜不倦的追求,印度本身就是柯里亚的创作灵感的来源。

1. 宇宙观的投射

1.1 曼荼罗的起源

曼荼罗源于古印度之太阳崇拜文化及生殖崇拜文化,分别由婆罗门教、耆那教、佛教、印度教所继承,佛教各派均有曼荼罗崇拜,尤以密宗为甚,是一种宇宙模式图。

"曼荼罗"一词是由梵文"Mandala"音译而成,旧译为"坛"或者"道场",新译为"聚集"或者"圆轮具足"③,它的原意是球体、圆轮等,是佛教按一定礼仪制度建立的修法坛场。其词根"Manda"的原意是"座位"、"场地",其最初的意义指供奉神灵的祭坛,引申为"本质"的意思。曼荼罗在密宗之前的文献和实践中完全成了祭坛的代名词。这是在方形或圆形的土坛上,安置诸佛、菩萨,加以供奉。曼荼罗是佛教对宇宙真理的理解和表达,对印度的建筑艺术产生了巨大而深远的影响。

根据华南理工大学吴庆洲教授分析,曼荼罗的文化渊源有三种说法:生殖崇拜渊源说、原人④渊源说和图腾崇拜渊源说。柯里亚所涉及的曼荼罗思想多与原人相关。原人是印度哲学中的灵魂或者自我。在吠陀经中,原人是一位大神。《梨俱吠陀》中有一首原人歌,说他有千头、千眼、千足,是"现在、过去、未来的一切","不朽的主宰"。从他的头上的双唇产生了婆罗门(祭司),双手产生了刹帝利(武士),大腿产生了吠舍(农夫),双腿产生了首陀罗,从心中生出月亮,从眼睛里生出太阳,从气息中产生风,从肚脐上生成空气,他的头形成天,脚上生成地。在这一创世神话中,宇宙是由原人身体的各部分

---

① 林少伟.当代乡土——一种多元化世界的建筑观.北京:世界建筑,1998,1

② kund:贡德,此词梵文意为"池、水池",一般带有阶台,具有宗教"圣池"的功能,阶台使信徒可以临水沐身。

③ 吴庆洲.曼荼罗与佛教建筑.北京:古建园林技术,2000,1.32

④ Vastu-purusha:原人,Vastu为"物";Purusha为"原人、神我、阳性法则",在印度数论派哲学中与"Prakrit"(自性、阴性法则)是对立的概念,分别代表"自然"(阴)与"人"(阳)两种宇宙本原。此幅著名的插图源自"梵天"诸神传说,但其本质上是古代吠陀教(印度教前身)人祭之写照。(参见:Ed.Henri Stierlin."India" in "Architecture of the World".44)

创造出来的。

《吠陀经》中叙述了曼荼罗产生的神话：传说印度远古时期，宇宙被一片无名无形之物所遮掩，它充满天地、无处不在。天神们把它降伏于大地，脸朝下躺着。为了确保它不再逃脱，万物的缔造者婆罗门占据其中心位置，其他的神灵依次各据一方，这样就产生了一种有序的现象世界，被称为 "Vastu Purusha Mandala" 的曼荼罗图形(图2)。婆罗门居于曼荼罗的中央位置，即原人肚脐的部位。

曼荼罗分方、圆等多种形式。圆者象征世俗的世界和时间的运动；而方形则象征神灵的世界，是固定的，不能运动的，因而是一种完美的绝对形式。无论方圆，都由大梵天居中，众神按照等级围绕梵天。

1.2 曼荼罗的建筑原型

曼荼罗的世界结构可抽象成以弥楼山①为世界中心、十字轴线对称、方圆镶嵌的模式。无论具体的形象是怎样的，在空间形态上，都强调表现中心与边界，这也是曼荼罗的实质所在：以中心为主导向外辐射，以边界为约束向心凝聚，由此构成内聚外屏的神圣场所②，因此无论中央区域如何气象万千，围合的边界却简洁无华。古印度的吠陀时代，人们就已经用曼荼罗图式来设计建筑单体，建筑群乃至城镇的规划设计，并以此来表达对宇宙的看法，使建筑、城镇具有各种符号、图式和象征意义。

---

① Mountain of Meru: 弥楼山(另有译作"妙高山"——译者注)，即印度教神话所传屹立在宇宙中心的金山，是世界之轴。天神居于此山，此山余脉即喜马拉雅山。喜马拉雅山南即婆罗多婆舍国(婆罗多众子的地方)。主要天神都在此山或其附近有各自的天国，信者死后在这些天国与他们一起等待转生。(参见：《不列颠百科全书》国际中文版(11)．北京：中国大百科全书出版社，1999.118)

② 杨昌鸣，张繁维，蔡节．"曼荼罗"的两种诠释——吴哥与北京空间图式比较．天津：天津大学学报(社会科学版)，2001，3.14

图2　图中的"原人"通过一个男性的形体来表达一种精神的力量。他的头部朝向东北向，而脚朝向西南向。这个图案的中心代表"空无"，对应建筑中最常见的形式就是庭院，在神庙中，这常常是中央圣殿。(引自：世界建筑，1999，8.68)

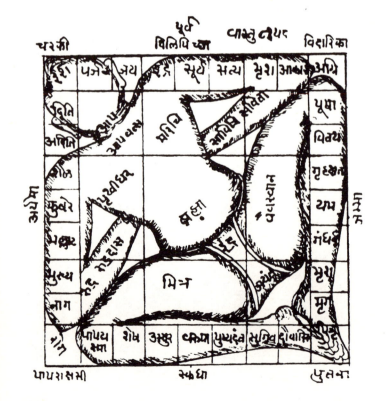

印度河谷出土的两个古代"理想城市"图案，明确地反映出方、圆两种完整的四分曼荼罗布局(图3)。在中国，也能够找到以曼荼罗为原型的建筑，如西藏桑耶寺(图4)、承德普宁寺(图5)等，古代城市规划中的城市布局形式也能够看到与曼荼罗原型类似的元素，如轴线对称、中心抬高突出、四周环簇的平面形象。

关于曼荼罗的象征意义，瑞士心理学家C·G·容格在一些著作中，如《瑜伽与西方》(1936年)和《论曼荼罗的象征手法》进行了说明。他把近代心理学的方法与瑜伽进行对照，用"集体无意识"的心理学来解释印度的神话和象征。他认为，每个人的内心深处都携带着来自远古祖先的记忆或者原始意象，这过去的遗物即称为"集体无意识"，它由包含着过去所有各个世代所积累起来的无数特殊的或者同种类型的经验，通过血缘纽带的遗传系统传延下来而形成的。容格总结出不同文化的原始意象中出现概率最高的五种几何母题，都是具有绝对中心而且极为简洁的图形：中心(·)、方形(□)、三角形(△)、圆形(○)及十字形(+)。当它们相互结合并共享同一中心时就形成了曼荼罗图式。值得说明的是，曼荼罗并非上述印度教、佛教等宗教所特有，在古代其他地区的艺术文化领域也能够寻觅到类似的象征手法，各种文化上的近似，因为"没有印度影响的真凭实据，我们便始终应该记住，这些趋同现象可能只是心灵上看法类似的结果。"[①]

按照容格的分析，每一座以曼荼罗原型进行演变的建筑都是一种原型形象，从人的无意识向外部世界投射，城市、堡垒和教堂都成为了精神整体的象征，它以这种方式对进入或者居住在这种地方的人产生了一种特别的影响。容格写道："如果它们

图3 方形和圆形的曼荼罗"理想城市"布局（引自：吴晓敏、龚清宇.原型的投射.南方建筑，2001，2.91）

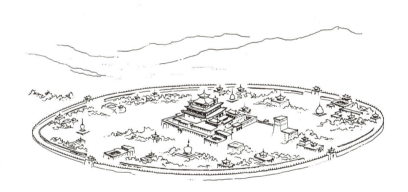

图4 西藏桑耶寺（引自：陈耀东.西藏阿里托林寺.文物，1995，10.14）

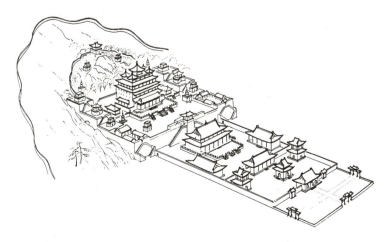

图5 承德普宁寺（引自：陈耀东.西藏阿里托林寺.文物，1995，10.14）

---

① A·L·巴沙姆主编.印度文化史.北京：商务印书馆，1997.650、713

表现了最深层的对意识的洞见和对精神的最玄妙的直觉的话，那它们必定会从遗忘的深层再次突现出来，由此将现今意识的独特性和过去古老久远的人性结合起来。"①

印度早期的吠陀祭坛就是以方代表天，以圆代表地。印度的方形"原人曼荼罗"，共有32种，其中64格(8×8)和81格(9×9)的曼荼罗是最常用的。每一个方格都代表一个神，而任何土地上的建造活动，包括城市(如斋浦尔②)和建筑，都要由祭司-建筑师根据用地大小选用并画出不同类型的曼荼罗，再依次加以建造③。

1.3 柯里亚建筑中的曼荼罗

中央邦④新国民议会大厦(1980-1996年)(作品01)是柯里亚建筑设计中出现的第一个完整的曼荼罗平面(图6)。距离博帕尔50km之外有座著名的桑吉窣堵坡(图7)⑤，成为柯里亚建筑设计中寻求的城市文脉之一。在窣堵坡的多重象征意义中，最为重要的一点是代表宇宙的轴心。根据曼荼罗的释义，中央空间被称为"空无"，是一切力量的源泉。柯里亚则称之为"一个纯意识概念，就像现代物理中的'黑洞'。"建筑平面按照圆形曼荼罗的式样分为九部分，也可以理解为从中央庭院沿两条垂直的轴线向外发散。中间呈十字形的五块是大厅和中庭，在这里茂密树荫和潺潺流水创造出怡人的小气候；而边角上的四块各具有不同功能：上议院、下议院，多功能会堂和图书馆。建筑内部步移景换，创造出一个个令人视觉愉悦的庭院空间。

与中央邦国民议会大厦(1980-1996年)(作品01)不同的是，斋浦尔艺术中心(1986-1992年)(作品02)采用的曼荼罗原型为方形。这个独特的9方格平面是源于印度教中对宇宙秩序的描述，并以古斋浦尔的城市规划作为原型。古斋浦尔的城市平面形成于17世纪，由贾伊·辛格王公绘制。他是一位学者、数学家和天文学家。古斋浦尔城就是贾伊·辛格王公所寻求的神话和科学的奇妙合成的一个样本，既体现了有关曼荼罗的构思，又包含着科学的城市规划设计思想。因为有个山丘的存在，贾伊·辛格王公将9个方格中的一个方格向东侧进行了偏移。无巧不成书的是，斋浦尔艺术中心为避开一座已有的山丘，其中一个方块也被偏

图6 中央邦新国民议会大厦(作品01)的底层平面图（引自：世界建筑.1999，8.43）

图7 桑吉窣堵坡（单军拍摄）

---

① 吴晓敏，龚清宇.原型的投射——浅谈曼荼罗图式在建筑文化中的表象.广州：南方建筑，2001，2

② Jaipur: 斋浦尔，印度西北部城市，位于德里西南以南。建于1727年，曾是12世纪建立的古国的中心，并且以其城墙、防御工事和许多房屋呈粉红色而闻名，有"粉色城市"之称。

③ 单军.新"天竺取经"——印度古代建筑的理念与形式.北京：世界建筑，1999，8.27

④ Madhya Pradesh: 中央邦，印度最大的邦，位于中部地区，邦名意为"中间的"，首府为博帕尔(Bhopāl)。

⑤ Buddha stupa: 窣堵坡。其中，Buddha，佛陀(活动时期约公元前6-前4世纪)，佛教创始人。姓乔答摩，名悉达多。佛陀简称佛，意为"觉悟者"，这是他的称号。佛陀出生于释迦族公国，故又号释迦牟尼。(参见：《不列颠百科全书》国际中文版(3).北京：中国大百科全书出版社，1999.214)；Stupa,窣堵坡，中文也称为"塔"、"浮屠"等，其梵文本义为埋舍利的坟冢。这是一种没有内部空间的特殊宗教建筑类型。它具有多重的象征意义，如：一种神秘力量的中心(世界的轴心)；一种从外部看的宇宙形式；作为墓穴、衣冠冢或圣骨所；以及佛陀传教和圣迹的纪念物等。它还可代替祭坛，并视为法力遍及宇宙的佛陀化身。桑吉窣堵坡是其中最著名的一座。(参见：M·布萨利著.单军，赵焱译.东方建筑.北京：中国建筑工业出版社，1999)

转了位置,自然而然地形成了入口位置。斋浦尔艺术中心(1986-1992年)(作品02)的9个方块对应着9颗属于太阳系的星座,有7颗是客观存在的,而另外两颗则是虚构的(图8)。它们的名称分别为曼加勒星(火星)、钱德拉星(月亮)、布达星(水星)、革杜星(虚构的星座)、沙尼星(土星)、鲁赫星(虚构的星座)、古鲁星(木星)、舒凯里星(金星)和苏利耶星(太阳),所对应的建筑功能也与星座代表的性格相呼应。

1.4　现代宇宙观的呈现

在建筑中表达古代宇宙的模式,是自古以来人们孜孜不倦而进行的努力,如中国现代建筑中常常借用的"天圆地方"。是否有可能,在科学发达的今天,我们仍然能够通过建筑来演绎现在所理解的宇宙模式?

除开丰富的人文地理历史知识外,柯里亚还非常关注自然科学领域,这从他笔下涌淌出的科学家的名字,塞奇·阿耶波多、弗雷德·霍伊尔、雅各布·布洛诺夫斯基、简·伯纳德·莱昂、欧内斯特·卢瑟福[①]……如数家珍就可见一斑。从而可以看出,自然科学宇宙观必将对柯里亚的思维方式产生重要的影响。

① 各位科学家的具体情况介绍参见下文中相应位置的注解。

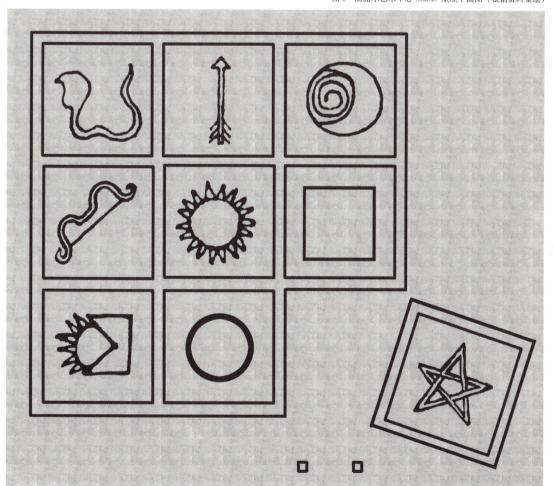

图8　斋浦尔艺术中心(作品02) 星座平面图(根据资料重绘)

在斋浦尔艺术中心(1986-1992年)(作品02)还在修建的时候，柯里亚就已经开始思考如何对不同的宇宙观用模型表示出来，以区别大相径庭的吠陀曼荼罗的神秘宇宙观。

英国议会大厦(1987-1992年)成为了传统宇宙观和现代宇宙观表现的一座桥梁。其中对传统宇宙观的折射脱离了曼荼罗的规整形式，而是通过空间序列(图9)来进行描述。从主要入口大厅一直到后花园，通过一条主轴线贯穿起来。主轴线上均匀地分布着3个重要节点，暗示着南亚①上历史久远的3种基本信仰体系。这3个节点精心选择材料砌筑而成。入口门厅(图9-1)的地面上是一个欧洲特色的图案，由大理石和花岗石镶嵌而成的16世纪的欧洲航海罗盘，借此来阐释理性年代中现代文明用科学与进步创造的现代神话，暗示着现代科技和理性主义的到来，这是第一个节点。中间的节点位于中央庭院(图9-2)，这里的墙面采用红色阿格拉砂岩做饰面材料，则反映另一套宗教主题，即传统伊斯兰教的察·巴尔②，意为"天堂花园"。最终端的一个节点的螺旋图案(图9-3)象征着印度教的宇宙能源的源泉。这3个节点沿着场地的长度方向布置，把起始一端的入口大门和最终端的花园围墙联系起来。

天文学和天体物理学校际研究中心(1988-1993年)(作品03)则完全在追求表现现代科学的宇宙观。在中央贡德里，布置了一些尺度大于真人的雕像，用来纪念一些杰出科学家：例如伽利

图9-1 空间序列1：室内大厅（引自：世界建筑导报，1995，1.66）

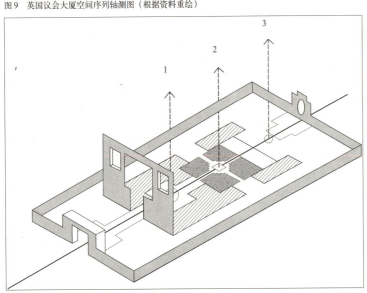

图9 英国议会大厦空间序列轴测图（根据资料重绘）

图9-2 空间序列2：察·巴尔花园（引自：R·麦罗特拉主编.《20世纪世界建筑精品集锦》第8卷南亚.北京：中国建筑工业出版社，1999.229）

图9-3 空间序列3：终点处的锡瓦头像（引自：R·麦罗特拉主编.《20世纪世界建筑精品集锦》第8卷南亚.北京：中国建筑工业出版社，1999.229）

---

① 南亚：这一词语是西方的发明，一个中性的后殖民词语，受到新闻界和学术界的推广，以取代"印度次大陆"。这一词语因为南亚地区合作组织(SAARC)的使用而被认可。1985年起，"南亚"一词被各地学者和传媒正式使用。(参见：R·麦罗特拉.综合评论.《20世纪世界建筑精品集锦》第8卷南亚.北京：中国建筑工业出版社，1999.28 的注解8)

② Char Bagh：音译为"察·巴尔"，字面意思为"4个花园"，这在乌尔都语(巴基斯坦官方语言，是巴基斯坦和印度北部穆斯林的主要语言)中指伊斯兰园(即宗教中所指至福极乐之境)。它的形式是把一个长方形分成4个等分的方块，中央为一水池(即生命之泉)。

略、牛顿、爱因斯坦,以及印度大科学家塞奇·阿耶波多[1]。在贡德东西向轴线正对着的是一个走廊。走廊中央修建了一个圆屋顶,所描绘的星座示意图中所传达的信息对20世纪的科学价值观至关紧要,就像耆那教对古代吠陀的宇宙观的重要性一样。古代吠陀的宇宙观曾在斋浦尔艺术中心(1986-1992年)(作品02)的曼加勒玛哈尔中的穹顶上进行了描绘。既然精确是科学最为基本的属性之一,根据天文学家使用的一张夜空星座分布图,建筑师在研究中心的穹顶描绘出抽象的模型图,其中的定位、大小和相对亮度都是精确测算的。星座用小玻璃碎片镶嵌在混凝土穹顶里来示意。因为玻璃可以透光,当白天的光线从穹顶处的玻璃碎片中倾泻而下时,看起来就像夜空中闪烁的星星。这种对"精确"概念的表达是本项目赖以支撑的基石,并贯穿整个校园的设计中。

位于卡纳塔克邦[2]班加罗尔的印度科学院尼赫鲁研究中心(1990-1994年)同样也设立了一个穹顶,象征着巴克敏斯特·富勒[3]的碳原子结构。富勒曾提出了"少费而多用"(more with less),也就是用有限的物质资源进行最充分和最合宜的设计,满足全人类的长远需求。他的杰出成就之一就是发明了多面体的张力杆件穹窿(图10),这被美国建筑师学会称为"是一个人类迄今最强、最轻、最高效的围合空间的手段"[4]。富勒是柯里亚在美国求学时的一位老师,他的名字常常出现在柯里亚的言谈和文章中。柯里亚曾回忆说:"我从没见过巴克这样的人,他有源源不断的新想法和创造性。后来,在麻省理工学院,巴克再次成了那儿的特邀评论员。在他的指导下,我们用加强的卡片纸制作了四面体结构的球面桁架。这些实验我记得清清楚楚。"[5]富勒后来和柯里亚一直私交甚好。

图10 富勒设计的张力杆件穹窿(引自:Sophia Behling.Sol power: the evolution of solar architecture.Munich: Prestel-Verlag,1996.186)

2. 其他传统文化的印记

2.1 漫游的路径

东方宗教仪式的进行常常以长途跋涉来表达虔诚,如吠陀巡神仪式路线,即"钵喇特崎拿"仪式[6]。这是一种印度教和佛

---

[1] Aryabhatta, Sage: 塞奇·阿耶波多(476-约550),印度数学家,古苏姆布尔人。现代学者所知的最早的印度数学家,最早懂得运用代数的人之一。(参见:《不列颠百科全书》国际中文版(1).北京:中国大百科全书出版社,1999.522)

[2] Karnātaka: 卡纳塔克邦,位于西南海岸,邦名意为"高地",首府为班加罗尔(Bangalore)。

[3] Fuller, Buckminster: 巴克敏斯特·富勒(1895-1983年),美国建筑师、工程师、发明家、哲学家、诗人,被誉为20世纪下半叶最有创见的思想家之一。他大概是第一个从全世界着眼企图发展全面的、长期的技术经济计划的人,该计划的宗旨是"使人类成为宇宙间的一项奇迹"。他发展了一种几何学的向量系统,称为"高能聚合几何学。"这种几何学应用在建筑学上成为网格球形穹顶。其中最著名的作品是:1967年加拿大蒙特利尔世界博览会中的美国馆。富勒的其他发明还有:一种三引擎汽车、模压预制装配浴室、四面体的漂浮城市、水下网格球形穹顶农场和消耗性的纸穹顶等。曾获英国皇家建筑金质奖章,1968年还获得美国全国文学艺术学会的金质奖章。(参见:《不列颠百科全书》国际中文版(6).北京:中国大百科全书出版社,1999.494)

[4] 赖德霖,富勒.设计科学及其他.北京:世界建筑,1998,1.61

[5] 转引自:张轲.地区性与地方性——柯里亚的建筑规划思想及其对我国的启示[硕士学位论文].北京:清华大学建筑学院,1996

[6] Pradakshina: "钵喇特崎拿"仪式,梵文,意为"右绕。"(参见:《不列颠百科全书》国际中文版(13).北京:中国大百科全书出版社,1999.453)

教礼仪，礼拜者顺时针方向绕神像、舍利、神座或圣物行走，从东方起步往南行进，朝着太阳运行方向，使得受崇拜的对象始终在右侧。有些朝圣者这样绕行圣城瓦拉纳西①全程约58km。也有人从恒河源到恒河口这样绕一周，步行得需要几年时间。柯里亚的许多作品中也通过空间序列的安排，让人们不断地穿过露天空间，强调出这种东方人心理体验的"行进之变"。

作为柯里亚第一个正式的作品——手织品陈列馆(1958年)(作品04)，其中就运用了"漫游的路径"设计概念(图11)。15个7m×7m的方形单元给行走其中的人们制造出一个行进的迷宫。接下来的圣雄甘地纪念馆(1958-1963年)(作品05)采用的是多个6m×6m的模数单元空间。形式组织时有意识地避免对称，路线组织看似随意。这个重要作品的建成，也标志着柯里亚建筑处理手法的成熟，漫游的路径带来的直接优势是便于将来的扩建。印度斯坦·莱沃陈列馆(1961年)(作品06)的路径设计强化三维空间的变化，坡道和平台让人们上上下下地体验着建筑空间，相对应的是屋顶就像一连串小山坡(图12)。

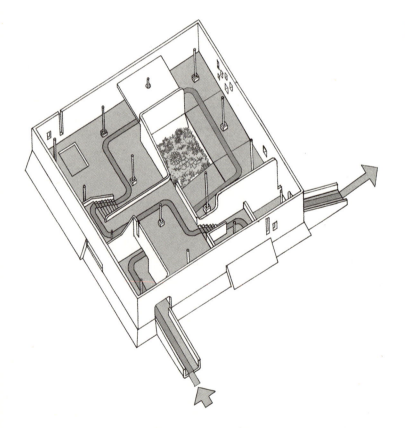

图11　手织品陈列馆(作品04)轴测图（根据资料重绘）

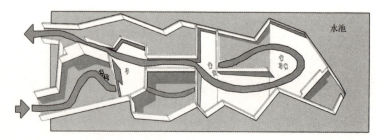

图12　印度斯坦·莱沃陈列馆(作品06)漫游的路径示意图（根据资料重绘）

① Varanasi：瓦拉纳西，旧称贝拿勒斯，印度中部偏东北、恒河上的一座城市，位于勒克瑙城的东南部，它是印度最古老的城市之一，有大约1500座庙宇、宫殿或圣殿，并成为印度教朝圣圣地。

国家工艺品博物馆(1975-1990年)(作品07)是为了展示印度多民族的民间工艺品(图13)。展示空间的设计基本点是满足人们行进中观赏的便利。其中的展品多为瓦罐、绣品、劳作器械等,体量较小,因此展示路线应该让人们尽可能地靠近展品,以便细细揣摩。借鉴印度的古老街道形制,沿着曲折的路线,人们可经过乡村苑、祠庙苑和宫廷苑,最后来到露天的圆形剧场。其中,不同标高平台成为"漫游的路径"的主角。对这个博物馆,博物馆馆长乔丁德拉·贾殷博士曾说过:"在最近的十几年里,这座博物馆又几经调整改变——它在不断地被完善。它永远不会像制造贺年片一样,做好了就完工了。它是一直处于不断建造中的状态,是个充满弹性的建筑,这一点与印度传统的村庄街道一样,留有余地不断进行调整来适应新的环境与变化,形式自由,充满活力。"

印度巴哈汶艺术中心(1975-1981年)(作品08)"漫游的路径"是与地形完美结合的,它是一个半覆土建筑,建筑外轮廓顺着平缓山形而变得柔和(图14)。路径的组成更为丰富,把花园平台和下沉式庭院联系起来,作为公共活动空间的同时,来调节建筑小气候。

图13 国家工艺品博物馆(作品07)的俯瞰模型(根据资料重绘)

在印度远古时代,圣人和大智慧者多离群索居,远离尘世,独居深山老林中冥思。这种古老的模式为这座印度科学院尼赫鲁研究中心(1990-1994年)的总平面设计提供了原型。灵活多变的漫步路线为现代智者提供自由思索的场所,也构成了建筑形式的不拘一格。

与此相关的一个较新的作品是1998年阿卡汗文化基金会在卡塔尔首都多哈举办的伊斯兰艺术博物馆竞赛,扎哈·哈迪德、理查德·罗杰斯等国际知名建筑师也参与了竞赛。这个博物馆将向公众展示卡塔尔的阿勒萨尼家族收藏的绘画、武器、玻璃器皿、钱币、书籍、手稿等珍品。在伊斯兰艺术博物馆设计中,追求物质的本原有了特殊的意义。柯里亚设计的基本观点是将展品按照序列布置,这样能够与漫步其中的参观者进行交流。因此,"展品"、"路线"、"灯光"三者成为了设计中基本元素。在西方,世俗和宗教艺术的区别是泾渭分明的,对艺术家和民间手工艺人的认识的差别也非常明确。而在这里,这条区分的界限就变得含混不清了,艺术家和手工艺人就等同于一个概念。在一个伊斯兰世界的艺术博物馆中,必须得通过特定的建筑形式来表达这种特殊的价值观。通过一个漫游的路径把多个不同尺度的展廊贯穿起来。参观者可根据自己的喜好在多种参观路线中进行选择。

图14 印度巴哈汶艺术中心(作品08)露天平台的透视图(根据资料重绘)

世俗生活中也能够为漫游的路径找到注脚。1987年,柯里亚在《转变与转化》①中进行了总结:将建筑形体分解成为系列彼此独立、又相互关联的体量,这在印度建筑中非常普遍。例如,在拉贾斯坦邦②一些村庄中的住宅就是由数个圆形小屋围绕着中心庭院布置而成。每一个圆形小屋都各司其职,有的用做客房,有的用做粮仓,有的则用做卧室。根据一天中不同的时段和从事活动的不同,人们从一间屋走到另一间屋。这种生活方式类似于游牧民族,既合乎时尚,又吸引人。这种漫游的路径来贯穿整个建筑的空间组合,不但赋予建筑以丰富的体量塑形,而且能够与地域气候条件相适应。

---

① Hasan-Uddin Khan.Transfers and Transformations.in Charles Correa. Singapore,Butterworth,London & New York: Mimar, 1987.130。参见本书第六部分: 转变与转化。

② Rājasthān 拉贾斯坦邦,位于印度西北部,邦名意为"诸王之地",首府为斋浦尔(Jaipur)。

2.2 贡德的冥思

"当中亚高原在春季逐渐转暖的时候,热空气上升,夹带着大量云块的海风便从印度洋被吸引到高原地带,移动的云层受到高山阻挡,就把携带的雨水洒落在这片灼热而干燥的原野上。每年6月开始的季风大约延续三个月,带来了全年的降雨量。除沿海地带和其他一些地理条件特别优越的地区,别的季节只有极少的雨量,甚至完全无雨,因此,几乎整个次大陆的生活都依赖着季风。"① 因此,将有用的水储存起来,在耕作者中恰当地分配,这是印度生活中一个非常重要的因素,这也可见水在印度人民心中的某种独特的情愫。由于水对于印度的特殊意义,作为生命的源泉,还形成了当地已有2000多年历史的恒河圣水沐浴节以及印度教信徒12年一度的盛大节日"宫巴库会"②。

台阶是印度另一个重要的建筑文化要素,它的形成也与气候有关,并因为提供了户外活动的空间场所而被赋予更多的含义。"一段台阶可以具有很多功能,例如它可以是一个让人们休息的地方,或者,如果尺度大一些的话,它还可以是一个让人睡觉的地方"③。在平常的日子里,人们也常常聚集到恒河的台阶码头上,与河水嬉戏、洗涤身体、净化心灵(图15),甚至在人生最后一个环节——踏上天国之时,人们也选择了恒河水葬的形式,与水融为一体。

我们还可以看到,无论是印度教神庙,还是伊斯兰清真寺、宫殿河城堡,到处都有水池与台阶构成的贡德的存在,它既是人们日常生活的不可或缺的元素,更是荡涤心灵的场所。贡德作为传统的沐浴池,为一种方形的水池。到神庙里来朝拜祭奠的人们先到水池旁洁身洗浴,成为了整套仪式的前奏。

贡德的形式源于"原人曼荼罗"这种古代的吠陀图案,用来表示宇宙模型。就像印度许多其他的宗教图形一样,这种古代的图案被赋予了现代的内涵,体现物质和精神的结合,象征着永恒与无限。用石材或者砖块砌成周边高低不一的台阶,人们可环绕中央的水池席地而坐。其中著名的历史古迹有古吉拉特邦的莫德拉太阳神庙贡德和阿达拉吉的阶台式水井。莫德拉贡德为矩形,建在太阳神庙的东面(图16)。由于地处干热地区,贡德不仅是一种重要的储水设施,也是信徒进入神庙前沐浴净身的宗教礼仪功能。而位于艾哈迈达巴德城外18km处的阿达拉吉的阶台式水井为一地下结构,平面为希腊十字(图17)。人们可以由南、东、西三个方向的台阶,首先进入到一个八边形的开敞空间,然后沿台阶一直向下走到20多米深的水井旁(图18)。由于水井位于古商道旁,所以它既是当地人取水和进行宗教活动的重要场所,也是往来商旅的休憩和纳凉之所④。

柯里亚将贡德的形式多用于研讨功能的建筑,大家围绕贡

图15 印度恒河边的沐浴石阶(引自:世界建筑,1999,8.18)

图16 莫德拉太阳神庙贡德(引自 Spirituality in Architecture:Introduction.In MIMAR 27: Architecture in Development. Singapore: Concept Media Ltd, 1988)

图17~18 阿达拉吉的阶台式水井(单军拍摄)

图19 苏利耶太阳贡德园(作品10) 贡德台阶细部(引自: Techniques & Architecture. Paris, 1988-Feb./Mar.89)

---

① A·L·巴沙姆主编.印度文化史.北京: 商务印书馆,1997.6

② 宫巴库会: 人们聚集在印度教圣城瓦拉纳西恒河河畔,在接近0℃的圣水中沐浴。(参见: 邹德侬、戴路.印度现代建筑.郑州: 河南科学技术出版社,2002.5、28)

③ 单军.新"天竺取经"——印度古代建筑的理念与形式.北京: 世界建筑,1999,8.24

④ 邹德侬,戴路.印度现代建筑.郑州: 河南科学技术出版社,2002.31~32

图20 科拉马南加拉住宅场地东端的贡德，铺设着花岗石石块（引自：Charles Correa. London Thames and Hudson,1996.142）

图24 天文学和天体物理学校际研究中心(作品03)中央贡德的东南向景观（引自：New World Architect.Korea，2001.229）

德而坐，借探讨问题的同时，来净化自己的心灵，提高自己的素养，犹如沐浴洁身。卡普尔智囊团成员寓所(1978年)(作品09)为柯里亚较早的运用了贡德的作品，可惜未能建成。它原本是为英迪拉·甘地总理和她的客人们提供一个商榷国家大事的郊外度假农庄，后来成为了苏利耶太阳贡德园(1986年)(作品10)(图19)的设计基础，这是印度政府的智囊团研究国家大事的所在。

柯里亚在位于卡纳塔克邦班加罗尔的自宅(图20)里，也保留了一个贡德，作为中央庭院的延展，两者间插入一个工作室。中央庭院是家人和来访者活动的中心场所，热热闹闹；而一室之外的贡德则是柯里亚面对平静水面独自沉思所在，或者和几个知心密友交谈心得，静谧安宁。

此外，用到贡德的几个建筑均是有一定规模的公共建筑，如贾瓦哈尔拉尔·尼赫鲁发展银行学院(1986-1991年)(图21)、中央邦新国民议会大厦(1980-1996年)(作品01)、斋浦尔艺术中心(1986-1992年)(作品02)(图22~23)、英国议会大厦(1987-1992年)和天文学和天体物理学校际研究中心(1988-1993年)(作品03)(图24)等。我们注意到：这其中几个作品都是柯里亚用以表达自己对古代和现代宇宙观秩序的思考，莫非贡德正是为人们提供了思考深邃宇宙的最佳场所？

图21 贾瓦哈尔拉尔·尼赫鲁发展银行学院，从剖面图可以看出空间序列（根据资料重绘）

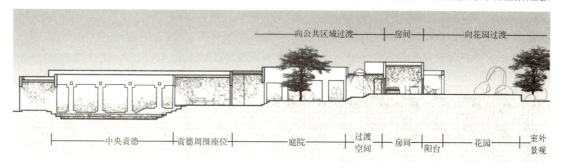

图23 斋浦尔艺术中心贡德台阶的轴测图（根据资料重绘）

图22 斋浦尔艺术中心(作品02)中央贡德的台阶细部（吴刚拍摄）

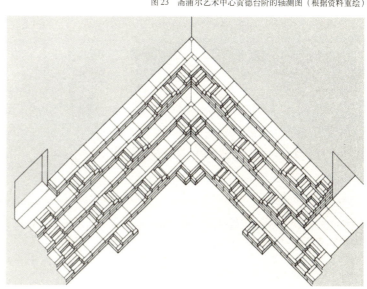

2.3 绘画的运用

柯里亚的建筑作品中常常出现画龙点睛的大幅壁画或者大尺度雕塑,如萨尔瓦考教堂(1974-1977年)(作品12)的宗教题材玻璃壁画、印度驻联合国代表团大楼(1985-1992年)的大幅纪念甘地的绘画、中央邦新国民议会大厦(1980-1996年)(作品01)的传统动物绘画(图25)、斋浦尔艺术中心(1986-1992年)(作品02)对九大星座的描绘等。他在建筑空间运用绘画的最大特点在于通过二维平面来形成三维立体空间的效果,制造"错觉",这也是印度传统绘画常常所充当的作用。和柯里亚合作的多是印度本土艺术家,他们共同创作出富有民族风情的建筑作品和绘画雕塑作品。

图25 中央邦新国民议会大厦(作品01)西南侧公共露天庭院周围连廊的传统绘画(引自:New World Architect.Korea, 2001. 196)

印度驻联合国代表团大楼(1985-1992年)位于纽约联合国总部大厦所在的街道。它作为一栋重要的驻外大楼,必然成为民族文化的传达者。在大楼里陈列了大量的艺术品,其中值得一提的是印度艺术家M·F·侯赛因的两件作品,它们与建筑融为一体,而不单单是作为独立的艺术品而存在。第一件是一幅大型壁画(图26),取材于对圣雄甘地的纪念,壁画覆盖了主要大厅周围的几个墙面。另外一件是位于大门入口上方两层高平台的雕塑,题材是关于马哈拉施特拉邦神话中的7匹马风驰电掣般狂飙的形象,这要追溯到阿育王①的故事。

图26 印度驻联合国代表团大楼,菲达创作的室内壁画(引自:New World Architect.Korea, 2001.255)

卡拉学院艺术表演中心(1973-1983年)(作品11)(图27)主要是为民间传统艺术提供一个展示的舞台,室内设计独具匠心。门厅的墙面上绘制城堡的图案,产生三维的透视感。观众厅的墙面画着一个古老果阿剧场的场景,并配上包厢和当地居民的形象。这是由果阿著名的艺术家马里奥·米兰达创作完成的。在包厢人物绘画的后面掩藏着真正的幕布,需要时可将幕布拉出来降低混响时间。演出开始,全场灯光逐渐黯淡,照亮所绘人物的灯光最后熄灭。在幕间休息时间,灯光重新亮起,次序与上述正好相反。演出结束时,聚光灯打到顶棚隔层里所绘的图案,展现出果阿丛林的迷人景色——给人以虚虚实实、以假乱真的感觉,饶有趣味。这种把建筑与包含有深刻寓意的绘画相结合的设计手法,在柯里亚以后的许多作品中都能看到。

① Asoka:阿育王(?-前232),摩揭陀国孔雀王朝国王,信奉佛教的第一位印度统治者。

图27 卡拉学院艺术表演中心(作品11)室内剧场入口层的座位与墙面上的绘画虚实结合(引自:Mimar. Singapore, 1987-March.30)

图28 果阿酒店(作品13)绘画营造出不真实的街景(引自:Hasan-Uddin Khan.Charles Correa [Revised Edition].Singapore, Butterworth, London & New York; Mimar, 1987.100)

图29 果阿酒店(作品13) 虚幻的城市景象：绘画中的士兵和大门。士兵形象是印度许多地区常绘制于门两侧的图案，是否就像中国门神的作用，保宅平安？（引自：Architectural Record.New York，1983-April.158）

图30 中国门神通常是贴在临街大门上，为防恶魔或者灾害，二神手执刀锤鞭锏，威风凛凛。（引自：马书田.中国民间诸神.北京：团结出版社，1997.243）

① Kadamba: 卡达姆巴王朝属于古典笈多时期。约4世纪，摩由罗沙曼在印度南部建立起这个王朝。果阿卡达姆巴是著名卡纳塔克卡达姆巴王朝的分支。

② Adil Khan: 阿迪勒可汗是比贾普尔和果阿的穆斯林统治者，后被葡萄牙所取代。

果阿酒店(1978-1982年)(作品13)借助"Cidade de Goa"(Cidade的意思即为"城市")的名字通过建筑来探讨"城市"的主题。街灯、公园座椅等元素在建筑庭院里塑造出一个"城市广场"，犹如舞台布景。同时，柯里亚还混合了多种文化：葡萄牙、印度教、穆斯林和当代西方绘画，并将二维绘画与三维空间虚虚实实的结合起来。宾万德卡的绘画作品更是起到了"点睛"之妙，他是来自孟买的电影海报画家，虚幻的街道(图28)、没有时刻的时钟、手持武器的士兵(图29~30)都是他的杰作。门厅里的壁画运用了传统的植物题材，如车前草和扎都花等，来表达"欢迎"之意。接待处设计采用的题材取自卡达姆巴王朝①的建筑风格，并装饰有传统印度教的欢迎的符号。在右侧，布置着阿迪勒可汗②时代的建筑风格，并有与之配套的长沙发和优等的丝绸。在前方，是葡萄牙的标志，是三个征服者在交谈的雕塑形象。中央庭院周围墙面上的窗洞、门洞、阳台，不知哪个是真，哪个是艺术家的笔下勾勒？

韦雷穆海滨住宅(1982-1989年)(作品20)是果阿海湾边的一个度假别墅群，柯里亚自己在这里也有一套住宅。优美的风景是大自然的丰厚赐予，真希望能够时时面对着美景。起居室朝向河流的门为三折式。门上画着外边的河流风光。当关上门时，河流一景宛若引入室内，成为室内的一部分；当打开门时，就与真实的风景交相辉映，虚虚实实，别有趣味(图31~33)。

英国议会大厦(1987-1992年)是一个用艺术绘画来直接创作建筑的特殊例子。在入口庭院大型棚架的下方，贯穿各楼层的墙面上是由英国艺术家霍华德·霍奇金创作的巨型壁画，是采用白色的迈赫赖纳大理石做底，黑色的库达帕哈石镶嵌而成。壁画的内容是把一棵郁郁葱葱的大树投影到建筑上，通过深深的影子来刻画亚热带气候，浓重的黑色给人视觉上以极大的刺激(图34)。这些边界柔和的形象爬满了巨大遮阳棚架下笼罩的入口立面上。图案隐喻印度文化的多元，并赋予人们以皈依感。这是一个直接用艺术品来创造建筑的罕见例子，同时也是一个用二维平面的象征性的抽象图案来强调空间深度，从而赋予三维空间以活力的例子。评论家约翰·吕塞尔曾就此进行了中肯的评价："这些松软的、像大象耳朵似的树叶爬上建筑墙面的角角落落……没有柯里亚，霍奇金也许将采用三维的雕塑；没有霍奇金，柯里亚的建筑就像花木架，却忘记了栽树种花。建筑并不依赖艺术才存在，艺术也无需与建筑融合为一体。但在这里，这两者既完整统一，又彼此独立。"在墨西哥的阿拉梅达公园开发办公大楼(1993年)(作品28)中，"大象耳朵"爬上了最上面三层的逐

图31 韦雷穆海滨住宅(作品22) 起居室的三折门画着马多维河的美丽景色（引自：Charles Correa. London: Thames and Hudson, 1996.151）

图32 韦雷穆海滨住宅(作品22)，打开三折门，就能欣赏到真实的河景（引自：Charles Correa. London: Thames and Hudson, 1996.151）

图33 韦雷穆海滨住宅(作品22)，三折门半开半掩，美景虚虚实实地交织在一起（引自：Charles Correa. London: Thames and Hudson, 1996.150）

层退台的墙面，只不过这次的绿、红、黄色替代了黑色。这些张牙舞爪的图案更像是孩子们的信笔涂鸦。

通过"错觉"，绘画给柯里亚的作品营造出深远的空间，简洁纯朴的建筑变得复杂而意境隽永。许多建筑中绘画是用来张挂的，对建筑性质和定位起到烘托的作用，但始终只是一个辅助元素，与羊毛挂毯的作用没有实质的区别。而柯里亚的作品中的绘画却成为了建筑设计的一个构件，塑造建筑形态的一个手段，达到了你即我、我即你的境界。这让人不禁想到彭一刚先生设计的甲午海战馆(图35)，一尊高度近15m的巨型雕塑与建筑入口融为一体，不像一般的建筑运用雕塑时，建筑是建筑、雕塑是雕塑的生硬关系，极具识别性和震撼力。而在中国传统园林建筑中，自然的美景成为了建筑中的图画(图36)。

3. 现代建筑大师的衣钵

1940年代末和1950年代，印度乃至整个南亚地区都表现出创造独立的民族国家文化的巨大能量，建筑师也不例外。在甘地的理想主义和苦行节制以及泰戈尔的诗歌般梦想之后，印度的建筑风格从殖民主义风格转换到独立民主国家风格，尼赫鲁的社会主义规划作为主导模式出现了。尼赫鲁激情洋溢地鼓励南亚领导人放眼未来——"不要到外国寻求过去，而要到外国去寻找现在，寻求是必要的，因为闭关自守意味着倒退和落后。"这种导向使得南亚成为"现代工程"最活跃的地区，也成为了复兴主义和现代主义交锋的战场。但印度选择的一条捷径尽快地结束了这场纷争——尼赫鲁邀请现代主义第一代大师、法国人勒·柯布西耶来到了印度。

柯布西耶对印度旁遮普邦的首府昌迪加尔城①进行了规划，同时设计了其中几座重要的标志性建筑物。从历史进程来看，柯布西耶的最大作用是通过他具有强大说服力的作品立即让纷争的两派偃旗息鼓——现代主义获胜。柯布西耶在南亚的影响是

图34　英国议会大厦，霍奇金创作的巨型壁画（引自：世界建筑导报，1995，1.65）

图35　彭一刚先生设计的甲午海战馆（引自：建筑学报，1995，11.封二）

图36　中国传统园林建筑中引入风景为画（范路拍摄）

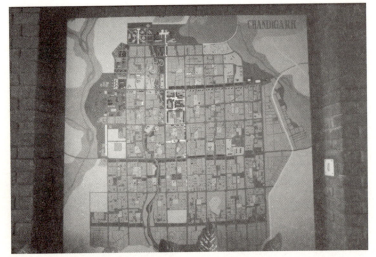

图37　昌迪加尔的城市总体规划（吴刚拍摄）

① Chandigarh：昌迪加尔，为哈里亚纳邦(Haryāna)和旁遮普邦(Punjab)的共同行政中心。哈里亚纳邦位于印度北部，邦名意为"绿色森林"；旁遮普邦位于印度西北部，邦名意为"五河之地。"

图38　昌迪加尔"张开的手"

图39　柯布西耶设计的昌迪加尔议会大厦

图40　柯布西耶设计的昌迪加尔高等法院

图41　路易·康设计的印度经济管理学院

---

① R·麦罗特拉.综合评论.《20世纪世界建筑精品集锦》第8卷南亚.北京: 中国建筑工业出版社, 1999.23

② 曾坚,袁逸倩.回归于超越——全球化环境中亚洲建筑师设计观念的转变.武汉: 新建筑, 1998, 4.5

③ 赖特设计的艾哈迈达巴德的卡里科总部项目未能实施,因此这位首屈一指的建筑大师对印度现代建筑带来的实际影响就远不及柯布西耶和路易·康了。

④ 李大夏,路易·康.北京: 中国建筑工业出版社, 1993.13

难以置信的,他几乎是一举改变了南亚地区独立后整个建筑的方向。柯布西耶的设计成为了尼赫鲁心目中现代印度的形象和象征,昌迪加尔的规划被尼赫鲁盛赞为"新印度的圣堂"。由此可见,柯布西耶进步的社会观念和建筑思想完美地吻合了尼赫鲁所怀抱的雄心壮志,在差不多20年的时间里,柯布西耶的作品被奉为独立民主的印度榜样①。

昌迪加尔的城市总体规划(图37)布局规整、主体行政中心突出,"张开的手"(图38)成为了标志性雕塑,气魄宏大的议会大厦(图39)、高等法院(图40)是名留建筑史册的重要作品。为了和昌迪加尔炎热的气候相适应,建筑构件设计上融入了对自然通风、遮阳降温的处理。虽然,柯布西耶的这个设计也因其尺度庞大被人们指责缺乏亲切感,但毫无疑问,这组伟大的作品成为了这一阶段独立民主印度的宣言,柯布西耶本人也被推崇为"印度现代建筑之父"。传统的民族文化在一定条件下可以转化为国际性文化,国际性文化也可以被吸收、融合为新的民族文化②。柯布西耶之所在印度乃至世界建筑史上留下如此深的烙印,印度幸运地留下来柯布西耶的大手笔,谁说柯布西耶来到印度不也是他本人的一种幸运呢?

其后的1960年代,拥有艾哈迈达巴德棉纺厂的大家族——萨拉巴伊家族在把赖特③、柯布西耶介绍到印度以后,路易·康也应其邀请来到了印度古吉拉特邦,进行印度经济管理学院(图41)的设计,同时还有政府委托项目——古吉拉特邦府甘地讷格尔的规划。印度经济管理学院位于艾哈迈达巴德。与昌迪加尔的"一张白纸"不同的是,艾哈迈达巴德呈现出多层次的传统和文化背景,有着强烈的伊斯兰教、印度教、耆那教的宗教背景,气候条件也相当严酷。墙面上巨大的开洞为了调节气候的需要,也为了塑造朴素的建筑形象。这些虚空的窗洞,多呈某种规则几何形,边角平直简洁,阴影深幽,对比强烈,犹若盲人之瞳,哑者之口——睁大了眼睛在"看",但是我们捕捉不到它们的目光;张大了嘴在"喊",然而它发的声音越出了我们的听觉"音阈",令人震惊,动人心魄④。为了纪念路易·康,印度经济管理学院的校舍内院于1975年被命名为"路易·康广场。"

勒·柯布西耶和路易·康通过自己的丰富游历和众多作品,使得现代主义最终扎根于印度以及南亚各地,"他们的似若放之四海皆准的创作,就像阳光投入水面之后,在一个个地域和一代代新人的手中,都出现了不同程度的折射。"这两位建筑大师重视吸取当地的历史文脉,超越模仿进行再创造,为印度开拓出一条现代主义与特定的当地文脉相结合的建筑创作之路,同时熏陶出新一代探索民族性和地方性的本土建筑师。这批建筑师多是二战以后在欧美学成归国,虽然本土建筑中丰富的营养成为他们建筑设计源源不断的源泉,但勒·柯布西耶和路易·康结合现代建筑思想的精华与对印度文化的反刍所带来的影响绝对占据极为重要的地位。柯里亚便是其中的佼佼者。

干城章嘉公寓大楼(1970-1983年)(作品23)是孟买城市景观中的一个亮点。建筑主要开洞在两个立面方向,而另外两个立面只有很小的洞口,这些小小的方形开窗借鉴勒·柯布西耶1954年在艾哈迈达巴德设计的绍德汉住宅。各户两层高的花园平台的墙面和顶棚选用了多种色彩(图42),赋予各个单元以识别性,这也是沿用了柯布西耶的惯用手法。柯布西耶在昌迪加尔法院的设计中，墙壁上点缀着大大小小不同形状的孔洞，有的还涂上红、黄、蓝、白之类的鲜艳色彩(图43)。

作为柯布西耶的另一个惯用手法——曲面墙同样也是柯里亚作品里常用的元素，行云流水般的空间使人们感受到了现代建筑的流畅与灵动，如斋浦尔艺术中心(1986-1992年)(作品02)、天文学和天体物理学校际研究中心(1988-1993年)(作品03)、印度科学院尼赫鲁研究中心(1990-1994年)、伊斯兰艺术博物馆(1998年)等建筑中，曲面的空间隔断给建筑印上斑驳光影。在伊斯兰艺术博物馆的设计中，包含了多个不同尺度的展廊，通过一个漫游的路径贯穿起来。平面设计围绕两个主题展开：中央庭院和曲面波形墙。虽然建筑形式非常简洁，但与已存在的一个视觉冲击力强烈的文化学院进行对话。建筑主立面为曲面波形墙，有明确的形象识别感。通过这个设计，一种基本的建筑元素——曲面波形墙，给人留下深刻印象，在城市中塑造出自身个性。柯里亚对这块曲面墙进行了精心刻画，使用抛光的红色花岗石来映出海洋和天空。曲面墙的厚度和高度不断地进行调整，有所变化。最后形成的曲线既满足形式美，又有实用功能，因为其中容纳了展廊所需的各种服务空间，如货梯间以及通向储藏室的通道。曲面墙的终结点为一个用于天文观测的三角形墙面，用来暗喻伊斯兰在科学和天文学取得的伟大成就。从入口广场就能够直接到达这块曲面墙，同时也为公众提供一个平台，来俯瞰多哈城。

"地区建筑蕴有生活，有泥土的芬香，是源泉，有待建筑工作者去收集、汲取、浇灌"①。新加坡著名建筑师林少伟针对那种认为"柯里亚是伟大的，但是太乡土气"的观点，反驳道：大城市化对建筑与设计的统治地位将不会持续太久了，在越来越趋向于综合和多元的世界景观中，乡土已经为获得其应有的合法地位向大城市化发起了严厉的挑战②。但这些蕴藏有深厚积淀的地域性建筑在时代发展、科技进步的大背景下，也逐渐暴露出封闭、僵化和落后的一面，因此我们把建筑的未来仅仅寄托在对其的因袭上，是显然不够的。

美国建筑师H·H·哈里斯曾说过："与限制性地域主义相反是另一种解放性地域主义……一个地域可以开发观念，一个地域可以接受观念，在1920年代末和1930年代的加利福尼亚，欧洲的观念遇上了一种正在发展中的地域，而另一方面，在新英格兰，欧洲现代主义却遇上了一种僵硬的、限制型的地域主义，它们首先抵抗，然后投降，新英格兰接受欧洲现代主义完全是因为它自己的地域主义已经沦落为一堆限制的集合"③。这正是反映出如何对待自己传统与外来文化的关系截然不同的两种态度和结果。柯里亚始终在借助着现代的表达方式，积极地寻求传统与重新注入具有活力的地方特色的融合点。

图42　干城章嘉公寓大楼(作品23)立面局部，可看到跨越两层高的花园平台中点缀的鲜艳色彩

图43　柯布西耶在昌迪加尔高等法院的孔洞上留下的鲜艳色彩
(图38~43：单军拍摄)

---

① 吴良镛.乡土建筑的现代化，现代建筑的地区化——在中国新建筑的探索道路上.武汉：华中建筑，1998,1.4

② 单军.当代乡土建筑：走向辉煌——"97当代乡土建筑·现代化的传统"国际学术研讨会综述.武汉：华中建筑，1998,1.9

③ 张钦楠.《20世纪世界建筑精品集锦》编后感.北京：建筑学报，2000,5.54

2 作 品

1. 曼荼罗图形

作品 01	中央邦新国民议会大厦
英 文 名	Vidhan Bhavan Bhopal
时 间	1980-1996 年
地 点	博帕尔,中央邦
业 主	中央邦政府

重要设计手法　曼荼罗图形的平面设计、漫游的路径、露天庭院(贡德)、绘画的运用、遮阳棚架、气候缓冲区(走廊)

新建的国民议会大厦位于中央邦政府首府博帕尔,是邦政府委托项目。大厦位处城市的中央——山顶之上。许多客观因素,如:位于山顶的地形,附近的穆斯林建筑和50km之外著名的桑吉窣堵坡,促使柯里亚选择曼荼罗图形作为设计的原型。

行政办公是整栋建筑最重要的功能组成部分。在任何议会大厦的设计中,办公区的位置设置和进入方式,都是设计中最重要的考虑因素。在19世纪设计的印度政府建筑中,交通通常沿着连廊布置,人们漫步其中,周围庭院美景尽入眼帘,这样使得等待政府官员接见的过程也变成了愉悦的经历。然而,在大多数现代建筑中,对于一座政府建筑,来访者只剩下肃穆、枯燥、难受的感觉了。

借鉴传统政府建筑的设计优点,并认真研究建筑中人们的行为模式,柯里亚希望创造出一种令人愉悦的空间序列。交通空间沿着庭院的边缘布置,人们步行其中,呼吸到清新的空气,感受着宜人的阳光。

从安全角度考虑,大厦员工和来访贵宾入口与公共入口分开,从西大厅进入。经过安检口之后,人们沿坡道就来到了观景廊,这里可以俯瞰三个主要大厅。一路走来,经过了连桥和坡道,这个蜿蜒曲折的路径布置就像在桑吉窣堵坡周围的礼道。这种漫游的路径让人们体验着建筑的主要空间,并体会到这个复杂建筑形体的尺度。这种建筑中的运动模式在柯里亚的许多作品中都可以看到,在本质上与路易·康的孟加拉国议会大厦有异曲同工之妙。这种行进路线的安排使人们能够全方位地感受这栋形体复杂的建筑。

这栋建筑能被理解为序列空间的组合,由内而外,由外而内,在建筑形式与使用者之间建立一种共鸣,隐喻宇宙的组织,代表了古印度教的宇宙观。这种对宇宙观的诠释成为了柯里亚实践中的一个重要方向。

因为中央邦政府的更迭,这个工程几度停顿,最终于1996年完工。

图 01-1　桑吉窣堵坡
图 01-2　桑吉窣堵坡附近的柱式
图 01-3　桑吉窣堵坡附近的柱式
(图 01-1～3: 吴刚拍摄)

图 01-5　西南立面，显示公共入口
图 01-6　东南立面，显示VIP入口
(图 01-5～6：根据资料重绘)

图 01-4　底层平面图（根据资料重绘）

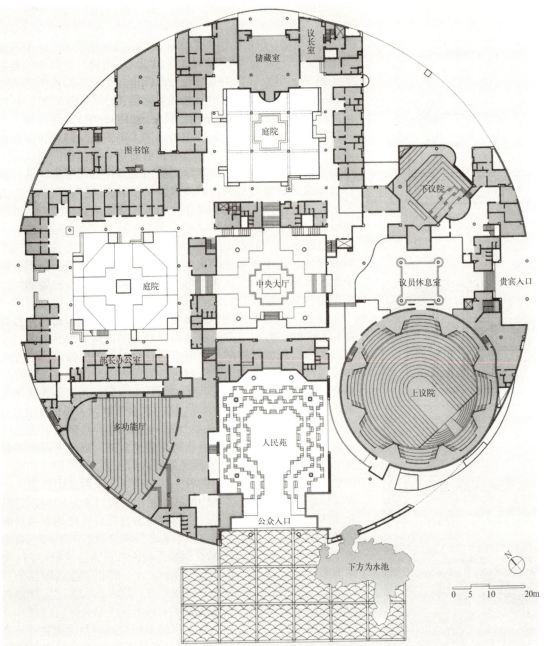

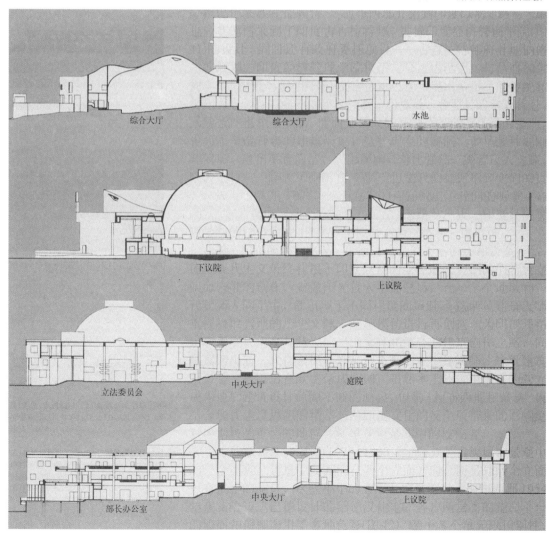

图01-7 走近议会大厦的公共入口
图01-8 剖面图（根据资料重绘）

图01-12　铁门外看公共入口
图01-13　公共入口上方徽标细部
图01-14　公共入口处的雕塑

图01-9　从西南侧观看这栋位于山顶的建筑（引自：世界建筑，1999，8.43）
图01-10　从西南侧远观议会大厦
图01-11　从西南侧近观议会大厦

图 01-15 VIP 入口

参阅书目[①]

- 1983 Charles Correa:with a Foreword by Sherban Cantacuzino.Singapore:Mimar
- 1985 A Style for the Year 2001.Japan Architect/A+U.Tokyo,Summer.84-88
- 1986 Vidhan Bhavan, Bhopal, Madhya Pradesh.IIA Journal.Bombay, July, Vol.51.11-15
- 1987 Hasan-Uddin Khan.CHARLES CORREA.Singapore,Butterworth, London & New York:Mimar
- 1988 L'Inde Intemporelle.Techniques & Architecture.Paris, Feb..86-97
- 1992 Caralogue:"World Architecture Exposition, 1988".Nara.Japan, 40-49
- 1994 Andashikna:The Works of Charles Correa.Special Report.Approach. Tokyo, Summer.cover & pp.1-23
- 1995 印度建筑师查尔斯·柯里亚作品专集.深圳:世界建筑导报,1
- 1996 CHARLES CORREA:with a Foreword by Kenneth Frampton. London:Thames & Hudson
- 1997 Penelope Digby-Jones.State of Assembly.Architectural Review. London, August.50-55
- 1997 Charles Correa.Seoul:Korean Architects, September.74-81
- 1998 Robert Campbell. The Aga Khan Award:Honouring Substance Over Style.Architectural Record.New York, Nov..68-73
- 1998 Vidhan Bhavan, India.Aga Khan Awards.Architecture+Design. Delhi, Nov-Dec..120-121
- 1998 Derya Nuket Ozer.Vidhan Bhavan, Bhopal, Hindistan.1998 Aga Han Mimarlik Odulleri.Istanbul:YAPI, November.86-87
- 1998 Charles Correa.Indian State Assembly.Dialogue.Taiwan,April.56-61
- 1998 Cynthia Davidson Ed.Legacies for the Future, The Contemporary Architecture in Islamic Societies.London:Thames & Hudson and The Aga Khan Award for Architecture
- 1999 Joseph Rykwert.Charles Correa:Vidhan Bhavan Parliament.Gerd de Bruyn/Gunter Nest.Italy:Domus, Oct..31-39
- 1999 Amy Liu.Cultural motifs-Charles Correa.Space.Hong Kong,Nov..109-117
- 1999 博帕尔邦议会大厦.北京:世界建筑,1999,8
- 2000 Andrea Anastasio.Vidhan Bhavan-Bhopal.Abitare.Italy, August.104-107
- 2000 Tan Kok Meng Ed.Architects 2.Singapore:Select Publishing Pte Ltd
- 2003 维德汉·巴瓦尼州议会,博帕尔,印度.北京:世界建筑,1.22-25

[①] 为了方便读者尽可能详尽地了解柯里亚各个作品的情况,本书作者特附上已收集到的相关参阅书目。这个书目可能不尽完善,只是希望给读者提供深入研究的线索,能够带来些许帮助。

图 01-16 (下左)东南侧贵宾入口大厅(引自:世界建筑,1999,8.44)

图 01-17 (下右)上议院的室内(引自:世界建筑,1999,8.45)

注:本案例图片除标注的以外,均由单军拍摄。

作　品　02	**斋浦尔艺术中心**	
又　　　名	贾瓦哈尔-卡拉-坎德拉博物馆	
英　文　名	Jawahar Kala Kendra	
时　　　间	1986-1992年	
地　　　点	斋浦尔，拉贾斯坦邦	
业　　　主	拉贾斯坦邦政府	
重要设计手法	曼荼罗图形平面设计、露天庭院(贡德)、绘画的运用、曲面墙	

斋浦尔艺术中心的建筑形式以古老的宇宙观为基础，对9个正方形的曼荼罗为基础加以演化，并以古斋浦尔的城市规划作为原型。建筑总面积为9000m²。

建于1727年的斋浦尔是一个有着深厚文化积淀的城市。它与德里、阿格拉①两个历史名城形成三角之势，彼此间的距离不过200km。这个区域有着印度最重要的历史古迹，如泰姬陵、法特普尔·西克里城②、德里大清真寺等等。

作为斋浦尔这个城市的创建者和统治者，贾伊·辛格王公既被印度古老的、有关曼荼罗的神话所感动，又为最新的科学天文学所折服。他是现代天文科学的追随者，在让塔·曼塔观象台来尽可能精确地观测太阳和星座的运行情况。古斋浦尔城中主要街道网络清晰、重要建筑物选址科学、水处理系统高效实用，并与现存的社会-经济模式紧密相连。这使得斋浦尔城市在过去与未来之间架起了桥梁，在物质世界和超自然之间建立起联系，在宏观和微观之间产生了关联。

在这些方面，贾伊·辛格王公与另外一位两个世纪以后出生的人非常类似，他就是贾瓦哈尔拉尔·尼赫鲁，印度的首任总理，既通过印度民族独立运动使国家获得了新生，又珍惜和挖掘印度宝贵的历史积淀，创造崭新的未来。这座斋浦尔艺术中心的建立也是为了表达对尼赫鲁总理的敬意，它的设计中隐喻着这两位在印度历史上发挥过重要作用的人物。

为了和这个城市的文脉取得某种关联，博物馆成为了一个古老和现代概念的奇妙结合体。作为一幢现代建筑，它的创作灵感却是来自古代的天象学，也就是古代吠陀梵语神话系统的关于九大星座的传说。这9颗属于太阳系的星座，有7颗是客观存在的，而另外两颗则是虚构的：革杜星和鲁赫星。博物馆借鉴的是古代吠陀圣典中的纳格拉哈③曼荼罗，这是一种包含九大行星的曼荼罗形制，在这里建筑被看作成为宇宙模型。建筑方格平面的局部扭转，这更让人们联想到古斋浦尔城市规划的原型。

建筑由九块正方形组成，或称为玛哈尔，每块正方形分别代表不同的星座和属相，每个方块内部都有不同的织物图案装饰，每颗星座都有它自己独特的色彩。当然这些颜色是人们凭借自己的虔诚和联想所赋予各个星座的。对应着每个特定的星座，这个作为艺术中心的博物馆被分解成为9个独立的组团。每一个组团都是采用30m×30m的方形平面，由红色砂岩饰面的外墙限定出来，高8m。

整栋建筑外墙为素混凝土框架结构，用砖填充，而内部围合9个方块的结构则采用抹灰的砖承重墙。内、外墙(包括环绕中央贡德的墙体)的饰面材料采用由红色阿格拉砂岩，顶部则是

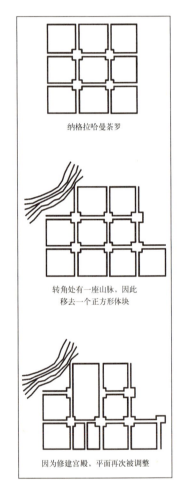

纳格拉哈曼荼罗

转角处有一座山脉，因此移去一个正方形体块

因为修建宫殿，平面再次被调整

图02-1　斋浦尔城市型制的演变（根据资料重绘）

---

① Agra: 阿格拉，印度中北部城市，位于新德里东南方向的朱木拿河沿岸。它曾是16世纪和17世纪莫卧儿王朝的首都，国王沙杰罕在1629年其爱妻死后所建的陵墓泰姬·玛哈尔所在地。

② Fatehpur-Sikri: 法特普尔·西克里城，阿克巴统治时期莫卧儿王朝的都城，详细内容参考：半禅，一土. 开放与兼容——阿克巴与法特普尔·西克里城. 北京：世界建筑，1999，8.58

③ Navgraha: 音译为"纳格拉哈"，意为9大行星的原人曼荼罗。

图 02-3　让塔·曼塔观象台

图 02-4　让塔·曼塔观象台细部

图 02-5　风宫

图 02-6　法特普尔·西克里城

用米色的托尔布尔石封顶作为装饰。这同样的材料也曾用于让塔·曼塔观象台、阿格拉红堡以及法特普尔·西克里城。为了进行识别，对应着所象征的星座，每个方块外墙上镶嵌着代表该星座的传统图案，由白色大理石和黑色花岗石砌成。此外，在适当的位置，还用了黑色花岗石和灰色云母石镶嵌而成壁画，来再现了遥远的神话传说，由民俗艺术家和工匠们完成，从而富有生气、增色不少，使人们很容易就想到让塔·曼塔观象台的天文观测仪器的表面图案。

对应着9颗星座，斋浦尔艺术中心内部功能也分解成为9个独立的组团，并与每颗星座在神话中所特有的含义相呼应。

曼加勒玛哈尔

作为整个博物馆的入口节点，进入的第一颗"星座"是曼加勒(意为"火星")玛哈尔。曼加勒星(Mangal)代表"力量"，所对应的星座是火星。它的符号为"正方形"，颜色为红色。这个玛哈尔的功能为行政办公区和馆长办公室。曼加勒玛哈尔周围的墙体是用来解释纳格拉哈曼荼罗，在穹隆之下的屋面和四周墙体的图案为耆那教宇宙学说图形，描绘出我们所生活的世界中的河流、山脉、动物和植物。

钱德拉玛哈尔

钱德拉星(Chandra)代表"心的品质"，所对应的星座是月亮。符号是"新月"，颜色为奶白色。它象征浪漫和美好的感受。这里的功能是为来宾提供服务的餐厅和客房。

布达玛哈尔

布达星(Budh)象征着"学习和教育"，所对应的星座是水星，颜色为金黄色，符号是"箭"。这个区域布置了5个展区，其中4个较小的放在底层，展示内容包括：珠宝、手稿、微缩的绘画和乐器。上一层较大的展区是展示拉贾斯坦地区的风俗民情，涵括陶器、建筑、古董等各个方面。

革杜玛哈尔

革杜星(Ketu)象征"毒蛇"，所对应的星座是一个虚拟的星座，颜色为褐色和黑色。在这个玛哈尔里陈列的是拉贾斯坦地区传统服饰和织物。

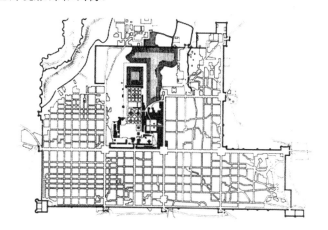

图 02-2　斋浦尔城市的平面图（引自：世界建筑，1999，8.26）

沙尼玛哈尔

沙尼星(Shani)象征"技能",所对应的星座是土星,符号为"弓",颜色为深浅交杂,代表土地的褐色和红色。在这个玛哈尔里,可以看到拉贾斯坦地区传统手工艺人最好的作品,来演绎他们独一无二的技艺。

鲁赫玛哈尔

鲁赫星(Rahu)意为"日蚀",所对应的星座是虚拟的星座,颜色为珍珠灰色(就像鸽子脖子上天生的圆点色泽)。符号为被太阳吞噬的月亮形象。在这个玛哈尔里,布置了一个个展区,用以描述拉贾斯坦传说战争中的英雄故事,重现了当时的宝剑、匕首、头盔和盔甲。

古鲁①玛哈尔

古鲁星(Guru)象征"知识",所对应的星座是木星,也就是"冥思",颜色为柠檬黄,符号为"圆形"。功能为图书馆和文件档案中心。

舒凯里玛哈尔

舒凯里星(Shukra)象征"艺术",所对应的星座是金星。符号为"星",颜色为白色。功能为剧场,可演出的艺术种类有:音乐、舞蹈和戏剧。

苏利耶玛哈尔

苏利耶星(Surya)象征"创造能量",所对应的星座是太阳,颜色为红色。它采用的形式为传统的"贡德",是一个阶梯式的露天剧场。在这个露天空间里,来宾可以观看拉贾斯坦艺术、舞蹈和戏剧的表演。根据古代吠陀圣典的诠释,中央的方形空间为象征宗教"圣池"、临水沐身的贡德。这个露天空间表达的意境是空空如也,却吞吐万象,似乎整个宇宙的能量都汇聚在这里。

在建筑内部,空间组织自由而有机。展区为连续的柱廊大厅;咖啡厅设在内花园的门廊处;图书馆曲线形的立面全部采用玻璃,和其中镶嵌的窗棂一起形成斑驳的光影;毗邻的手工艺展区的交通通道采用陶土的色彩,让人们联想到印度的古老村镇。在这个博物馆里,文化展示被理解成为一个在观察体验中逐渐展示的过程,参观者可根据自己的喜好随意安排参观的路线,来观看自己感兴趣的部分。

在这个设计中,将内与外、短暂与永恒、自我与神圣、物质与精神、宇宙与小我、人工与自然等二元性完美地组合起来。建筑师对这些看似矛盾的理解,设计中体现在外墙采用极其朴实的红砂岩,9个方块极为规整,而其中包含的空间却变化万千。在这个建筑中漫步时,分不清哪些是真实,哪些是幻觉。这座建筑就像斋浦尔城一样,仅仅只是提供了一个舞台,来看万千人生,纷繁世事。

柯里亚的建筑中始终蕴藏着一种坚定的信仰。他把精神的信念转化成为具体的建筑形象。他的建筑不是竣工即代表结束,而是随着未来的时间积淀而不断发展。这也反映出柯里亚多元化的知识结构体系。

图02-7 施工场景(引自:The Architectural Review.London,1991-Nov.95)

图02-8 东向主入口

图02-9 回头看城市景观(单军拍摄)

图02-10 黄昏中的中央贡德

图02-11 中央贡德围墙后露出的山石

---

① Guru 本意是指印度教的宗教导师,或者是受下属崇敬的领袖。

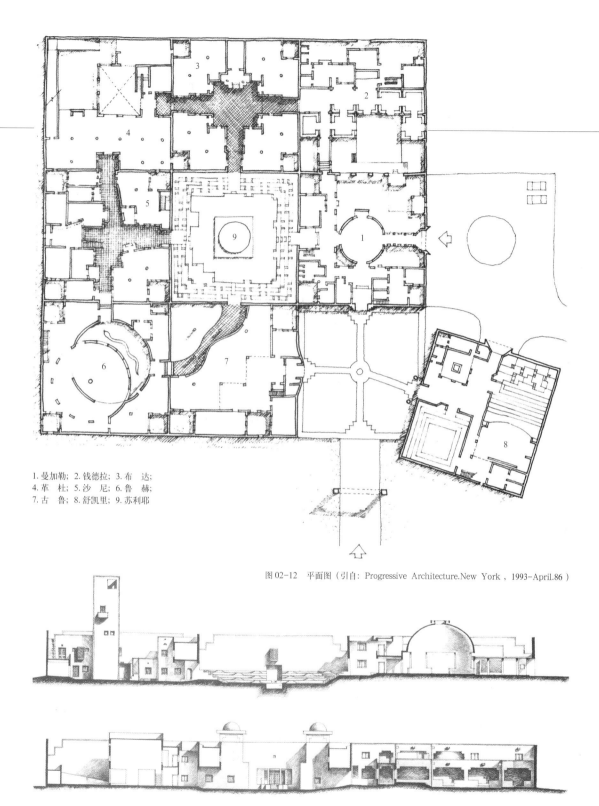

1. 曼加勒；2. 钱德拉；3. 布 达；
4. 革 杜；5. 沙 尼；6. 鲁 赫；
7. 古 鲁；8. 舒凯里；9. 苏利耶

图 02-12　平面图（引自：Progressive Architecture.New York，1993-April.86）

图 02-13　剖面图（引自：Techniques & Architecture.Paris，1988-Feb./Mar.90）

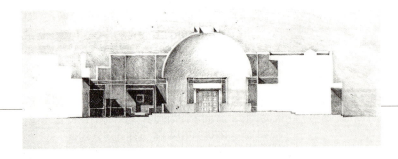

图 02-15 进入北部曼加勒玛哈尔的穹隆

图 02-16 穹隆细部

图 02-14 彩铅构思的剖面图（引自：Techniques & Architecture.Paris，1988-Feb./Mar.92）

图 02-17 穹隆顶内的耆那教宇宙学说图形（单军拍摄）

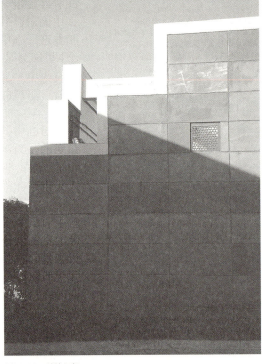

图 02-18 中央贡德的台阶，通向西向的布达玛哈尔的入口

图 02-19 外墙细部

图 02-20　曼加勒玛哈尔对外出口

图 02-21　从北部曼加勒玛哈尔的院内看到对面的沙尼玛哈尔

图 02-22　中央贡德进入南部沙尼玛哈尔的入口，墙面上就是沙尼玛哈尔的符号"弓"

图 02-23　进入沙尼玛哈尔

图 02-24　沙尼玛哈尔主空间的入口（单军拍摄）

图 02-25　沙尼玛哈尔的台阶

图 02-26 古鲁玛哈尔中的曲面玻璃幕墙和水院（引自：R·麦罗特拉主编.《20 世纪世界建筑精品集锦》第 8 卷南亚.北京：中国建筑工业出版社，1999.231）

图 02-29 中央贡德进入东部古鲁玛哈尔的入口

图 02-30 西南角的革杜玛哈尔的传统绘画（引自：The Architectural Review. London，1991-Nov.95）

图 02-27 东南角的鲁赫玛哈尔室内（引自：A+U.Tokyo，1994，1.40）

图 02-28 西北角的钱德拉玛哈尔的休息空间

图 02-31 红色墙面（引自：Techniques & Architecture. Paris，1988-Feb./Mar.24）

图 02-32 黄色墙面

图 02-33 以人为参照物,可看出建筑色彩的大尺度

参阅书目

- 1987 Hasan-Uddin Khan.CHARLES CORREA.Singapore,Butterworth, London & New York:Mimar
- 1988 L'Inde Intemporelle.Techniques & Architecture.Paris, Feb..86-97
- 1991 Satish Grover.CHARLES CORREA.Architecture +Design.Delhi, Sept..15-45
- 1992 Caralogue:"World Architecture Exposition, 1988".Nara.Japan, 40-49
- 1993 Gautam Bhatia.Charles Correa:Ein Museum.Der Architekt.BDA. Berlin, Feb..89-92
- 1993 Jawahar Kala Kendra.Progressive Architecture.New York, April. 86-87
- 1994 Charles Correa.A+U.Tokyo, Vol.94:01.Jan..cover and pp.9-77
- 1994 Andashikna:The Works of Charles Correa.Special Report.Approach. Tokyo, Summer.cover & pp.1-23
- 1995 印度建筑师查尔斯·柯里亚作品专集.深圳:世界建筑导报,1
- 1995 William R.Curtis.Modern Architecture.London:Phaidon Press
- 1996 CHARLES CORREA:with a Foreword by Kenneth Frampton. London:Thames & Hudson
- 1996 Charles Correa.SPACE.Seoul, Korea.28-47
- 1996 Charles Correa-Magishe Mandela und dorfliche Strukturn:Vor-Bilder fur eine neue Architektur.Architektur & Wohen.112-116
- 1996 Charles Correa:Jawahar Kala Kendra & British Council.Light in Architecture.A & D.London, 94-96
- 1997 William Lim & Tan Hock Beng.Contemporary Vernacular.Singapore: Select Books
- 1997 Charles Correa.Seoul:Korean Architects, September.88-109
- 1997 Derya Nuket Ozer.Charles Correa dan Iki Muze Yapisi.Istanbul: YAPI, December.88-102
- 1997 Sensing the Future.la Bienale de Venezia.Italy:Electa Books
- 1997 William Lim & Tan Hock Beng.Contemporary Vernacular.Singapore: Select Books
- 1997 Charles Correa.Materia 28.Modena.Italy,September.36-41 & back cover
- 1999 Amy Liu.Cultural Motifs-Charles Correa.Space.Hong Kong,Nov.. 104-105 & 109-117

图 02-34 建筑空间穿插

图 02-35 建筑空间穿插
注:本案例图片除标注的以外,均由吴刚拍摄。

作品 03	天文学和天体物理学校际研究中心
英文名	Inter-University Center for Astronomy & Astrophysics(IUCAA)
时间	1988-1993 年
地点	浦那①，马哈拉施特拉邦②
业主	天文学和天体物理学校际研究中心
重要设计手法	露天庭院(贡德)、气候缓冲区(走廊)、曲面墙、雕塑的运用

与中央邦新国民议会大厦(1980-1996年)(作品01)、斋浦尔艺术中心(1986-1992年)(作品02)不一样的是，天文学和天体物理学校际研究中心的设计中追求体现的是一种我们今天所理解的宇宙的模式。

天文学和天体物理学校际研究中心(IUCAA)是为接纳来自印度和国外各所大学的研究生和教师而新成立的中心。他们来学习的时间或长或短，从几周到数年不等。在接受IUCAA这项任务时，柯里亚从古老的城市中获取灵感，用深黑色石材墙体表达了强烈的现代宇宙观，阐释着建筑与宇宙的渊源，使古代和现代、城市与建筑的概念奇妙地结合在一起。

场地由3块毗邻的地块组成，有两条校园道路从中穿过。两堵偏转方向的墙体形成夹角，限定出入口。墙体由当地出产的黑色玄武岩石材砌成，上部采用深色的库达帕哈石，最后还用了黑色的抛光花岗石封顶，可以反射出天光云影。这种追求表现"黑色复黑色"的美学效果，正如同玄机无限的宇宙外空一样深远，是来象征宇宙的空间结构，并衬托出主要入口。同时，在入口处还设立两根素混凝土柱子作为限定，暗示着引导入中心贡德的轴线。柱子的顶部材料精心选用柔和的蓝色。

进入到建筑院内，在右前方设有贡德，以此来暗喻延伸的宇宙。周边零散放置的石块喻示着离心的能量，并与校园中心区布置的其他建筑产生对话，如西北部的计算机中心、东北部的宿舍以及较远处的访问学者宿舍。在贡德周围，是校园里4个主要建筑物：图书馆、办公楼、会堂和学生活动中心。中央贡德里尺度大于真人的雕像以及描绘夜空星座分布图的穹顶，都可看出现代科学成为了贯穿整组建筑的灵魂。

柯里亚确立现代宇宙观作为设计的出发点，与中心创立者兼院长贾扬·纳利卡博士不无关系。纳利卡博士不仅是印度最著名的数学家，而且在1960年代曾在剑桥大学与弗雷德·霍伊尔③教授共同发展出地球引力新学说，把我们所理解的宇宙大大地进行了拓展。

IUCAA的景观设计也值得一提。贡德中心的景观设计主题是以外层空间的能量模式——黑洞为基础的，并借此图案作为辐射中心，扩展到建筑的其他部分。同样，在宿舍的方庭景观设计中，铺地所采用的三角形图案，是数学和物理中分形理论的一个图形，即蛇形纹④。而在计算机的庭院形式是借用已有的两棵大树表示双子星，来图解拉格朗日⑤的圆裂片结构⑥(通过把黄铜唱片嵌入到周围的石材铺地中，来表示能源分散点)。中央贡德正南向的职员办公室的中庭图案则为佛科钟摆⑦。

另外两个地块隔马路相望，一个是东边的500座的会堂、艺

---

① Pune: 浦那，又作"Poona"，印度西部马哈拉施特拉邦的城市，位于孟买东南偏东处。在17及18世纪该市是马拉地人的首都，于1818年为英国人占领

② Maharashtra: 马哈拉施特拉邦，是印度第三大邦，位于中西部德干高原，邦名意为"马哈拉人居住的地方"，首府为孟买(Bombay)

③ Hoyle, Fred: 弗雷德·霍伊尔(1915年－)，英国数学家和天文学家，以积极倡导和维护宇宙稳恒学说著称。这种学说认为，宇宙不断膨胀，而物质在此过程中不断创生，从而使宇宙的物质密度保持不变。代表作有《宇宙的本原》(1951年)、《天文学和宇宙学》(1975年)、《宇宙起源和宗教起源》(1993年)等。(参见：《不列颠百科全书》国际中文版(8). 北京：中国大百科全书出版社，1999.194)

④ Serpenski's Gasket 蛇形纹，是数学/物理的分形理论中的一个图形

⑤ Lagrange: 拉格朗日(1736年生于意大利都灵，1813年死于巴黎)，法国－意大利著名数学家，主要著作为《分析力学》。在天文、力学和数学中的几个概念均以他的姓氏命名。(参见：《不列颠百科全书》国际中文版(9). 北京：中国大百科全书出版社，1999.426)

⑥ Lagrange's Lobes: 是天文学中的一个概念，表示原裂片结构

⑦ Foucault's Pendulum: 佛科钟摆。简·伯纳德·莱昂(1819-1868年)，法国物理学家1850年测试出光速并确定光在水中的速度慢于在空气中的速度。他还于1851年用钟摆证实了地球的自转，并于1852年发明了回旋器

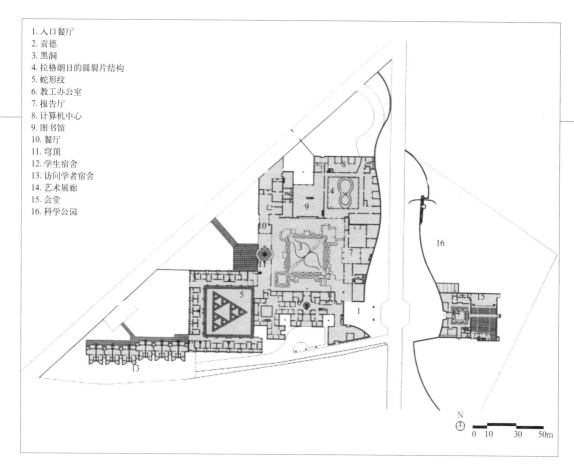

1. 入口餐厅
2. 贡德
3. 黑洞
4. 拉格朗日的圆裂片结构
5. 蛇形纹
6. 教工办公室
7. 报告厅
8. 计算机中心
9. 图书馆
10. 餐厅
11. 穹顶
12. 学生宿舍
13. 访问学者宿舍
14. 艺术展廊
15. 会堂
16. 科学公园

图 03-1　总平面图（根据资料重绘）

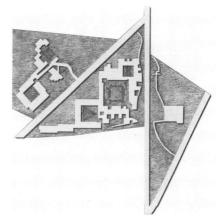

图 03-2　屋顶平面图（根据资料重绘）

术展廊和科学公园，另一个则是在西边的终身教授寓所(作品37)——有多种户型，并围绕庭院成组布置。

在斋浦尔艺术中心(1986-1992年)(作品02)的设计中，拉贾斯坦邦的传统艺术家参与进来了。而在IUCAA这个项目中，所挑选的艺术家则是具有孟买城市传统本土文化的深厚造诣。在贡德里，伟大科学家们的塑像是由V·V·帕特卡完成的，他是在孟买盛大的甘帕蒂①庆典上由公众选出的、创作大尺度人像的、最具创造力的艺术家之一。而科学图表的壁画是由P·K·宾万德卡创作完成，与这个城市中的巨幅油画海报的风格有异曲同工之妙，从而产生与城市传统文化的联系。

---

① "Ganpati"意为"海洋"，此庆典与象岛石窟神像有关。

图03-3 回头看建筑入口的双柱（引自：Charles Correa.London：Thames and Hudson, 1996.210）

参阅书目

- 1994　Charles Correa.A+U.Tokyo, Vol.94：01.Jan..cover and pp.9-77
- 1994　Dr.Jayant Narlikar,Southern Sky,Weston Creek.IUCAA.Australia, May/June.22-25
- 1994　Andashikna：The Works of Charles Correa.Special Report.Approach. Tokyo, Summer.cover & pp.1-23
- 1994　Chintamani Bhagat.Suns of Goa.Indian Architect & Builder. Bombay, Aug..Cover and pp.10-35
- 1994　Centro di Astronomia e Astrofiscia.Arbitaire 332.Editrice Abitaire Segesta.Milano, Sept..180-181
- 1995　Charles Jencks.The Architecture of the Jumping Universe.London：Academy Editions
- 1995　Hasan-Uddin Khan.Contemporary Asian Architects.Koln,London, New York：Taschen
- 1995　印度建筑师查尔斯·柯里亚作品专集.深圳：世界建筑导报，1
- 1996　CHARLES CORREA：with a Foreword by Kenneth Frampton. London：Thames & Hudson
- 1996　Charles Correa.SPACE.Seoul, Korea.28-47
- 1996　Ebru Ozeke.Two Buildings from Charles Correa：Ein Museum. YAPI#183.Istanbul, Turkey.73-87
- 1997　Charles Correa.Seoul：Korean Architects, September.110-127
- 1997　Sensing the Future.la Bienale de Venezia.Italy：Electa Books
- 1999　Charles Correa：Housing & Urbanization.Bombay：Urban Design Research Institute

图03-4 从建筑入口进入到中央贡德的遮阳棚架（引自：A+U.Tokyo, 1994, 1.58）

图03-5 从建筑入口进入到中央贡德的转换空间（引自：New World Architect. Korea, 2001.226）

图03-6 中央贡德的南向景观（引自：渊上正幸编著.覃力等翻译.现代建筑的交叉流：世界建筑师的思想和作品.北京：中国建筑工业出版社，2000.197）

2. 漫游的路径

作 品 04	手织品陈列馆
英 文 名	Handloom Pavilion
时 间	1958年
地 点	德里
业 主	全印度手织品委员会

重要设计手法 漫游的路径、方形平面

在这个临时性陈列馆中，建筑墙体采用砖材和泥土，屋顶用织物覆盖，室内弥漫着柔和的光线，借此体现出本建筑的内涵与实质。这也是柯里亚事务所建成的第一个作品。设计和建造共用了六个月，1958年11月完工。

陈列馆共由15个方形单元组成，每一个尺寸都为7m×7m，中心围绕着一个室内花园。人们行走其中，犹如在迷宫漫步。因为德里的冬天非常舒适，所以室内空间开敞流通，各个功能区之间用隔断和高差变化进行划分。这个手法在后来的项目中做了进一步的探讨。

设计中最为突出的特点是屋顶的设计，它由木材和手织机纺出的布匹建造而成，取意充满动感的漂浮的"伞"或者是传统的帐篷形式（在印度，直到今天，每逢喜庆的日子，人们还常常借用帐篷的形式），这也与展品的内容相呼应。

简易的抹灰墙作为五颜六色的织布展品的背景衬托。

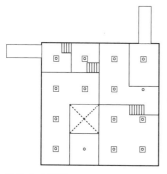

图 04-1 平面图

图 04-2 立面图
图 04-3 剖面图
（图 04-1～3：根据资料重绘）

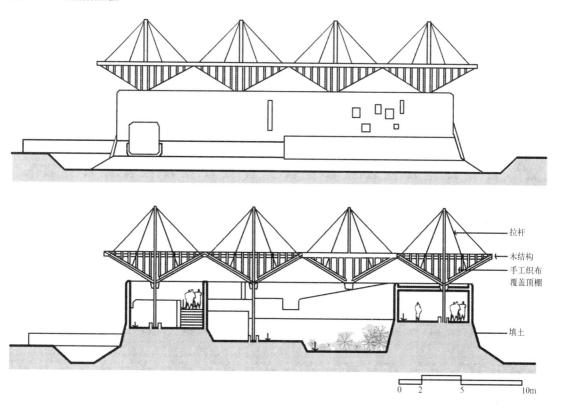

参阅书目

- 1959 Michael Brawne.Object on View.The Architectural Review.London, Nov..246
- 1961 R..B.Lytle.The Michigan Influence in Architecture—Bombay. Michigan Alumnus, Ann Arbor.53
- 1983 Charles Correa;with a Foreword by Sherban Cantacuzino.Singapore：Mimar
- 1987 Kala Akademi.Mimar.Singapore, March.27-31
- 1987 Hasan-Uddin Khan.CHARLES CORREA.Singapore,Butterworth, London & New York；Mimar
- 1996 CHARLES CORREA：with a Foreword by Kenneth Frampton. London：Thames & Hudson

图04-5 民间艺术展示（引自：Hasan-Uddin Khan.Charles Correa [Revised Edition]. Singapore, Butterworth, London & New York；Mimar, 1987.27)

图04-4 手工织布展示(引自: Hasan-Uddin Khan.Charles Correa [Revised Edition].Singapore, Butterworth, London & New York；Mimar, 1987.26)

作　品　05	圣雄甘地纪念馆
又　　文　名	甘地·斯马拉克·桑格哈拉亚馆
英　　文　名	Gandhi Smarak Sangrahalaya
时　　　　间	1958–1963 年
地　　　　点	艾哈迈达巴德，古吉拉特邦①
业　　　　主	萨巴尔马蒂②甘地故居基金会
重要设计手法	露天庭院、漫游的路径、可增添的方形平面

1915年甘地来到印度，他的到来标志着南亚地区新纪元的开始，甘地开始将他在南非发展形成的消极抵抗政策及非暴力反抗运动付诸实践。甘地对于印度艺术及建筑中的民族主义思潮的影响是间接的——它表现在精神领域而非具体风格上。出身贵族的甘地有一个梦想，他理想中独立后的印度是"一个既浪漫(重返乡村式的简朴生活及自给自足的经济，穿着手工纺织布的衣服)，又有严格的制度(禁止或减少大幅度的工资级差，废除国王，征收大量税款)的新国家。"甘地式的建筑是一种简明朴实的建筑，推崇极少主义，从甘地故居的朴素而雅致的风格中，可以看到甘地的政治理想和社会理想的精髓③。

这个纪念馆是位于甘地在萨巴尔马蒂河畔曾居住过的一处寓所。从1917年至1930年间，甘地在此生活和工作，这里是他革命生涯的一个里程碑，开始了他的光辉历程，最终领导了印度独立战争。

1958年柯里亚接受了这个任务，设计甘地纪念馆和研究中心。这是建筑师在他的职业生涯中最为重要的第一个作品。为了纪念这位伟人，同时继承发扬他的伟大思想，纪念馆里收藏了大量珍贵的历史资料，如信件(大约3万多份，其中一些是缩

① Gujarāt: 古吉拉特邦，位于南亚的西海岸，邦名取自 8~9 世纪统治该地区的王公名(Gurjaras)，首府为甘地讷格尔(Gāndhinagar)。

② Sabarmati: 萨巴尔马蒂，是当地一条河流的名称。

③ R·麦罗特拉.综合评论.《20世纪世界建筑精品集锦》第 8 卷南亚.北京: 中国建筑工业出版社，1999.21

图 05-1　总平面图

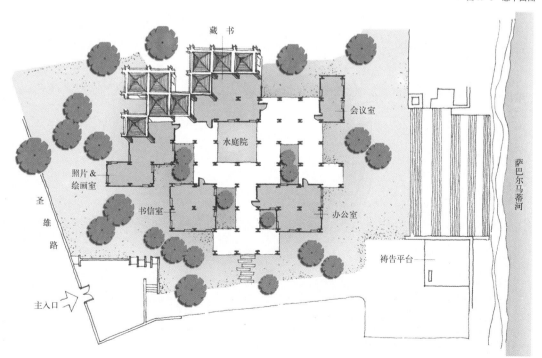

影胶片)、照片、文件(其中有几百卷是甘地的秘书马哈德夫·德赛编辑的)等。

圣雄甘地曾说过:"我不希望我居住的房间,四周都是密实的墙和封闭的窗。我希望来自各种土壤的文化将尽可能自由地吹入我的寓所。但是我拒绝因此而动摇我们民族文化的立足之本。"

柯里亚设计完成的建筑形式与此相呼应,并借鉴当地村庄的建筑式样。为了表达出甘地简朴的生活,并为了方便将来的增建,建筑师采用了6m×6m的多个由钢筋混凝土砌成的模数单元空间。各个部分以一种漫游的路径联系起来,参观者沿着这条路径可达到中心位置的水庭院。在展览空间,还为参观者布置了休息座椅。工程竣工的当年——1963年,由贾瓦哈尔拉尔·尼赫鲁总理亲自主持开幕典礼。

建筑内部的每个空间既是开敞的,又加有顶盖。其中有些有功能需要的单元空间用墙体进行围合。结构采用简单的模数制,材料选用也很简单,并极富当地特色,如砖墙、石板、木门和百叶窗(取代了玻璃窗),以及瓦屋面。瓦屋顶由砖柱承重。木板作为托梁的底部,这是和屋顶的坡度保持一致。木板处理成防水,表面涂上银白色,来反射热量。沿着托梁的顶部,是轻质压条来托起屋面瓦。这样在瓦面之下就形成了空气夹层,从而与太阳辐射隔绝。对当地建筑进行改良的是,该纪念馆采用了钢筋混凝土做成的凹槽,既可用作建筑横梁,也可兼作排水管道,同时,建筑布局还为将来的扩建留有余地。整栋纪念馆无一处使用玻璃窗,采光和通风都通过可调节的木制百页窗来实现。

随着时间的流逝,馆内收藏也越来越多。纪念馆也可以随之生长,按照模数进行复制、扩建,后来也的确加建了新的单

图05-4 甘地故居外观

图05-5 甘地故居门廊

图05-6 甘地故居内院

封闭式单元　　　庭院　　　半封闭式单元

图05-2 剖面图
图05-3 气流分析图
(图05-1~3:根据资料重绘)

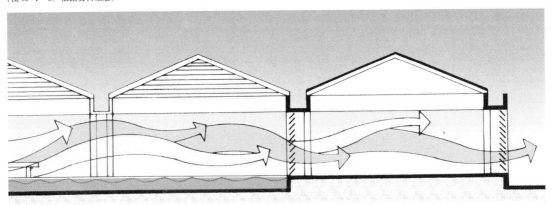

元。印度人民世世代代怀念甘地，纪念馆的内容也将不断丰富扩充。

1962年，柯里亚又为甘地夫人卡斯图巴·甘地设计了等持①纪念馆。甘地夫人于1944年在位于浦那的因禁之所逝世。纪念馆就建于她被火化的地点。纪念馆位于阿卡汗公园的边界处。由系列平行砖墙限定出一条微微倾斜的小路和露天空间，作为整个空间序列的终止符。沿着小路的几处节点，可向上通向建筑内部各层。建筑师谨以这种朴素的形式向甘地夫人表达崇敬之情。1966年修建的位于纪念馆对面的客人住宅也是柯里亚的作品。1968-1969年在位于德里甘地百年纪念馆的设计中，柯里亚追求一种无定形的"非建筑"，一条漫游的路径沿着转换的轴线将参观者带到各个展厅。

圣雄甘地纪念馆之所以成为柯里亚建筑生涯中第一个代表作品，它的重要性不仅在于建筑的朴实无华与甘地坚韧宽忍的精神相呼应；也在于标志着柯里亚式建筑形体的处理手法的逐渐形成：单元方形网格的可增长性、露天水池(后来的露天庭院和贡德)的引入及其对建筑小气候的调节、漫游的路径等等。

图05-9～11 空间的虚实关系

图05-7 甘地纪念馆外观
图05-8 甘地纪念馆入口

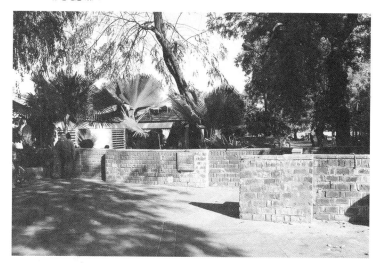

---

① Samadhi:"等持"，梵语为samādhi，意为完全的自我集中。在印度教和佛教哲学中，指一个人在尚受肉体束缚时所能达到的最高的精神集中状态。此刻使他与最高实在相结合。"等持"是一种犹如昏迷的纯意识状态，完全沉浸于绝对的思索，不受欲望、愤怒和思想倾向的干扰。它是一种快乐的平静状态，同时却保持思想的敏捷和灵活。印度教和佛教将其看作一切精神活动和理智活动的顶峰。"等持"的力量是从轮回中解脱出来的先决条件。因此，具有这种力量的人的死亡也被认为是"等持"。推而广之，具有这种力量的人的火化场所现在也称为"等持"。因此，圣雄甘地在德里的火化场所也正式命名为甘地的"等持"。(参见:《不列颠百科全书》国际中文版(14).北京:中国大百科全书出版社，1999.536)

图 05-12　甘地纪念馆展厅

图 05-15　放映间

图 05-13　甘地纪念馆展厅

图 05-16　甘地纪念馆展厅

图 05-14　甘地纪念馆展厅

图 05-17　甘地纪念馆展厅

图05-18 人们在此休憩

参阅书目

- 1963　Gandhi Smarak Sangrahalaya.Indian Institute of Architects Journal. Bombay，April.26-38
- 1964　Indian Revisions.Architectural Review.London，April.235-236
- 1968　Correa.Architecture Aujourd'hui.Paris，Oct..25 & 32-37
- 1971　INDIA.Architectural Review.London，Dec..349,352-353,365,369
- 1976　Experience Indienne.Techniques & Architecture.Paris,Dec..124-129
- 1977　Quarttro Lavori di Correa.L'Architectura.Rome,March.640-646
- 1980　H.Smith.Report from India：Current work of Correa.Architectural Record.New York，July.88-89
- 1981　Architectura-Quale Futuro.Casabella-474/475.Milan,Dec..91
- 1983　Charles Correa：with a Foreword by Sherban Cantacuzino.Singapore：Mimar
- 1987　Hasan-Uddin Khan.CHARLES CORREA.Singapore,Butterworth, London & New York：Mimar
- 1992　Caralogue："World Architecture Exposition, 1988".Nara.Japan, 40-49
- 1995　印度建筑师查尔斯·柯里亚作品专集.深圳：世界建筑导报,1
- 1996　CHARLES CORREA：with a Foreword by Kenneth Frampton. London：Thames & Hudson
- 1999　北京：世界建筑,1999,6.50-51
- 1999　Charles Correa：Housing & Urbanization.Bombay：Urban Design Research Institute
- 1999　R·麦罗特拉主编.20世纪世界建筑精品集锦.第8卷南亚.北京：中国建筑工业出版社.112-113
- 2000　Charles Correa：Housing & Urbanization.London：Thames & Hudson

图05-19 庭院雕塑

图05-20~23 庭院景观
注：本案例图片除标注的以外，均由单军拍摄。

作品	06	印度斯坦·莱沃陈列馆
英文名		Hindustan① Lever Pavilion
时间		1961年
地点		德里
业主		印度斯坦·莱沃公司

重要设计手法 漫游的路径、"大炮"通风口

举办工业博览会常常能为建筑师提供难得的机会，大胆运用材料和技术来创作实验性建筑。柯里亚就非常幸运，他曾设计了1961年工业博览会上的印度斯坦·莱沃陈列馆。

这个项目是对手织品陈列馆(1958年)(作品04)空间概念的进一步发展。它延续了同样的设计思想：漫游式的路径，给人迷宫般的感觉，在进行分割的墙体里包含着形成空间序列的坡道和平台。在这里，屋面形式由随意折叠的钢筋混凝土板构成，产生了空间趣味和视觉焦点，让人眼前一亮。顶部加上了一个大炮形状的通风口，形成空气对流的效果。这也是拉姆克里西纳住宅(1962-1964年)(作品18)和印度巴哈汶艺术中心(1975-1981年)(作品08)设计中的一个重要特点。

参阅书目

- 1960　Hindustan Lever Pavilion.Architectural Review.London, July.57
- 1983　Charles Correa;with a Foreword by Sherban Cantacuzino.Singapore：Mimar
- 1987　Hasan-Uddin Khan.CHARLES CORREA.Singapore,Butterworth, London & New York；Mimar

① Hindustan：印度斯坦族，主要分布在印度北半部，是印度人口最多的民族。大部分印度斯坦人信仰印度教，通行印地语；少数信仰伊斯兰教，操乌尔都语。该民族保留较典型的种姓制度和印度文化的其他特征，主要从事农业，亦擅长手工业。文学艺术有较高成就。(参见：于增河主编.中国周边国家概况.北京：中央民族大学出版社，1994. 334)

图06-1　设计草图（引自：Hasan-Uddin Khan.Charles Correa [Revised Edition]. Singapore, Butterworth, London & New York；Mimar, 1987.148）

图06-2　剖面图（根据资料重绘）

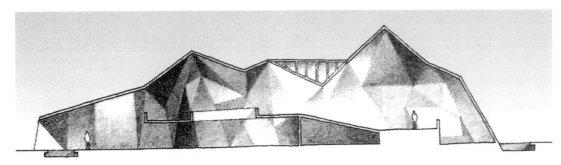

作　　品	07	国家工艺品博物馆
英　文　名		National Crafts Museum
时　　间		1975-1990年
地　　点		德里
业　　主		印度商展局

重要设计手法　漫游的路径、屋顶平台、露天庭院

　　古代的印度教和佛教大寺庙的形制都是围绕一个露天的礼道布置，例如在爪哇岛婆罗浮屠①以及印度南部的斯里兰格姆毗湿奴神庙等著名寺庙即是如此。在气候温暖地区，这种建筑形式至今仍沿袭下来。柯里亚设计的国家工艺品博物馆就是采用这种形制，围绕中间的礼道，逐步展开沿人行主要干道布置的系列空间。

　　当人们沿着礼道缓缓行走，自然而然地就会留意到布置在两边的展品。沿着曲折的路线，各个院落都能通到不同的展览空间，如乡村苑、祠庙苑和宫廷苑②(取意展品的来源地，如乡村、祠庙或者宫廷)等等，同时也隐喻印度的古老街道形制。人们可有选择地尽情观赏其中某个人展览，也可按顺序浏览所有的展区。

　　到了空间序列的尽端，陈列的是一些大型展品，其中连实际建筑的细部都成为了展览的内容之一。因为印度的手工艺品常常是组成传统建筑的基本元素。同时，印度古代建筑的精华被融入到博物馆的设计中，设计借鉴了古吉拉特邦的古代住宅以及泰米尔纳德邦③的石庙的片段，使得这座建筑就像一幅拼贴画，表达出复杂与多元的风格。最后，经过系列屋顶平台，来到一个露天空间，这里既可作为观赏民俗舞蹈的圆形剧场，也可作为大型赤土陶器和其他手工艺制品的露天展厅。

　　经过多方努力，现在已经收藏了25000多件民间艺术品。整个建筑面积为5500m²，其中只有不到一半的面积向公众开放。一些珍贵的藏品被收藏在专门的房间，供来自印度各地、经过精心挑选的最好的手工艺人研究学习。通过这种方式，来自西孟加拉邦④的制陶艺人就有机会看到喀拉拉邦⑤最好的传统陶艺作品，获得第一手研究资料。

　　在这座"非建筑"里(柯里亚如是称⑥)，建筑师进一步探讨了迷宫式的漫游空间和采用不同标高的平台来联系各个空间。平台的台阶起到限定与围合空间的作用，这与瓦腊纳西⑦的沐浴的河边台阶有异曲同工之妙。

　　这座博物馆一期建设始于1975年，1977年告一段落，整个工程于1990年完工。

---

① Borobudur: 爪哇岛婆罗浮屠，这是中爪哇乃至全印度最重要的佛教建筑，建于9世纪。它选址在开度山谷，基本是占据了整个一座小山丘的巨型窣堵坡。遗址内有描绘释迦牟尼(佛陀)生活片断的复杂石雕，它的建筑形体三个组成部分象征着三个世界(地狱、人间和天堂)以及顿悟的三个阶段。(参见：M.布萨利著.单军，赵焱译.东方建筑.北京：中国建筑工业出版社，1999.152~159)

② Darbar Court: 宫廷苑。其中，Darbar，又作"Harimandir"，意为"圣堂。"印度锡克教谒师所中的最重要者，又称金寺(Golden Temple)，是该教的重要朝圣中心。(参见：《不列颠百科全书》国际中文版(7).北京：中国大百科全书出版社，1999.454)

③ Tamil Nādu: 泰米尔纳德邦，邦名意为"甜蜜的地方"，位于印度半岛东南端，首府为马德拉斯(Madras)。

④ West Bengal: 西孟加拉邦，位于南亚东北部，邦名意为"孟加拉人居住的地方"，首府为加尔各答(Calcutta)。

⑤ Kerala: 喀拉拉邦，位于印度半岛西南部马拉巴海岸，邦名意为"椰林地区"，首府为特里凡得琅(Trivandrum)。

⑥ Hasan-Uddin Khan.Transfers and Transformations.in Charles Correa. Singapore,Butterworth,London & New York: Mimar, 1987.130。参见本书第六部分：转变与转化。

⑦ Varanasī 瓦腊纳西，印度东北部城市，旧称贝拿勒斯。

图07-1 爪哇岛婆罗浮屠（引自：M·布萨利著.单军、赵焱译.东方建筑，北京：中国建筑工业出版社，1999.148）

图07-2 斯里兰格姆毗湿奴神庙（引自：M·布萨利著.单军、赵焱译.东方建筑，北京：中国建筑工业出版社，1999.124）

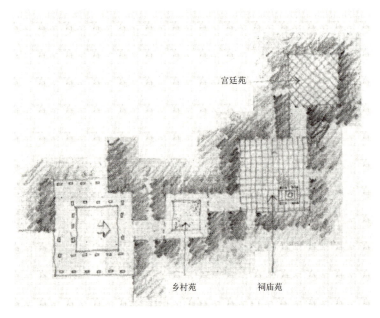

图07-3 空间分析草图：乡村苑、祠庙苑和宫廷苑（根据资料重绘）

图07-4　一层平面图（根据资料重绘）

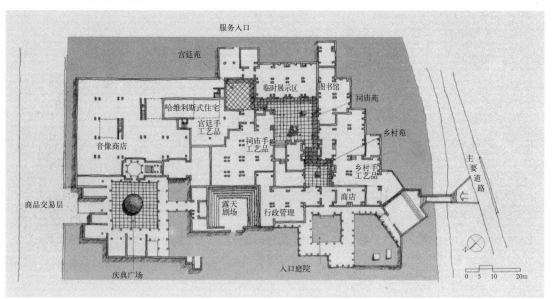

图07-5　二层平面图（根据资料重绘）

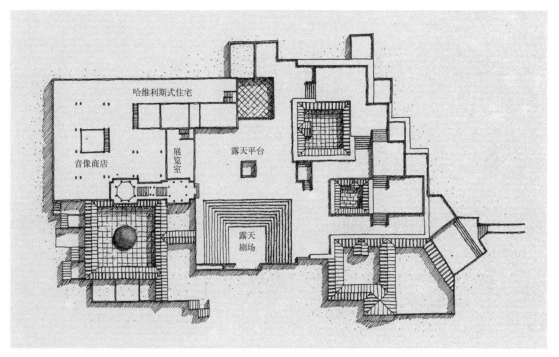

图07-6　建筑主入口

图07-7　人物动物雕塑展品

图07-8　建筑内部空间景观

图07-9　建筑内部空间景观

图07-10　建筑内部空间景观

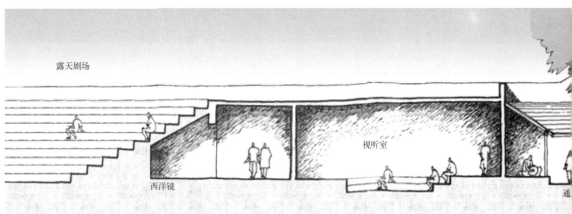

露天剧场

西洋镜

视听室

通

图07-11 斗拱细部
(图07-7~11：引自 The Architectural Review.London, 1995-Aug.53、54、55)

图07-12 沿着礼道两旁布置的展品（引自：The Architectural Review.London, 1995-Aug.52）

参阅书目

- 1979 S.Baxi.Crafts Museum.Museum.London, April.374-377.
- 1980 Contemporary Asian Architecture.Process Architecture.Tokyo,Nov..94-118
- 1981 Using the Past to Invent the Future.Spazio e Societa.Milano,Dec..56-63
- 1983 Charles Correa;with a Foreword by Sherban Cantacuzino.Singapore：Mimar
- 1987 Hasan-Uddin Khan.CHARLES CORREA.Singapore,Butterworth, London & New York：Mimar
- 1988 Nandini Kapur.A Gallery of Art.Inside Outside.Bombay, August. cover & pp.94-101
- 1991 Satish Grover.CHARLES CORREA.Architecture +Design.Delhi, Sept..15-45
- 1991 Jawahar Kala Kendra.Architecture Design.London, Nov..92-96
- 1991 C.Dibar/D.Armando.Espacos para a India.Arqitectura Urbanisma. Buenos Aires, Dec..44-51
- 1992 Mystic Labyrinth.The Architectural Review.London, Jan..20-26
- 1992 Caralogue；"World Architecture Exposition, 1988".Nara.Japan, 40-49
- 1994 Andashikna;The Works of Charles Correa.Special Report.Approach. Tokyo, Summer.cover & pp.1-23
- 1995 Robert Powell.Indian Intricacy.The Architectural Review.London, Aug..52-55
- 1995 印度建筑师查尔斯·柯里亚作品专集.深圳：世界建筑导报，1
- 1995 Hasan-Uddin Khan.Contemporary Asian Architects.Koln,London, New York：Taschen
- 1996 CHARLES CORREA；with a Foreword by Kenneth Frampton. London；Thames & Hudson
- 1997 William Lim & Tan Hock Beng.Contemporary Vernacular.Singapore：Select Books
- 1997 Derya Nuket Ozer.Charles Correa dan Iki Muze Yapisi.YAPI. Istanbul, December.88-102

图07-13 露天剧场的景观

图07-14 乡村苑的内院
(图07-6、07-13、07-14：引自Hasan-Uddin Khan.Charles Correa [Revised Edition]. Singapore, Butterworth, London & New York：Mimar, 1987. 130、132)

图07-15 剖面图（根据资料重绘）

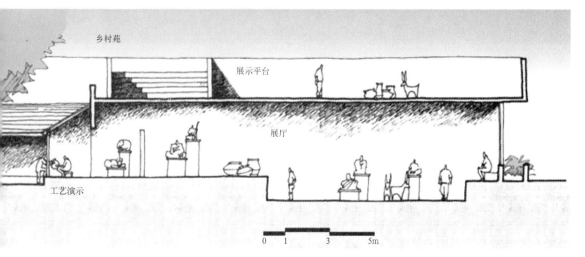

作　品　08	印度巴哈汶艺术中心
英　文　名	Bharat① Bhavan②
时　　　间	1975-1981年
地　　　点	博帕尔，中央邦③
业　　　主	中央邦政府

重要设计手法　漫游的路径、屋顶平台、露天庭院、"大炮"通风口、可调节的百叶窗

"漫游的路径"的设计思想在这个建筑中发挥到了淋漓尽致的程度。印度巴哈汶艺术中心的设计成功暗示着场地在柯里亚未来的工作中体现出越来越重要的地位。

该艺术中心所在的场地为一个坡度平缓的小山坡，面临着博帕尔湖。利用基地自然的、跌宕起伏的等高线形成一个个不规则的花园平台和下沉式庭院，周围分散布置着各种文化设施，如部落艺术博物馆、印度诗歌图书馆(囊括印度所有的17种主要语言)、当代艺术展览馆、印刷和雕塑作坊以及艺术家工作室，同时，这栋8000m²的艺术中心还配备有发育成熟的剧场演出公司和完善的设备，包括室内剧场和露天剧场。贯穿其中的平台与庭院形成绿荫覆盖、空气通畅的公共活动空间，创造出一个清凉的建筑小气候，而且不经意间，看似随意实则精心布置其中的艺术品会不时地跃入眼帘。

艺术中心的内部采光和通风是由顶部解决的，通过混凝土屋顶设置天窗和"大炮"形状的通风口以及沿平台矮墙安放的槽缝。而且，朝向庭院和屋顶平台的开口设有两层，里面的一层是由固定的玻璃窗和可调节的木制百叶组成，用来调节光线和通风效果；外面的一层是一个大型木门，从安全考虑，晚上可以关闭。

露天的游道围绕三个庭院设置，每一个庭院都有不同的设施。对露天空间的感觉是参观印度巴哈汶艺术中心的重要组成部分。在花园平台和庭院中漫步，将经过各个展示空间、工作室和演出舞蹈的剧场。布局轻松随意，博帕尔市民能够自由地出入其间。每天傍晚，许多博帕尔家庭骑着自行车和踏板车来到花园平台散步嬉戏，有时也来观看演出或者听音乐会。

这些平台和庭院再次反映出柯里亚对空间中漫游的路径的关注，创造出迷宫般的效果，各个部分在不经意中逐渐展示出来，建筑复杂的内部路径布置就像印度传统村庄的布局。通过这种方式，柯里亚在此折射出博帕尔的城市文脉和传统肌理。

图08-5　入口平台，人们在树下休息

图08-6　俯瞰入口平台

图08-7　入口台阶向下通向喷泉庭院

图08-8　回头看台阶上的雕塑

图08-9　回头看主入口

---

① Bharat，此为印度语，即"India"。

② Bhava，意为"有"，佛教名词，指该教所讲的一连串因果关系("因缘"中的一项)。"有"指变化的过程，由"有"而有"生。"(参见：《不列颠百科全书》国际中文版(2).北京：中国大百科全书出版社，1999.438)

③ Madhya Pradesh：中央邦，是印度最大的邦，位于中部地区，邦名意为"中间的"，首府为博帕尔(Bhopāl)。

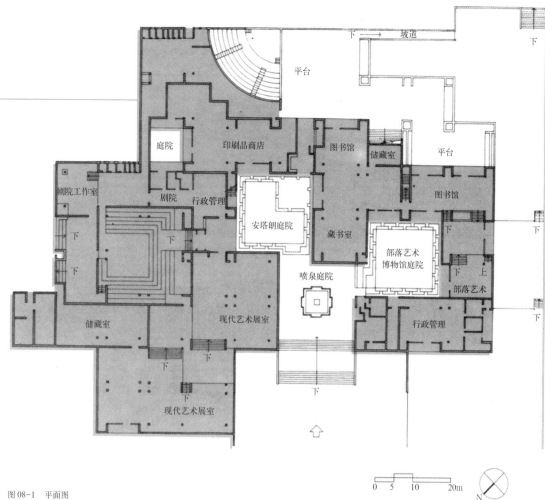

图 08-1 平面图
图 08-2 剖面图
（图 08-1~2：根据资料重绘）

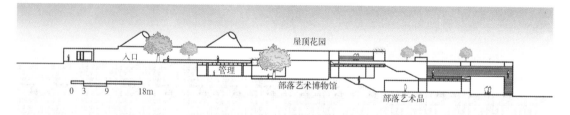

图 08-3 主入口

图 08-4 主入口墙头雕塑

图 08-10 来到喷泉庭院,可清晰看到向南(图右)通往部落艺术博物馆的庭院,向东(图左)通往安塔朗庭院

图 08-12 由喷泉庭院向南通往部落艺术博物馆庭院的过渡空间

图 08-11 由喷泉庭院向南通往部落艺术博物馆的庭院

图 08-13 从部落艺术博物馆的庭院回头观看喷泉庭院,并可看到屋顶平台上的当代艺术展览馆顶部"大炮"采光窗

图 08-15～17 部落艺术博物馆庭院中的石雕

图 08-14 部落艺术博物馆的庭院

图 08-18 部落艺术博物馆顶部"大炮"采光窗

图 08-21 安塔朗庭院的雕塑

图 08-19 部落艺术博物馆"大炮"采光窗细部

图 08-22 俯瞰安塔朗庭院

图 08-23 安塔朗庭院向东通往屋顶平台

图 08-20 由喷泉庭院向东通往安塔朗庭院

图 08-24 通往屋顶平台的台阶

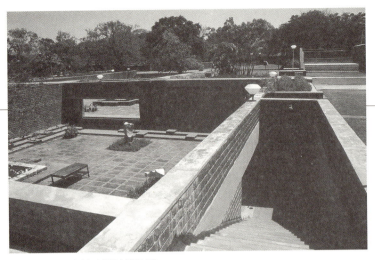

图08-25　上屋顶平台后俯瞰安塔朗庭院

图08-28　越来越接近当代艺术展览馆顶部"大炮"采光窗

图08-26　在屋顶平台上通过层层台阶走向当代艺术展览馆顶部"大炮"采光窗

图08-29　两个"大炮"采光窗细部

图08-30　从当代艺术展览馆"大炮"采光窗处看到露天剧场和湖景

图08-27　当代艺术展览馆的两个"大炮"采光窗都呈现出来

图08-31　走向露天剧场

参阅书目

- 1983 Charles Correa；with a Foreword by Sherban Cantacuzino. Singapore：Mimar
- 1984 Architecture.Journal of American Institute of Architects. Washington DC, Sept..158-159
- 1987 Hasan-Uddin Khan.CHARLES CORREA.Singapore,Butterworth, London & New York：Mimar
- 1995 印度建筑师查尔斯·柯里亚作品专集.深圳：世界建筑导报，1
- 1996 CHARLES CORREA；with a Foreword by Kenneth Frampton. London：Thames & Hudson

图 08-34 从露天剧场看到美丽的湖景

图 08-35 走下露天剧院

图 08-32 来到露天剧场的上层平台

图 08-33 从露天剧场的上层平台回看当代艺术展览馆"大炮"采光窗

图 08-36 砖石堆成的雕塑
注：本案例图片除标注的以外，均由单军拍摄。

3. 贡德的冥思

作　品　09	卡普尔智囊团成员寓所（未建）
英　文　名	Kapur Think Tank
时　　　间	1978年
地　　　点	德里
业　　　主	乌尔米拉和贾格迪什卡普尔
重要设计手法	露天庭院（贡德）、方形平面变异（"翻转的袜子"）

带露天空间的住宅类型在这个项目中得到了进一步的发展。它原本是为英迪拉·甘地总理①在德里郊区梅赫里修建一个周末度假农庄，这相当于首相乡间别墅或者戴维营的作用。在这里，总理和她的客人们可共商印度未来和国际大事。

为了创造一个良好的商议环境，柯里亚建议选用最自然的建筑材料：泥土，来营造一种朴实平和的氛围。建筑的整体形式或许用"翻转的袜子"表达最为确切。核心区是中央的一个方形庭院，由泥土修砌，用土墙进行限定。房间位于庭院的四边，成为了庭院的附加体。

设计中最为重要的不是如何布置各种大小尺寸的客人卧室套间，而在于确定中央露天广场的形状和比例。每天清晨，院子四周的房门打开，大家来到院子里进行商讨。

后来这个设计被用作了卡普尔太阳农庄的客人住宅，最终成为了苏利耶太阳贡德园（1986年）(作品10)的设计基础，智囊团寓所就建在那里。

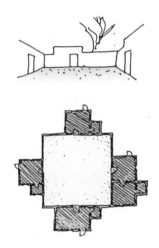

图09-1　设计草图（根据资料重绘）

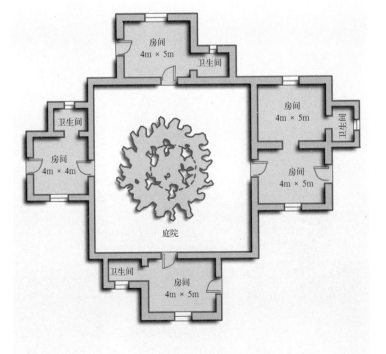

图09-2　平面图，"翻转的袜子"（根据资料重绘）

① Indira Gandhi：英迪拉·甘地（1917-1984年），是尼赫鲁之女，拉吉夫·甘地之母。于1967年、1971年、1980年多次出任印度总理，并从1983年起主持第7届不结盟国家首脑会议，并任不结盟运动主席。1984年10月31日遇刺身亡。

参阅书目

- 1987　Hasan-Uddin Khan.CHARLES CORREA.Singapore,Butterworth, London & New York：Mimar
- 1996　CHARLES CORREA：with a Foreword by Kenneth Frampton. London：Thames & Hudson
- 1999　Charles Correa：Housing & Urbanization.Bombay：Urban Design Research Institute
- 2000　Charles Correa：Housing & Urbanization.London：Thames & Hudson

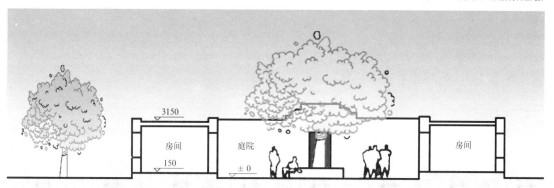

图 09-3　剖面图（根据资料重绘）

图 09-4　剖面透视图（根据资料重绘）

作　品　10	苏利耶太阳①贡德园
英　文　名	Surya Kund
时　　　间	1986年
地　　　点	德里
业　　　主	乌尔米拉和贾格迪什卡普尔

重要设计手法　　露天庭院(贡德)

　　传统的贡德通常是毗邻神庙，为方形水池。在信徒进入神庙参拜之前，先来此临水沐身，以净其身。贡德四周为规整几何形体的台阶。在季风季节，贡德水池的水位上涨，而在炎热的季节里，水位下降，露出更多的台阶。但这并不影响信徒们虔诚地进行各种宗教活动。

　　苏利耶太阳贡德园是对传统贡德的再创造，是为德里居住在太阳农庄的未来学家们修建的。他们是印度政府的智囊团，研究印度社会和政治各方面的问题。在这个意义上，贡德园就像一个冥思之所。就像所借用的原型一样，苏利耶太阳贡德园的方位是用罗盘来定位的。

　　简洁的外围墙体限定出中央的区域，为这些智囊团成员提供一个研讨思考的场所。在这个中央区域里，用印度教和佛教坐禅时所用的线形图案"具"②来象征宇宙能源的源泉。

---

① Surya：苏利耶，印度教神话中的太阳或太阳神。苏利耶之像常身穿西徐亚人服装(紧身外套和长统靴)，是伊朗太阳崇拜的痕迹。他乘七马或七头马牵引的车，手持盛开的莲花，头上有光轮。(参见：《不列颠百科全书》国际中文版(16).北京：中国大百科全书出版社，1999.337)

② yantra："具"，印度教密宗和金刚乘即佛教密宗坐禅时，所用的线性图案。"具"的种类不一，有的临时画在地上或者泥上；有的刻在寺庙里的石头或者金属物上。(参见：《不列颠百科全书》国际中文版(18).北京：中国大百科全书出版社，1999.393)

图10-1　平面图（根据资料重绘）　　　　　　　　　　　　图10-2　轴测图（根据资料重绘）

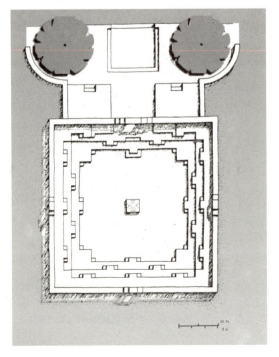

参阅书目

- 1987 Hasan-Uddin Khan.CHARLES CORREA.Singapore,Butterworth, London & New York：Mimar
- 1988 L'Inde Intemporelle.Techniques & Architecture.Paris, Feb..86-97
- 1996 CHARLES CORREA：with a Foreword by Kenneth Frampton. London：Thames & Hudson

图 10-3 剖面图（根据资料重绘）

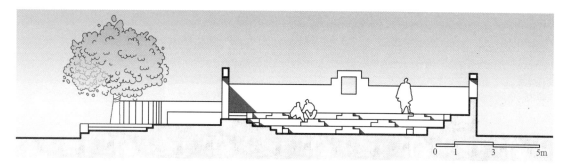

图 10-4 智囊团成员在进行研讨与思考（引自：Techniques & Architecture.Paris, 1988-Feb./Mar.89）

4. 绘画的运用

作　品　11	卡拉学院艺术表演中心
英　文　名	Kala Akademi
时　　　间	1973—1983 年
地　　　点	果阿邦
业　　　主	卡拉学院

重要设计手法　遮阳棚架、屋顶平台、绘画的运用

卡拉学院位于果阿邦首府帕纳吉的马多维河沿岸。其中的艺术表演中心面积为 10500m²，可为印度各地和国外来访的艺术家们提供展示才华的场所，同时也能为走街串巷的民间传统艺术家搭设表演的舞台(这是印度传统文化中最为宝贵和充满活力的组成部分)。此项目于 1973 年就开始着手进行，但用了十几年才最终完成。

艺术表演中心的基地面对着古老的马多维河，道路两旁是茂密的树丛，一直延伸到帕纳吉的一片老住宅区。为了和周围环境协调，建筑形式低调处理，平和舒展，从一层到三层的各层平面都不尽相同。其中最为醒目之处在于沿马路一侧，在建筑的入口上方覆盖着一个巨大的遮阳棚架，这是做为观众厅和剧场的休息厅的延续。由于周围没有遮挡物，隔河眺望建筑显得明朗空透，加上阳光透过蔓藤花棚架落下的阴影，显得生机勃勃。该组建筑采用直角方形的平面布局方式，这是柯里亚常用的手法，但这次有所不同的是，将沿河一面做成了锯齿形，从而有意识地将人们引到河边那片美丽的树林。

艺术表演中心包括一个 1000 座的室内剧场、一个 2000 座的露天剧场以及一个实验小剧场等，同时还包括印度传统舞蹈学校、印度和欧洲古典音乐学校，以及绘画雕塑展廊。此外还能为来访的艺术家和音乐家们提供住宿。

1000 座的室内剧场能够满足多种形式的演出：演讲等各种类型的比赛、演奏印度锡塔尔琴①和萨罗达琴②、甚至演唱西方的歌剧。剧场舞台机械装置安排巧妙，更换时不会影响观众观看演出。观众厅的声学处理体现在墙面和顶棚的吸声材料。吸声材料搁置在透明假顶棚后的隔层里，音响效果令人满意。

① Sitar：锡塔尔琴，印度的一种大弦弹拨乐器。

② Sarod：萨罗达琴，古代印度北方的一种拨弦乐器。

图 11-1　剖面图（根据资料重绘）

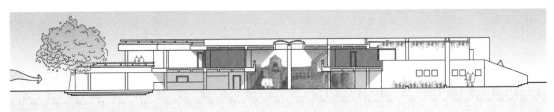

图 11-2 底层平面图（根据资料重绘）

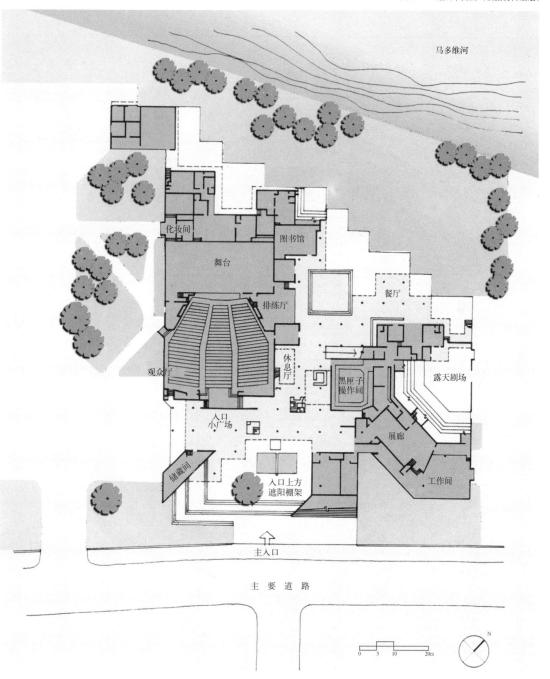

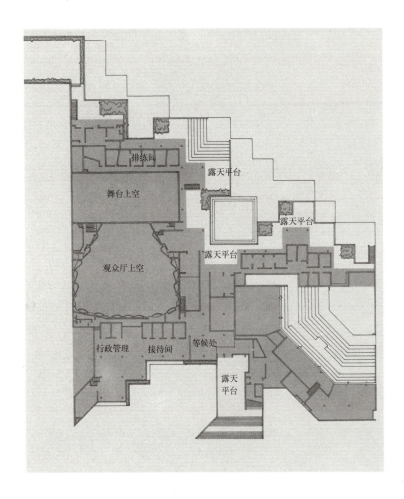

图 11-3 上层平面图（根据资料重绘）

图 11-4 建筑入口（引自：Charles Correa. London: Thames and Hudson，1996.63）

图 11-5 观众厅周围墙面上绘制出包厢和观众的图像（引自：Mimar. Singapore，1987-March.30）

参阅书目

- 1987　Hasan-Uddin Khan.CHARLES CORREA.Singapore,Butterworth, London & New York：Mimar
- 1990　果阿帕纳吉表演艺术中心.北京：世界建筑，1990，06
- 1996　CHARLES CORREA：with a Foreword by Kenneth Frampton. London：Thames & Hudson

图 11-6　从剧院上层看远处的马多维河
（引自：Mimar.Singapore,1987-March.30）

图 11-7　从马多维河方向看露天剧场（引自：Hasan-Uddin Khan.Charles Correa [Revised Edition].Singapore, Butterworth, London & New York：Mimar, 1987.120）

作　品　12	萨尔瓦考教堂
英　文　名	Salvacao Church
时　　间	1974–1977 年
地　　点	孟买，马哈拉施特拉邦
业　　主	孟买大主教管区

重要设计手法　露天庭院、"大炮"通风口、绘画的运用

柯里亚从早期的基督教教堂建筑中获得灵感，开始转向探讨建筑的本原问题。通过描述洗礼、芸芸众生和耶稣受难等场景来作为设计思考的基础，并在神学找到对应的解释和出处。在建筑中通过洗礼池、忏悔室、布道坛、祭坛和神龛等体现。

萨尔瓦考教堂于1974年开始动工，但到1977年才完工。教堂由一系列庭院和室内空间穿插组成，这样可以根据天气情况来决定礼拜活动在室内或室外进行。整个空间组织都精心考虑了空气流通的组织，如建筑上空覆盖的巨大混凝土壳（是对早期作品中类似大炮形状的通风口的演变），就是用来作为上升热空气的风道。

不加粉饰的素混凝土营造出肃穆的气氛，令人萌生崇敬之情。同时室内采用朴素的木家具，这和金碧辉煌的祭坛以及流光溢彩的壁画形成鲜明对比。玻璃壁画是由印度著名艺术家马克布勒·菲达·侯赛因绘制，绘画题材选自圣经故事"面包和鱼"。玻璃画被分成几块，安装在彩色窗户上。艺术家还应邀绘制了主要大厅的顶棚图案。这幅绘制在巨大的弯曲的混凝土壳表面的图案描绘的是作为牧羊人的耶稣看管着他的羊群。侯赛因意在把这幅壁画题献给奇马布埃，文艺复兴绘画的鼻祖。混凝土强有力的塑性与粗犷的肌理正好赋予作品以倾斜刚硬的线条。

教堂功能分区是根据耶稣的生平经历，第一部分是"背景资料"，第二部分是"尘世生活"，最后部分就是"死亡复活"。

数年过去了，由于孟买潮湿的气候，裸露的混凝土开始脱色，因此有必要给外壳和屋梁重新涂上颜色。1983年，柯里亚为教堂添加了一个入口区，丰富场地景观，并修改了立面，把直线变为了曲线，并把"大炮"所在位置的钢筋混凝土结构进行了调整。这些手法的运用旨在柔化柯布西耶的建筑元素，来适应印度的气候条件。

柯里亚在后来设计的建于浦那的坎顿蒙特教堂(1984–1987年)中同样运用了"大炮"通风口概念。这是为浦那大主教设计的。原来教堂建于一百多年前，在一次暴风雨中屋顶塌毁。为了保持建筑外墙完好无损，重修了一个钢筋混凝土屋顶。拱形屋顶通过两侧的扶壁柱支撑。屋顶中央为一个圆柱"大炮"采光塔，将光束柔和地引入到教堂室内。

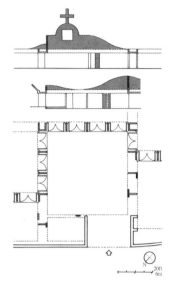

图12-1　教堂的增建部分示意图（根据资料重绘）

图12-2　"大炮"采光窗内景（引自：Hasan-Uddin Khan.Charles Correa [Revised Edition].Singapore, Butterworth, London & New York: Mimar, 1987.110）

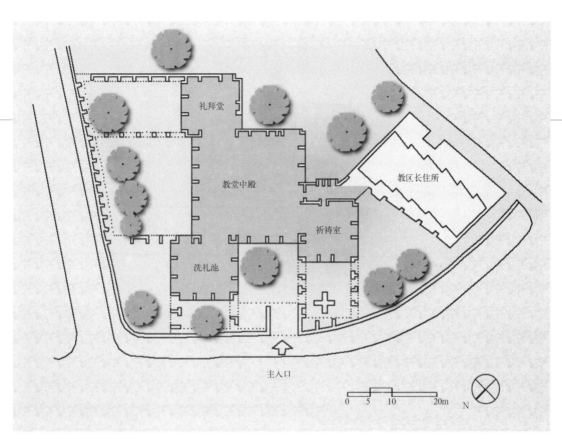

图 12-3 平面图（根据资料重绘）

图 12-4 屋顶平面图（根据资料重绘）

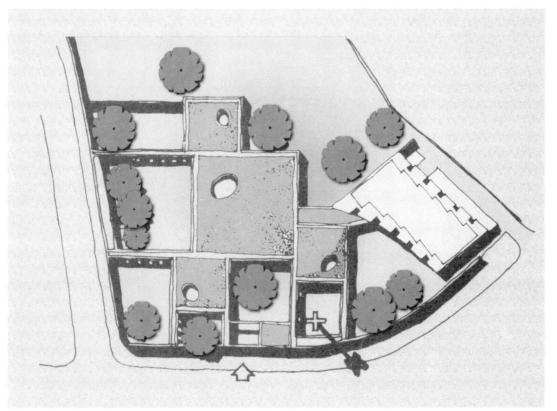

图12-5 洗礼区入口（引自：Hasan-Uddin Khan.Charles Correa [Revised Edition].Singapore, Butterworth, London & New York: Mimar,1987.108）

参阅书目

- 1980 H.Smith.Report from India: Current work of Correa.Architectural Record.New York, July.88-89
- 1983 Charles Correa;with a Foreword by Sherban Cantacuzino.Singapore: Mimar
- 1987 Hasan-Uddin Khan.CHARLES CORREA.Singapore,Butterworth, London & New York: Mimar
- 1996 CHARLES CORREA: with a Foreword by Kenneth Frampton. London: Thames & Hudson

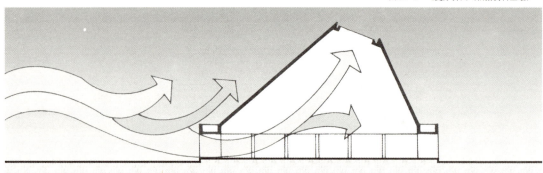

图12-6 气流分析图（根据资料重绘）

图12-7 内院（引自：Hasan-Uddin Khan. Charles Correa [Revised Edition]. Singapore, Butterworth, London & New York;Mimar, 1987.108）

作 品	**13**	**果阿酒店**
英 文 名		Cidade De Goa
时 间		1978–1982 年
地 点		果阿邦
业 主		福尔门托旅馆度假私人有限公司

重要设计手法　绘画的运用、漫游的路径、屋顶平台、露天庭院

　　果阿是印度西海岸线上一个著名的旅游胜地和最古老的贸易中心之一，糅合了多种文化，并流传着许多动人的传说。它作为葡萄牙的殖民地有450年的历史。但即使在葡萄牙人入侵以前，它就已经是亚洲最大的港口之一——是贸易线路上的重要连接点。这里既有潋滟波光、秀丽山峦和迷人沙滩，也有欧洲式城堡、教堂和修道院，这一切构成了果阿独特的风貌。欧洲特有的街边咖啡座、酒馆、客店和城市广场，仍是这里居民生活中不可缺少的组成部分。这些丰富的素材都成为了果阿酒店设计的基本主题。城市中的传说和神化都成为了柯里亚灵感的源泉。

　　因为果阿一直以土地作为传统的经济基础，700万人口均匀地分布在这个地区。每个人居住的地方，或者是因为他拥有这块土地，或者是受雇于这块土地的主人。因此，果阿地区不受哪个特定城市的管辖，是相互平衡的多城镇中心体系——最大的

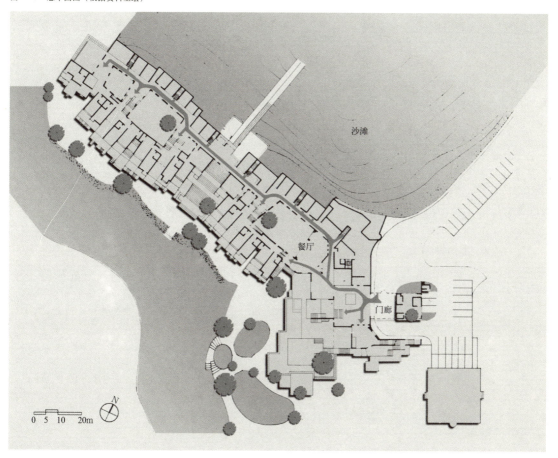

图 13-1　总平面图（根据资料重绘）

一个区域人口也不超过10万人。

这家拥有100间客房的观光酒店位于果阿帕纳吉附近的一个海湾，从帕纳吉到此只有数分钟的车程。柯里亚希望在建筑设计中能够隐射出果阿的历史。建筑修建在一个斜坡上，场地一直向下延伸到苏瑞河的海湾处。这栋旅馆已逐渐显示出建筑师采用的很具视觉冲击力的表现主义设计手法。人们开始思考如何为它命名。果阿曾是葡萄牙人向往之地，或许现在已成为了昨日的美梦？最后的择名是"Cidade de Goa"，即果阿邦首府帕纳吉最初的名字。

通向建筑的主车道沿着岩石嶙峋的山路布置。穿过入口处的大拱门，再沿着长长的车道往下走，经过绿色葱葱的山谷，便来到一个小广场。在广场的四周是独具匠心、寓意深刻的主体建筑符号和标志：CITY。这些符号的变幻组合像舞台的场景布置，又像电影的海报设计。建筑立面不只是一个面，层层穿插，视觉感受和建筑空间如万花筒般多姿多彩，变幻莫测，光怪陆离。让人不知置身何处，分不清现实与梦幻。

经过门厅之后，就开始了步行道。当人们在这些有遮盖的拱廊下漫步时，穿过庭院，能够看到连桥和通向上层客房的楼梯。商店没有设在主要大厅，而是沿着步行街（就像一个小镇上的街道形制），开始之处设有塔维纳①——一种传统的果阿酒吧。

客房的设计反映出果阿主要的传统主题。一些称之为"卡萨斯"②的建筑原型，是借鉴葡萄牙的殖民地传统建筑形式；另一些称之为"达毛"（Damao）的建筑原型，则反映出果阿的传统建筑形式，这在古老的果阿印度教大教堂中可见一斑，是由深受印度传统绘画影响的艺人完成。

在近些年来，把旅馆设计成为"村庄"的格局已经成为了陈词滥调。不过，果阿旅馆没有试图过度强调本土元素和不朽的纪念性，而是探讨有关"城市"的主题，在一个直线型的布局中来表达文化的寓意。这里的建筑语汇不是惯用形式，也不是纯粹的装饰性符号——而是营造出让人们进行社交的场合。对果阿城市的隐射，在旅馆中的阿尔法马街区设计达到了极致，阿尔法马（"Alfama"）名字取意葡萄牙首都里斯本的古老的摩尔街区。

这个设计可以认为是柯里亚建筑实践的一个实验性作品，把各种符号和形象糅合到一起，体现出柯里亚独到的思考和深邃的智慧。

① Tavernal：音译为"塔维纳"，传统酒吧形式，销售饮料但只供堂饮的场所。中世纪发展成为客栈，是徒步旅行的过路客休息地方，也是凶手、盗贼和政治反抗者的避难所，成为人们社会活动的中心场所之一。(参见：《不列颠百科全书》国际中文版(16).北京：中国大百科全书出版社，1999.471)

② Casas：卡萨斯，最初得名于一座位于墨西哥北部奇瓦瓦州西北角的城镇，临大卡萨斯河畔，1661年或者1662年建城。该城名在西班牙语中意为"大房子"，源于附近有着前哥伦布时期城镇大房子遗址，该地区为该国人类学和历史研究的国家文物保护重点。(参见：《不列颠百科全书》国际中文版(3).北京：中国大百科全书出版社，1999.477)

图13-2　剖面图（根据资料重绘）

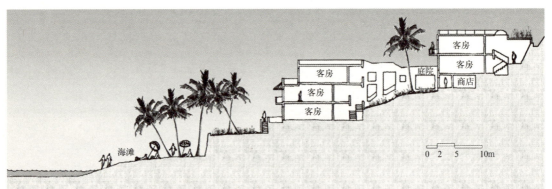

图13-3 入口广场的景观（引自：A+U. Tokyo，1984-June.100）

图13-4 入口广场的夜景(引自:Architectural Record.New York，1983-April.158)

图13-5 客房建筑外观(引自 Architectural Record.New York，1983-April.156)

图13-6 (上左)室内外景色交融以及室内的人物雕塑(引自: Architectural Record. New York, 1983-April.157)

图13-7 (上右)入口层餐厅(引自:Architectural Record.New York, 1983-April. 157)

图13-8 (中)客房建筑细部(引自: Architectural Record.New York, 1983-April.156)

图13-9 (下)建筑与周围环境相融合(引自: A+U.Tokyo, 1984-June.101)

图13-10 树影斑驳（引自：A+U.Tokyo, 1984-June.101）

参阅书目

- 1982 Susan Stephens.Faked Facades.Skyline.New York, July.24
- 1982 Brian Brace Taylor.Cidade de Goa.Mimar.Singapore, July.cover and pp.44-49
- 1982 Jim Murphy.Open the Box.Progressive Architecture.New York, Oct..100-104
- 1982 Cidade de Goa.Inside Outside.Bombay, Oct..cover and pp.14-21
- 1983 Shalini Ramgopal."Cidade de Goa.Namaste, March".34-38.
- 1983 Mildred Schmertz.Mediterranean Metaphors.Architectural Record. New York, April.154-159
- 1983 Charles Correa:with a Foreword by Sherban Cantacuzino.Singapore: Mimar
- 1984 Cidade de Goa.A+U.Tokyo, June.100-107
- 1985 果阿市旅游饭店.北京：世界建筑，1985，4
- 1987 Hasan-Uddin Khan.CHARLES CORREA.Singapore,Butterworth, London & New York: Mimar
- 1990 Vikram Bhatt & Peter Scriver.Contemporary Indian architecture: After the Masters.Ahmedabad: Mapin, 1990
- 1990 Peter Serenyi.Charles Correa.SPACE.Seoul, Korea.122-128
- 1990 Charles Correa.Alam Al Bena.Cairo, April, issue 114.15-16
- 1991 Jorge Glusberg, El Cronista.El valor de lo sagrado.Buenos Aires, Sept..1-3, 8
- 1991 Sarayu Ahuja.Charles Correa's Architecture.Indian Architect & Builder.Bombay, Oct..20-26
- 1991 C.Dibar/D.Armando.Espacos para a India.Arqitectura Urbanisma. Buenos Aires, Dec..44-51
- 1992 J.Glusberg.Una arquitectura abierta alcielo.Arquitectura & Diseno. Buenos Aires, Feb..1 & 8
- 1995 印度建筑师查尔斯·柯里亚作品专集.深圳：世界建筑导报，1
- 1996 CHARLES CORREA: with a Foreword by Kenneth Frampton. London: Thames & Hudson

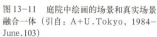

图13-11 庭院中绘画的场景和真实场景融合一体（引自：A+U.Tokyo, 1984-June.103）

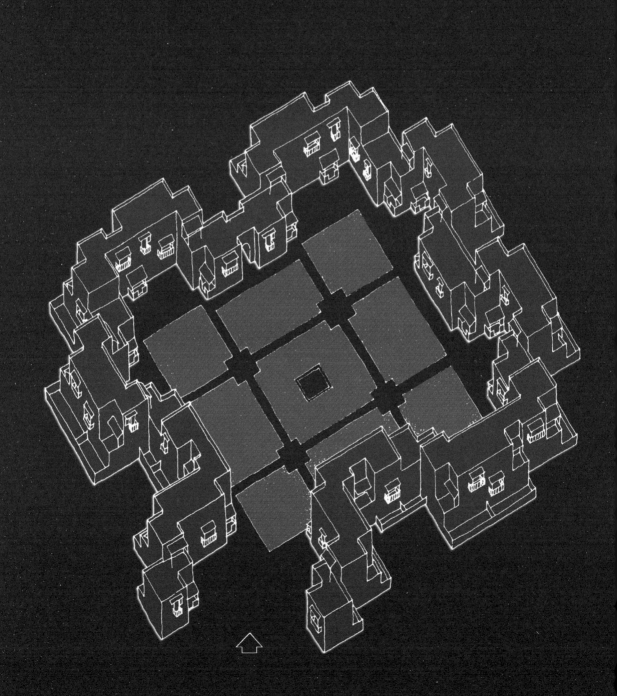

PART II   REGION-CLIMATE

第二部分　地域·气候

1 述 评[①]

建筑受到传统文化和现代文明的影响是显而易见，但文化不是决定建筑形态的惟一因素。比如，我国四川的藏族民居和西藏的藏族民居，虽然两者所对应的文化背景、生活习俗、宗教信仰、社会组织等方面基本一致，但两者的构筑形态却迥然而异。而四川西北部地区的藏族民居和羌族民居虽然在建筑形式、色彩运用、装饰风格等方面相去甚远，但在材料运用、构造作法及构筑形态等方面却有许多极为相似的地方[②]。从横向比较来看，即使地理位置相去甚远、不同文化背景下的乡土建筑在相似气候条件下表现出来的建筑形态特征却是惊人的类似，而且气候特征愈典型，如干热地区、湿热地区，则建筑特征愈接近。这些都在提示我们，建筑空间结构将不可避免地将受到自然因素的影响，体现出周围环境良好的适应性。

客观存在的地域条件，不同的地理环境，不同的自然气候，让长期栖息于此的人们通过生活、生产不断沉淀下独特的地域文化，也造就了建筑的地域特色。古人"挖地建穴、构木筑巢"体现出建筑关注气候自古就有据可查。对建筑而言，气候作为重要的环境因素，深深地影响着地域建筑文化的形成。无论哪一个地区的气候和地理条件在过去的一百年或者将来的一百年中都不会发生质的改变或者只是一些微微的变化，与其他的设计考虑因素相比较算得上是非常稳定的了。因此，气候、阳光、温度等自然地理条件将无可置疑地成为建筑设计的一个基本出发点，通过建筑朝向(总平面)、剖面形式、平面布局、体量造型、空间组织和细部设计的确立，表达出它对所处自然环境的一种被动的、低能耗的正确反应。

印度位于亚洲南部，印度洋北岸，西接巴基斯坦，北邻中国、尼泊尔、不丹、锡金，东与缅甸接壤，东南与孟加拉国为邻，南与斯里兰卡、马尔代夫隔海相望。它是南亚次大陆最大的国家，西濒阿拉伯海，北抵喜马拉雅山，东临孟加拉湾，南连印度洋。印度的总体地形特点为南北高、中部低。因此，它北侧的高山峻岭阻挡了北方的冷空气，加之三面临海，因此大部分地区处于热带季风区，是世界上最热的国家之一[③]。

印度典型的气候特征成为了它整个文化形成的基础之一。除了悠久的历史文明给印度留下的巨大遗产，"次大陆的人民还从自然界本身继承了另一笔馈赠——次大陆的土地和气候。在人类存在以前千千万万年代中，原始的力量就已使地球表面定型，我们若不了解南亚人民从这些力量那里得到什么，就无法理解南亚的一切。从这个意义上说，也许印度最重要的遗产是巨大的喜马拉雅山脉，没有它，这块土地几乎无异于一片沙漠。"[④]

对于生存而言，这块次大陆的气候条件是严峻而具有挑战性的。正如研究印度文化的国际知名学者A·L·巴沙姆教授所说，"4月和5月是一年中最干旱的季节，也是最炎热的季节，在

---

① 此部分研究受到中国博士后科学基金的资助而完成。

② 房志勇.传统民居聚落的自然生态适应研究及启示.北京: 北京建筑工程学院学报，2000, 1.50

③ 于增河主编.中国周边国家概况.北京: 中国民族大学出版社，1994.316

④ A·L·巴沙姆主编.印度文化史.北京: 商务印书馆，1997.6

图1 "遮陀罗"，即屋顶凉亭

图2 "遮扎"，即石挑檐

图3 "哥哩"，即透空石屏风
（图1-3：单军拍摄）

---

① A·L·巴沙姆主编.印度文化史.北京：商务印书馆，1997.7

② Edwin Lutyens: 埃德温·勒琴斯爵士（1869-1944年），是英国20世纪初期最重要的建筑师，他对新德里规划做出了决定性的贡献。

③ "遮陀罗"(chattri)，一种有圆顶的小凉亭或者伞状的亭子，通常建在屋顶上，作装饰或者象征之用；"遮扎"(chajja)，一条薄的突出的石带，模拟建筑物边沿的檐口或者门窗上方的屋檐；"哥哩"(jali)，一种镂空的石制格子屏，装在窗户、洞口上，通常雕刻繁复，用以抵抗阳光直射同时保持通风。（参见：R·麦罗特拉.综合评论.《20世纪世界建筑精品集锦》第8卷南亚.北京：中国建筑工业出版社，1999.20）

④ "VISTARA: The Architecture of India". In MIMAR 27: Architecture in Development. Singapore: Concept Media Ltd.。参见本书第六部分：VISTARA建筑回顾展：印度的建筑。

⑤ 李大夏.路易·康.北京：中国建筑工业出版社，1993.79

这样的条件下谋生或许与在北方的寒冬同样困难。雨季则带来另一类问题：几乎连绵不断的大雨、洪水毁灭了成千上万的生命，河流改道，疫病流行，蚊虫叮咬还会带来疟疾、象皮病等等疾病的病源。此外，在冬季，虽然白昼阳光充足，气候温和，夜间却十分寒冷，尤其是巴基斯坦和恒河流域西部地区更甚。午夜气温可能低于或仅仅略高于冰点，在这种时候，因为无所遮蔽而引起的死亡仍时有发生。只有在半岛两侧沿海的热带地区，气候才允许相当多的人口依靠椰子、香蕉和印度洋丰富的鱼类产品为生，而无需付出过分艰苦的劳动或作长远考虑。"①

针对如此严酷的气候地理条件和欠发达的经济发展水平，肩负社会责任的几代建筑师都在进行着思考与实践。如在1920年代的新德里城市规划中，E·勒琴斯爵士②开始尝试着将西方古典元素与精选的印度传统形式的元素相融合，取得了很高的建筑成就。他把"遮陀罗"（屋顶凉亭）、"遮扎"（石挑檐）及"哥哩"（透空石屏风）（图1-3）看作是当地建筑风格的典型特征，又利用它们所具有的使用功能，从而达到了对严酷的气候条件要求的满足③。但柯里亚对勒琴斯的工作好像颇有微词，认为他不够深入，缺乏对历史文化的深层了解。通过与阿克巴的法特普尔·西克里城相比较，柯里亚说，"阿克巴……创造了一种对强权政治的表达形式。他借用古老的神话告诉我们一种新的秩序已经建立起来。将这种变化与3个世纪之后勒琴斯在新德里新城规划中所进行的建造活动进行比较就可以发现：后者仅仅是将一些来自佛教建筑的形象进行形式上的变化，而无视产生它的深邃的神秘价值。"④

来到昌迪加尔后的柯布西耶，一如既往地进行了大量写生和实地调研。在此过程中，他收集到了许多印度本土的建筑元素——深挑檐、遮阳板、柱廊、水池等。这些建筑构件成为柯布西耶在后来的设计中进行调节建筑小气候的工具，也逐渐演化成为他后期设计中得心应手的语汇。

1960年代，来到印度的路易·康，他工作的城市是艾哈迈达巴德，它的西部有沙漠，南方和西南方临印度洋，东北是大山。夏季气温高达45℃，雨季40天，集中降雨750mm。为了适应这种严酷的气候条件，路易·康在印度经济管理学院的设计中贯穿了调节建筑小气候的考虑。"让每片墙与风的来向一致"。新的总体布置，是康对艾哈迈达巴德小气候进一步理解的结果。同时，尽可能在建筑物上形成多一些阴影深邃的空间；当太阳西晒时，尽可能在建筑物的另一侧形成大一些的荫蔽场所。在一个炎热而不发达的国家中，建筑师要尽可能理解人民的生活方式，这里不同于得克萨斯或者佛罗里达，人们不可能使用大量电力来降温。路易·康在历时三年得出结论："遮阴"、"封闭性"、"房子挨着房子"，总之，"认识到了多些荫蔽处的意义"。⑤

在经济发达地区，创造舒适的建筑小气候可以借助设备的调节，但这带来的能源危机已经成为了世界最大的危机之一。马来西亚著名建筑师杨经文，他也是一直关注着"建筑与气候"的问题，他曾说："建筑物对冷气空调的采用，这将造成建筑物本身与有关的城市、街道与社区的联系脱节，并失去当地城市特色的街道生活。"作为一名第三世界的建筑师，柯里亚认为：在印度这样的国家，不能够像西方建筑师一样越来越依赖机械技术手段来控制室内的采光通风。这是一个不利条件的同时，也成为了一个优势，因为它意味着要求建筑本身通过其真实的形式，来产生对气候的调节。作为一位充满建筑理想的建筑师，柯里亚还认为 真正的灾难是建筑师把他的责任推给了机械工程师的同时，也大大削弱了他自己想象力的进程。西班牙阿尔罕布拉宫内凉快的、有遮阳的庭院和喷水池不只是一套景色优美的上镜头的风光片。它们是对在格拉纳达[1]干热气候下建筑挑战的直接反应——是建筑创造力的最深刻的、最丰饶的源泉所产生的结果。而现在的城市，自雅典到新加坡到香港，它们的建筑已不反映城市的固有气候条件和生活方式，而是千篇一律的封闭的屉形建筑。我们的建筑如此，我们的城市也如此。结果是：热带滨海城市几乎与冰天雪地的北方城市已没有什么不同的了[2]。

一个优秀的建筑作品的空间形态和环境结构应该是能够反映出其所在自然气候地域的自然环境特征。柯里亚响亮地提出了："形式跟随气候"(论著摘录04)。关于塑造建筑的种种力量，柯里亚写道[3]："……在深层的结构层次上，气候决定了文化及其表达形式、以及习俗礼仪。从它自身来说，气候是神话之源。在印度和墨西哥文化中，露天空间所具有的超自然的特性是其所处热带气候的伴随产物。就像英格玛·伯格曼[4]的电影，如果脱离了瑞典挥之不去的黯淡冬季，人们将无从理解。"

柯里亚的作品遍及印度大多数邦，与当地气候相适应成为了他考虑的最主要因素之一，露天空间、管式住宅(1961–1962年)(作品16)、夏季剖面和冬季剖面等成为了柯里亚对建筑与气候的独特贡献。根据各个作品所处地域环境以及调节气候的设计特征，特将作品对应4个区域来进行分析：

1) 西部沙漠地区(包括拉贾斯坦邦、古吉拉特邦的西北部等)——内向露天庭院；

2) 西南部毗邻阿拉伯海的地区(包括古吉拉特邦等)——管式住宅；

3) 南部地区及滨海地区(包括果阿邦、喀拉拉邦、安达曼岛、安得拉邦、卡纳塔克邦、泰米尔纳德邦等)——开敞露天庭院；

4) 中北部地区(包括马哈拉施特拉邦、古吉拉特邦的东部、中央邦等)——气候缓冲区。

1. 西部沙漠地区

西部沙漠地区主要指印度西部的塔尔沙漠[5]及其周边地区，这里全年少雨甚至无雨，夏季白天气温高达50℃，而到夜间温度又迅速下降，日夜温差大，相对湿度低，并常常伴有沙暴(图4)。强烈的太阳辐射是建筑设计中面临的主要问题。对于这种气候条件，建筑设计小气候的基本原理很简单，就是把湿热空气堵住并使之湿润，通过这个过程来降低温度，提高湿度。

位于北方邦阿格拉城外西南37km处的法特普尔·西克里城中是阿克巴皇帝的豪华宫殿群。在干热的自然条件下，这组建筑群不但试图从尺度、比例、材料等方面创造出一种建筑经典造型，而且致力调节建筑小气候，比周围环境至少低10℃。在这里的内部庭院中，亭榭采用开放的形式，错落有致地贯穿在喷泉流水之中(图5)。

图4 拉贾斯坦邦干热的气候条件

图5 北方邦法特普尔·西克里城的庭院
(图4～5：单军拍摄)

---

① Granada：格拉纳达，西班牙南部一座城市，位于科尔多瓦东南，由摩尔人于8世纪创建，在1238年成为一个独立王国的中心。该城于1492年为卡斯蒂利亚人攻陷，从而结束了摩尔人对西班牙的统治。

② 韦湘民，罗小未主编．椰风海韵——热带滨海城市设计．北京：中国建筑工业出版社，1994.53、43、45

③ 参见：本书序二：弗兰姆普敦教授对柯里亚作品的评述

④ Ingmar Bergman：英格玛·伯格曼(1918年–)，生于瑞典乌普萨拉，电影剧作家、导演。代表作有《第七封印》(1956年)、《野草莓》(1957年)、《犹在镜中》(1961年)和《范妮和亚历山大》(1982年)等，多次荣获奥斯卡奖。他的影片具有丰富多彩的摄影和片断的叙事风格，对人的孤独、脆弱和痛苦等所作的悲观描写非常动人。(参见：《不列颠百科全书》国际中文版(2)．北京：中国大百科全书出版社，1999.393)

⑤ Thar Desert：塔尔沙漠，在印度西北部和巴基斯坦东南部。

露天空间对于干热和湿热这两种气候都极其重要。首先,对于居住单元来讲,它为家庭扩展了活动和休憩的空间,等于多获得了一间"以天为顶、以地为席"的房间,而且无需另外再支付费用。在炎热难当的季节里(有些地区一年中占到了八九个月),家人可以在这里睡觉、嬉戏、晾晒谷物等。前苏联一位学者对干热、湿热地区的建筑设计与规划进行了比较研究,得出结论:干热地区建筑宜封闭式内向布局,而湿热地区建筑宜采用开敞式布局(图6)[①]。其中,针对干热气候的内向露天庭院利用空气热动力学原理进行蒸发制冷,是一种调节建筑小气候环境的建筑形式。由于热压力差形成空气运动,空气掠过水体和绿荫,封闭院落得到良好的降温、加湿和净化,使室内环境凉爽适宜[②]。在拉贾斯坦邦的几个设计作品中,凯布尔讷格尔镇住宅区(1967年)(作品14)、焦特布尔[③]住宅和城市开发公司(HUDCO)的住宅(1986年)(作品15)、斋浦尔艺术中心(1986-1992年)(作品02)(图7)均采用了内向露天庭院。

卡塔尔多哈伊斯兰艺术博物馆(1998年)的竞赛中,柯里亚设计了一个水的中心院落,它缓解了沙漠的干燥。侧面阴影下的休息空间延伸进入展厅,并在宝藏展厅到达高潮。结构是预制及现浇混凝土。通风系列中的采风塔是整个空调系统中不可缺少的一部分。虽说这是一个常用手法,但评审团特别喜欢方案简洁的图案和庭院,中心庭院把复杂的功能组织统一起来,非常独特。评语认为:"它将加强卡塔尔的文化统一性,成为当地的一个标志性建筑。"

图6 干热湿热地区建筑模式比较(引自:韦湘民,罗小未主编.椰风海韵——热带滨海城市设计.北京:中国建筑工业出版社,1994.104)

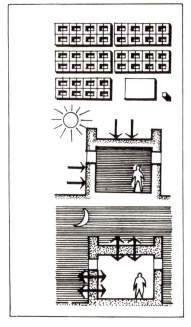

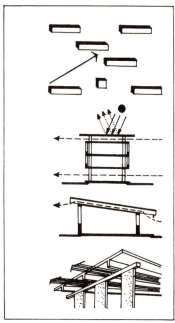

图7 斋浦尔艺术中心(作品02),绿色表示建筑中的露天庭院(根据资料重绘)

---

① 韦湘民,罗小未主编.椰风海韵——热带滨海城市设计.北京:中国建筑工业出版社,1994.104

② 徐刚,曾坚.传统·气候·现代——热带、亚热带的亚洲国家建筑中气候因素的影响.内蒙古:呼伦贝尔学院学报,2001,2.34

③ Jodhpur:焦特布尔,印度西部城市,位于德里市西南。是始建于13世纪的一个前公国的中心,并是重要的羊毛市场。

2. 西南部毗邻阿拉伯海的地区

西南部毗邻阿拉伯海的地区为热带季风气候区，全年分为3季：3～5月为热季，降水不多，气温高达40℃；6～9月为雨季，降水量大，气温也较高；10～次年2月为凉季，降水稀少，气温为5～10℃。

管式住宅(1961-1962年)(作品16)(图8)是代表柯里亚设计思想最重要的作品之一，被看作是节约能量的一种方式，尤其对于承受不起使用空调的社会非常有用。它部分源于莫卧儿时期的建筑传统，部分源于勒·柯布西耶二战后采用的大型公寓，如马赛公寓的形式。柯里亚的第一座管式住宅(1961-1962年)(作品16)成型于1961年。这是一个早期的被动式节能建筑实例。它有18.2m长，3.6m宽(即60英尺×12英尺)。热空气顺着斜坡屋顶上升，利用文丘里管的良好效果，从顶部的通风口把热空气带走，然后吸入新鲜空气，建立起一种自然通风循环体系。同时还可以通过入口大门旁边的可调节百叶窗来控制。它的调温原理是将住宅内部剖面设计成为类似烟囱的通风管道，以形成持续不断的自然通风。其原理是热空气经入口进入采风塔后，与冷却塔接触而降温、变重，向下流动。在房间设置空气出入口，则可将制冷空气抽入房间。经过一天的热交换，采风塔到晚上的温度比早晨高。晚上的工作原理正好相反。古代埃及就发明

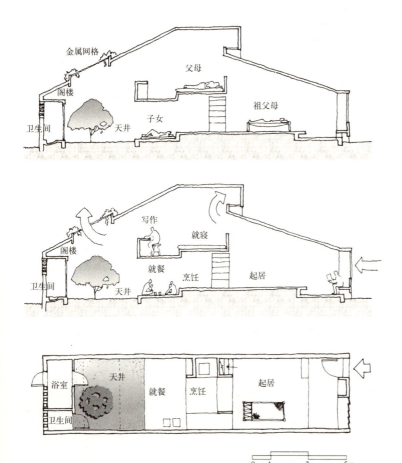

图8 管式住宅(作品16)，(上) 白天剖面图、(中) 夜晚剖面图、(下) 平面图 (根据资料重绘)

了这种利用自然风的冷却塔,用风塔捕捉地表风,风透过石塔吹入室内,冷却室内空气。

艾哈迈达巴德低收入者住宅(1961年)(作品17)(图9)对管式住宅(1961-1962年)(作品16)进行了进一步发展,为了适应特定的场地,进深方向从单倍模数变化到双倍模数,然后再缩小到单倍模数。兄弟住宅(1959-1960年)(图10)通过风车型布置的平面形成中央通风井。帕雷克住宅(1967-1968年)(作品19)将管式住宅(1961-1962年)(作品16)的剖面进一步演变,成为两个不同的相互并置的剖面,分别来适应夏季和冬季不同的气候条件,一起放置在一个连续的住宅空间内。金字塔形的夏季剖面使内部空间与外界隔离开来,这样能够减少夏日里袭人热量的侵入,主要是适应于炎热夏季的午后使用;相反,倒转金字塔形式的冬季剖面,使室内向天空开敞,这是为了适应寒冷季节或夏季的夜晚使用(图11)。

柯里亚曾拟在古吉拉特邦艾哈迈达巴德自建一栋住宅(1968年),最终未能够实现。但其中调节气候的夏季剖面和冬季剖面

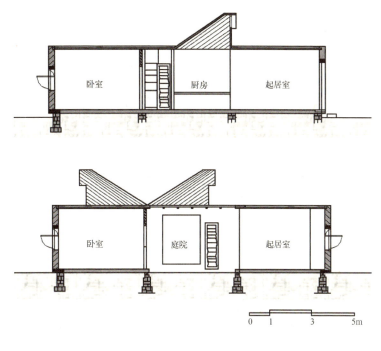

图9 艾哈迈达巴德低收入者住宅(作品17)剖面图

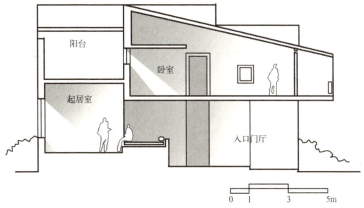

图10 兄弟住宅剖面图
(图9~10:根据资料重绘)

设计体现出柯里亚设计思路的延续性。这栋住宅的基地为狭长形，它的长轴方向为南北向。这样就与帕雷克住宅(1967-1968年)(作品19)的情况截然不同，无须考虑建筑较长的一边易受热量的袭击。因此这栋房子的夏季剖面和冬季剖面可以在一条线上连续地布置，而不用并排搁置(图12)。像旁遮普①组团住宅(1966-1967年)(作品32)项目一样，这个平面包括两个平行的开间：较大的开间是主要的起居空间，较小的开间布置楼梯、卫生间和厨房等。在这个项目中，夏季剖面和冬季剖面的概念使得室内空间的布置比在早期的项目中更为灵活，成为更开放、会呼吸的建筑。

提到管式住宅的通风，就不得不提及那个"大炮"形状的通风口。这个用混凝土浇注而成的通风塔兼采光塔傲然伫立在建筑的顶部，无疑脱胎于柯布西耶设计的昌迪加尔议会大厦(图13)，也成为了柯里亚的招牌之一。从瓦拉巴－维迪亚纳加尔大学行政大楼(1958-1960年)(图14)、印度斯坦·莱沃陈列馆(1961年)(作品06)、艾哈迈达巴德低收入者住宅(1961年)(作品17)、拉姆克里西纳住宅(1962-1964年)(作品18)(图15)，到普雷维住宅区(1969-1973年)(作品41)、萨尔瓦考教堂(1974-1977年)(作品12)(图16)、印度巴哈汶艺术中心(1975-1981年)(作品08)(图17)，都可看出柯里亚是如何地钟爱这种适应气候的建筑形式。

图13 柯布西耶在昌迪加尔高等法院上设计的"大炮"(单军拍摄)

图14 瓦拉巴－维迪亚纳加尔大学行政大楼屋顶的"大炮"(引自：Hasan-Uddin Khan.Charles Correa [Revised Edition]. Singapore, Butterworth, London & New York: Mimar, 1987.29)

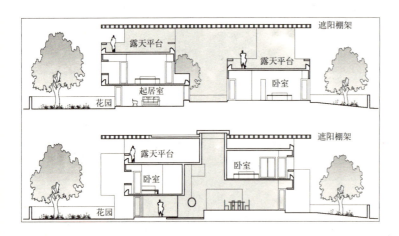

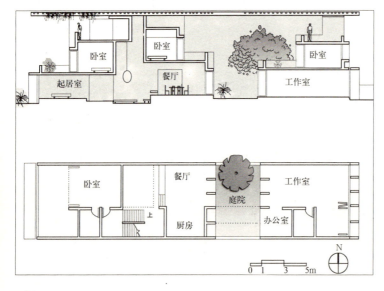

图11 (左上)帕雷克住宅(作品19)的剖面图：(上)冬季剖面；(下)夏季剖面

图12 (左下)柯里亚住宅的平、剖面图 (图11~12：根据资料重绘)

图16 柯里亚设计的萨尔瓦考教堂(作品12)屋顶上的"大炮"细部(引自：Architectural Record.New York, 1980-July.92)

图17 印度巴哈汶艺术中心"大炮"细部 (单军拍摄)

① Punjab: 旁遮普邦，位于印度西北部，邦名意为"五河之地"，首府为昌迪加尔(Chandigarh)。

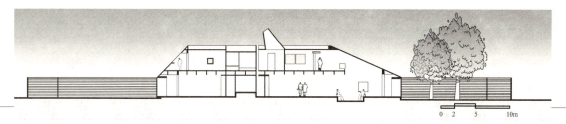

图15 拉姆克里西纳住宅(作品18)的剖面图
(根据资料重绘)

3. 南部地区及滨海地区

图18 喀拉拉邦的热带景象(引自 Gordon Johnson.Cultural Atlas of India.Facts On File, Inc., 1996.215)

南部滨海地区为湿热的热带气候区,这里气候的特点是日夜温差小,温度年变化幅度不大,而相对湿度大。热带滨海城市和内地城市的景观面貌和生活方式上大相径庭(图18),和寒冷地区更是截然不同。封闭式的建筑围合只会让人更加闷得透不过气来。此时需要做的就是必须设法形成穿堂风,加快空气流速,来降低环境温度。

在印度南端特里凡得琅①这个湿热地区,有座古老的千年古老宫殿——帕德马纳巴普兰宫殿就是一个典范,在利用当地主导风向和解决日照方面独具特色。其中的亭榭剖面形式独具匠心,方形底座呈金字塔形状,与上方的瓦坡屋顶取得呼应。至高无上的统治者端坐在金字塔的顶端,群臣在较低的台阶上环绕而坐。这种设计有两大优点:第一,这不需要如何起围护作用的墙体来遮阳避雨;第二,当人们身处亭子里时,视线可以毫无阻隔地投向四周绿意盎然的草地,郁郁葱葱的凉爽之意扑面而来,这真是对炎炎酷热的一剂良方②。

图19 果阿酒店(作品13),滨海地区建筑中常用元素:平台和阳台(引自:A+U. Tokyo, 1984-June.105)

杨经文总结的热带滨海地区的建筑设计准则与柯里亚殊途同归:建筑物的设计应尽量开敞及通风——减少热能的吸收、增加热能的流失、利用冷却来降低热能③。具体可采用的措施包括建筑东、西向的间距靠近,通过相互间的影子来减低外墙所吸收的热能;利用伸出的屋檐来避免阳光直射到垂直的墙壁及窗口上;选择低层建筑,将减少阳光直射;为室内空间提供遮荫及达到通风的目的,还可借助百叶、窗帘、墙壁(双层墙壁)、屋顶(双层屋顶和屋顶水池)等方式。

科瓦拉姆海滨度假村(1969-1974年)(作品20)、果阿酒店(1978-1982年)(作品13)(图19)、韦雷穆海滨住宅(1982-1989年)(作品20)(图20)、多纳·西尔维亚海滨旅馆(1988-1991年)的大部分服务设施都采用围廊和亭阁的形式。湾岛酒店(1979-1982年)(作品21)设计了层层跌落的坡顶长廊,通过四锥形、深挑檐的屋顶有利于聚集热空气的上升,同时四周通透围栏引入海风和凉爽的空气,产生对流(图21)。

多纳·西尔维亚海滨旅馆(1988-1991年)(图22~23)位于卡夫洛斯姆,是果阿最美丽的一段海滩。建筑的主入口及接待大

图20 韦雷穆海滨住宅(作品22),滨海地区建筑中常用元素:起居室前的门廊(引自:Charles Correa.London: Thames and Hudson, 1996.149)

---

① Trivandrum: 特里凡得琅,喀拉拉邦首府。印度西南部的一个城市,临阿拉伯海,为港口城市和制造业中心。

② Form follows Climate.Architectural Record.New York, 1980-July. 参见本书第六部分: 形式跟随气候。

③ 韦湘民、罗小未主编.椰风海韵——热带滨海城市设计.北京:中国建筑工业出版社,1994.59

厅设在一个大型的木坡屋顶下,这种形式与毗邻的旅馆、俱乐部相呼应。从这个接待大厅开始,一条步行道引导人们来到海边,成组团的低层客房布置在两侧。这条步行道是整个建筑群的核心,沿着活动的主轴线,为其他各部分提供了通道,在一端还布置了游泳池和接待中心,而另一端就是美丽无法言喻的卡夫洛斯姆海滩。为客人提供的大多数公共服务设施都采用围廊和亭阁的形式:半开敞的空间让穿堂风和温湿的海风徐徐吹入,同时还可遮阳避雨。客房尺度宜人,共有4种规格可供选择,并围绕庭院布置。通过使用一些果阿传统建筑语汇,如栏杆、怪兽状滴水嘴、阳台休息座椅、百叶窗等,来营造良好的小气候,并提供独特的标识性。

曼杜阿10套周末海滨度假住宅(未建,1981年)坐落在山边。场地拾坡而下,毗邻曼杜阿海湾,与孟买隔湾相望。像龙卷风难民住宅(1978—1979年)(作品38)一样,这些住宅既包括私密封闭空间,也有开放通敞空间,采用了传统的亭子形式,就像一把把撑开的伞(图24)。对于海滨住宅,是一种理想形式。主要的起居空间被笼罩在伞型的屋顶之下,各个空间之间不设墙体,可接纳海风的轻轻吹拂。私密空间由厨房、卫生间和卧室组成(之间相互贯通)。其上设有一个夹层,给不期而至的客人作为卧室,或者用做漫长的炎热午后的读书室。当全家度假完离开时,可以锁上这三间房间以保证安全。这些海滨住宅的设计思想与另外一个项目一脉相承,即湾岛酒店(1979—1982年)(作品21)。

4. 中北部地区

中、北部地区为亚热带季风性温湿气候区,夏季高温多雨,冬季凉爽温润,全年降水丰沛。在印度整个国土中,这块中部平原算得上气候宜人,植被茂密。在建筑物中,气候缓冲空间是一种半遮盖的转变气候的空间,比如中庭、走廊、阳台等(图25)。这种空间在建筑物顶层则成为了开放式的屋顶花园平台。因为气候特征温和,所以建筑适应气候的措施不算太典型。这里称为"气候缓冲区"的措施通过灵活调整,同样也适应于西、南部等地区。

索马尔格公寓大楼(1961—1966年)是柯里亚探讨气候缓冲区较早的例子。它的主要思想是在建筑东西向用一系列辅助空间包

图21 湾岛酒店(作品21)的眺望平台(引自:Hasan-Uddin Khan.Charles Correa [Revised Edition].Singapore, Butterworth, London & New York: Mimar, 1987.92)

图22 多纳·西尔维亚海滨旅馆,滨海地区建筑中常用元素:走廊(引自:Charles Correa.London: Thames and Hudson, 1996. 91)

图23 多纳·西尔维亚海滨旅馆,滨海地区建筑中常用元素:屋顶平台(引自:Charles Correa.London: Thames and Hudson, 1996.92)

图25 传统的班格罗平房平面、剖面分析图(根据资料重绘)

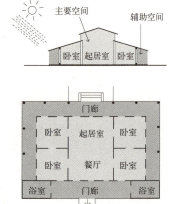

图24 曼杜阿海滨住宅剖面透视图(根据资料重绘)

围主要起居空间,来改善室内小气候。这些一系列辅助空间,如走廊、阳台、书房、化妆室等,形成一个保护性的区域,使主要的起居空间免受强烈的日晒和季候风。(图26)。公寓大楼的每套户型都设计两个标高,在起居室和主卧室之间有75cm的高差。每一层仅布置两户,因此每户单元都有三个方向直接对外开敞,从而产生穿堂风。周围的辅助空间也实现了空间的可增长性。如果一个家庭要在这里居住30多年,户型设计必须得有一定的弹性,可以进行适当的调整,来满足使用者对空间布置的新的需要——周围一圈的辅助空间显示出了相当的灵活性。这样,结合调整主要房间,以一种简单经济的方式就能满足人们不断变化的需求。

直接受到索马尔格公寓大楼(1961-1966年)设计概念影响的德里制衣厂(DCM)公寓大楼(1971年)坐落在德里市中心。塔楼每层2户,每户3间卧室。每户单元中的外围辅助空间(阳台、书房、浴室等)和主要空间(起居室、餐厅、卧室)用平推门联系起来。柯里亚还为室内空间的尺寸调整留有余地(图27)。这些构思后来在拉里斯公寓大楼(1973年)(作品24)中得到了发展。

拟建于马哈拉施特拉邦浦那的博伊斯住宅(1962-1963年)的设计是把阳台作为缓冲区(图28),运用到住宅中的另一个有趣的变种,即把阳台转换成一个屋顶花园平台——这样不仅能保护起居空间躲开烈日和季候风,而且还能为植物的生长提供一个良好的环境。同时,如果在设计中能保障花园平台上空有足够的高度,就可将这些单元进行叠置——这样,每户单元都能享受到从东到西的穿堂风。这种单元组合形式为处理孟买复杂多变的气候条件提供了一种可能性。不过这个项目只停留在方案探讨阶段就夭折了。博伊斯住宅可以认为是柯里亚住宅气候缓冲区的第二代变种,在1958年设计的大都市公寓大楼(图29)中就已初具雏形,后来在著名的干城章嘉公寓大楼(1970-1983年)(作品23)(图30)发展得淋漓尽致。在接下来若干年里的几个项目中,柯里亚都根据这个简单原则——即采用两层高的花园平台和阳台来维护主要起居空间,从而创造适宜的环境——产生了一系列平面变种,但遗憾的是,这些项目也并未建起来。

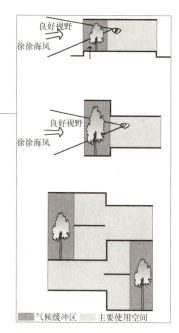

图28 博伊斯住宅的分析图(根据资料重绘)

图29 大都市公寓大楼:(左)剖面图;(右)立面图(根据资料重绘)

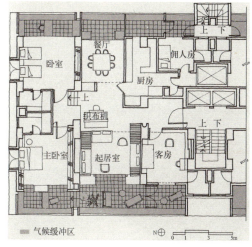

图26 索马尔格公寓大楼平面图,可以看出东西向的气候缓冲区(根据资料重绘)

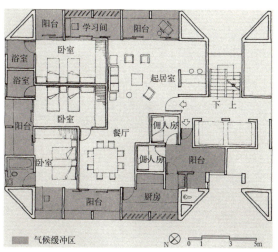

图27 德里制衣厂(DCM)公寓大楼平面图,可看出各个卧室周边的气候缓冲区(根据资料重绘)

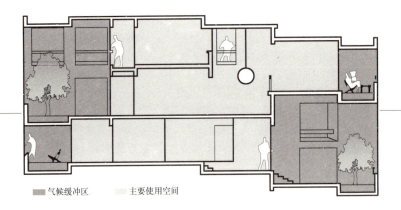

■ 气候缓冲区　■ 主要使用空间

图 30　干城章嘉公寓大楼(作品23) 剖面图，可看出环绕主要空间周围的辅助空间，同时还可看出上下两种基本户型的咬合关系（根据资料重绘）

图 31　印度巴哈汶艺术中心(作品08) 露天平台和庭院（单军拍摄）

　　位于中央邦博帕尔的巴哈汶艺术中心(1975-1981年)(作品08)将屋顶平台做到极致，是以覆土掩体建筑的形式创造舒适环境小气候的成功例证(图31)。这是一栋与基地紧密相连的建筑，为半地下的设计，前面是一片开阔的博帕尔湖。建筑内部的采光和通风基本是由屋顶的天窗和通气孔解决。除开道路和气孔以外，屋顶平台的其余部分铺设着茸茸绿草，这样不但保护了植被和生态环境，同时也延续了原有的自然景观。

5. 其他建筑设计气候调节手法

5.1　遮阳棚架

　　随着白昼和季节的轮换，太阳入射角也呈现出有规律的变化，适当的遮阳措施就成为了很重要的调节建筑小气候的手段。相对遮阳板和百叶窗这些局部的构件来说，遮阳棚架更容易创造出富有表现力的整体建筑形象，其遮阳效果也更好。屋顶遮阳棚架也源于生活，在小城镇的低层私家住宅屋顶上，常常搭设棚架，种植藤蔓作物，既利用植物降低屋面温度，也为发展庭院经济增添了场地。

图 32　印度电子有限公司办公综合楼(作品27) 的遮阳棚架（引自：Architectural Record.New York，1980-July.95）

　　柯里亚的作品中将遮阳棚架常常用于入口、屋顶平台、过渡空间等部位。如印度电子有限公司(ECIL)办公综合楼(1965-1968年)(作品27)(图32)、马德拉斯①橡胶工厂(MRF)公司总部大楼(1987-1992年)(图33)、人寿保险公司(LIC)中心(1988-1992年)(图34)等几个建筑由于规模尺度相近，入口设计如出一辙，都是由粗大的柱子支撑起建筑入口上方巨大的棚架，可看作是入口遮阳棚架的系列作品。值得一提的是，人寿保险公司(LIC)中心的入口柱子采用的是阿育王柱②，将对气候的适应与对历史的传承很好地结合起来。

图 33　马德拉斯橡胶工厂公司总部大楼东侧入口处的遮阳棚架（引自：世界建筑导报，1995，1.42）

---

① Madras: 马德拉斯，泰米尔纳德邦首府。印度东南部的一个城市，位于孟加拉湾的科罗曼德尔海岸。英国东印度公司于1639年在此建立圣·乔治要塞。马德拉斯从1746年到1748年被法国人占领。现在它是一个重要的工业、商业和文化中心，并有一个繁荣的港口（建于1862-1901年）

② Asoka Column: 阿育王柱，这种柱式顶部的柱头是一些具有象征意义的动物或者非生物形象。独柱的功能主要是宗教意义上的，它是一种"中心"的隐喻，一种向外发散的超自然力量的汇聚点，这种超自然力量通过向外传播完成某种宗教的教化功能。这些石柱可能是在阿育王时代建造的。在形式上，它们实际上是将波斯的柱式加以变化的结果。由于丧失了用于支撑的力学功能，这些柱式变成了一种象征物，但仍然保留了其原始样式。(参见：M·布萨利著．单军，赵焱译．东方建筑．北京：中国建筑工业出版社，1999.22)

图 34　人寿保险公司中心入口处巨大的遮阳棚架和屋顶花园平台（引自：Charles Correa.London：Thames and Hudson，1996.117）

图35 卡拉学院艺术表演中心（作品11）入口处的遮阳棚架（引自：Charles Correa. London:Thames and Hudson ,1996.251）

图36 印度人寿保险公司办公大楼（作品25）的空间网架（单军拍摄）

图37 天文学和天体物理学校际研究中心住宅（作品37），面朝花园的住宅背立面采用了遮阳棚架（引自：Charles Correa: Housing and Urbanisation.London：Thames and Hudson，2000.90）

图38 英国议会大厦巨大遮阳棚架（引自：R·麦罗特拉主编.《20世纪世界建筑精品集锦》第8卷南亚.北京：中国建筑工业出版社，1999.228）

印度电子有限公司(ECIL)办公综合楼(1965-1968年)(作品27)的遮阳棚架里还铺设一个薄薄的水膜"反射"层，借此来反射太阳的辐射热，使建筑物顶层的温度下降。卡拉学院艺术表演中心(1973-1983年)(作品11)(图35)的尺度要小些，仅为两三层高，镂空的屋顶让进入其中的人们不至感觉压抑，斑驳的光影也为建筑立面增添层次感。而印度人寿保险公司办公大楼(1975-1986年)(作品25)的尺度要大些，入口棚架改用了金属网架，此时它的装饰性和空间限定性要甚于遮阳功能，不过，金属与玻璃的交相辉映，使得这栋建筑成为了城市景观中的一个亮点(图36)。

天文学和天体物理学校际研究中心住宅(1988-1992年)(作品37)(图37)、英国议会大厦(1987-1992年)(图38)的遮阳棚架的作用既限定入口区域，又形成了有遮蔽的屋顶平台。英国议会大厦开着大洞口的立面墙体和与之垂直的遮阳棚架一道，把建筑入口包裹起来，免受太阳的直射。如果把建筑体量的设计看作是头、身、脚的分段式，那么帕雷克住宅(1967-1968年)(作品19)(图39)、印度驻联合国代表团大楼(1985-1992年)(图40)、尼赫鲁研究中心住宅(1990-1994年)(作品29)、阿拉梅达公园开发办公大楼(1993年)(作品28)(图41)、戈巴海住宅(1995-1997年)(作品26)(图42)中的遮阳棚架就是起到了"收头"的作用。

当建筑由多个体量组合而成时，必要有各个体量之间的交接空间。如何取得空间的自然过渡，而且不让行走其间的人们受到曝晒和雨淋，疏密有致的遮阳板搭成的棚架不失为一种合适的选择。中央邦新国民议会大厦(1980-1996年)(作品01)(图43)、英国议会大厦(1987-1992年)(图44)、印度科学院尼赫鲁研究中心(1990-1994年)的设计中就出现了这样的过渡空间。身临其境时，在遮阳棚架的遮蔽下，庭院里绿树、鲜花、小径尽收眼底(图45)。

图39 帕雷克住宅（作品19）沿街入口上方的遮阳棚架（引自：Architectural Record.New York，1980-July.96）

图40 印度驻联合国代表团大楼屋顶遮阳棚架（引自：Charles Correa.London：Thames and Hudson，1996.114）

图42 戈巴海住宅（作品26）屋顶平台上方的遮阳棚架（引自：Charles Correa：Housing and Urbanisation.London：Thames and Hudson，2000.75）

图43 中央邦新国民议会大厦（作品01）东北侧的内阁庭院中的遮阳棚架（引自：New World Architect.Korea，2001.197）

图44 英国议会大厦察·巴尔花园北部的遮阳棚架（引自：R·麦罗特拉主编.《20世纪世界建筑精品集锦》第8卷南亚.北京 中国建筑工业出版社，1999.229）

图41 阿拉梅达公园开发办公大楼（作品28），俯瞰屋顶遮阳棚架（根据资料重绘）

图45 印度科学院尼赫鲁研究中心的门廊构成了观景的画框（引自：Charles Correa.London：Thames and Hudson，1996.48）

5.2 方形平面变异

图形基本形是建筑师感兴趣的建筑平面形式，如方形，柯里亚也不例外，对方形平面进行变异，变换出风车平面、翻转的袜子、离散的可生长平面等多种概念。

胡特厄辛住宅(未建，1960年)是一个完整的方形平面，强调向心性(图46)。虽然平面简洁，但这个建筑体型处理得细腻而丰富——9个方形调整成规整的网格结构，中央的交通空间由一个室内花园替代，非常随意的楼梯踏步围绕着这个花园布置。

马哈拉施特拉邦住宅开发委员会(MHADA)住宅开发项目(1999年)(作品40)是一个为搬迁户提供的临时性住所，所以每户面积仅为20.9m^2。为了在孟买湿热的气候里获得穿堂风，柯里亚将每4个户型成一组布置，每家都能占据独立一角来享用穿堂风。这样的4户组成一个完整的方形，作为组合扩展的基础单元。

风车平面的设计包括有：兄弟住宅(1959-1960年)(图47)、桑住宅(1959-1961年)(图48)、帕特瓦尔丹住宅(1967-1969年)(图49)、坎宁安住宅群(1983年)(图50)等。

建于古吉拉特邦包纳加尔的兄弟住宅是为一个联合式的大

图46　胡特厄辛住宅剖面图

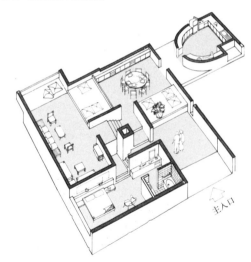

图47　兄弟住宅平面轴测图

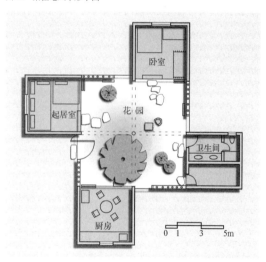

图48　桑住宅风车形平面

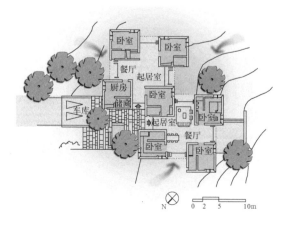

图49　帕特瓦尔丹住宅风车形平面

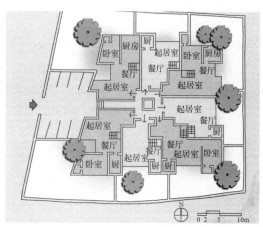

图50　坎宁安住宅风车形平面（图46~50: 根据资料重绘）

91

家庭设计的,家长为两兄弟。兄弟住宅由两栋建筑组成。每一栋的建筑平面都是基于一个网格系列,由9个方形组成,每个尺寸都是4.5m × 4.5m。它们围绕着一个中央方形空间呈风车型布置,周围空间呈螺旋式上升。中央的方形是作为交通空间。这两栋建筑的风车方向一为顺时针次序布置,另一个则是逆时针次序布置。虽然这两座住宅共享一个原型,但它们并不完全相同——不同功能区的面积和位置都有所调整,来满足每个家庭特有的需求。建筑内部的层高设计也非常巧妙。因为相邻每层的高度仅相差1/4层高,所以每层之间空间和空气流通非常畅通。中央的方形交通空间不仅是作为构图的核心,也发挥了一个大管道的作用,使得空气对流可以自由穿越各个房间。

桑住宅位于西孟加拉邦加尔各答①郊区。这座农宅的设计想法源于很早以前的一张草图,这张草图本是为孟买鲍里瓦利国家公园的一座周末度假住宅所绘。草图的中间地带为一个棚架覆盖的院落,周围围绕着4个房间,分别用作储藏、厨房、卧室、厕所和浴室。其中任何一间房间都能与中央的多功能院落直接相连,灵活使用——这可根据处于一天的哪个时段,以及居住者的生活习惯来决定如何使用(图51)。由于当时在西孟加拉邦有关农村建设多变的政治环境,致使这个项目被无限期地搁浅。

帕特瓦尔丹住宅由两栋建筑组成,建于一个缓坡上(图52)。每一栋都有2间卧室,并在两者之间设置了可共同使用的第3间卧室。每栋住宅都把卧室和厨房、餐厅等功能分别包容在多个石砌的方形盒子里。每一个盒子为一个单元,每几个这样的单元以中央的起居室和餐厅为核心布置。中央区四面都能直接朝外,来接纳各个方向徐徐凉风的吹拂。

拟建于卡纳塔克邦班加罗尔的坎宁安住宅群是柯里亚为一群朋友设计的。项目要求在占地约为1900m²的场地上安排7栋住宅单元。为了避免通常行列式联排住宅的单调,每个单元呈风车形布置,以入口公共空间为中心向四周扩张。这样的构图不仅能为每户提供一个私家花园,而且还能淡化场地之间的分界线,使得每户的场地比实际的看起来要大一些。

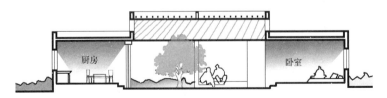

图51 桑住宅剖面图

图52 帕特瓦尔丹住宅剖面图
(图51~52:根据资料重绘)

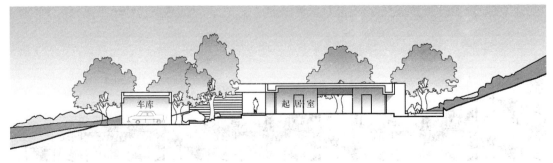

① Calcutta: 加尔各答,印度东部的一座港口城市,位于恒河三角洲上的胡格利河畔。于1690年作为英国东印度公司的商贸据点而建成,是印度最大的城市,主要的港口和工业中心。

柯里亚有一个独具创意的建筑语汇——翻转的袜子，即用建筑外墙围合出露天庭院，并以此为建筑的中心。这个词汇始于卡普尔智囊团成员寓所(1978年)(作品09)的设计，是对"露天空间"概念进行创造性的演化。卡普尔智囊团成员寓所的核心区是中央一个方形的露天庭院，四周为有顶盖的房间，就好像把袜子内部翻转到了外面一样。到了博帕尔考古博物馆(1985年)(图53)中，这种形式已发展趋于成熟。庭院的布置是系列空间的组合，其中较小的庭院都朝着中央庭院开口——有些类似住宅和城市开发公司的住宅(1986年)设计手法。居中的露天庭院为不对称的形式，圣雄甘地纪念馆(1958-1963年)(作品05)内村落式的随意的路径布置在这里得到了体现。大大小小的系列露天庭院成为了建筑的主角，沿着围墙外侧的房间像用线串起来，成为了一个个独立的空间，在建造时可独立施工。这些空间的主要功能是用于展览，借用庭院或者屋顶来充分利用自然光线——这样，或者让光线均匀柔和地倾泻到室内，或者把光线聚集在一个个展品上。建筑师创造出的空间分为两个系列——室外空间和室内空间，展示空间就在这两者之间贯穿交融，为不同特性的展品营造出最适宜的展出环境。这里，可以自由延展的露天庭院与传统建筑和庭院的虚与实、图与底关系有了截然不同的定位。"翻转的袜子"是把实墙限定的空间打破成为一个个的片断，其最大的优点在于每个部分可以单独施工，彼此间不会产生干扰。一旦围合露天庭院的墙体完工，那其他结构的增减都对整个构思不会有所影响。在建设资金受到限制的时候，这无疑是个很好的解决方法。

离散的可生长平面的设计包括有：贝拉布尔低收入者住宅(1983-1986年)(作品44)、提坦镇总平面设计(1991年－现在)(作品31)等项目。贝拉布尔低收入者住宅在设计之初就确立需要考虑未来的扩建。柯里亚选择的建筑形式以两个方向压基地边线建造

图53 考古博物馆平面图（根据资料重绘）

的，而另外两个方向则可以作为将来进行增建的延展。在提坦镇总平面（1991年-现在）(作品31)的设计中，为了与城市取得了某种关联，各个基本单元宅基地为方整的45m × 45m，然后用2个、4个、8个、16个这样的基本单元模式围合成为更大的正方形，形成组团，而且可以无限制地进行扩展。

5.3 花园平台

花园平台的设立，既能够为公共建筑平添一份亲切（图54-57)，更能够为居住建筑营造一份温馨。尤其对于住宅而言，花园平台让居住在多层、高层的人们既有亲临地面的感觉，好像自家多出了个小花园，又有占据楼层高度的优势，可以视线无遮挡地欣赏城市景观。同时，也为调节室内的起居空间提供了一个保护层（图58）。柯里亚的花园平台常常与逐层退台的建筑剖面联系起来，场地也常常是坡地地形。如塔科雷住宅（1963年）、卡哈亚住宅（未建）（1994年）(作品34)构成了单体建筑的模式，而旁遮普组团住宅（1966-1967年）(作品32)把多个单体建筑组合起来，形成了一定规模的组团。

CCMB住宅（1986年）(作品33)的基地是位于湖边的一个缓坡，风景非常优美。为了和场地相呼应，柯里亚设计了一个高低错落的体量，层数从2层到7层不等。这样，隔几层就留出了一个屋顶花园平台的空间，为居住于此的科研工作者提供一个极目远眺、放松心灵的场所。

马拉巴尔水泥公司住宅区（1978-1982年）(作品43)、天文学和天体物理学校际研究中心住宅（1988-1992年）(作品37)的屋顶花园平台的形成因为是需要将多种户型安排在一个建筑体量中，并且保持每户有独立的地面院子。每个体量的底层包括两户单元（两户成对布置，可以有利于管井布置，入口处留出露天院子），第三户就放置在第二层，这种户型就有两个室外空间：下面的屋顶成为了它的室外平台，并提供通道通向地面层的院子。

科瓦拉姆海滨度假村（1969-1974年）(作品20)、多纳·西尔维亚海滨旅馆（1988-1991年）都是位于风光旖旎度假区内的休闲型建筑，开敞的视野成为了不可或缺的组成要素。科瓦拉姆海滨度假村是一个多层的退台式建筑（图59），而多纳·西尔维亚海滨旅馆的住宿区是由4种类型的单栋小别墅组成。但两者都为度假者提供了各个房间独立的露天观景点，度假者惬意地坐在自己房间平台的躺椅上，在享受阳光浴的同时，美景也一览无余。

5.4 中央邻里共享空间

邻里交往空间是炎热地区人们生活中的不可缺少的部分，也是人的社会性的体现。人们生活方式的形成是对地域场所和气候条件所做出的反应，柯里亚将这些合乎习俗的特征转化为创造性的新形式，来反映当今现实的价值观、文化和生活方式。

在柯里亚的作品中，邻里交往空间多是数个低层户型单元围合而成的露天空间，只有马哈拉施特拉邦住宅开发委员会(MHADA)住宅开发项目（1999年）(作品40)是例外——建筑是个带电梯的八层住宅楼。邻里交往空间是与楼梯、电梯等交通体系结合起来形成的，设置在四层及顶层的屋顶平台处。虽然每户的户内面积很小（20.9m²)，但住户们依然拥有聊天、作缝纫的户

图54 国家工艺品博物馆(作品07)的露天平台和庭院（引自：Hasan-Uddin Khan. Charles Correa [Revised Edition]. Singapore, Butterworth, London & New York: Mimar, 1987.15 ）

图55 印度驻联合国代表团大楼，沿44号大街的建筑北立面，可看到跨越数层高的屋顶平台（引自：Charles Correa. London:Thames and Hudson, 1996.115 ）

图56 马德拉斯橡胶工厂公司总部大楼，西侧遮阳棚架下的屋顶花园平台（引自：世界建筑导报，1995, 1.43 ）

图57 阿拉梅达公园开发办公大楼(作品28)，建筑顶部跨越数层的屋顶平台（引自：世界建筑导报，1995, 1.47 ）

图 58 干城章嘉公寓大楼(作品23)的跨越两层的阳台细部（引自：Techniques & Architecture.Paris，1985-Aug.115）

图 59 科瓦拉姆海滨度假村(作品20) 从露天平台看海湾美景（引自：Architectural Record.New York，1980-July.90）

图 60 塔拉组团住宅(作品35) 的中央邻里共享空间（引自：Architectural Record.New York，1980-July.94）

外场所，而孩子们可以在这里玩耍、看电视、写作业，这对他们窘迫的生活来说，或许是个透口气的地方。

在低层住宅区里，中央邻里交往空间的形式多为锯齿状或者方形。如塔拉组团住宅(1975-1978年)(作品35)(图60)、普雷维住宅区(1969-1973年)(作品41)采用的是街道行列式、高密度的联排住宅布置方式，而普雷维住宅区(1969-1973年)(作品41)的单元形式就是大进深的"管式"住宅。结合狭长的带状基地，中央留出的空间也就成为了锯齿形，既是交通集散地，又能为所有的家庭提供了一个公共休息场所。在这里，植草种树，并配上铺地流水，来降低小环境的温度，提供湿气，增强湿度。与以往有所区别的是，坎宁安住宅群(1983年)的中央邻里交往空间没有设在后花园，而是设在主入口处(图61)。

方形中央邻里交往空间暗示着建筑平面的可增添性。如水泥联合有限公司(ACC)住宅区(1984年)(作品36)(图62)中，每一个户型单元(除去阳台和外部楼梯)都呈现为正方形，数个这样的正方形结合各自独立的露天庭院，错落有致地围合出中央大庭院，成为邻里交往空间。以上构成一组居住单元。4组这样的单元可以拼接起来形成更大的邻里空间。贝拉布尔低收入者住宅

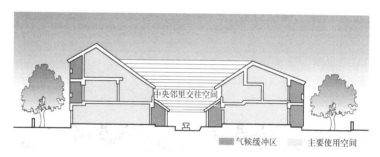

图 61 坎宁安住宅群剖面图（根据资料重绘）

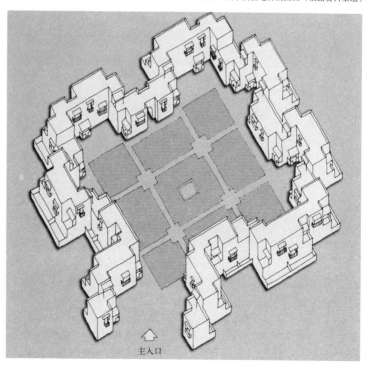

图 62 水泥联合有限公司（ACC）住宅区(作品36)中央邻里共享空间，显示出中央邻里共享空间（根据资料重绘）

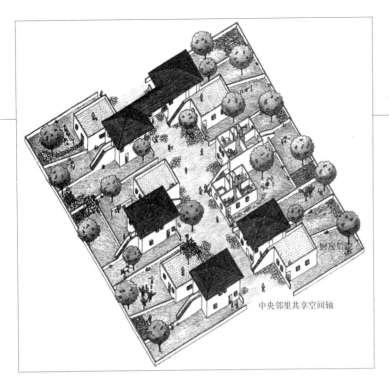

图63 贝拉布尔低收入者住宅(作品44),开窗便看到一个宜人的邻里共享空间(引自:The Architectural Review.London,1985-Oct.33)

图64 马拉巴尔水泥公司住宅区(作品43)B户型组团鸟瞰图(引自:Charles Correa: Housing and Urbanisation.London:Thames and Hudson, 2000.64)

(1983-1986年)(作品44)(图63)、住宅和城市开发公司(HUDCO)的带内院的住宅(1986年)(作品15)都与之类似。天文学和天体物理学校际研究中心住宅(1988-1992年)(作品37)的邻里空间更为干净方整,周围的宿舍围合得更为密实,仅仅留出一个入口通道的位置。这是在模仿剑桥大学的学生宿舍模式。马拉巴尔水泥公司住宅区(1978-1982年)(作品43)的中央邻里空间则是方形与带状锯齿状的结合(图64)。中轴上的邻里空间就像大树的主干,向两侧延伸到小的方形组团内,形成了有机的空间序列。

如何组织通风、如何利用日照、如何进行遮阳等,往往都体现在剖面设计中,这也可以看出建筑师科学、严谨、完整的设计方法。从上文的分析中,可以看到柯里亚的气候调节手段也常常与建筑剖面的考虑紧密结合在一起,如博伊斯住宅(1962-1963年)、旁遮普组团住宅(1966-1967年)(作品32)、干城章嘉公寓大楼(1970-1983年)(作品23)、CCMB住宅(1986年)(作品33)、吉隆坡低收入者住房(1992年)(作品39)、马哈拉施特拉邦住宅开发委员会(MHADA)住宅开发项目(1999年)以及科瓦拉姆海滨度假村(1969-1974年)(作品20)、湾岛酒店(1979-1982年)(作品21)等作品中都有很细致的考虑。

在现今风头极盛的生态建筑的探讨中,人们也常常把柯里亚的作品纳入到其中。宏观地看,生态原则就是保持人与自然之间能量利用、消耗及输入、输出的循环平衡。生态建筑为了实现生态原则,则必须结合实际情况(土地、资源、气候、植被、经济、材料、生活方式)来考虑实施的可能性、经济性、耐久性等。实践中,没有一种通用的生态设计方法可以随处套用。所涉及的技术没有一定的固定模式,包括有低技术、中技术和高技术。吴良镛先生指出:"就我国情况而言,适用技术应当理解为既包括先进技术,也包括'之间'技术(intermediate technology),

图65　海南大学综合教学楼的遮阳棚架（自摄）

图66　海南大学综合教学楼的露天庭院（自摄）

以及稍加改进的传统技术。"[1]英国经济学家舒马赫倡导一种新技术战略的中间技术(也叫替代技术、适用技术)。他将其特点描述为：1)简单：生产方法和组织过程比较简单；2)低廉：选择建立较低成本的工作场所；3)小巧：适合普通群众掌握的生产技术来完成小规模生产；4)无害：适应生态学的规律的技术，资源利用对环境和社会都不会造成危害[2]。

柯里亚从本土的地域气候和经济发展出发，尊重当地的传统文化习俗和现代生活方式，采用较低成本、较低造价来进行建筑创作。作为地域技术的拥护者和实践者，他从地域特征显著的传统建筑技术中提取精髓，充分利用传统材料和传统构造的长处，适应当地气候条件建立了一系列建筑空间和形态的语汇，如管式住宅、遮阳棚架、气候缓冲区等。中、低技术的特点是较强的地方性和传统性，追求与环境友善的生活方式，因地制宜地运用于较小规模的建筑，效果不错。强调在本土建筑中吸收有用的元素，来调节建筑小气候，这并不是对高科技的否定。不过，在一定的经济发展水平下及其对环境能源的考虑，生态技术的选择应该定位在"适宜技术"。

印度是一个人口众多、气候条件苛刻的第三世界国家。这对建筑师是挑战，也是机遇。柯里亚在设计中考虑现实经济条件、技术条件，充分利用地方材料、传统技术、充足劳动力的优势，在建筑形式、空间、布局和构造上采取措施，来有效改善建筑环境气候。这种做法对于第三世界国家很有现实意义。和印度一样，中国也是处于发展中国家的阶段，也有着丰厚的地域建筑的底蕴，如碉楼式建筑的厚重密实与干栏式建筑的轻盈通透；山地建筑的依山就势与平原建筑的院落贯通等。在生态建筑实施的方式上必须进行选择，要充分了解国情，与地域特点相结合，全面考察地区经济发展状况和人们生活习惯及文化传统，充分挖掘中国传统地方建筑对可持续发展的有益因素，对低技术进行革命，并加以利用。中国建筑师也在做着不懈的努力，如关肇邺先生设计的海南大学综合教学楼就是一个很好的适应气候的例子(图65~66)。大楼通透开放，与海南亚热带湿热多雨的气候相呼应的遮阳棚架、露天庭院、深远挑檐、入口处浅水池等建筑元素，都能够在这里找到。

另外值得说明的是，在阐述地域气候对建筑形式产生的重大影响的同时，我们是无法就此得出"气候决定论"的观点。在一些人试图精确计算出建筑形式、材料选择、屋顶坡度、门窗位置等与气候的数据上的关联时，许多同样的气候条件下迥然不同的建筑形式的反证实例却大量存在，其中不乏优秀之作。毕竟，地理气候的因素只是在其中起到了一定的制约作用。就像路易·沙利文的"形式跟随功能"(Form Follows Function)、菲利普·约翰逊的"形式跟随形式"(Form Follows Form)、柯里亚的"形式跟随气候"(Form Follows Climate)只是强调着建筑形式决定因素一个侧重点。这种论断的表达方式也许与各位大师奔放鲜明的个性不无关系，值得一提的是，还有一位第一代现代主义建筑大师却说得谨慎而内敛，这就是路易·康和他的"形式启发功能"(Form Inspires Function)。无论如何，在各位大师的真知灼见和不懈实践中，"建筑形式到底由什么所决定"这个问题的解答已愈来愈丰富。

---

[1] 吴良镛. 广义建筑学. 北京：清华大学出版社，1989.77
[2] E·F·舒马赫. 小的是美好的. 北京：商务印书馆，1984

2 作 品

1. 西部沙漠地区

作 品 14	凯布尔讷格尔镇住宅区
英 文 名	Cablenagar Township
时 间	1967年
地 点	科塔①,拉贾斯坦邦②
业 主	东方能源电缆公司
重要设计手法	露天庭院、屋顶平台、夏季剖面、遮阳棚架、中央邻里共享空间

虽然最终这个住宅区只建成了几种样板单元,但是它代表着柯里亚设计哲学关于气候和材料的分水岭。这种理想的模式起源于一个简单的命题,即在干热地区,院子可以带来很大的好处——晚上纳入凉爽的空气,干热的午后就能提供湿气,使人备感舒适。在柯里亚为这个位于拉贾斯坦邦沙漠边的镇区进行设计时,这种概念成为了基础。

屋顶自然是最大的热源,因为它暴露于阳光下的面积最大。屋顶越厚,热起来所要的时间也越长,就能越长时间地保持室内凉爽。但是一旦它热起来了,就会持续不断地向屋内辐射热量,直到深夜。这就是为什么在一天的大部分时间内,房间内可以保持凉爽,而在傍晚时却热起来了,像烤箱似的,其实此时的周围环境都已经凉却下来。

有一种可以阻止屋顶热起来的较好方法,那首先就是使阳光最少地直射在它上面。这可以通过在上面增加一层隔热层,就能得到很好的解决(最好是采用厚板覆盖,因为它能很快地凉下来)。如果把这层隔热层的上空升高,屋面就成为了遮阳平台,晚上就可以用来纳凉了。此外,可以调整内部空间的剖面轮廓,以便产生对流,就像在管式住宅(1961-1962年)(作品16)、拉姆克里西纳住宅设计(1962-1964年)(作品18)和帕雷克住宅(1967-1968年)(作品19)中一样。

这些概念形成这个住宅区规划的基础,住宅区建在了拉贾斯坦邦沙漠的边缘地区。建筑材料尽量采用科塔本地产的砂岩,它们被开采加工成方形块材(用于砌墙),或又长又平的厚板(用于铺设楼面和屋面)。这些厚石板的尺寸为: 3300mm × 400mm × 100mm,即使在今天它仍然被作为当地一种最经济的基础建筑材料来使用。单元大小根据居住者不同的情况而定,从工人,到工头,到专业工程师以及经理等,但均以3300mm的宽度作为模数基础。3300mm的模数成为了整个地区总体规划的基础。

在住宅区里,住宅采用行列式联排布置,留有邻里共享空间。凯尔讷格尔镇住宅区的总平面布局方式在后来的镇区设计中,如在几年后的普雷维住宅区(1969-1973年)(作品41)被沿用。

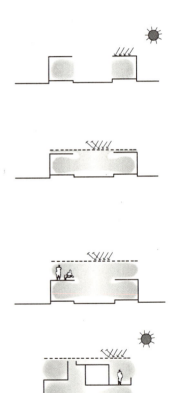

图 14-1 设计概念分析图

---

① Kota: 科塔,塔印度西北一城市,位于德里西南偏南。该城被巨大尺度的城墙所包围,是一个农业市场,而且保留有许多精美的寺庙。

② Rājasthān: 拉贾斯坦邦,位于印度西北部,邦名意为"孟加拉人居住的地方",首府为斋浦尔(Jaipur)。

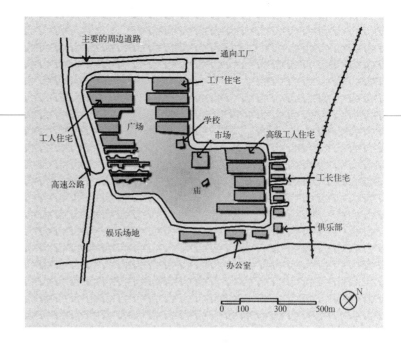

图 14-2 总平面图

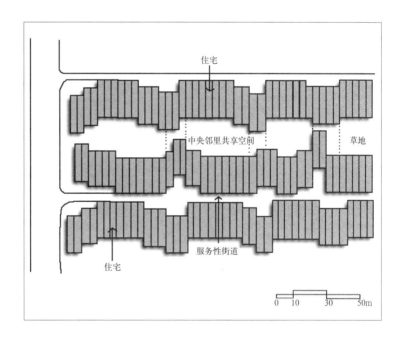

图 14-3 单元组团平面图

图 14-4 透视草图，其中通过遮阳棚架的处理把各单元联系起来（引自：Charles Correa: Housing and Urbanisation. London: Thames and Hudson, 2000.17）

参阅书目

- 1976 Experience Indienne.Techniques & Architecture.Paris,Dec..124-129
- 1983 Charles Correa：with a Foreword by Sherban Cantacuzino. Singapore：Mimar
- 1987 Hasan-Uddin Khan.CHARLES CORREA.Singapore,Butterworth, London & New York；Mimar
- 1995 印度建筑师查尔斯·柯里亚作品专集.深圳：世界建筑导报，1
- 1996 CHARLES CORREA：with a Foreword by Kenneth Frampton. London：Thames & Hudson
- 1999 Charles Correa：Housing & Urbanization.Bombay：Urban Design Research Institute
- 2000 Charles Correa：Housing & Urbanization.London：Thames & Hudson

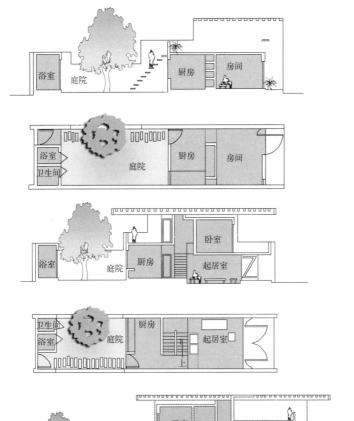

图 14-5 G 户型（工人）的平面和剖面

图 14-6 F 户型（主管）的平面和剖面

图 14-7 D 户型（工程师）的平面和剖面
注：本案例图片除标注的以外，均为根据资料重绘。

作　　品　15	住宅和城市开发公司的带内院的住宅（未建）
英　文　名	HUDCO Courtyard Housing
时　　间	1986年
地　　点	焦特布尔，拉贾斯坦邦
业　　主	住宅和城市开发公司
重要设计手法	方形平面、露天庭院、屋顶平台、遮阳棚架、中央邻里共享空间

　　这些公共住宅是为一个半政府组织——住宅和城市开发公司设计的，开发公司在印度各地都修建了一些低收入者住宅。

　　这个项目的基地是位于拉贾斯坦邦沙漠边缘。整个总平面设计中都体现出一个原则：每一栋住宅都围绕一个庭院修建。在贝拉布尔低收入者住宅(1983-1986年)(作品44)的设计中，也运用了"庭院"的原则。围绕一系列的开放空间序列，住宅单元成组布置。然而与位于新孟买地区的贝拉布尔住宅(1983-1986年)(作品44)不同的是，孟买气候湿热，而拉贾斯坦邦沙漠气候干热，所以建筑形式非常密集，庭院采用封闭式。

　　虽然这个项目提供了4种不同收入阶层的住宅形式，共176栋，从低收入家庭到中等收入家庭，面积大小从27m²到122m²不等，但住宅基地仅有两种大小，81m²和144m²。独立建造的每户住宅便于将来的增建，形式为单层或两层，包括2~4间房间(服务间除外)。建造技术沿用数百年积累的传统工艺，使用当地的石材作为承重墙和屋面楼板，这和科塔的凯布尔讷格尔镇住宅区(1967年)(作品14)中的材料一样。

图15-1 总平面图

图 15-2 内院透视草图

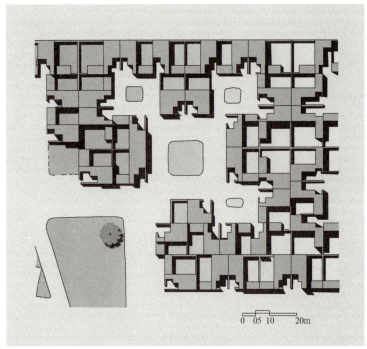

图 15-3 单元组团平面图

图 15-4 "MIG II" 户型剖面图

注：本案例图片均为根据资料重绘。

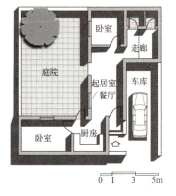

参阅书目

- 1987 Hasan-Uddin Khan.CHARLES CORREA.Singapore,Butterworth,London & New York：Mimar
- 1996 CHARLES CORREA：with a Foreword by Kenneth Frampton. London：Thames & Hudson
- 1999 Charles Correa：Housing & Urbanization.Bombay：Urban Design Research Institute
- 2000 Charles Correa：Housing & Urbanization.London：Thames & Hudson

图 15-5 "MIG II" 户型平面图

2. 西南部毗邻阿拉伯海的地区

作　品　16	管式住宅
英　文　名	Tube Housing
时　　　间	1961-1962 年
地　　　点	艾哈迈达巴德，古吉拉特邦
业　　　主	古吉拉特邦住宅委员会

重要设计手法　　"大炮"通风口、可调节百叶窗

1960年，古吉拉特邦住宅委员会举行了一次全国设计竞赛，旨在激励低造价住宅设计新思想的出现。竞赛指定要求为无电梯公寓。柯里亚发现通过采用这种长条型的管式住宅形式，可以达到所需要的建筑密度，并使每个家庭获得更多的起居空间。评委将一等奖颁发给了这个管式住宅的设计——一个早期的被动式节能建筑实例。

管式住宅单元为18.2m 长，3.6m 宽(即60英尺×12英尺)。热空气顺着倾斜的顶棚上升，从顶部的通风口排出，然后新鲜空气被吸入，建立起一种自然通风循环体系。通风还可借助入口大门旁边的可调节式的百叶窗来控制。

金属网格做成的水平棚架覆盖在天井上方，以保证住户的安全。这样就能够尽量使门窗(这也是低造价住宅中相对昂贵的部件)使用减小到最小面积，来节约造价。该住宅中除入口大门外，只有淋浴间和卫生间设有两个门。室内其他部分没有设门，通过采用不同的层高，来塑造可灵活使用的多功能空间，同时保证各功能分区的私密性。

当建好一栋样板楼之后，住宅委员会并没有继续建造这种住宅。不过，有一个职员家庭却在里面生活了30多年。这是一个孤单而又承载辉煌的作品。大约在1995 年，这座样板楼被拆掉，取而代之的是更为传统的住宅单元形式。而其中通风的设计手法在后来的作品中多次出现。

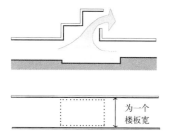

图16-1 （上）剖面图和（下）剖面图构思示意（根据资料重绘）

图16-2　管式住宅原型(引自: Techniques & Architecture. Paris，1976-Dec.126)

参阅书目

- 1966 Three in Ahmedabad.Indian Institute of Architects Journal.Bombay, July.15－21
- 1971 INDIA.Architectural Review.London, Dec..349, 352－53, 365, 369
- 1976 Experience Indienne.Techniques & Architecture.Paris, Dec..124－129
- 1983 Charles Correa：with a Foreword by Sherban Cantacuzino.Singapore：Mimar
- 1987 Hasan-Uddin Khan.CHARLES CORREA.Singapore,Butterworth, London & New York：Mimar
- 1990 Peter Serenyi.Charles Correa.SPACE.Seoul, Korea.122－128
- 1995 印度建筑师查尔斯·柯里亚作品专集.深圳：世界建筑导报，1
- 1996 CHARLES CORREA：with a Foreword by Kenneth Frampton. London：Thames & Hudson
- 1999 Charles Correa：Housing & Urbanization.Bombay：Urban Design Research Institute
- 2000 Charles Correa：Housing & Urbanization.London：Thames & Hudson

图16-3 室内(引自：Techniques & Architecture. Paris, 1976－Dec.126)

图16-4 单元组团透视草图(根据资料重绘)

作　品　17	艾哈迈达巴德低收入者住宅（未建）
英　文　名	Low-income Housing
时　　间	1961年
地　　点	艾哈迈达巴德，古吉拉特邦
业　　主	古吉拉特邦住宅委员会

重要设计手法　"大炮"通风口

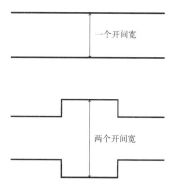

图17-1　构思示意图

　　这个项目是对管式住宅(1961-1962年)(作品16)的进一步发展。为了适应场地，进行了一些修改——把建筑局部的宽度加倍。在这个例子中，宽度变化分为3段，从单倍模数变化到双倍模数，然后再缩小到单倍模数，类似于十字形(图17-1)。这种形状的平面优点在于组合起来非常灵活，可根据每块场地的特殊性，比较容易进行调整，来适应场地的形状。

　　其中一个开间设计成一个小小的内庭院，这样就使起居空间布置有了更大的灵活性。另外一个开间的顶部加上了一个大炮形状的通风口，来产生管式住宅(1961-1962年)(作品16)中空气对流的效果。

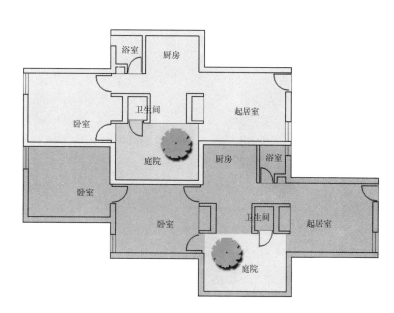

图17-2　平面图

图17-3　单元的组合方式

105

图17-6 模型

参阅书目

- 1996　CHARLES CORREA: with a Foreword by Kenneth Frampton. London: Thames & Hudson
- 1999　Charles Correa: Housing & Urbanization.Bombay : Urban Design Research Institute
- 2000　Charles Correa:Housing & Urbanization.London:Thames & Hudson

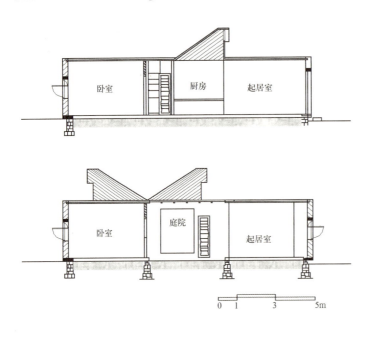

图17-4 剖面图

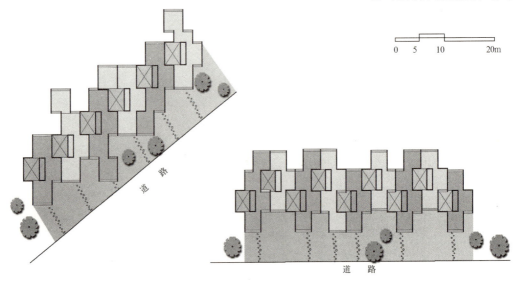

图17-5 顺应不同地形条件的单元组合形式
注：本案例图片均为根据资料重绘。

作　品	18	拉姆克里西纳住宅
英　文　名		Ramkrishna House
时　　间		1962-1964 年
地　　点		艾哈迈达巴德，古吉拉特邦
业　　主		拉姆克里西纳·阿里瓦拉达斯夫妇

重要设计手法　"大炮"通风口、漫游的路径

　　这栋豪宅是专为艾哈迈达巴德最富有的一位工厂主建造的。它同样是基于在管式住宅(1961-1962 年)(作品16)和印度斯坦·莱沃陈列馆(1961 年)(作品06)发展起来的被动式节能概念。平面由一系列的平行承重墙构成，中间插入内庭院，顶部加上了一个大炮形状的通风口，空间序列在主要的起居室和娱乐空间处达到了高潮——这儿面对住宅南立面外侧的草坪和花园。住宅布置在基地的北端，以使花园面积尽可能地大。

　　在住宅平面的中心位置，平行地布置有两部楼梯，分为主梯和服务梯，它们以相反的方向通往上一层。平面是由四个主要区域组成：家庭起居／娱乐区、底层带独立花园的客房区、服务区(厨房、佣人房等)以及更为私密的卧室空间。卧室布置在二层，其形体突出于主立面，可俯瞰花园。建筑结构采用钢筋混凝土。

　　整栋建筑施工精良、后期维护精心。承重墙的砖材不加修饰地明露着，将富贵之气尽敛其中。但遗憾的是，由于城市房地产业的兴起，这栋住宅于 1996 年被拆毁，土地卖给了开发商。

　　这栋住宅可以说是代表了柯里亚在1960年代早期住宅设计思想的顶点，是适应印度独特气候条件下的住宅设计。其中受印度斯坦·莱沃陈列馆(1961 年)(作品06)的设计影响颇深。管式住宅(1961-1962 年)(作品16)的城市版本在这个作品中进行了总结。在柯里亚后来的住宅设计，例如1969-1973 年普雷维住宅区(作品41)中得到了进一步的发展。对此类住宅空间的研究，柯里亚一直延续到1980年代，直到城市行列式联排住宅被组团式住宅所取代。这在马拉巴尔水泥公司住宅区(1978-1982 年)(作品43)和新孟买贝拉布尔低收入者住宅(1983-1986 年)(作品44)的设计中可看到这种变化。

图 18-1　气流分析图（根据资料重绘）

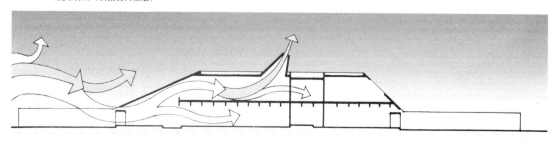

图 18-3 面向花园的建筑南立面（引自：Architectural Record.New York, 1980—July.97）

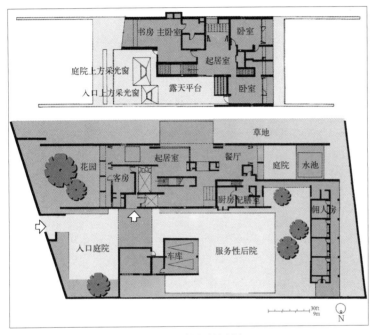

图 18-2 （上）上层平面图；（下）底层平面图（根据资料重绘）

图 18-4 朝向服务庭院的建筑北立面（引自：Techniques & Architecture.Paris, 1976—Dec.127）

图 18-5 从轴线延伸到前门（引自：Techniques & Architecture.Paris, 1976—Dec.127）

图 18-6 上空由"大炮"采光窗提供采光（引自：Techniques & Architecture. Paris, 1976—Dec.127）

参阅书目

- 1964 Indian Revisions.Architectural Review.London, April.235—236
- 1966 Three in Ahmedabad.Indian Institute of Architects Journal.Bombay, July.15—21
- 1973 Peter Blake.Defeating the Climate.Sunday Telegraph Magazine. London, Sept..82—88
- 1976 Experience Indienne.Techniques & Architecture.Paris, Dec..124—129
- 1977 Quarttro Lavori di Correa.L'Architectura.Rome, March.640—646.
- 1980 H.Smith.Report from India:Current work of Correa.Architectural Record.New York, July.88—89
- 1983 Charles Correa;with a Foreword by Sherban Cantacuzino.Singapore: Mimar
- 1984 Bruno Zevi.L'Indiano Torna Vincitore.L'Espresso.Italy, March. 99
- 1987 Hasan-Uddin Khan.CHARLES CORREA.Singapore,Butterworth, London & New York: Mimar
- 1995 印度建筑师查尔斯·柯里亚作品专集.深圳：世界建筑导报，1
- 1999 Charles Correa; Housing & Urbanization.Bombay: Urban Design Research Institute
- 2000 Charles Correa; Housing & Urbanization.London: Thames & Hudson

作　　品	19	帕雷克住宅
英　文　名		Parekh House
时　　间		1967-1968 年
地　　点		艾哈迈达巴德，古吉拉特邦
业　　主		帕雷克夫妇

重要设计手法　夏季剖面和冬季剖面、遮阳棚架、屋顶平台、露天庭院

　　建筑平、立、剖面的处理体现了柯里亚在住宅设计中对气候环境的考虑：砖承重墙支撑混凝土楼板，屋顶上整个儿覆盖遮阳棚架。立面处理手法是对影响设计的气候因素的直接反映。

　　这个项目最为精彩之处在于对气候进行思考的剖面设计。它的剖面形式是从凯布尔讷格尔镇住宅区(1967年)(作品14)进一步演变而来，创造出金字塔形的内部空间，使之与天空隔离开来，这样就只有最少的热量侵入，从而避开漫长夏日里空气中不断袭来的热量，这个形式被称为"夏季剖面"，主要是适应于炎热夏季的午后使用。相反，一个倒转的金字塔剖面形式，即建筑形体向天空敞开着，被称为"冬季剖面"，这是为了适应寒冷季节或夏季的夜晚使用。

　　帕雷克住宅的基地南北向较长，这就意味着沿长轴方向的东西立面将吸收大量的热量。为了解决这个问题，柯里亚将住宅平面设计成三个平行开间，夏季剖面被夹在东面的"冬季剖面"和西面的服务区开间(如楼梯、厨房和卫生间等)之间。

1. 卧室
2. 卧室
3. 中空

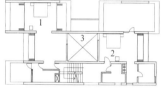

图 19-2　二层平面图（根据资料重绘）

图 19-1　一层平面图（根据资料重绘）

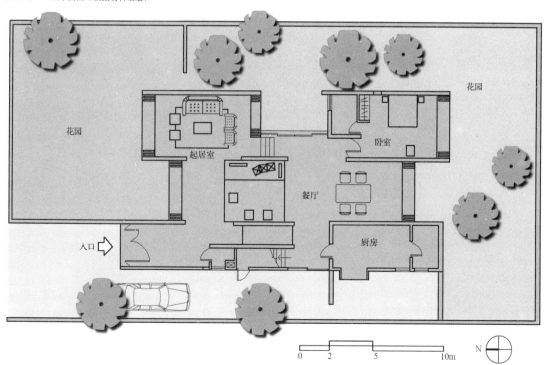

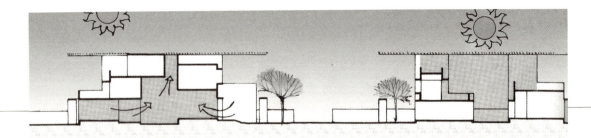

图19-3 气流分析图（根据资料重绘）

图19-4 西立面（引自：Architectural Record. New York, 1980-July.96）

参阅书目

- 1976　Experience Indienne.Techniques & Architecture.Paris, Dec..124-129
- 1980　H.Smith.Report from India：Current work of Correa.Architectural Record.New York, July.88-89
- 1981　Using the Past to Invent the Future.Spazio e Societa.Milano,Dec..56-63
- 1983　Charles Correa；with a Foreword by Sherban Cantacuzino.Singapore：Mimar
- 1987　Hasan-Uddin Khan.CHARLES CORREA.Singapore,Butterworth,London & New York：Mimar
- 1995　印度建筑师查尔斯·柯里亚作品专集.深圳：世界建筑导报，1
- 1996　CHARLES CORREA：with a Foreword by Kenneth Frampton. London：Thames & Hudson
- 1999　Charles Correa：Housing & Urbanization.Bombay：Urban Design Research Institute
- 2000　Charles Correa：Housing & Urbanization.London：Thames & Hudson

图19-5 遮阳棚架下的斑驳光影（引自：Architectural Record.New York, 1980-July.96）

3. 南部海滨地区

作　品　20	科瓦拉姆海滨度假村
英　文　名	Kovalam Beach Resort
时　　　间	1969-1974 年
地　　　点	喀拉拉邦
业　　　主	印度政府旅游部

重要设计手法　阶梯状金字塔的剖面设计、花园平台

科瓦拉姆海滨度假村位于印度风光最秀丽的海湾，由印度政府旅游部投资兴建。作为印度国内一主要的海滨旅游胜地，该度假村可为300名游客提供住宿及各种完善的疗养设施，如瑜伽中心、桑拿按摩中心以及水上运动。为了给将来的发展留有余地，总体规划把这些饮食、娱乐、疗养设施分散在整个海滨的不同位置，而不是集中在某一个区域。

客房部分分为三种形式：第一种是位于海湾的边缘，在棕榈树后若隐若现，这是提供给住宿时间较长的客人使用，厨具

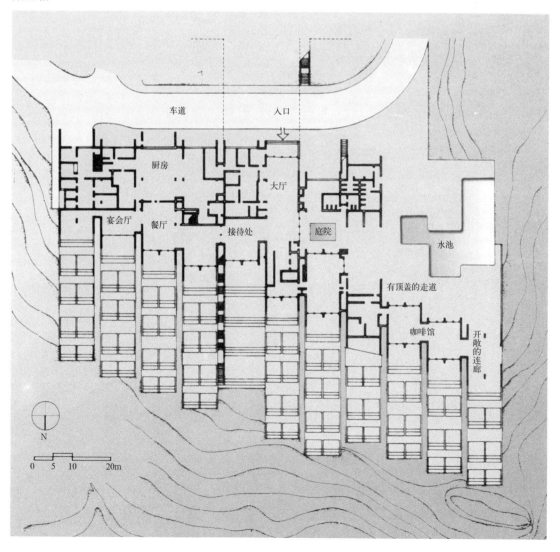

图20-1　位于山坡上的旅馆平面图（根据资料重绘）

图 20-2　近观主体建筑

图 20-3　椰树下掩映的度假村
(图20-2～3: 引自:Architectural Record. New York, 1980-July.88、91)

一应俱全；第二种是可为100位客人提供住宿的旅馆，为了保护自然环境，设计顺应自然山势跌落而建，每间房间都有自己独立的露天观景平台，可在此沐浴阳光、眺望海景；第三种就是位处前两者之间的成组团的独立单元，提供与第一种一样的服务设施，但建筑密度要高一些。设计沿用了当地的传统建筑语汇：粉墙、红瓦。内装修则选用格调清新的竹制家具、席铺地板，并摆上当地特产的喀拉拉手工艺品加以点缀。

图 20-4 露天平台(引自：Architectural Record.New York，1980-July.90)

参阅书目

- 1977 Quarttro Lavori di Correa.L'Architectura.Rome，March.640-646
- 1980 H.Smith.Report from India：Current work of Correa.Architectural Record.New York，July.88-89
- 1983 Charles Correa：with a Foreword by Sherban Cantacuzino. Singapore：Mimar
- 1987 Hasan-Uddin Khan.CHARLES CORREA.Singapore，Butterworth， London & New York：Mimar
- 1995 印度建筑师查尔斯·柯里亚作品专集.深圳：世界建筑导报，1
- 1996 CHARLES CORREA：with a Foreword by Kenneth Frampton. London：Thames & Hudson

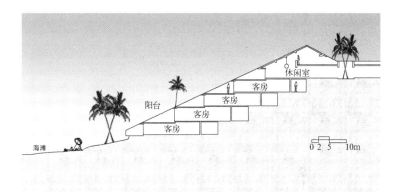

图 20-5 旅馆剖面图

图 20-6 旅馆单元的剖面图

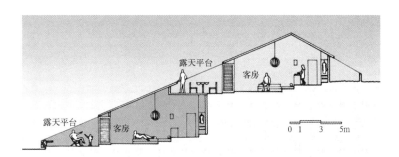

图 20-7 气流分析图
(图 20-5~7：根据资料重绘)

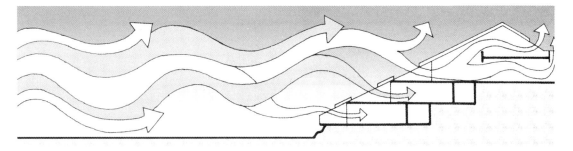

作　品　21	湾岛酒店
英　文　名	Bay Island Hotel
时　　间	1979–1982 年
地　　点	布莱尔港，安达曼岛①
业　　主	湾岛酒店私人有限公司

重要设计手法　阶梯状金字塔的剖面设计、气候缓冲区

　　布莱尔港位于安达曼岛的中央，在孟加拉湾缅甸首府仰光的西南方向。这里居住着各个不同部落的人们，他们中的许多人和外界几乎没有任何接触，过着世外桃源般的生活，安达曼岛还保留着一种原始之美，查尔斯·达尔文就曾航海到此。

　　建筑坐落在山坡一侧，布莱尔港碧蓝的海水映入眼帘。公共区域形成了系列平台，顺着山势拾坡而下，大型的木坡屋顶笼罩在上方(结构材料采用当地的红木)。金字塔形的坡屋顶的优点显而易见：减少了围合墙体的使用，既可遮阳避雨，又不遮挡视野，让温和的海风徐徐吹进来。在建筑室内，大屋顶覆盖的公共区域是沿着纵向轴线呈不对称布置，这样将好的视野角度尽量扩大，并引导人们的视线欣赏美丽的海湾和湛蓝的海水。坡屋顶的顶部引入天光，阳光柔和地倾泻到地板上。客房围绕庭院布置，12 间成一组，阳台伸缩有致，每一间都有良好的视野观看海景。有顶棚的走廊把客房和中央公共区联系起来，路线组织随意曲折。

　　在印度的许多地区，我们都能够发现其建筑结构充分考虑

① Andaman and Nicobar IS.Union Terr：安达曼-尼科巴群岛中央直辖区，是印度的 7 大中央直辖区之一。

图 21-1　底层平面图（根据资料重绘）

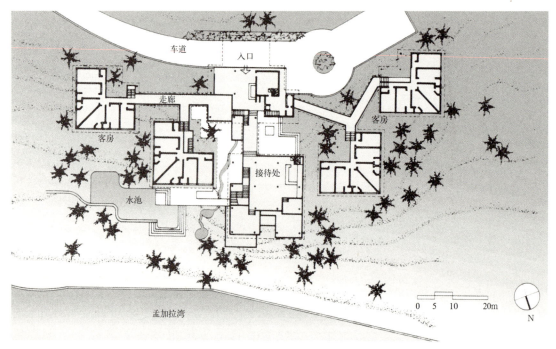

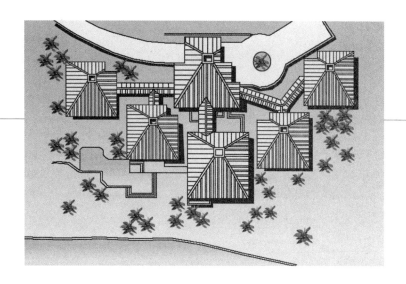

图21-2　屋顶平面图（根据资料重绘）

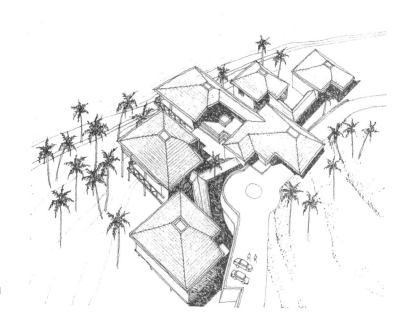

图21-3　轴测图(引自：Architectural Record.New York，1987-August.114)

了对盛行风向和自然光线的引入。例如前文中提到的印度南端特里凡得琅的帕德马纳巴普兰宫殿就是一个典范。优秀的传统建筑设计帮助形成了湾岛酒店的设计思想，如层层跌落的平台、中央的庭院和有顶棚的走廊。

室内轻盈活泼的装饰风格是由建筑师自己设计的。壁画由宾万德卡设计的，他是来自孟买的电影海报画家，果阿酒店(1978-1982年)(作品13)的壁画也是由他创作完成的。

旅馆共有50间客房，可容纳100名客人，并为将来的扩建留有余地。

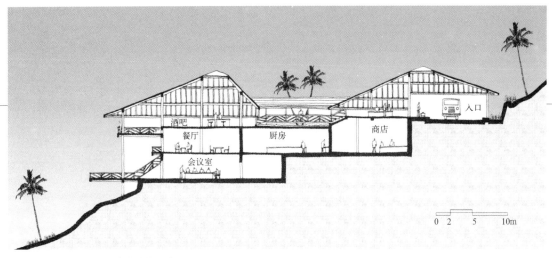

图 21-4 公共区域的剖面图（根据资料重绘）

图21-5 东向建筑景观(引自: Hasan-Uddin Khan.Charles Correa [Revised Edition].Singapore, Butterworth, London & New York:Mimar, 1987.90)

参阅书目

- 1983　Bay Islands.Namaste, March.13-16
- 1983　Charles Correa:with a Foreword by Sherban Cantacuzino.Singapore: Mimar
- 1987　Mildred Schmertz.Climate as Context.Architectural Record.New York, August.114-119
- 1987　Hasan-Uddin Khan.CHARLES CORREA.Singapore,Butterworth, London & New York: Mimar
- 1988　L'Inde Intemporelle.Techniques & Architecture.Paris, Feb..86-97
- 1990　Peter Serenyi.Charles Correa.SPACE.Seoul, Korea.122-128
- 1995　印度建筑师查尔斯·柯里亚作品专集.深圳: 世界建筑导报, 1
- 1996　CHARLES CORREA: with a Foreword by Kenneth Frampton. London: Thames & Hudson

图 21-6 连廊（引自: Architectural Record.New York, 1987-August.117）

作　品　22	韦雷穆海滨住宅
英　文　名	Verem Houses
时　　　间	1982-1989 年
地　　　点	果阿邦①
业　　　主	阿尔孔房地产公司
重要设计手法	邻里共享空间、方形平面、可调节百叶窗

韦雷穆海滨住宅的建设场地位于果阿一个风景优美的地方，可以俯瞰到马多维河。设计中再次采用了"共享公共空间"的主题，这里以后花园的形式出现。

就像在提坦镇的设计(1991 年 – 现在)(作品31)一样，这里的住宅设计是由多个层次的空间组成。因为场地为长条形，夹在马路与河之间，所以采用线形布局形式，两两相连，以低矮的花园墙联系，成为半联排式住宅。这样每户都能观看河边美景，同时也能沿河边留下足够的场地设立公共的共享庭园。

住宅共有两种基本户型，两卧室和三卧室，为等数量混合布置。面河一方，每栋建筑立面都不尽相同，这样每户都保持明显的个性特征，沿河景观也因此丰富多姿。住宅底层设计仍保留考虑开放性和穿堂风。

柯里亚以4户住宅形成一个组团，错落有序。每栋住宅立面凹凸起伏，这种变化主要源自卧室放置角度的不同，从而产生细微的差别。每户住宅的个性还体现在不同的阳台和门廊形式上。

这里的大多数住户都是来自孟买的家庭，他们希望在果阿能有另外一处住宅。这些海滨住宅既可用作短期度假，也可常年居住。建筑结构采用砖墙承重，饰面涂以灰泥，刷成白色，夹层楼板为钢筋混凝土，屋面为木椽泥瓦。

基地东边的一户是柯里亚自己一家在果阿的度假别墅。它的转角处对着河流。住宅设计有一个中庭，其作用就相当于住宅的"肺"，用以通风。同时金属网架上爬满了绿叶，既充满生机，又安全实用。起居室和餐厅围绕中庭布置，当木制百叶窗关闭时，穿堂风也能引入到室内。

---

① Goa: 果阿邦，位于西海岸，孟买以南，首府为帕纳吉(Pānāji)。

图 22-1　总平面图（根据资料重绘）

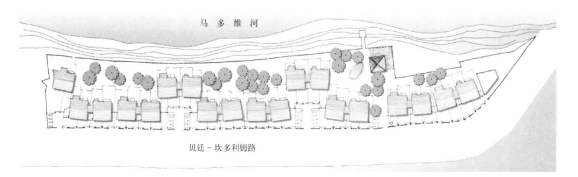

图 22-2 剖面图（根据资料重绘）

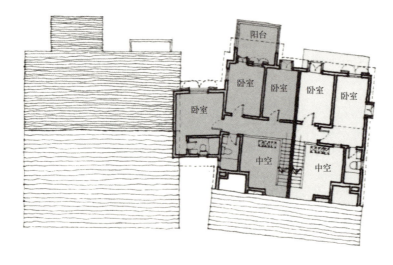

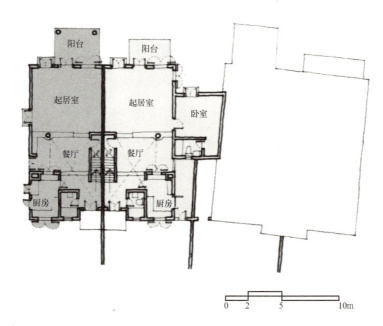

图 22-3 3 卧户型的（下）底层平面图；
（上）上层平面图（根据资料重绘）

图 22-4 位于场地后部的邻里共享空间（引自：Charles Correa.London：Thames and Hudson, 1996.147）

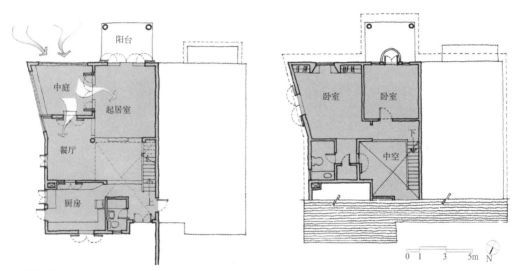

图 22-5 柯里亚海滨住宅的（左）底层平面图；（右）上层平面图（根据资料重绘）

图 22-6 柯里亚海滨住宅起居室室内（引自：Charles Correa：Housing and Urbanisation.London：Thames and Hudson, 2000.59）

参阅书目

- 1987　Hasan-Uddin Khan.CHARLES CORREA.Singapore,Butterworth, London & New York：Mimar
- 1996　CHARLES CORREA：with a Foreword by Kenneth Frampton. London：Thames & Hudson
- 1999　Charles Correa：Housing & Urbanization.Bombay：Urban Design Research Institute
- 2000　Charles Correa：Housing & Urbanization.London：Thames & Hudson

4. 中北部地区

作　品　23	干城章嘉公寓大楼
英　文　名	Kanchanjunga① Apartments
时　　　间	1970-1983 年
地　　　点	孟买，马哈拉施特拉邦
业　　　主	T·V·帕特尔私人有限公司

重要设计手法　花园平台、气候缓冲区、剖面设计

　　干城章嘉公寓大楼是柯里亚惟一建成的高层住宅，它的设计概念源自大都市公寓大楼(1958 年)，12 年后终于得以实现。"干城章嘉"一名取意喜马拉雅山第二高峰。

　　经过 20 年的发展，孟买已经成为了印度的纽约城——集现代、希望和贫困为一体——一个充满梦幻色彩的城市。土地迅速升值，高层住宅成了开发商的最佳选择。

　　在 1970 年末，柯里亚事务所接待了一位业主，他带来的场地图，是位于孟买风景优美的贡巴拉山。设计是具有挑战性的：其一，3 英亩的场地上有一片精致优雅的传统旧式班格罗平房②(是 1930 年一位印度纺织业巨子修建的)和一个精心修饰的花园，人们对在此盖高楼颇多微词；其二，孟买的气候和地理位置使建筑师左右为难：东西向能有良好的城市景观(阿拉伯海位于西侧，港口位于东侧)，并能引入徐徐海风，但是这样就不可避免地受到午后烈日的曝晒和季风暴雨的侵淋，而当地的年平均温度达到了 88°F③。

　　为了原封不动地保留基地上已有的传统旧式班格罗平房和花园，柯里亚决定将建筑向高处发展，采用高层塔楼形式，其中包含 32 户豪华单元，有 5 种户型，每户有 3 至 6 间卧室不等，面积从 170～390m² 不等。这座建筑的平面为方形，21m × 21m，共 28 层，85m 高，塔楼的高宽比为 1：4，总造价 223 万美元。基本的组合方式是将一个 3 卧单元和一个 4 卧单元叠置，再通过额外增加半层卧室面积来形成更大的户型。从剖面上可以看出这种变化，并在建筑的南、北立面剪力墙的形式变化中表现出来了。

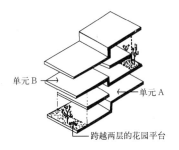

图 23-1　设计分析草图（根据资料重绘）

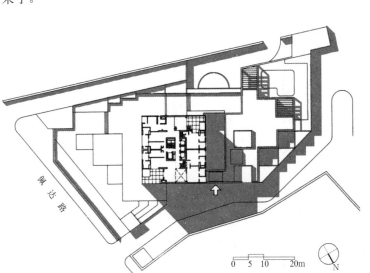

图 23-2　总平面图（根据资料重绘）

---

① Kanchanjunga: 干城章嘉，这是一座位于尼泊尔和锡金境内的山名。

② Bungalow: 班格罗平房，这是一种印度源于殖民地式的平房形式，形式简单舒适，周边是围廊，次要房间围绕中心的起居空间布置，剖面上带气窗的中央部分最高，既利于通风，又有形式上的主次。

③ 折合大约为 31.1 ℃。

关于第二个挑战，综合考虑气候和景观因素，柯里亚选择了东西向。为了解决这个两难问题，柯里亚借鉴了印度传统带走廊的班格罗平房形式，即沿着东西立面、在主要起居空间的周围加上一圈遮阳避雨的围廊，这成为了整个公寓大楼设计的核心。在实践过程中，他将此思想进行进一步的发展，那就是借用一个花园平台形成缓冲区，这样就能为主要起居空间遮阳避雨，并为俯瞰东西向的城市景观提供了很好的视角，形成穿堂风。花园平台的布置方式很适应居民们长期以来所形成的生活习惯，他们在一年中的一定季节、在一天中的一定时辰里，就把阳台当作起居室和卧室。花园平台也成为了最具视觉冲击力的建筑元素。

这座建筑在孟买的城市景观中独具特色。公寓设计的品位符合孟买高收入阶层的生活方式。两层高的花园平台成了室内外的过渡，来表达建筑的韵律。外墙面采用面砖，在转角处开洞，人们从城市街道上就可以清晰地看到每单元的花园平台。各户两层高的平台上层设有一个小阳台，是为了在这个巨大的建筑形体中加入一些宜人的尺度。在室内，起居室和卧室处都有不错的视野。另外，这栋高级公寓还配备游泳池、俱乐部、儿童游乐场和车库。

在这个设计中，柯里亚继续沿用他多年思考的一些设计原则，如对气候的调节、空间分区、视觉景观等。这些设计概念曾在博伊斯住宅(1962-1963年)、拉里斯公寓大楼(1973年)(作品24)等作品中进行过深入的探讨。受到勒·柯布西耶的跃层剖面、赛弗迪的蒙特利尔住宅设计的影响，加之柯里亚本人多年的实践经验，他极具个性地完成了这项任务。工程于1983年才最后完工，其中历经十余年。这项工作是与普维纳·梅赫塔、夏瑞希·帕特尔的再度合作，柯里亚曾与他们共同研究完成了新孟买规划(1964年)(作品45)。

图23-4　南向景观（单军拍摄）

图23-5　西向景观（单军拍摄）

图23-6　全景（引自：R·麦罗特拉主编.《20世纪世界建筑精品集锦》第8卷南亚.北京：中国建筑工业出版社，1999.172）

图23-3　气流分析图（根据资料重绘）

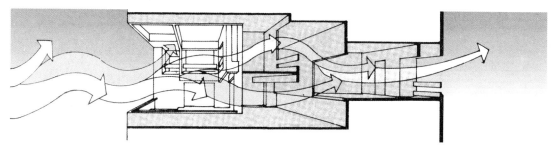

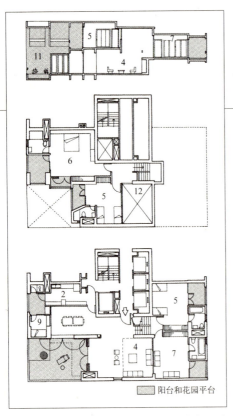

1. 餐厅
2. 厨房
3. 酒吧
4. 起居室
5. 卧室
6. 主卧室
7. 书房
8. 化妆间
9. 佣人房
10. 阳台
11. 花园平台
12. 中空

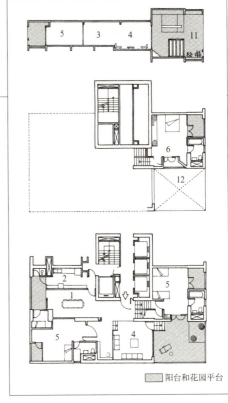

图23-7 A户型的(上)剖面图；(中)上层平面图；(下)底层平面图（根据资料重绘）

图23-8 B户型的(上)剖面图；(中)上层平面图；(下)底层平面图（根据资料重绘）

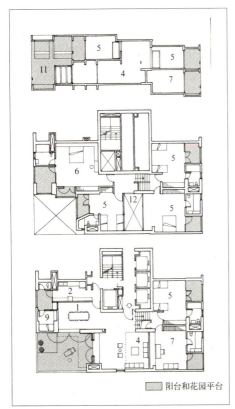

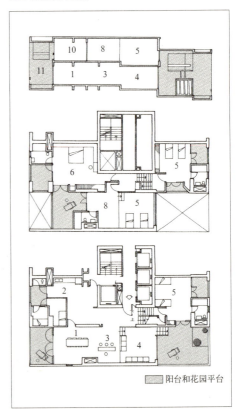

图23-9 C户型的(上)剖面图；(中)上层平面图；(下)底层平面图（根据资料重绘）

图23-10 D户型的(上)剖面图；(中)上层平面图；(下)底层平面图（根据资料重绘）

图23-11 西南向景观（引自：Techniques & Architecture.Paris，1985-Aug.114）

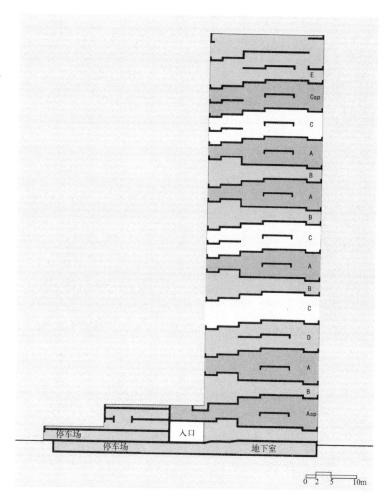

图23-12 （上右）剖面图（根据资料重绘）

图23-13 （上右）跨越两层的花园平台细部（引自：Techniques & Architecture. Paris，1985-Aug.115）

图23-14 施工场景（引自：Techniques & Architecture.Paris, 1976–Dec.125）

参阅书目

- 1974　Apartments.Architecture Plus.New York，March.26
- 1976　Experience Indienne.Techniques & Architecture.Paris,Dec..124-129
- 1980　H.Smith.Report from India：Current work of Correa.Architectural Record.New York，July.88-89
- 1980　Contemporary Asian Architecture.Process Architecture.Tokyo,Nov..94-118
- 1981　Architectura-Quale Futuro.Casabella-474/475.Milan，Dec..91
- 1982　Jim Murphy.Open the Box.Progressive Architecture.New York，Oct..100-104
- 1983　Kanchanjunga Apartments.Architect.Melbourne，Dec..12-13
- 1983　Charles Correa：with a Foreword by Sherban Cantacuzino.Singapore：Mimar
- 1985　Charles Correa：Inspirations Indiennes.Techniques & Architecture.Paris，August.106-117
- 1985　C.M.Pierdominici.Edificio residenziale a torre a Bombay.Cemento.Rome，Oct..642-651
- 1985　孟买干城章嘉公寓.北京：世界建筑，1985，1
- 1987　Hasan-Uddin Khan.CHARLES CORREA.Singapore,Butterworth，London & New York：Mimar
- 1990　Peter Serenyi.Charles Correa.SPACE.Seoul，Korea.122-128
- 1990　Vikram Bhatt & Peter Scriver.Contemporary Indian architecture：After the Masters.Ahmedabad：Mapin，1990
- 1992　J.Glusberg.Una arquitectura abierta alcielo.Arquitectura & Diseno.Buenos Aires，Feb..1 & 8
- 1995　印度建筑师查尔斯·柯里亚作品专集.深圳：世界建筑导报，1
- 1996　CHARLES CORREA：with a Foreword by Kenneth Frampton.London：Thames & Hudson
- 1999　Charles Correa：Housing & Urbanization.Bombay：Urban Design Research Institute
- 1999　Amy Liu.Cultural motifs-Charles Correa.Space.Hong Kong,Nov..109-117
- 1999　Susan Zevon.Outside Architecture.Massachusetts：Rockport Publishers
- 1999　R·麦罗特拉主编.《20世纪世界建筑精品集锦》第8卷南亚.北京：中国建筑工业出版社.172-175
- 2000　Asian Tan Kok Meng Ed.Architects 2.Singapore：Select Publishing Pte Ltd
- 2000　Charles Correa：Housing & Urbanization.London：Thames & Hudson

作　品	24	拉里斯公寓大楼（未建）
英　文　名		Rallis Apartments
时　　间		1973年
地　　点		孟买，马哈拉施特拉邦
业　　主		拉里斯兄弟

重要设计手法　气候缓冲区

位于干旱地区的项目，我们所常见的大多数是采用高密度的建筑形式——在这种环境里，必须得截住干热的空气，增加空气湿度，降低温度。相反，在空气湿热的地区，这个原则就不管用了，因为空气中已有了足够的湿度。此时的建筑形式必须得引入穿堂风——建筑多开洞就十分有必要了，并且方位要与主导风向吻合。

在孟买，问题就不是这样简单了。城市主导风向和午后太阳直射及季风暴雨方向一致，而城市最好的景观——阿拉伯海位于西侧，港口位于东侧。旧式带围廊的班格罗平房就非常巧妙地解决这个两难问题：在主要的起居空间周围加上一圈围廊，作为防护，遮阳避雨。

在这栋拉里斯高层公寓的设计中，就运用了这个基本原则。这一圈防护区的功能包括有阳台、书房、化妆间、浴室等。平推门把外部的辅助空间和主要的起居空间联系起来——这样能为父母提供一些私密空间，也能为孩子们招待朋友、进行娱乐提供场所。

由于业主提出居住者为经理级的主管人员，要求每层的户型包括一套3卧室和两套2卧室。这使得平面设计以及空间组织变得复杂，每套户型的边线曲曲折折。

本设计是住宅设置"防护线"的又一个版本。其他类似的作品还有：索马尔格公寓大楼(1961-1966年)、干城章嘉公寓大楼(1970-1983年)(作品23)、德里制衣厂(DCM)公寓大楼(1971年)。

参阅书目

- 1996　CHARLES CORREA: with a Foreword by Kenneth Frampton.London：Thames & Hudson
- 1999　Charles Correa Housing & Urbanization.Bombay: Urban Design Research Institute
- 2000　Charles Correa:Housing & Urbanization.London: Thames & Hudson

图 24-1　如果需要的话，起居空间可以扩大（根据资料重绘）

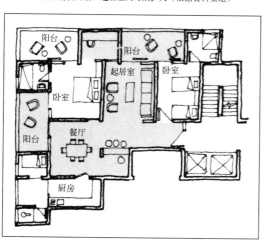

图 24-2　同样，主卧室面积也可以扩大（根据资料重绘）

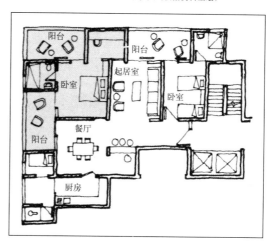

5. 其他建筑设计手法
5.1 遮阳棚架

作　品　25	印度人寿保险公司办公大楼
英　文　名	Jeevan Bharati
时　　　间	1975-1986 年
地　　　点	德里
业　　　主	印度人寿保险公司

重要设计手法　遮阳网架、花园平台、露天庭院

人寿保险公司办公综合楼位于康诺特环形区的外侧,是两条城市主干道——国会大街和亚帕斯大街的交汇处。建筑一侧是康诺特环形区的古典柱廊,而另一侧则是南面的现代高层塔楼。它充当着这两者之间的过渡转换元素。整个建筑就像是剧场舞台的前台和后台:高12层的光滑玻璃幕墙反射出康诺特环形区的建筑群和树木,而远处的德里新建的高层塔楼区也尽收眼底。

图 25-2　西北景观

综合楼的底部两层为购物及餐饮空间,而上部的办公层形体为分开的两翼,塑造出由花园平台和庭院共同组成的建筑核心。它的总建筑面积为 63000m²。两翼之间由长达 98m 的棚架连接起来,棚架两端各由石墩支撑,中间一根大柱稳稳支撑着,与康诺特环形区购物中心柱廊的建筑风格遥相呼应。城市规划中计划在两翼中修建一个架高的人行通道,能够把行人便捷地带到康诺特环形区后部将建的巴士站。人行通道的设置,从横断面上感觉建筑就像一个巨大尺度的门廊。

图 25-3　西南景观

在建筑背立面墙墩上采用的红色砂岩,在电梯双塔处作为截止,并为人行天桥构造出画框的形象。在建筑的这一侧,窗户深凹入砖石墙体内,是为了避免德里的烈日炎炎。

这个办公综合楼始建于1975年,就像印度的许多工程一样,历时数年,在1986年才竣工。

图 25-4　南向景观

图 25-5　入口

图 25-1　区域位置图(根据资料重绘)

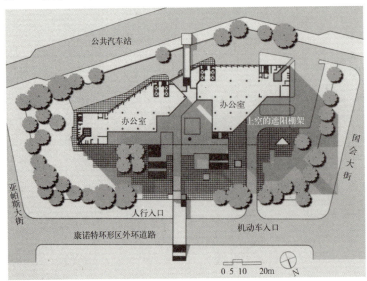

图 25-6 入口大立柱

参阅书目

- 1981　Architectura-Quale Futuro.Casabella-474/475.Milan, Dec..91
- 1987　Hasan-Uddin Khan.CHARLES CORREA.Singapore,Butterworth, London & New York：Mimar
- 1990　Peter Serenyi.Charles Correa.SPACE.Seoul, Korea.122-128
- 1991　Sarayu Ahuja.Charles Correa's Architecture.Indian Architect & Builder.Bombay, Oct..20-26
- 1992　Life Insurance Corporation.Architecture+Design.Delhi, Nov-Dec.. 10-37
- 1995　印度建筑师查尔斯·柯里亚作品专集.深圳：世界建筑导报，1
- 1996　CHARLES CORREA：with a Foreword by Kenneth Frampton. London：Thames & Hudson

图 25-7 入口网架

图 25-8 入口台阶
注：本案例图片除标注的以外，均由单军拍摄。

图 25-9 总平面图（根据资料重绘）

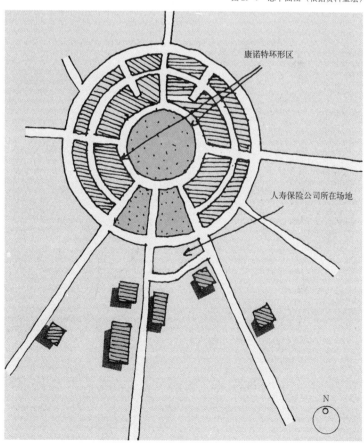

作　品　26	戈巴海住宅
英　文　名	Gobhai House
时　　间	1995-1997年
地　　点	马哈拉施特拉邦
业　　主	梅赫利·戈巴海

重要设计手法　　屋顶平台、遮阳棚架、可调节百叶窗

　　这块基地位于孟买向北70km的一个果园，住宅的主人是印度著名的艺术家梅赫利·戈巴海。从入口大门，经过一条两边种满棕榈树的车道，就来到了一片茂密树林，这里结满了棕色的甜果。

　　这栋住宅只是整个环境中的一个有机的组成部分。从入口大门的道路算起，住宅位于果园的中部，接下来还有很长一段路。沿路我们还可见：一些雕塑(艺术家自己的作品)、午后纳凉亭、一座齐树高的眺望台以及其他一些构筑物。这每个构筑物都有其特定的意义，外观也千姿百态。

　　住宅外观设计与内部功能一一呼应，这有点类似龙卷风难民住宅(1978-1979年)(作品38)的设计。它分为三个独立的区域，每个区域都有其特定的功能：第一个区域是用作起居、睡觉、做饭和洗漱；第二个区域是画室；第三个区域是有遮阳棚架覆盖的平台，夜晚和清晨可在此露宿。画室放在北面，这样能获取最佳光线，满足绘画要求。南边是场地中风景最美的区域，常常有微风吹过，设立平台最合适不过。

图26-1　总平面图（根据资料重绘）

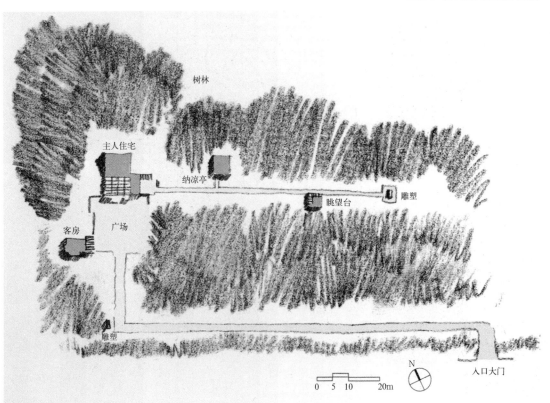

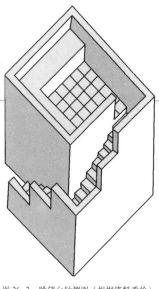

参阅书目

- 1996 CHARLES CORREA: with a Foreword by Kenneth Frampton. London: Thames & Hudson
- 1999 Charles Correa: Housing & Urbanization. Bombay: Urban Design Research Institute
- 2000 Charles Correa: Housing & Urbanization. London: Thames & Hudson
- 2000 New Asian House, by Robert Powell, Select Publishing Pte Ltd, Singapore

图 26-2 眺望台轴测图（根据资料重绘）

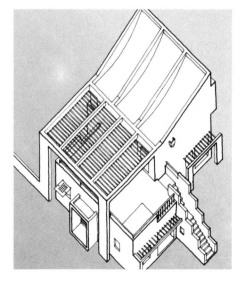

图 26-3 住宅外观，可看到遮阳棚架和屋顶露天平台（引自：Charles Correa: Housing and Urbanisation. London: Thames and Hudson, 2000.73）

图 26-4 住宅轴测图（根据资料重绘）

图 26-5 平面图：（左）底层平面图；（右）上层平面图（根据资料重绘）

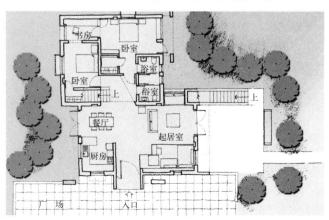
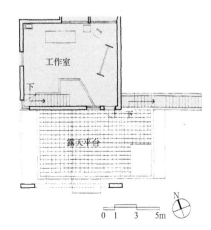

作　　品　　27	印度电子有限公司办公综合楼
英　文　名	ECIL Administrative Complex
时　　间	1965-1968 年
地　　点	海得拉巴，安得拉邦①
业　　主	维克拉姆·萨巴海博士

重要设计手法　遮阳棚架、露天庭院

业主希望通过对建筑形体的处理来控制内部小气候，并且尽量减少空调的使用，这样既经济又节能环保。在1965年，节能实验正在美国如火如荼的开展，来解决日益严重的能源危机。

这栋办公综合楼的解决方案为利用被动式太阳能，减少机械式空气调节的利用方式，从而创造一个舒适怡人的工作环境。为获得最大程度的自然采光通风，整个建筑平面由三组十字形的模数单元按锯齿排列，并围绕一个绿化的内院空间布置，这样可以过滤干热的空气，使之变得湿润、清新，并为工作间引入更多的日光和通风。

为了将吸收的热量降低到最低限度，各个十字形单元沿东墙面封闭，巨大的屋顶棚架给西向和南向墙面投下浓重的影子来遮阳，这样就能开窗欣赏周围优美的风景。

屋顶由三个部分组成：一层坚实的面层；一个"反射"面层，是一层薄薄的水膜，该水膜表面层反射太阳的辐射热，使建筑物顶层的温度下降；还有一个由板条组成的棚架，使建筑形式产生连续的视觉效果，吸引人们驻足观赏。

折线退让的建筑平面能通过中央庭院从东边引风入室内（不过，后来有些办公室还是安装了空调）。几个办公空间的体块之间高差差半层，通过舒缓的坡道联系起来。

在这个早期工程项目中，综合反映了柯里亚在执业初期就开始了多角度的思考与关注，无疑对以后的作品，例如干城章嘉公寓大楼(1970-1983年)(作品23)和几个度假村的设计影响很大。印度电子有限公司办公综合楼完成于1968年，是柯里亚的代表作品之一。

建于博帕尔的中央邦政府办公综合楼(1980-1992年)是对印度电子有限公司(ECIL)办公综合楼设计概念的进一步发展，借用遮阳棚架来适应于干热气候。设计中包括12个彼此独立的邦政府公司，构成一个完整的方形体量，并围绕庭院布置，庭院中央设有一个喷泉。庭院上空覆盖着棚架，不仅保护内侧墙面免受烈日曝晒，而且在视觉上将建筑连成一个整体。办公空间的大部分采光依赖中央庭院上空的天窗。建筑外墙采用朴素的砖墙，或者双层墙厚，上开深凹的窗户。这栋6层高的建筑各部分分别设置竖直交通。在上面各层中的不同节点处，通过连桥将各部分联系起来。进入建筑的车道从连桥下穿过，这是借鉴博帕尔城市历史街区中传统的建筑式样。

---

① Andhra Pradesh: 安得拉邦，邦名意为"黑暗"，位于南亚东南部，首府为海得拉巴(Hyderābād)。

图27-3 建筑外观(引自:世界建筑导报,1995,1.39)

参阅书目

- 1980 H.Smith.Report from India:Current work of Correa.Architectural Record.New York，July.88-89
- 1983 Charles Correa:with a Foreword by Sherban Cantacuzino.Singapore:Mimar
- 1987 Hasan-Uddin Khan.CHARLES CORREA.Singapore,Butterworth,London & New York:Mimar
- 1995 印度建筑师查尔斯·柯里亚作品专集.深圳:世界建筑导报，1
- 1996 CHARLES CORREA:with a Foreword by Kenneth Frampton. London:Thames & Hudson

图27-4 室内大厅（引自：Architectural Record.New York, 1980-July.88)

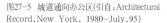

图27-5 坡道通向办公区(引自：Architectural Record.New York, 1980-July.95)

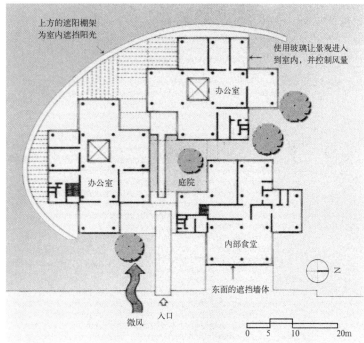

图27-1 总平面图（根据资料重绘）

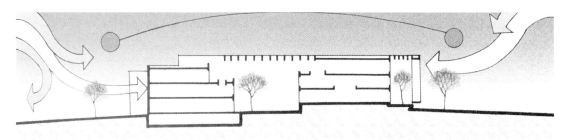

图27-2 气流分析图（根据资料重绘）

作　品　28	阿拉梅达公园开发办公大楼（未建）
英　文　名	Alameda Park Development
时　　　间	1993年
地　　　点	墨西哥城，墨西哥
业　　　主	雷奇曼公司

重要设计手法　屋顶平台、遮阳棚架、绘画的运用

这个项目位于墨西哥城市中心，是由墨西哥著名建筑师里卡多·莱戈雷塔规划的总平面的一部分，旨在重建墨西哥城历史中心，因为在1985年的大地震中这个城市中心被毁坏大半。其中单栋建筑设计是由多名世界级建筑大师，如西萨·佩里、阿尔多·罗西、桢文彦等人分别完成。

柯里亚受命的这个办公大楼项目位于场地的前缘布置，正好面对有着悠久历史的阿拉梅达公园。建筑体量为一个多层立方体——最底的两层布置有商店，沿着场地后部还设有购物步行拱廊。上面几层为办公区，顶部的3层为经理主管人员办公套间。站在屋顶阳台上，通过这个视野辽阔的"城市窗口"，现代街景、历史古迹尽收眼底。绘制的壁画跨越3层墙面，成为了城市的新风景。绘画题材体现墨西哥的公共艺术传统，画风与第牙哥·瑞伏拉、欧拉兹欧一脉相承。

建筑外墙饰面为黑色火山岩，在墨西哥城的许多老建筑中都使用过。窗户形式正正方方，窗棂为抛光的淡红棕色金属材料。

图28-1　总平面图（根据资料重绘）

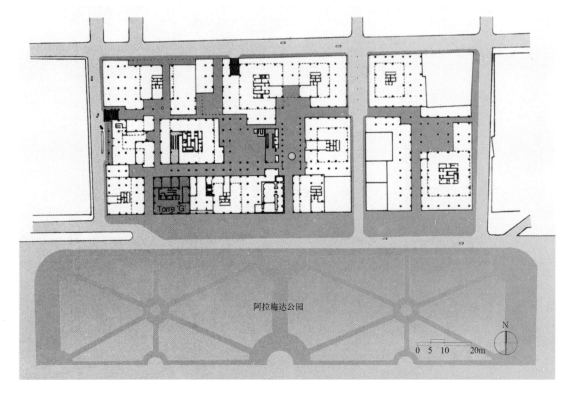

图28-2 第八层平面图（根据资料重绘）

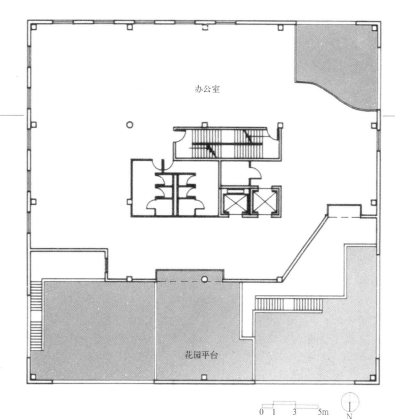

图28-4 推敲方案用模型（引自：Charles Correa.London：Thames and Hudson, 1996.123）

参阅书目

- 1995 印度建筑师查尔斯·柯里亚作品专集.深圳：世界建筑导报，1
- 1996 CHARLES CORREA：with a Foreword by Kenneth Frampton. London：Thames & Hudson

图28-3 沿街立面草图（根据资料重绘）

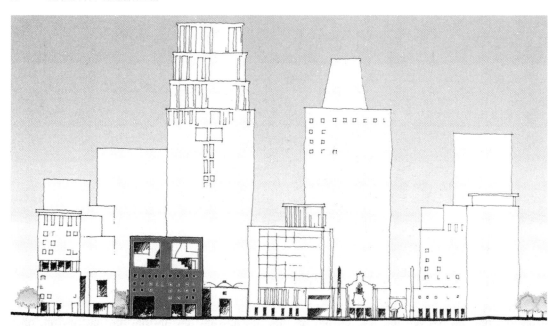

5.2 方形平面变异

作　品　29	印度科学院尼赫鲁研究中心住宅
英　文　名	JNC Housing Project
时　　　间	1990-1994 年
地　　　点	班加罗尔，卡纳塔克邦
业　　　主	班加罗尔印度科学院
重要设计手法	露天庭院、屋顶平台、方形平面、遮阳棚架

印度科学院尼赫鲁研究中心是为班加罗尔印度科学院新建的校区，这个研究所也称为贾瓦哈尔拉尔·尼赫鲁研究中心(JNC)，是位于班加罗尔的印度科学院的扩建工程。印度科学院作为印度最为古老而且声名显赫的科学院，为科学家们进行前沿研究提供良好的保障。中心是作为印度科学院的扩建工程，是准备为来访的科学家们提供研究和生活场所。圣人们离群索居的传统形式在这里用一个长长的弧形花岗岩墙作为象征，把场地中心的树林包围起来。研究实验室、报告厅、图书馆、住宅等功能位于墙的内侧。这样，在学习和研究期间，这些科学家（新时代的圣者）在树林中漫步，拾级而上，领悟科学真谛。

一条辅助道路沿着场地的外侧边界布置，可到达各个功能区。在第二阶段，将增建一系列实验室用房，通过一个巴克敏斯特·富勒的大穹顶与已有的主要建筑联系起来，大穹顶式的"巴克球"是为碳原子结构组成的概念性描述。建立大穹顶概念的富勒也无疑是 20 世纪最伟大的人物之一。

研究所的员工住宅群与主综合楼毗邻，共有 3 种户型。

这个住宅项目使用的建筑语汇和戈巴海住宅(1995-1997 年)(作品 26)异曲同工，只不过更为谦和。员工住宅是整个研究中心(1990-1994 年)的有机组成部分。

C 户型面积为 56m²，在底层布置了两间卧室，并设有屋顶平台，局部带棚架——这个额外增设的空间为人们晚上提供纳凉的场所，也可在这里招待朋友。B 户型设一间卧室，总面积为 45m²，它占据建筑的底层。为了提高建筑密度，两个单元一边侧墙相连。相连两个 C 户型的上一层仅设一套第三种户型。此套户型居中布置，两侧均有露天平台可供使用。

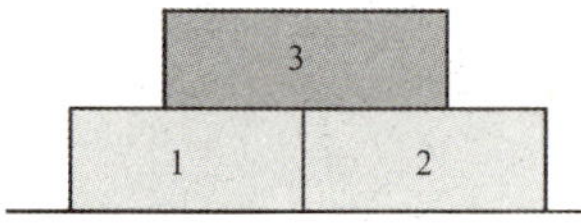

图 29-2　B 户型分析图，共安排了 3 户住宅（根据资料重绘）

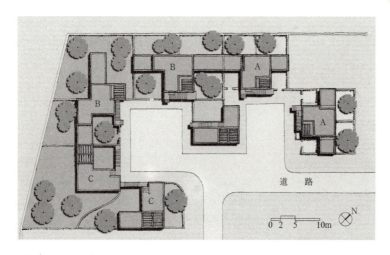

图 29-1　总平面图（根据资料重绘）

图 29-5 建筑外观和庭院（引自：Charles Correa: Housing and Urbanisation.London：Thames and Hudson，2000.77）

参阅书目

- 1999 Charles Correa: Housing & Urbanization.Bombay：Urban Design Research Institute
- 2000 Charles Correa:Housing & Urbanization.London:Thames & Hudson

图 29-3 B 户型平面图：（左）位于一层的两个单元；（右）位于二层的一个单元（根据资料重绘）

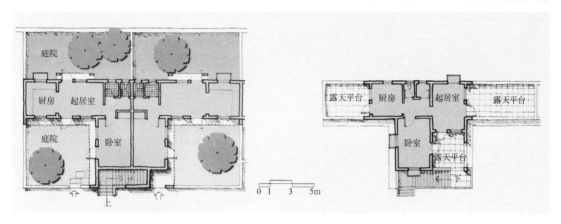

图 29-4 C 户型平面图：（左）一层平面图；（右）二层平面图（根据资料重绘）

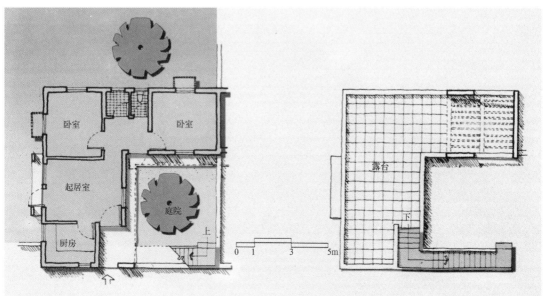

作　品　30	印度科学院尼赫鲁研究中心院长住宅
英　文　名	JNC at IISc
时　　间	1990-1994年
地　　点	班加罗尔，卡纳塔克邦
业　　主	班加罗尔印度科学院

重要设计手法　露天庭院、遮阳棚架、气候缓冲区

场地是位于一个幽静的小树林。具有多种功能的系列庭院自然、随意地将各个部分联系起来。由3个院子围合而成了尼赫鲁研究中心院长的住宅、办公和会议室以及为来访科学家提供的客房。庭院的运用旨在把各个组成部分连成一个整体，同时又各具特色。

作为入口庭院的是其中最大的一个院子，在这里，一棵枝繁叶茂的大古树被保留下来，矗立在正中央。沿着入口庭院的周边，布置的是院长办公室、会议室和秘书办公室。顺着左侧的轴线，进入到一个最小的院子，这四周安排了来访科学家的客房。对应着的右侧轴线处的院子四周，则是院长及其家人的起居生活用房。

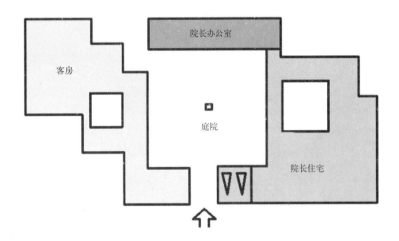

图30-1　平面分析图，各房间围绕庭院布置（根据资料重绘）

图30-2　中央庭院和周围连廊（引自：Charles Correa: Housing and Urbanisation.London: Thames and Hudson, 2000.89）

参阅书目

- 1999　Charles Correa: Housing & Urbanization.Bombay：Urban Design Research Institute
- 2000　Charles Correa: Housing & Urbanization.London：Thames & Hudson

图 30-3　总平面图（根据资料重绘）

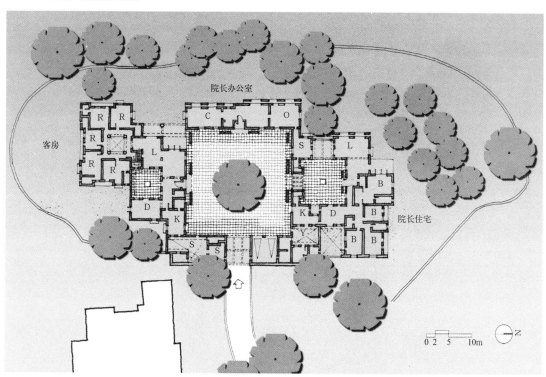

图 30-4　剖面图（根据资料重绘）

作　　品　　31	提坦镇总平面设计
英　文　名	Titan Township
时　　　间	1991年－现在
地　　　点	班加罗尔，卡纳塔克邦
业　　　主	迪坦手表公司

重要设计手法　　方形平面、露天庭院、中央邻里共享空间

业主作为印度最成功的企业，非常希望自己的员工住宅区不要是一个孤立隔绝的社区，而是城市的有机组成。由于其中许多宅基地和住宅楼被卖给了外来户，从一开始起就自然形成了个混合小区。因此业主要求：一方面，小区要在原有的公路体系的基础上和周边环境保持一致；另一方面，还要倡导多元化，在住宅建设上，使每一位主人都能充分表达个性。

柯里亚从建立一种秩序入手，从而避免印度许多地方都能看到的城市混乱的现象。因此首先确立了通向这个拥有1500套住宅的生活区的道路是城市道路中不可分割的一部分，从而与城市取得了某种关联。并在已有的城市道路模式中，嵌入3种大小不同规模的公共花园——这是根据居民的不同情况而定的。

基本单元是一个独立小花园带周围的宅基地，尺寸为45m×45m。然后用2、4、8、16个这样的基本单元模式加以组合，形成组团。其中道路设计为最短距离，这样就能与较低标准的管网设施相适应(地下电力线、光缆线等)，满足造价的需要。

规划的最大特色在于住宅围绕公共花园成组地布置。这样每幢住宅楼都可以直接与公共道路和公共花园联系起来。这不仅为居民提供了舒适感和安全感，也在周围社区之间提供了标识感。外来人员只有通过确定的一些入口大门才能进入公共花园。入口处还设有公共基础设施，这样就易于到达，便于管理。

例如，通向V区的主要入口处，面对着一个开敞的绿地，并布置有公共设施：俱乐部、餐厅和一个小型的购物中心。这个入口控制着通向后花园的通道。其他通向后花园的入口处也设有公共设施(幼儿园、诊所等)，这也对这些通道顺带起到了监控的作用。

为了和周围环境融为一体(这是进行有机发展的基本条件)，住宅设计被委托给了四位不同的建筑师。共同完成总平面以后，每位建筑师都作了一套住宅的初步设计，然后再汇集到一起，共商材料选择和建筑语汇。在确定了住宅设计的一套控制规则后，遵循这个标准，其他建筑师和居民也可共同参与开发建设这个镇区。

图31-3　从小组团到大组团的各层级平面图：(上) 基本组团：45m×45m；(中) 4倍模数：100m×100m；(下) 16倍模数：212m×212m (根据资料重绘)

图31-4　剖面图 (根据资料重绘)

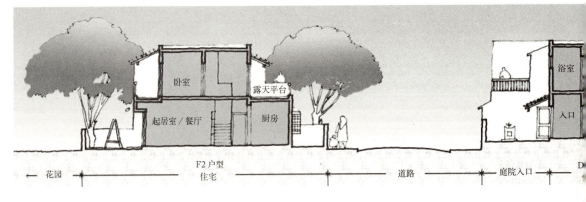

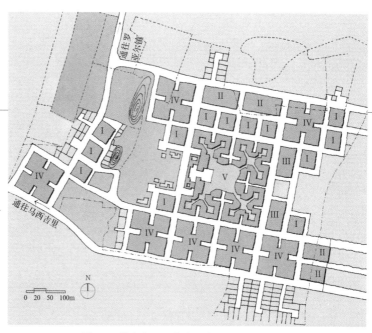

图31-1 总平面图,可看出提坦镇有机地嵌入到城市结构中(根据资料重绘)

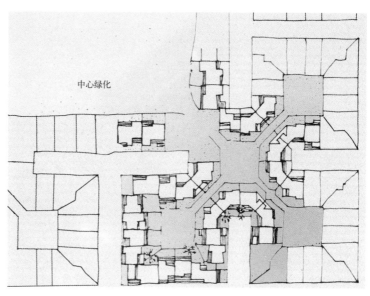

图31-2 总平面图局部放大(根据资料重绘)

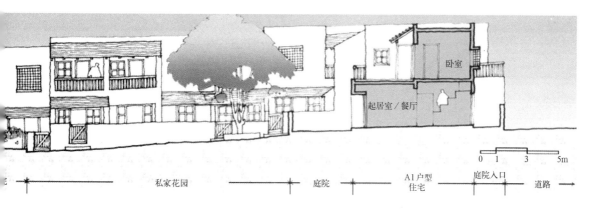

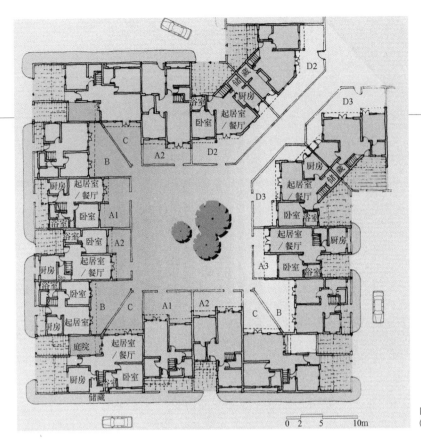

图31-5 单元组团：一层平面图
（根据资料重绘）

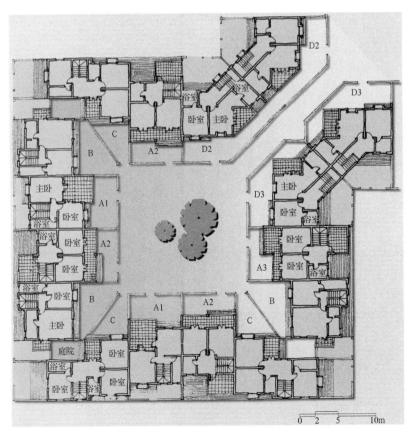

图31-6 单元组团：二层平面图
（根据资料重绘）

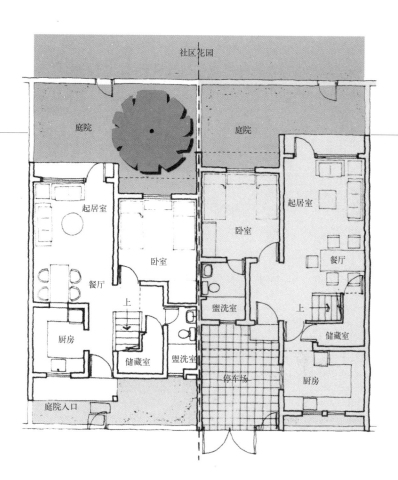

图 31-7　A1 和 A2 户型的底层平面图
（根据资料重绘）

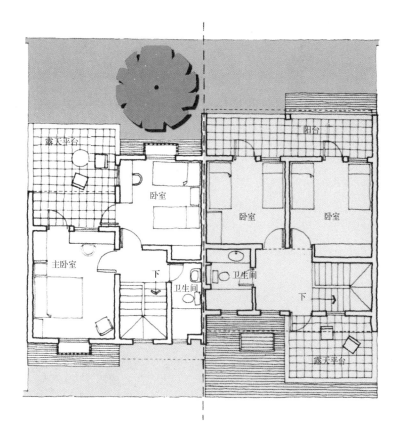

图 31-8　A1 和 A2 户型的上层平面图
（根据资料重绘）

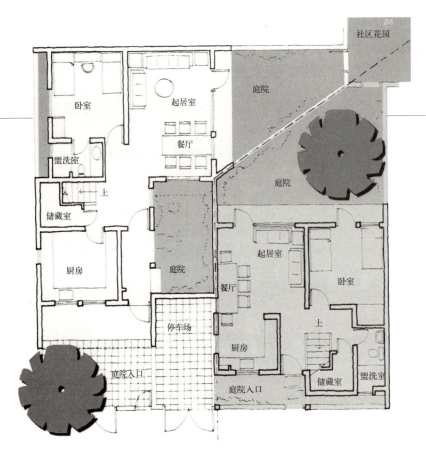

图31-9 C和B户型的底层平面图（根据资料重绘）

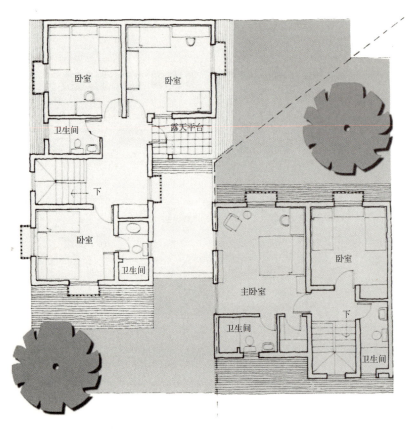

图31-10 C和B户型的上层平面图（根据资料重绘）

图31-12 模型，可看出单元组团的内院（引自：Charles Correa. London: Thames and Hudson，1996.159）

图31-13 后院(引自：Charles Correa:Housing and Urbanisation. London: Thames and Hudson，2000.52）

参阅书目

- 1995 印度建筑师查尔斯·柯里亚作品专集.深圳：世界建筑导报，1
- 1996 CHARLES CORREA: with a Foreword by Kenneth Frampton. London: Thames & Hudson
- 1999 Charles Correa: Housing & Urbanization.Bombay：Urban Design Research Institute
- 2000 Charles Correa: Housing & Urbanization.London：Thames & Hudson

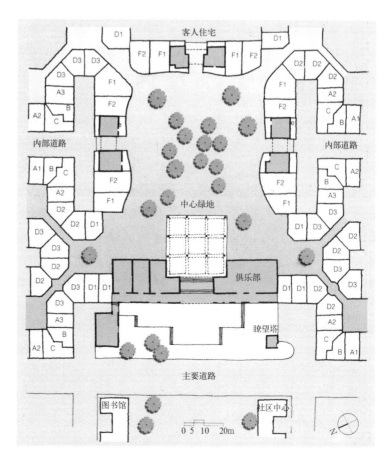

图31-11 Ⅴ区：社区中心平面图（根据资料重绘）

5.3 花园平台

作　品　32	旁遮普组团住宅（未建）
英　文　名	Punjab Group Housing
时　　　间	1966-1967 年
地　　　点	孟买，马哈拉施特拉邦
业　　　主	旁遮普住宅合作协会
重要设计手法	屋顶花园平台、中央邻里共享空间、剖面错层设计

柯里亚在设计实践中，还有一个着力下功夫的关注点，那就是避免在孟买住宅单元形式到处充斥着千篇一律。

在这个方案里，这个项目由 60 个行列式联排住宅组成，每户为 2 卧室或者 3 卧室，并且各户都带有一个花园，和小区中部的邻里共享空间相联系，而入口道路环绕在基地周围。这种平屋顶的住宅，每户面宽为 5.5m，分为两个平行的开间，一个 2.5m，另一个 3.5m。较小的开间布置楼梯、厨房、卫生间等，较大的开间内是主要的生活起居空间。剖面设计充分利用基地的高差，布置为错半层的空间，这样既可以充分利用楼梯平台，又可以增强通风效果。一个顶部天窗位于房子的中心位置，照亮贯穿两层的大起居空间。

图 32-1 （下）一层平面图；（上）二层平面图（根据资料重绘）

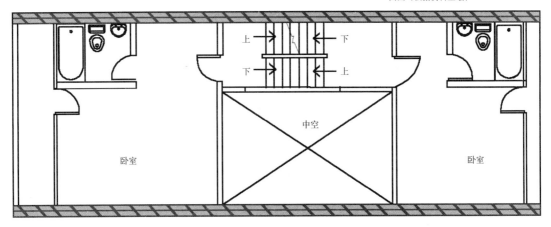

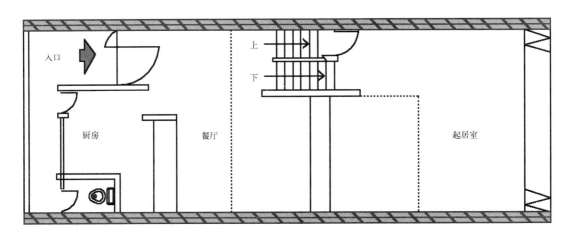

参阅书目

- 1996　CHARLES CORREA: with a Foreword by Kenneth Frampton. London: Thames & Hudson
- 1999　Charles Correa: Housing & Urbanization.Bombay : Urban Design Research Institute
- 2000　Charles Correa: Housing & Urbanization.London : Thames & Hudson

图32-2　模型（引自：Charles Correa: Housing and Urbanisation.London : Thames and Hudson，2000.15）

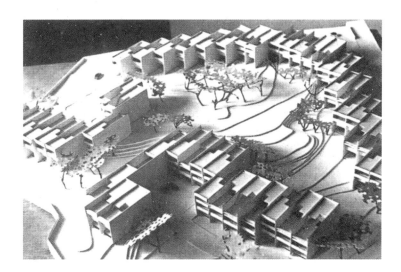

图32-3　剖面示意图（根据资料重绘）

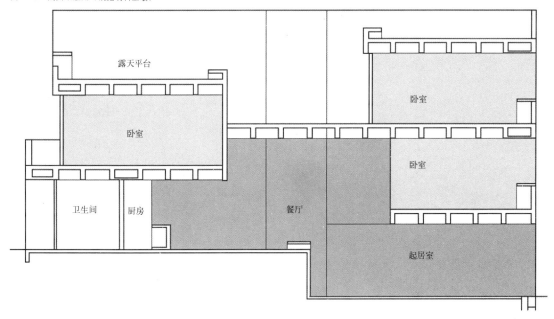

作　品　33	CCMB 住宅	
英　文　名	CCMB	
时　　　间	1986 年	
地　　　点	海得拉巴，安得拉邦	
业　　　主	不详	

重要设计手法　剖面设计、屋顶平台

在多层住宅里，如果一个楼梯间只布置两个单元，这样设计的优越性可想而知——既能获得理想的太阳光照射，又能获得穿堂风(图 33-1)。不过当楼层超过三四层时，爬楼就有些困难，必须得增添一架电梯了。但是在现在的经济条件下，如果每层户数太少，那么分摊使用电梯的费用就会较为昂贵，尤其对于低收入家庭。当然，每层设 4 户或者更多时，就能帮助分散电梯造价，不过这样的话，就会影响朝向和穿堂风(图 33-2)。另外一个解决办法就是提供一个走廊通道。这样就能布置更多的单元，并降低电梯造价(图 33-3)。但是这样的走廊势必将会影响通风和各户的私密性。

根据以上种种分析，综合利弊，柯里亚设计了这个方案——一栋为在海得拉巴生物分子研究中心工作的科学家、行政管理人员以及职员提供多种户型的住宅楼。基地是位于湖边的一个缓坡，风景非常优美。为了保持环境的完整，柯里亚把所有的住宅单元安排在一个高低错落的体量之中，从 2 层到 7 层不等。走廊通道(辅助以电梯)只设在五层(图 33-5)。

必须说明的是，人们步行无须超过两层，就能到达自己的单元。同时，安排了两部电梯，这样在一部电梯发生故障时也不会影响使用。在任何情况下，对场地坡度的巧妙结合，可以直接从小山通向五层的走廊。

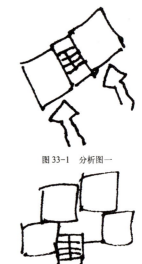

图 33-1　分析图一

图 33-2　分析图二

图 33-3　分析图三

图 33-4　透视图

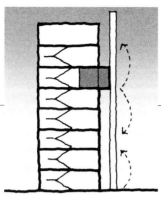

图 33-5　分析图四

参阅书目

- 1999　Charles Correa: Housing & Urbanization.Bombay：Urban Design Research Institute
- 2000　Charles Correa:Housing & Urbanization.London:Thames & Hudson

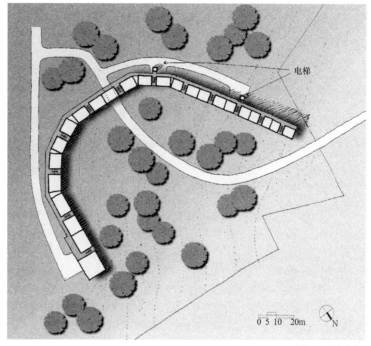

图 33-6　总平面图

图 33-7　剖面图
注：本案例图片均为根据资料重绘。

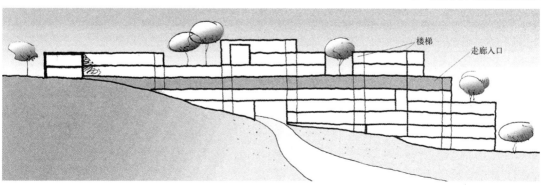

作　品　34	卡哈亚住宅（未建）
英　文　名	Cahaya
时　　　间	1994 年
地　　　点	吉隆坡，马来西亚
业　　　主	马来西亚政府

重要设计手法　露天庭院、花园平台

邀请柯里亚在吉隆坡设计低造价住宅(1992年)(作品39)的业主同时请他设计一些豪华私宅。基地位于一个景色优美的高尔夫球场周围，那是一个占地500亩的山谷。业主共邀请了世界上12位知名建筑师来进行设计，每人设计两栋住宅——一栋在山坡上，一栋在山坡下。

图示的这栋住宅位于一个陡坡的山脚。就像韦雷穆海滨住宅(1982-1989年)(作品20)一样，这是个多层住宅。经过主要起居室，向下到达一个凉台，可以俯瞰优美景色。

到达入口大门前，人们要经过一堵长长的白墙。入口大门处就能看到三层的凉台全景，并能欣赏到周围森林的美景。右边为起居室和图书室，左边为餐厅和厨房（分设干、湿厨房）。住宅较低的一层直接向游泳池开敞。这里是家庭聚会室、客房和主人办公室。在住宅最顶上一层是起居室、两个孩子的卧室和主卧室套间。

平面空间组织相当简洁，建筑形式相当自由。采用这个平面在山坡上建另一栋住宅时，为了充分利用新基地的好视野和形成良好的通风效果，一些基本要素进行了调整。

参阅书目

- 1996　CHARLES CORREA: with a Foreword by Kenneth Frampton.London：Thames & Hudson
- 1999　Charles Correa:Housing & Urbanization.Bombay: Urban Design Research Institute
- 2000　Charles Correa:Housing & Urbanization.London:Thames & Hudson

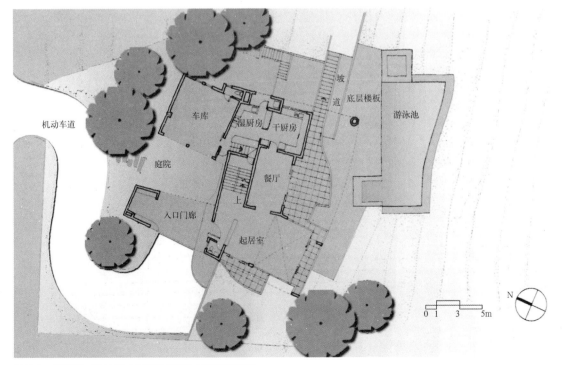

图34-1　总平面图，即入口层（中间层）平面图（根据资料重绘）

图34-2 住宅夜景（引自：Charles Correa: Housing and Urbanisation.London：Thames and Hudson，2000.70）

图34-3 起居室（引自：Charles Correa: housing and urbanisation. London: Thames and Hudson，2000.71）

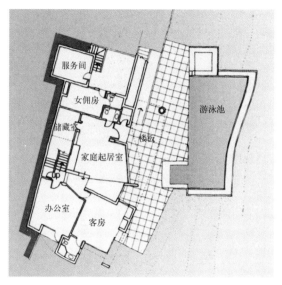

图34-4 底层平面图（根据资料重绘）

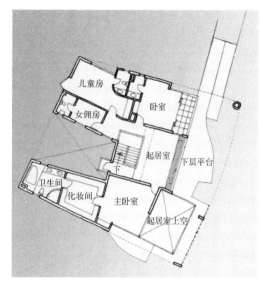

图34-5 上层平面图（根据资料重绘）

图34-6 剖面图（根据资料重绘）

5.4 中央邻里共享空间

作　品　35	塔拉组团住宅
英　文　名	Tara Group Housing
时　　间	1975–1978 年
地　　点	德里
业　　主	塔拉住宅合作协会

重要设计手法　遮阳棚架、屋顶花园平台、中央邻里共享空间

这个项目建在德里城市郊区。不像孟买的湿热气候，德里干燥和炎热。

业主要求在基地上布置 160 多个单元（每单元 2 卧室或 3 卧室），这使得建筑密度达到每公顷 120 多个单元。这可以通过低层高密的布置方式来实现，每个家庭还可拥有私家花园。但却有悖于德里的市政法规：不允许建筑的占地面积超过基地面积的 35%。因此为了尽可能多地获得有效的楼层面积，本设计采用多层住宅的形式。

为了降低造价，包括避免使用电梯等，满足中等收入阶层的承受能力，柯里亚决定在总平面中把建筑设计成两列，中间设有交通空间和公共空间。每一列将设计成狭长的双层单元，即每个单元占用两层，并在剖面上形成退台，因此下一层的屋顶就成为了上一层的平台。按照相互咬合的方式堆叠起来，各个单元可以互为保护，以抵抗北印度的干热气候。底层和上层住户设不同的入口。这种街道行列式、高密度的联排住宅布置方式反映出当时在印度住宅设计中盛行的向乡土建筑回归的趋势。

两卧户型的面积为 84m²，面宽 3m，高 6m，长 15m。三卧户型的面积 130m²。两者呈 L 形相互咬合布置，下面一层为一个开间宽时，上面一层则为两个开间宽，反之亦然。每个单元均有一个 10m² 的露天平台，局部用棚架覆盖，可供早上或傍晚纳凉而坐，还可供夜间露宿。最终总造价为 148 万美元，合 86 美元 /m²，这在当时是相当经济的。

建筑平行的分户墙与开放的公共区域轴线垂直。单元布置犬齿交错，悬挑出遮阳棚架，给住宅塑造出强烈的光影效果。这种手法在柯里亚的许多作品中都可看到。建筑主体采用素砖，混凝土作装饰带，把复杂的形体统一成为一个整体。入口设计、悬挑棚架、尖锐转角都让人们感受到印度烈日下熟悉的景观，从而营造出一种广为接受的场所感。

这种布置方式能形成一种中心景区，既是交通集散地，又能为所有的家庭提供了一个公共休息空间。中央区域植草种树，并有铺地流水，能提供湿气，来冷却干热的空气。这种节能方式几个世纪以来一直被采用，在世界的其他地区也能找到类似的实例。

图 35-4　中央邻里共享空间的高差设计（引自：Architectural Record.New York，1980-July.94）

图 35-5　面朝中央邻里共享空间的建筑外观（引自：Architectural Record.New York，1980-July.94）

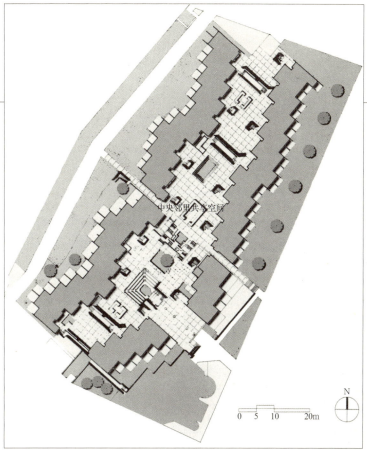

图 35-1 总平面图

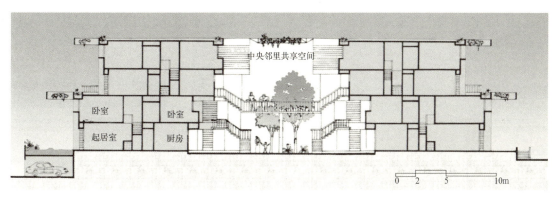

图 35-2 剖面图

图 35-3 气流分析图
（图 35-1~3：根据资料重绘）

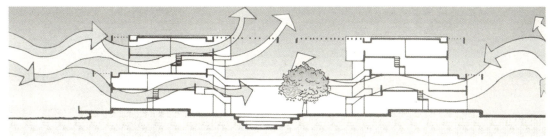

图35-6 单元入口（引自：Architectural Record. New York, 1980-July.88）

参阅书目

- 1980 H.Smith.Report from India：Current work of Correa.Architectural Record.New York, July.88-89
- 1982 Jim Murphy.Open the Box.Progressive Architecture.New York, Oct..100-104
- 1987 Hasan-Uddin Khan.CHARLES CORREA.Singapore,Butterworth, London & New York：Mimar
- 1990 Vikram Bhatt & Peter Scriver.Contemporary Indian architecture：After the Masters.Ahmedabad：Mapin, 1990
- 1996 CHARLES CORREA：with a Foreword by Kenneth Frampton. London：Thames & Hudson
- 1999 Charles Correa：Housing & Urbanization.Bombay：Urban Design Research Institute
- 2000 Charles Correa：Housing & Urbanization.London：Thames & Hudson

图35-7 遮阳棚架和中央邻里共享空间

图35-8 入户楼梯设计（引自：Progressive Architecture.New York, 1982-Oct.101）

图35-9 面朝中央邻里共享空间的建筑外观
(图35-5、9、10：引自：Progressive Architecture.New York, 1982-Oct.103)

图35-10 从户型室内看自家的花园平台

作　　品	36	水泥联合有限公司住宅区
英　文　名		ACC Township
时　　间		1984年
地　　点		瓦迪，卡纳塔克邦
业　　主		水泥联合有限公司

重要设计手法　方形平面变异、露天庭院、屋顶平台、中央邻里共享空间

　　这个项目与贾瓦哈尔拉尔·尼赫鲁发展银行学院(1986-1991年)、海得拉巴的CCMB住宅(1986年)(作品33)、天文学和天体物理学校际研究中心(1988-1993年)(作品03)、印度科学院研究所(1990-1994年)等几个项目一样，都是对"庭院"原型的变形运用。

　　这是一家大型水泥公司邀请柯里亚在一个老镇区里设计两种户型的员工住宅。因为现状混乱肮脏，于是柯里亚决定把新住宅设计成内向空间，沿着外围周边布置，连起来就像是一串项链。这样就使住宅区产生内部公共庭院，形成小气候。构图也相当规整，既有对称又有不对称。

　　总平面设计形成序列，从基地外部进入到基地内部，从住宅私密性很强的内部空间，到半私密的外部庭院或天井，再到小区中心的内部公共庭院，最后一直通向公共交通区。

　　其中一种户型——B型住宅单元共有368户，每户面积为48m²。布置的方式相当规整，从而使单元之间相互连接起来，形成空间序列：住宅、庭院和花园。在建筑二层，房间数量有所减少，便于形成平台来俯瞰公共庭院。

　　另一种户型——J型住宅单元共有45户，每户面积大约为75m²。这些带庭院的住宅通过围合而成组团形式，围绕着一个提供通风的内部天井布置。每个单元都是两层高，二层都设有平台。

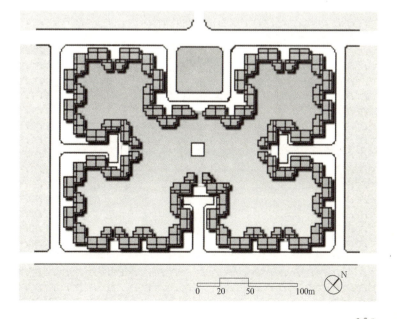

图36-1　B户型总平面图（根据资料重绘）

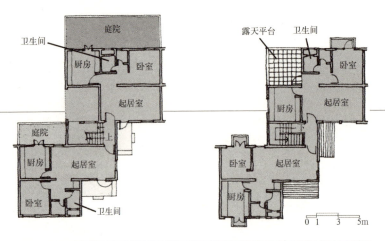

图36-2　B户型：（左）底层平面图；（右）上层平面图（根据资料重绘）

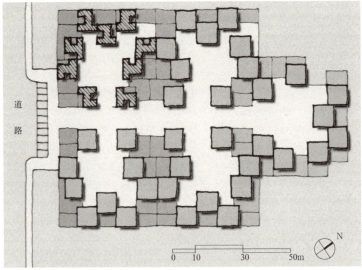

图36-3　J户型总平面图（根据资料重绘）

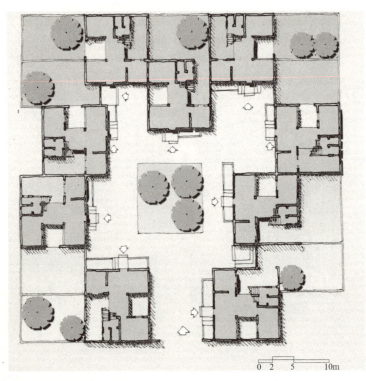

图36-4　J户型组团平面图（根据资料重绘）

参阅书目

- 1987 Hasan-Uddin Khan.CHARLES CORREA.Singapore,Butterworth, London & New York：Mimar
- 1996 CHARLES CORREA：with a Foreword by Kenneth Frampton. London：Thames & Hudson
- 1999 Charles Correa：Housing & Urbanization.Bombay：Urban Design Research Institute
- 2000 Charles Correa：Housing & Urbanization.London：Thames & Hudson

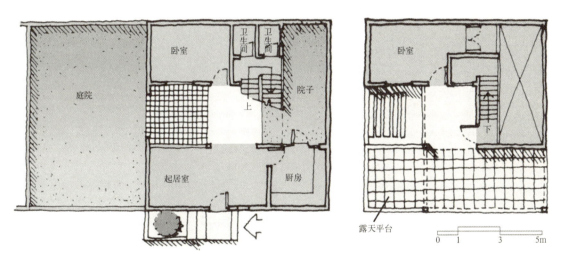

图36-5 J户型：（左）底层平面图；（右）上层平面图（根据资料重绘）

图36-6 J户型：剖面图和立面图（根据资料重绘）

作　品　37	天文学和天体物理学校际研究中心住宅
英　文　名	Housing in IUCAA
时　　　间	1988-1992年
地　　　点	浦那，马哈拉施特拉邦
业　　　主	天文学和天体物理学校际研究中心

重要设计手法　屋顶平台、遮阳棚架、露天庭院、方形平面、中央邻里共享空间

　　这是为天文学和天体物理学校际研究中心(1988-1993年)(作品03)配套设计的住宅。

　　因为这些住宅与教学用房是一个完整的整体，因此在住宅设计中要与整个项目的风格相统一，采用一些相同的建筑语汇。同时，舒适是住宅首要满足的条件。

　　集体宿舍的房间布置和交通组织都是以传统的宿舍为基础，同时还借鉴了英国剑桥大学学生宿舍的形式，3~4层高，不设电梯，每层楼梯间平台布置2~3间房间，这样每个单元大约10个房间，并有很强的标识性。图37-6中的户型为两层结构。底层的交通围绕一个中央庭院布置。在外廊中，每隔一段距离凹进一个空间，布置休息座椅。相邻的两间房间共用一个盥洗室和阳台。在底层设楼梯直接通向上一层。随着朝向花园一侧的建筑墙体的凸出凹进，上层的走廊也曲折布置，这样可同时为8~12个房间服务。相邻两间房间共用一个阳台，可俯瞰中央庭院。

　　这种建筑形式的形成与中心创立者兼院长——纳利卡博士的经历相关联。他曾和另两位同事阿吉特·肯巴维博士、纳雷什·达迪奇教授(现也在IUCAA)一道在剑桥大学学习。他们几

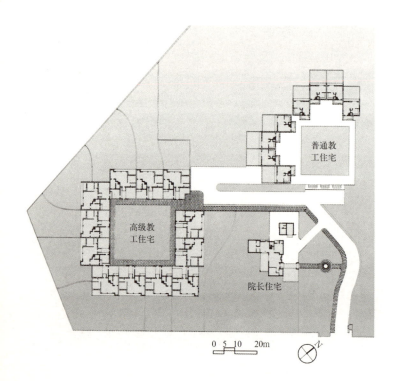

图37-1　住宅区总平面图(根据资料重绘)

156

图37-2 招待所的方庭景观设计中,铺地采用三角形图案,即蛇形纹(引自:Charles Correa. London: Thames and Hudson, 1996.214)

位对剑桥的学生宿舍的传统式样有不解情结,那里的宿舍是围绕一个小小的楼梯井布置,3~4层高,这与印度和美国的大多数的学生宿舍截然不同,是把长廊作为主要交通。因此,在IUCAA的宿舍和住宅形式是将剑桥模式进行了再创造,给每个小组团营造出很强的标识性。

高级教工住宅为带屋顶平台的两层小楼。沿着露天庭院的周边,一个有棚架的公共走廊引入各家各户。每一家在前面都有一个小小的平台,作为连接公共走廊的缓冲区,而在后面还有一个私家花园。

D户型住宅是提供给较年轻的教工的。大约每户建筑面积70m²左右,包括底层的起居室和厨房,以及上层的两间卧室。每户住宅在后部都有一个小花园,上层设有棚架平台,在这里,可清晰地看到入口平台以及组团中心花园。

图37-3 高级教职工住宅区剖面图(根据资料重绘)

图37-5 普通教职工住宅外观和中央邻里共享空间（引自：Charles Correa: housing and urbanisation. London: Thames and Hudson, 2000.95）

图37-4 高级教职工住宅区：（左）底层平面图；（右）上层平面图（根据资料重绘）

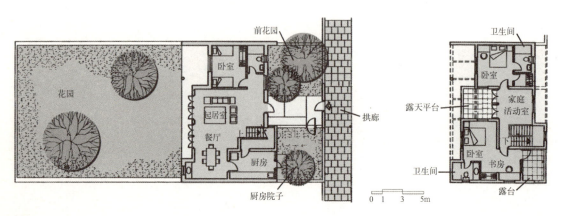

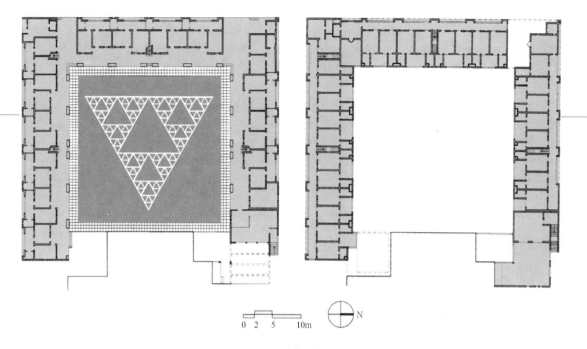

图 37-6 集体宿舍总平面图：（左）一层平面图；（右）二层平面图（根据资料重绘）

参阅书目

- 1994　Charles Correa. A+U.Tokyo, Vol.94:01.Jan..cover and pp.9-77
- 1994　Dr.Jayant Narlikar,Southern Sky,Weston Creek.IUCAA.Australia, May/June.22-25
- 1994　Andashikna:The Works of Charles Correa.Special Report.Approach. Tokyo, Summer.cover & pp.1-23
- 1994　Chintamani Bhagat.Suns of Goa.Indian Architect & Builder. Bombay, Aug..Cover and pp.10-35
- 1994　Centro di Astronomia e Astrofiscia.Arbitaire 332.Editrice Abitaire Segesta.Milano, Sept..180-181
- 1995　Charles Jencks.The Architecture of the Jumping Universe.London: Academy Editions
- 1995　Hasan-Uddin Khan.Contemporary Asian Architects.Koln,London, New York: Taschen
- 1996　CHARLES CORREA: with a Foreword by Kenneth Frampton. London: Thames & Hudson
- 1996　Charles Correa.SPACE.Seoul, Korea.28-47
- 1996　Ebru Ozeke.Two Buildings from Charles Correa: Ein Museum. YAPI#183.Istanbul, Turkey.73-87
- 1997　Charles Correa.Seoul: Korean Architects, September.110-127
- 1997　Sensing the Future.la Bienale de Venezia.Italy: Electa Books
- 1999　Charles Correa: Housing & Urbanization.Bombay: Urban Design Research Institute
- 2000　Charles Correa:Housing & Urbanization.London:Thames & Hudson

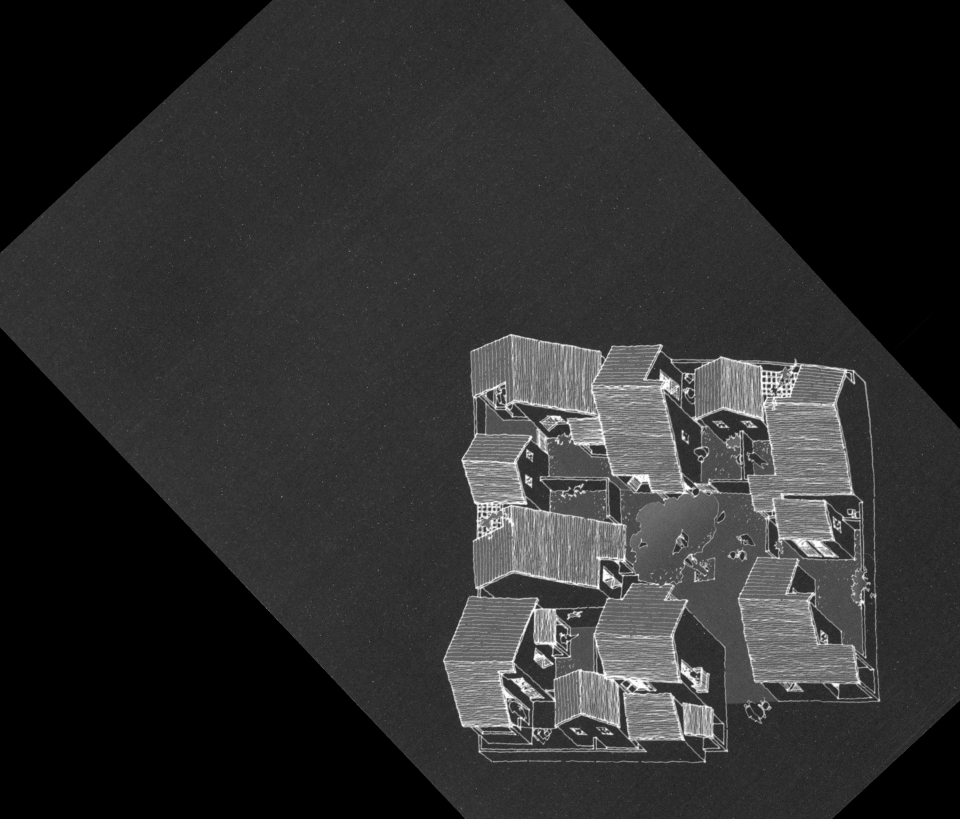

PART III LOW-INCOME HOUSING

第三部分 低收入者住宅

1 述评①

柯里亚设计的面向中低收入阶层的住宅作品在前面两部分中大多已提及,现在再独立拿出来进行分析,是因为低收入者住宅在柯里亚作品中所占的独特分量,及其所反应出柯里亚作为"人民的建筑师"的建筑思想最重要的组成部分。

第三世界国家低收入者的住房问题,一直是建筑界关注的焦点之一。有许多建筑大师,如勒·柯布西耶、哈桑·法赛等,都曾为低造价住宅的设计和建造进行过各种各样的尝试。柯里亚也是其中忠实的一员。他曾说过:"在第三世界国家,穷人的房子最能说明这个城市是怎么样的,因为城市里的房子80%是由低收入者住房组成的。"②英国皇家建筑师协会金质勋章被认为是世界上最有声望的建筑奖之一,曾奖给劳埃德·赖特、密斯·凡·德·罗和勒·柯布西耶等著名建筑师。当1984年的这枚金质勋章授予柯里亚时,评语中提到:他最受人敬重的建筑是印度艾哈迈达巴德的圣雄甘地纪念馆(1958-1963年)(作品05);然而,他最著名的作品是为第三世界国家设计的低收入者住宅。

对于可能面对的业主,柯里亚说:只有10%的人有钱请受过专业训练的建筑师替自己设计住宅——这其中又只有10%的人想到要请建筑师(其他人就直接雇请一位工程师或是承包商了)。这样建筑师与社会的需求的接口仅为1%。这个数字说明了建筑师实际工程的大部分内容是由办公楼、公寓、豪华住宅、工厂、宿舍等组成。这并非建筑师的本意;而仅仅反映了社会本身的不平等。当然穷人对住宅的需要是最迫切的,但是他们又最没有支付能力。柯里亚自觉地把低收入者作为了自己工作的对象。

通过研究印度的文化传统、自然气候、生活方式,运用城市规划、建筑设计的手段,柯里亚怀着极大的社会理想来试图改善低收入者的居住状态。从早期的管式住宅原型研究(1961-1962年)(作品16)、艾哈迈达巴德的低收入者住宅(1961年)、秘鲁利马的普雷维住宅区(1969-1973年)(作品41)、孟买的贫困人口住宅(1973年)(作品42)直到1990年代的马来西亚吉隆坡低收入者住宅(1992年)(作品39)、马哈拉施特拉邦住宅开发委员会住宅开发项目(1999年)(作品40),都可以看到柯里亚不懈的探索。尤为可贵的是,柯里亚所关心的不仅仅只是建筑形态和空间组织,他立足于对社会生活的方方面面的思考,如城市化、社会贫困、农村人口迁移、土地占有等更深、更广的范围来对低收入者住宅的问题寻根究底。

城市化问题是许多第三世界国家面临的共同问题,印度也不例外。这与城市人口迅猛增长及农业基础经济衰退有关。农村移民为了谋生,来到城市寻找工作,把条件恶劣的贫民窟作为栖身之所。柯里亚对这些生活窘迫的农村移民是持一种同情的态度,他曾说:"在富有的城市居民眼中,从农村迁移而来、流浪着的穷人为自己的家庭寻找栖息之所似乎是一种反社会的行为。从另一个角度看,这种努力是令人叹服、发自本能的一种

---

① 此篇述评参见:汪芳.查尔斯·柯里亚与低收入者住宅设计住区.北京 中国建筑工业出版社,2001,3.这里进行了修改与调整。

② Hasan-Uddin Khan.Houses:A Synthesis of Tradition and Modernity. Mimar 39

积极的社会行为,就像鸟儿筑巢一样。"①但是应当看到,城市基础设施的建设、提供就业的机会无法满足日渐膨胀的人口。

在城市,解决居民住房问题的关键是用地问题。政府一方面增加市中心区的居住密度,但这种地段的住宅售价昂贵,低收入者支付不起 另一方面在城市外围为低收入者建设新区,但新区距离工作地点太远,交通又不便,为此,政府在新区中建设区中心,增加就业岗位。但这样一来,附近地区的地价立即上升,原来为低收入者建造的房子立即被有钱人买光,而穷人们只好在工作地点附近自发地形成了拥挤杂乱的居住区。

为了减少社会的不平等,一些第三世界国家已经尝试把土地社会化,减少富人对房地产的占有。十几年前印度政府就通过了一个法案,是关于个人对城市土地所有权的一个最高限额,任何多余的土地必须以最低价卖给政府,用于建设低造价住宅。但这个法案并没有奏效。因为人们可以通过再次划分土地来逃避法规的约束。占有土地是一小部分富有阶层的特权——他们把土地看作是一件商品,一件比任何其他投资升值都要快的商品。收回土地来建造低造价住宅通常是无法实现,由于这种补贴价格和实际的市场价格相差甚远,将诱使穷人卖掉自己的住房,重新住到人行道上。

1. 理想社区的蓝图

1.1 城乡复合体的新型社区

从乡村来到城市的贫困移民,是因为仅靠农村的土地已不能维持生存需求。他们来到城市是为了寻找工作。因此对住房的需要在他们所有的需求中占很低的位置,而首当其冲的问题是哪里能找到工作。"提供宅基地和自助建房"计划,在人们的心目中被看作是利用地理位置相当糟糕的城市边缘废弃的土地。住在这里,就将远离城市主要交通线以及获得工作的机会。因此这些移民仅仅是为了尽可能离能找到工作的地方近一些,宁可搬回人行道上去住。

对于缓解城市压力和改善贫困移民的生活境遇,柯里亚提出:"也许,我们需要的不仅仅是更多常规的城镇,而是一种类似城市和乡村复合体的新型社区;它的密度要高得足够支持相应的教育体系、公交体系;同时又要低得能为每户人家提供场地,饲养一头牛羊和种植香蕉。事实上,如果居住区的密度能降低到每英亩50户,没有中央排水系统也是可行的,代之以充分利用废水粪便(包括人与牲畜的)。重复使用煮饭时的沼气、以肥料浇灌、种植小型菜园等等。在印度特有的条件下,它还有另外的一个优点,即可以保持当地人们熟悉的生活模式。这就像甘地的乡村理想:把农村建设得几乎类似于准城市了。"②

1.2 低层建筑模式

许多人认为,在解决低收入者住宅问题中,就是在一块基地上尽可能多地堆积住宅单元。然而,这样的后果只能是非常低劣的生活环境,缺乏人性,并难以使用。而且,当密度超过一个警戒线时,将给我们的城市带来麻烦。

柯里亚研究过印度城市的居住密度:"如果修建一层房屋的

---

① Charles Correa.The New Landscape. The Book Society of India, 1985.15

② Charles Correa.The New Landscape. The Book Society of India, 1985.122

话，一英亩地大约能容纳125户，每户占地为44m²。如果修建五层无电梯公寓，则这个数目可以加倍，约为250户；20层又能使这个数加倍，约为500户。这样当建筑高度增加20倍时，总的社区密度仅仅增加4倍。"[①] 但是周围的建筑越高，围合起来的露天空间使用起来就越受限制。低层围合的院落中，人们可以睡觉、做饭、玩耍；周围是十层时，中间的院落就只能做停车场了。

如果我们从整个城市角度来考虑居住密度的话就会发现：成倍地增加住宅高度对提高密度的作用并不大。曾进行的一项关于英国胡克新镇的研究说明：对于一个圆形小镇，想要把人口密度从每公顷250人减少到每公顷100人，则这个圆形地区的面积将增加42%，但半径(即：从外围到中心的距离)仅增加19%。在寒冷地区，这是一条重要的原则。不过，在第三世界国家温暖的气候条件下，住宅密度的变化将引起居住模式的重大改变，影响人们的生活质量。通过大量减少住宅的露天空间的办法会使整个城市的面积相对缩小一些，但同时，这在温暖的气候条件下，住宅的适用性将降低。

1)高层与低层

通过修建高层住宅来解决低收入者的住房问题也是行不通的。高层住宅的造价是大多数第三世界国家的穷人承受不起的。因为在温暖的气候条件下，如果建造低层住宅，它可选用多种简易材料——从泥土到竹子、晒干砖(图1~2)。可是修建中、高层时，结构形式必须得采用预应力钢筋混凝土——不是因为气候的原因，而是结构强度的需要。这样造价当然会大大提高。

柯里亚因此提出：形式紧凑的低层住宅是土地使用中一种永恒而经典的模式。它有如下几个突出的优点：

第一，可增添。随着主人需求的改变和收入的增加，这种住房也能加大规模；

第二，可变性。每个家庭能根据自己的需要自行设计和建造；同时，可相对容易调整空间来适应当地喜欢的生活方式，并结合考虑诸多其他因素，如社会／文化／宗教等；

第三，适应快速建房。因为个人建造自己住宅时具有极大动力，这种主动性能加快建房速度，促使造价的减低；

第四，建设周期短。这样将节省许多建设资金；

第五，不需要特殊的建筑材料。多层建筑必须得使用钢筋和水泥——这些材料对于第三世界国家相对昂贵；而低层住宅几乎可以用任何材料来建造，例如竹子和黏土砖。随着时代的进步，本土材料的运用反倒成为了一种时尚；

第六，更新能力。正因为廉价材料的使用，这些住宅的使用寿命也不过15~20年，这就为20年后经济的发展，为人们提供了更新的可能性；

第七，易维修。对于最便宜的白粉墙，个人搭个普通的梯子就能进行粉刷。

2)空间是一种资源

"住宅建设不仅仅是建造住宅。"柯里亚通过对住宅空间序列及住宅土地使用进行研究得出结论：在气候温暖的地区——就像使用水泥、钢材一样——露天空间本身就是一种资源。

由于印度多数地区气候炎热，人们在家中的大部分日常活动都在私家院子里渡过，例如做饭、睡觉和娱乐等等。一年中

图1 在印度许多交通不便的地区，瓦成为了主要的建筑屋面用材。它的材料取自当地土壤，并在太阳下晾晒而成。(引自：Ilay Cooper and Barry Dawson. Traditional Buildings of India. London: Thames and Hudson, 1998.31)

图2 在印度许多地区，竹子是一种常用建筑材料。人们手工把它加工成为标准长短宽窄的竹条，来翻新住宅 (引自：Ilay Cooper and Barry Dawson. Traditional Buildings of India. London: Thames and Hudson, 1998.36)

① Charles Correa. The New Landscape. The Book Society of India, 1985.40

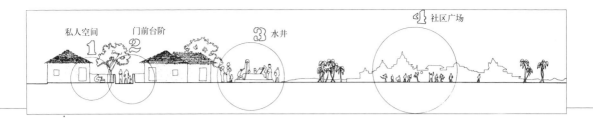

图3 炎热气候条件下的生活空间序列（引自：Open to Sky Space——Architecture in a Warm Climate.Singapore：Mimar, 1982 July——Sept.34）

对露天空间的使用系数达到50%以上。柯里亚首先比较了在印度的大城市与农村贫困的不同表现。在农村，人们也许更穷，但却没有丧失人的尊严，因为在广袤乡村他们尚有开敞空间来交往、谈话、做饭、洗衣、让孩子玩耍。再反观城市，生活窘迫的人们能够找到10m²的栖身之所就极为不易。但一个鸟巢似的房间，仅仅只是人们需要的整个空间体系中的一个组成部分而已。而在印度炎热的气候条件下，生活的空间序列应包括四个层次(图3)：

第一，排他性的私密空间(如做饭、睡觉、储藏等等)；

第二，半私密空间(如孩子们玩耍、和邻居聊天的门前台阶)；

图4 社区水井常常是人们聚集、嬉戏的地方（单军拍摄）

第三，半公共空间，即邻里聚集的场所（如城市里的打水处或村庄里的水井旁）(图4~5)，在那里你会融入到社区生活中；

最后，基本的城市空间（如绿化广场）由整个城市共同使用。

1.3 平等的基地

作为一位追求平等的建筑师，柯里亚提出：在印度，50~100m²的一块土地就既可以满足最贫穷的家庭也可以满足富裕家庭的需要。这种"平等的基地"对社会上95%的人来说都是有效的。若能做到这点，就向着真正平等的社会迈进了关键的一步。他举澳大利亚的住房为例：在那里，几乎每个家庭都有差不多1/4亩的土地。大家都是平等的，没有特殊人物。而在大多数的第三世界国家，情况却恰恰相反。尽管我们口头上总在说什么社会公正和机会平等，但实际上是不平等的。我们城市的实际状况已说明了这一点。

图5 热带地区的水井处是生活的必要组成部分，成为人们的一个聚集地（自摄）

在贝拉布尔住宅区(1983-1986年)(作品44)中，柯里亚的"平等的基地"的原则得到较充分的体现。这块基地共6亩，离新孟买市中心仅2km。住宅区的住户包含的阶层非常广泛：从最低收入阶层（造价为2万卢比，即1700美元一单元）到中等收入阶层（3万至5万卢比），直到高收入阶层（18万卢比）。虽然各家收入相差悬殊，但提供给他们的基地面积则相差不大(45~75m²)。

在平等性的前提下，还保障每户住宅基地的独立性。首先，为了保证居住单元将来能有所发展，住宅仅有两个方向是压基地边线建造的，而另外两个方向则可以进行增建。第二，住宅的承重墙不和邻居家共用。这种独立性可以使得邻里的冲突降低到最小，同时也能使每栋住宅有一定的发展余地，而不影响邻家。在其他住宅项目中，我们也能发现通过采用毗邻的墙体，产生此种模式的变形，例如在焦特布尔城市和工业开发公司修建的带内院的住宅设计（1986年）(作品15)中。

另外，贝拉布尔的住宅形式和平面非常简单，建造方便，住户可以请掌握传统技艺的泥瓦匠和手工艺人来帮助建造。同时各个家庭还可以选用自己喜爱的色彩和符号,来表达个性。

柯里亚在贝拉布尔住宅区(1983—1986年)(作品44)中怀着社会改良家的雄心,尝试着通过住宅形式的探讨来寻求解决社会问题的办法,其精神可嘉。但这种平等地基旨在各个不同阶层的人群之间寻求平等,毕竟还是过于理想化。这和城市规划中早期的邻里思想有些类似。邻里规划理论中的一个主要观点,就是期望产生邻里中的多样性。早期实践中坚持不同社会经济阶层进行混居,企图以此来解决一定的社会问题,即减少或消灭各个社会阶层间的隔离。然而实践结果证明这种混居设想失败了。因为这种立论是假定村落中的人们仍满足于他们原有的社会系统,而忽略了20世纪传统村落社会已经解体,多数人喜欢住在与他们相似的人之中。勉强通过邻里关系取得社会平衡的理想实际上不可取,也行不通①。

1.4 理想住宅×10000≠理想社区

社区住户的多样性在建筑设计中也相应有所反映。这体现出柯里亚对个体的关注。如果仅仅从日照、温度、湿度就得出理想化的建筑设计模式,这种思考事物的方式就是错误的。面对具体每个使用者,不可能像亨利·福特的汽车生产线一样,创造一个理想住宅,然后进行大批量的重复生产。因为:

理想住宅×10000≠理想社区

柯里亚提出:在建筑设计中,我们需要的是有创造性的、生动的、多元的设计,而不是数字简单的相加和重复。埃及伟大的建筑师哈桑·法赛曾说过:"没有人能同时设计超过12栋房屋。就如即使是世界上最伟大的医生,如果一天之内给200人动手术,所有的病人都会被治死!"②

1.5 适宜技术的选择

在印度,戈巴尔③、沼气,当然也包括阳光,是值得重视的能源。其中利用太阳能就是一种低成本、高效率的策略。这当然不是指小打小闹地运用一些小装置,利用太阳能煮饭什么的,而是以此为能源建立起整个生态循环系统。例如,在浅水池塘里种上藻类和植物,在水面进行光合作用,为鱼类和其他高等生物提供养料,直到我们人类成为最终的受益者。这样的循环体系不仅形成了社区的经济基础,而且也将形成一种新类型的居住区。事实上,我们回顾一下环境保护论者所关心的时髦话题:平衡的生态体系、废物循环利用、适当的生活方式、本土技术等等,我们发现第三世界国家的人民早已掌握了这些。这些对于低收入者住宅建设来说,是可资借鉴的宝贵源泉。

印度的经济、技术的局限,使得柯里亚在他的建筑创作中大量使用混凝土和当地的石头、砖,而取代较为昂贵的钢材。也正是因为建筑技术材料的局限性,从而激发创造出具有地方特色的建筑。在印度,建筑工人主要来自农村的民工。由于劳动力便宜,建筑业成为劳动力密集的产业(图6)。这个建设大军虽然建造速度慢(仅为西方的1/3),但里瓦尔说:"由于劳动资源便宜、丰富,我们可以在这儿做到的事,在西方却做不到。因此,方案的多样性、复杂性并不一定费钱,因为每一部分都是单独建造,相同还不如不同。"④

图6 建筑业中常常依靠劳动密集型方式进行工作(引自:Ilay Cooper and Barry Dawson.Traditional Buildings of India. London: Thames and Hudson, 1998.37)

① 李道增编著.环境行为学概论.北京:清华大学出版社,1999.49~50

② Charles Correa.The New Landscape. The Book Society of India, 1985.100

③ Gobar:印地文,音译为"戈巴尔",意译牛粪、牛粪饼(作燃料用)。这是印度河流域的农民自古以来最为常用的燃料,因为它简易可得。

④ 王毅.香积四海——印度建筑的传统特征及其现代之路.北京:世界建筑,1990,6

2. 设计手法的思考

2.1 地域气候的适应

在本书的第二部分已经提到，在发达国家，建筑师可以更多地依赖于工程和技术手段来解决采光与通风问题，但是作为一个第三世界国家，印度不可能过多地使用空调来改善建筑小环境。这就需要建筑师更多的从建筑自身出来解决这些问题。在柯里亚看来，"能源危机……对于建筑师(尤其对于那些关注建筑造型的视觉效果和雕塑感的建筑师更是如此)，这也许是阿拉真主赐予的机会，使他们把目光转向了建筑形式的始祖：气候。"①

印度位于南亚次大陆，湿热和干热气候并存。变化多端的地理环境和气候条件决定了各地的建筑差别很大。关于气候，柯里亚写道："把建筑这个复杂的问题简化到只考虑在外观和材质玩些花样，这是流于表层肤浅的思考。这种短视正是近十几年来影响现代建筑师的症结所在。这也就是说，自从那时起，建筑师把本属于他的众多责任推卸给了设备工程师。……气候，这个建筑创作源源不竭的源头，将提供我们所需要的深层结构。"②

在低造价的住宅里，为了实现被动式降温，本书第二部分中提到的多种设计元素，如管式住宅、遮阳棚架、露天庭院等，都是常常用到的低成本、低技术的降温措施。在此，需要对"露天庭院"这个设计概念进行进一步的补充说明。

在印度的湿热气候下，在住宅设计中，露天空间是非常重要的建筑要素。它的存在不致使人感觉压抑封闭，尤其是低收入阶层的住宅。柯里亚在高密度住宅中总是在尝试提供为整个家庭和个人服务的室外空间。在湿热气候下，关于封闭空间与露天空间之间的关系，柯里亚说"人们会顺着这样的空间序列，发现自己起先……站在走廊中，就来到了庭院内，然后在树下驻足，接着来到了由竹子制作而成的遮阳棚架下的平台，也许接下来又折回到了房间里，再信步走出到阳台上……等等。各个空间之间的分界线并不是刻板僵硬的，而是轻松随意。光影斑驳，空气清新，在每一个空间转化过程中带给了我们美好的感受。"③

在印度南部的传统住宅一般都以露天庭院为中心来布置，并且在庭院里种上一棵代表神圣的图尔斯树。这和英国传统的平房形式大相径庭——那通常是以起居室和餐厅居中央，卧室在两侧。这样形制的英式住宅，房间虽然宽敞，但光线暗淡，并无法引入穿堂风。与之相反的是，在泰米尔纳德邦和果阿地区老式的印度住宅就能从中央的庭院引入光线。它为周围的房间带来充足的光线和穿堂风。和英国殖民时代的暗淡而平铺直叙的平房布局相比，这种住宅形式要令人愉快得多。柯里亚在班加罗尔修建的自宅科拉马南加拉住宅，虽然设计几经修改，但其中始终保持没变的就是中央庭院。因为有了这个代表"虚"的空间，从而使得周围的环境变得生气勃勃。也因为经过了反复修改，使得这栋住宅的内容越来越丰富，如果是一次性完成的设计是达不到这种效果的。

可以看出，在柯里亚的建筑思想中，露天空间发挥了几方面重要的作用。其一是，每一个空间序列都是由室内空间和露

---

① Form Follows Climate.Architectural Record.New York，1980-July。参见本书第六部分：形式跟随气候。

② Form Follows Climate.Architectural Record.New York，1980-July。参见本书第六部分：形式跟随气候。

③ Open to Sky Space——Architecture in a Warm Climate.Mimar.Singapore，1982-July-Sep. 参见本书第六部分：露天空间——温暖气候条件下的建筑。

天空间共同组成的。这适合于当地人们传统的生活习惯；其二是，露天空间不仅改善了居住条件，在诸如印度这样的国家中，它还有相当的经济价值，可以通过饲养家禽、畜类、种植葡萄来提高家庭收入。这样就可以充分利用劳动力的零散剩余时间，实现生产的便利性和经营主体的兼业性。在马拉巴尔水泥公司住宅区(1978-1982年)(作品43)的设计中，每座建筑的底层包括两户单元(带有露天院子)，第三户位于上层，这种户型就有两个室外空间：下面的屋顶成为了它的室外平台，并提供通道通向地面层的院子。

2.2 民间文化的运用

印度的历史连续统一，表现出过去、现在与未来共存。"我们生活在具有伟大的文化遗产的国度里"，柯里亚说道，"这些国家承载着自己的过去，就像妇女们穿着莎丽①一样容易。"②因此，印度之于柯里亚，正如地中海之于勒·柯布西耶，是其精神食粮的源泉，深深地扎根于特定的地理－物质条件和文化风俗。

柯里亚对印度文化进行了深层次的思考与追求，他对传统进行"转化"——创造一些既是现代的，同时又扎根于过去的东西，而不是"转移"——仅仅把传统的一些表面符号移植到自己的作品中。从红堡，他找到了抵抗炎热气候的方法；从拉贾斯坦的村落里，他看到了离散的建筑形式。"露天空间"、"管式住宅"等重要概念也是他吸取各种营养综合而得。

柯里亚同样也向民间学习(图7)。虽然许多建筑师清醒地意识到自己应为低收入者做点什么，但在实践中还是常常走进误区。这表现在廉价住宅常常很难看，因为他们觉得穷人们的审美能力本身就不高。可实际上，当看到一些美仑美奂的手工艺品，却来自世界上最穷的国家——尼泊尔、墨西哥、印度时，当在埃及建筑师哈桑·法赛在贫困的埃及农村用粗陋的泥土做成的拱券或穹窿的住宅面前感受到强烈的艺术震撼力时，我们应该明白：在窘迫的环境中，虽然只有最为简单的工具，人们照样能够创造出最为杰出的艺术品。柯里亚论述在乡土语汇对廉价住宅可能产生影响时说："……那些美妙而灵活多变的和多元的乡土语言已经存在。作为建筑师和城市规划师，所有要做的不过是调整我们的城市，使这种语言能够重新散发活力，而一旦完成了这一步，剩下的不过是静观其变罢了。"③建造低层建筑，不仅意味着可以自助建房，而且通常将运用本国传统的建筑形式——这是由广大人民，而不是职业建筑师，已经对本国民居创造出了丰富的词汇。这种本土的建筑体系不仅在经济上、美学上和人文上取得了很大的成功，而且是一个更为合理的社会和经济的生产过程。就像我们所看到的，用于建造本土形式住宅的资金投入是普通平民百姓承担得起的，它推动了第三产业

图7 居民对住宅的装饰，图案常常具有某种宗教意义（引自：The Architectural Review.London，1985-Oct.34）

---

① Sari：莎丽，一种主要由印度或巴基斯坦妇女穿着的外套，由宽约1m，长5~9m的一整块轻质布料织成，一端绕于腰部做成裙子，另一端从肩部垂下或盖住头部，有多种色彩和质地供选择。

② Robert Powell, ed."Quest for Identity" In Architecture and Identity.Singapore：Concept Media。参见本书第六部分：寻找身份。

③ Charles Correa.Introduction published in "Contemporary Vernacular——Evoking Traditions in Asian Architecture".a Mimar Book，Selected Books Pte Ltd, 1998

的发展，为从农村来的移民提供了就业机会。

同时，在亚洲的大多数地方，在过去，建筑师的原型是掌握传统技艺的匠人，即：设计和建设居住区的一个经验丰富的泥瓦匠／木匠。即使今天，在印度的小城镇里，情况还是如此。业主和当地的土工程师一起来到工地上，用棍子在地上画出要建房的边界线，并且还对窗户、楼梯的位置等等进行翻来覆去的讨论。但这种工作方法的确有效，因为建筑者和使用者享有共同的审美趣味。

柯里亚一直在探索如何将现代建筑与传统结合起来，慢慢地，他逐渐地展现出一套基本设计手法，如干热和湿热地区的建筑剖面设计；"露天空间"的种种变形——院落、阳台、游廊、平台等；以及一系列的露天空间和一个个的实体空间的穿插组合等等。1990年柯里亚被授予国际建协金奖时，评委会的评价是：他的建筑"高度体现了当地历史文脉和文化环境。"

柯里亚的成功表明，一个好的建筑，并非要以昂贵的材料与造价为前提。他认为建筑的形成源于三种主要力量的交汇。第一，是技术与经济的因素；第二，是文化与历史的因素；第三，是人民的精神需求[①]。他将第三点看得更为重要，"为了感受和理解这种精神世界，这个不可见的世界，我们必须深深地内省自身……所以，要将建筑作为一种历史来理解，就要找到创造出我们周围各种建筑形式的神话信仰。否则，在寻根的过程中，我们很可能会陷入一种浅薄的形式转换的危险之中。"[②]

沉浸在柯里亚的建筑世界中，常常会令人感动。无论是圣雄甘地纪念馆(1958-1963年)(作品05)、斋浦尔艺术中心(1986-1992年)(作品02)还是马德拉斯橡胶工厂公司总部大楼，其中的光与影、形与色，让人流连忘返。可是柯里亚之所以被称为"人民的建筑师"，是他把自己许多的精力执着于社会贫困人群的住宅建设，是以自己的建筑实践来思考社会的平等，以强烈的责任感对待最需要帮助的人们。他的一些论点已超过了建筑设计的范畴，而是去思索社会、政治、经济、文化背后的根源，并敢于面对权力阶层直言不讳，这更是令人钦佩。他的实践，为同为第三世界国家的中国的建筑师指引了一条艰苦而意义深远的道路。

---

① Hasan-Uddin Khan.Transfers and Transformations.in Charles Correa.Singapore, Butterworth, London & New York: Mimar, 1987。参见本书第六部分：转变与转化。

② Spirituality in Architecture:Introduction.In MIMAR 27:Architecture in Development. Singapore:Concept Media Ltd. 参见本书第六部分：建筑的灵魂。

2 作 品

作　品	38	龙卷风难民住宅
英　文　名		Cyclone-Victims Housing
时　　间		1978-1979年
地　　点		安得拉邦①
业　　主		安得拉邦政府
重要设计手法		露天庭院、方形平面

　　在其他建筑大师的作品中，我从未看到如此简易的建筑被列出，但它给予我的震撼不亚于其他一些面积大上百倍、投资超过千万的优秀作品。也许在别人看来，作为建筑大师的柯里亚接手这样的活，实在是"杀鸡用了宰牛刀"，但是在我看来，这个小小简易房的重要性丝毫不逊色于斋浦尔博物馆。

　　1978年，一场不期而至的龙卷风给印度东海岸的渔村造成了极为严重的破坏，造成许多家庭失去家园，无家可归。灾难过后，安得拉邦政府委托柯里亚及同事们提交最为经济实用的设计。于是他们完成了一个包含有3种不同类型空间的住宅方案：

　　1. 一间由砖块和钢筋混凝土砌成的房间，坚固结实，足以抵抗龙卷风，从而保护每个家庭的人身财产安全。

　　2. 一间由非常轻质的竹材砌成的房间，来节约造价。

　　3. 一个露天平台，这是一年中使用最多的空间，便于人们从事户外活动。

　　这样的3种空间可以通过多种方式加以组合。政府仅需要出资提供一间能抗龙卷风的房间，其余部分的房间和露天平台可由居民自己采用泥土、竹木等廉价材料修建。在未来，还可根据需要进行增添扩建。

① Andhra Pradesh：安得拉邦，位于南亚东南部，首府为海得拉巴(Hyderābād)。

参阅书目

- 1996　CHARLES CORREA: with a Foreword by Kenneth Frampton. London: Thames & Hudson
- 1999　Charles Correa: Housing & Urbanization.Bombay : Urban Design Research Institute
- 2000　Charles Correa:Housing & Urbanization.London:Thames & Hudson

图38-1　轴测图（引自：Charles Correa: Housing and Urbanisation.London：Thames and Hudson, 2000.68）

图38-2　平面图（根据资料重绘）

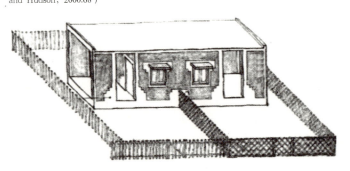

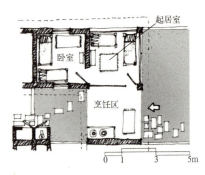

作　品　39	吉隆坡低收入者住房
英　文　名	Low-income Housing
时　　　间	1992年
地　　　点	吉隆坡，马来西亚
业　　　主	马来西亚政府

重要设计手法　剖面设计、中央邻里共享空间

　　这个项目源于马来西亚政府决定为城市贫困人口提供可负担得起的住宅。他们所做预算与柯里亚在印度所设计的中等收入住宅相接近。每户为68m²，的确高于印度的标准，功能需要包括起居室、两间卧室、厨房和浴室。

　　柯里亚应邀来设计一种住宅原型，可以适应城市各个不同区域的中等密度的场地需要。这种建筑形式要求经济简单，从1层到3层高不等。进入各层的通道越直接越好。入口大门和楼梯间要求直接通向公共广场，这样便于加强居民之间的交往联系。

图 39-1　总平面图

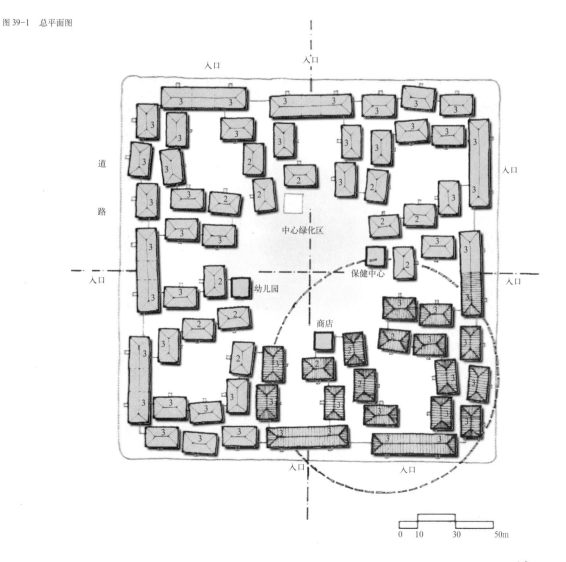

参阅书目

- 1999 Charles Correa：Housing & Urbanization．Bombay：Urban Design Research Institute
- 2000 Charles Correa：Housing & Urbanization．London：Thames & Hudson

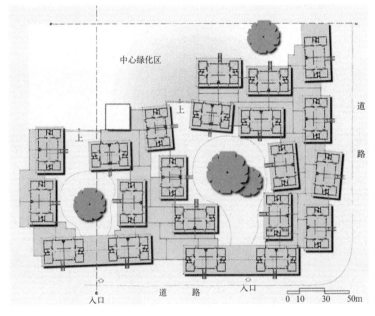

图39-2 标准组团平面图

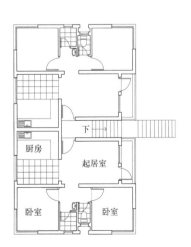 

图39-3 单栋住宅平面图：（左）一层平面图；（右）二层平面图
注：本案例图片均为根据资料重绘。

作　　品　40	马哈拉施特拉邦住宅开发委员会住宅开发项目
英　　文　名	MHADA
时　　　　间	1999 年
地　　　　点	孟买，马哈拉施特拉邦
业　　　　主	马哈拉施特拉邦住宅开发委员会
重要设计手法	方形平面、剖面设计、屋顶平台、邻里共享空间

这个设计是对 CCMB 住宅(1986 年)(作品33)进一步发展而成的，并充分满足马哈拉施特拉邦住宅开发委员会所提出的要求在孟买中心开发高密度住宅，作为正在修复的老住宅的搬迁区。

因为这只是临时性住所，所以每户面积都非常小——仅为 20.9m²，包括一间房间、一间厨房和一间浴室(图 40-1)。这样小的住宅楼如果用电梯就太昂贵了，设走廊通道又会破坏每个单元的私密性和穿堂风。

在孟买湿热的气候里，穿堂风是必须的。因此，柯里亚将每4个户型成一组布置，这样每家就能占据一角，能获得穿堂风。且楼梯布置在前后两排之间，保证了空气的流通。这样，每层共4组，16 户，并设 3 架楼梯(图 40-2)。

两排这种 16 户的条形平面面对面地布置，中间用 2 架电梯相联系(图40-3)。当一部电梯出了机械故障，另一部还能用。于是电梯使用既节约了造价，又提高了效率(图 40-4)。电梯为两层一停(在三层半和七层半)。在这些位置布置了一些公共活动区，同时也能把 6 部楼梯联系起来(图 40-5)。这样的组合实现了穿堂风和高密度。

住宅都为 8 层高。因为电梯仅在三层停靠(地面层、三层半和七层半)，这样就能缩短停靠时间。只有 3 个停靠点，也就意味着电梯安装和运行的费用大大降低(图 40-6)。这样，借助两部电梯(每部能载客 28 位)就能够很好地为一栋244 套公寓的住宅提供服务。

共享厅(图 40-7)是提供给孩子们放学以后做作业、晚上看电视的，也能为家庭妇女做临时兼职工作提供场所，如做泡菜、缝纫等。这里也能通向室外平台——这也是个便于看管孩子的场所。位于四层和顶层的公共大厅不仅给各户提供户外公共活动，也能把 6 部楼梯和 2 部电梯联系起来。

窗户形式为传统式样，这在孟买随处可见。而且入户大门装有两层百叶。白天时，打开木质百叶可通风，关闭金属百叶是为了安全。

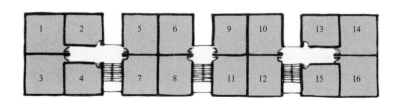

图 40-1

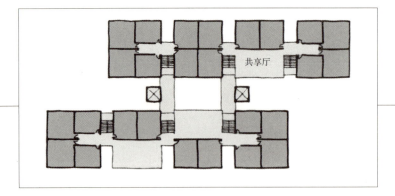

图 40-2

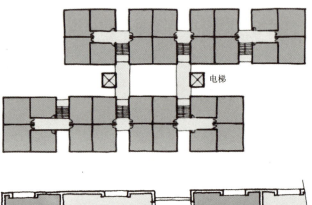

电梯

图 40-3

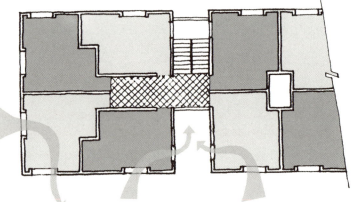

图 40-4

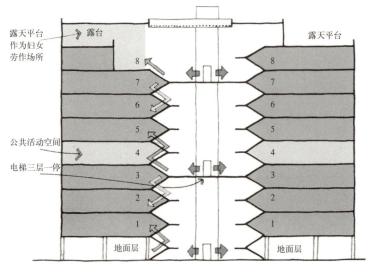

露天平台作为妇女劳作场所　露台　露天平台

公共活动空间
电梯三层一停

地面层　地面层

图 40-5　剖面图

参阅书目

- 1999 Charles Correa：Housing & Urbanization.Bombay：Urban Design Research Institute
- 2000 Charles Correa：Housing & Urbanization.London：Thames & Hudson

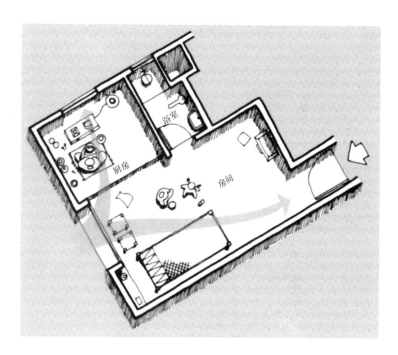

图 40-6

图 40-7 共享厅的室内透视图
注：本案例图片均为根据资料重绘。

作　　品　41	普雷维住宅区
英　文　名	Previ Housing
时　　间	1969-1973 年
地　　点	利马，秘鲁
业　　主	秘鲁政府和联合国开发计划署

重要设计手法　"大炮"通风口、中央邻里共享空间

这个项目原本是一个有限范围内的竞赛。竞赛是由英国建筑师彼得·兰德发起，他提议充分利用低层高密住宅的优势，并结合考虑设立公共设施，例如学校、运动中心、社区服务以及基础设施，并且人行道和车道分离，住宅成组团设计。1969 年由秘鲁政府和联合国开发计划署(UNDP)邀请世界上知名的 13 位建筑师来设计一个包含 1500 户的住宅区，做为实验性低收入者住宅。秘鲁政府希望通过这个实验性的住宅竞赛获得新的设计思路，并帮助制订新的住宅政策。

竞赛要求住宅单元形式可增添，开始时先建造几间房间，以后再逐渐增加，直到能容纳一个 8~10 人的家庭(即四世同堂的家庭)。柯里亚就在受邀之列。其他建筑师分别来自美国、芬兰、哥伦比亚、丹麦、波兰、德国、瑞士、西班牙、法国、英国以及荷兰等国，詹姆斯·斯特林也在邀请之列。评审团最终没有达成一致意见，于是决定将 13 位参赛者的作品分别修建样板楼，每人一个小组团(大约为 12~20 户左右)。最后，场地规划和大部分的基础设施并未实施。直到 1976 年，才有人入住。在 502 个已建成的单元中，共有 23 种不同的设计。

柯里亚的设计是对艾哈迈达巴德低收入者住宅(1961年)(作品17)的一个变种。他主要关注两个方面：一是将服务基础设施降低到最小；一是把建筑当作气候的调节器。在初期设计中，这些单元形式采用长长的"管式"联排住宅，面宽为 3m，中间位置扩大至 6m，这样就能缓解分界墙给设计带来的种种限制，满足每户在未来可根据自身需要进行增添。

每一个单元之间，通过前廊从基地中心的邻里公共空间，再穿过一个庭院到达基地后面的道路。中央空间采用倒金字塔型的通风口，贯穿两层高，体量达到 6m×6m，来获得空气对流。

整个住宅区内共有 3 种基本户型。所有的住宅方位均为西北-东南方向，这是考虑到利马的日照角度和气候的最佳选择，也能让主导风穿越建筑轴线方向。因为单元有多种组合方式，所以沿着人行道的立面造型也有多种变化，以便于将徐徐凉风引入室内。

在画结构施工图时，相邻两户的分户墙被修改为 Z 字型的形式，这样来增强内在的强度(因为地震带经过利马)。因为 Z 字型隔墙而产生的额外空间用来作为服务区(例如楼梯和卫生间)，或者用来加大特殊用途房间的尺寸。

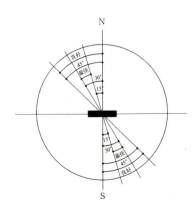

图 41-1　日照和通风最佳方位分析图

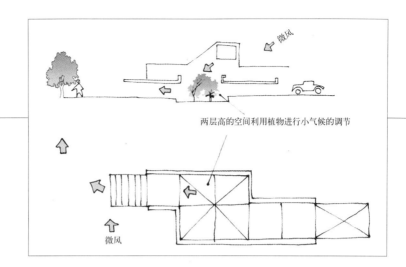

图 41-2　设计概念分析草图

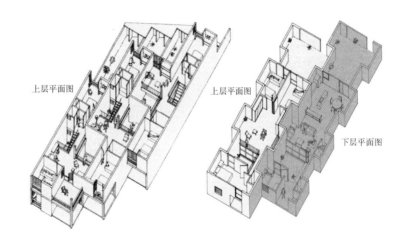

图 41-3　平面咬合关系

图 41-4　室内两层高的通风道

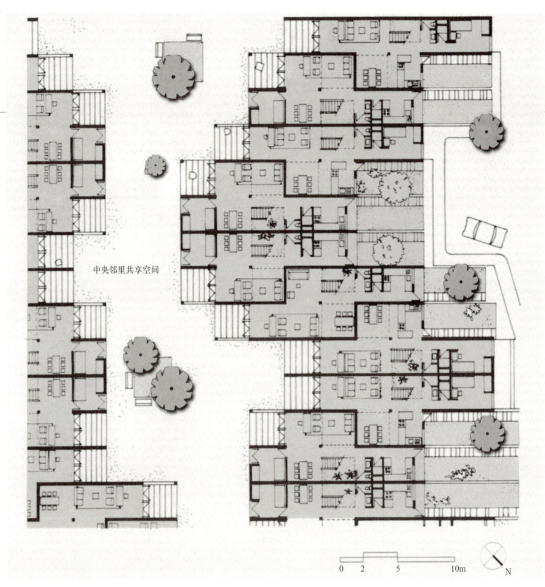

图41-5　总平面沿着公共区域轴布置

图41-6　模型鸟瞰（引自：Architecture Design.London，1970-April.198）

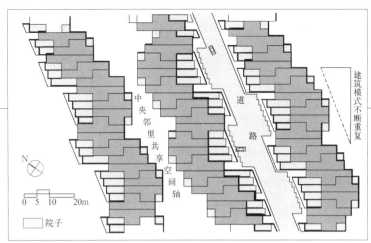

图 41-7 总平面图

图 41-8 平面单元组合
注：本案例图片除标注的以外，均为根据资料重绘。

参阅书目

- 1970　Previ Project.Architecture Design.London，April.198
- 1983　Charles Correa：with a Foreword by Sherban Cantacuzino. Singapore：Mimar
- 1987　Hasan-Uddin Khan.CHARLES CORREA.Singapore,Butterworth, London & New York：Mimar
- 1996　CHARLES CORREA：with a Foreword by Kenneth Frampton. London：Thames & Hudson
- 1999　Charles Correa：Housing & Urbanization.Bombay：Urban Design Research Institute
- 2000　Charles Correa：Housing & Urbanization.London：Thames & Hudson

作　品　42	孟买贫困人口住宅（未建）
英　文　名	Squatter Housing
时　　　间	1973年
地　　　点	孟买，马哈拉施特拉邦
业　　　主	城市和工业开发公司

重要设计手法　露天空间、方形平面

这个设计的用户主要是面对城市贫困人口，设计概念运用了"露天空间"和"向心性。"每户为一间房间，四家呈田字形布置，一个四坡顶的屋顶把这四个房间统一起来，从而大大节省造价。进入到每间房间前都要先经过一个庭院，这样就能为每户提供一个在热带地区非常实用的露天空间，同时也相当于各家多了一间房间，保持了各户的独立性。

单元之间按照组团的模式布置，和露天空间一起形成空间层次——这个思想在贝拉布尔低收入者住宅(1983-1986 年)(作品44)设计中得到了进一步的发展。

参阅书目

• 1999 Charles Correa:Housing & Urbanization.Bombay: Urban Design Research Institute
• 2000 Charles Correa:Housing & Urbanization.London:Thames & Hudson

图 42-2　单栋住宅平面图
注：本案例图片均为根据资料重绘。

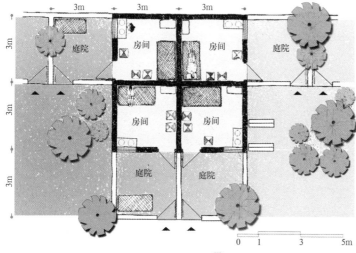

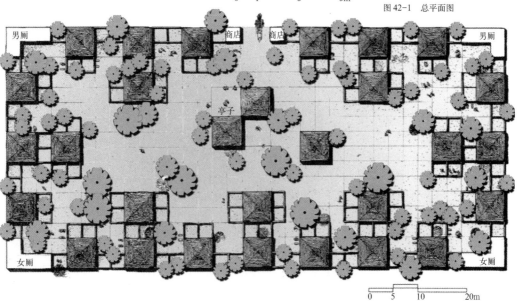

图 42-1　总平面图

作　品　43	马拉巴尔水泥公司住宅区
英　文　名	Malabar Cements Township
时　　间	1978-1982 年
地　　点	喀拉拉邦
业　　主	马拉巴尔水泥公司
重要设计手法	屋顶平台、露天庭院、遮阳棚架、方形平面、中央邻里共享空间

修建公司住宅区，一般选在边远地区或者城市郊区。这里生活设施较为齐全，并和工厂直接相连。在这个住宅区的入口处公交车站旁设有一个小商店，此外还建有学校、俱乐部、招待所、单身职工宿舍等设施。

露天空间的作用并不仅限于我们已经讨论过的心理作用和哲学意义，而是有非常重要的实践意义。这个项目的业主是个开明的人，他认识到为低收入家庭设计住宅时非常有必要能便捷地到达露天空间，使人们有进行副业生产的场所，来饲养家禽、种植蔬菜，以增加收入。这在当时，大多数的大公司企业都还没有这样的认识高度。

但问题在于：在提高建筑密度的情况下，怎样才能为每个家庭保留一块露天空间？

在柯里亚的设计中，每座建筑的底层包括两户单元（两户成

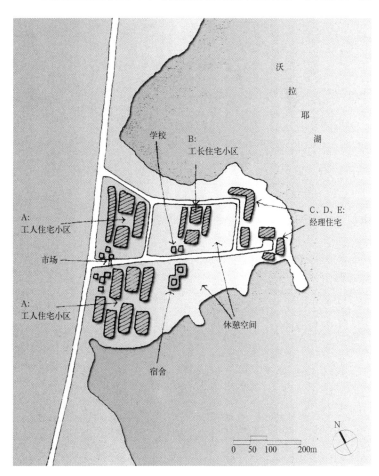

图 43-1　场地位置图

对布置，可以有利于管井布置，并附带有露天院子)，第三户就放置在第二层，这种户型就有两个室外空间：下面的屋顶成为了它的室外平台，并提供通道通向地面层的院子。按照面积大小，住宅区分为几个组团，其中面积最小为 35m²(A 型)，是提供给工人的。大一些的 B 型住宅是提供给工头的，C、D 和 E 型是提供管理人员的。1982 年，人们入住到这个住宅区。

　　这个住宅区所处的环境非常优美，一片茂密的树林延伸到沃拉耶湖的码头边。总平面中共包含了约 400 户单元，分成 12 个组团，沿着一条主要人行道布置。这条人行道的局部被扩大，成为了聚集的公共空间。人们也可以经过这条道路去湖边野餐。

图 43-2　总平面图

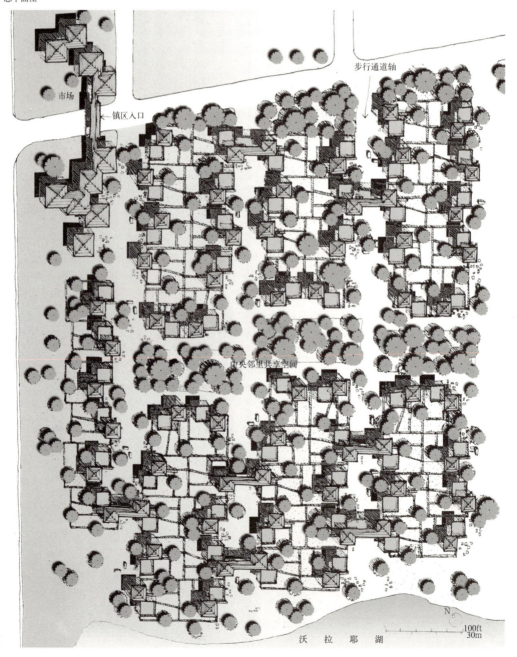

图43-5 为上层住户设置后楼梯，使得每户都有自家的地面院子（引自：Hasan-Uddin Khan.Charles Correa [Revised Edition]. Singapore, Butterworth, London & New York：Mimar, 1987.69)

参阅书目

- 1987 Hasan-Uddin Khan.CHARLES CORREA.Singapore,Butterworth, London & New York：Mimar
- 1996 CHARLES CORREA：with a Foreword by Kenneth Frampton. London：Thames & Hudson
- 1999 Charles Correa：Housing & Urbanization.Bombay：Urban Design Research Institute
- 2000 Charles Correa：Housing & Urbanization.London：Thames & Hudson

图43-3 （左）上层平面图；（右）底层平面图

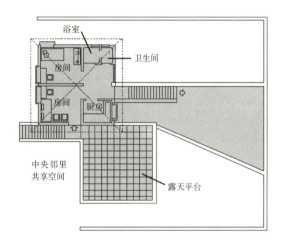

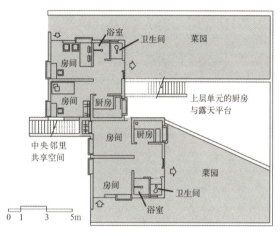

图43-4 镇区入口轴测鸟瞰图

注：本案例图片除标注的以外，均为根据资料重绘。

作　品　44	贝拉布尔低收入者住宅
英　文　名	Belapur Low-income Housing
时　　间	1983—1986 年
地　　点	新孟买，马哈拉施特拉邦
业　　主	城市和工业开发公司

重要设计手法　露天庭院、方形平面变异、中央邻里共享空间

　　柯里亚是受城市和工业开发公司的委托来设计这个项目的，是作为孟买城市开发的一部分。贝拉布尔是涅鲁地区的一个新节点。这个项目于1983年开始进行，历经3年，1986年第一批住户开始入住。

　　这块基地共6亩，离新孟买城市中心仅2km。在规划中设有大型交通设施与孟买中心区直接相连。此项目旨在探讨采用低层建筑形式如何实现高密度(每亩500人，还包含露天空间、学校等)。这个项目的一个基本原则是：每个单元都有自己独立的基地，以便将来的增建。这样，每户都能拥有自己的露天空间(相对于有顶空间而言)。其中仅有两个方向是压基地边线建造的，而另外两个方向则可以进行增建。窗户和所有开口要求面向各自的内庭院方向。相邻住宅的卫生间是成对布置，这样可以节约管井，降低造价。同时每户可独立建造，而无须与邻家共用分户墙。当家庭有新的需求时，可以在不影响邻家的情况下，根据自家的喜好与经济承受能力进行增建。

　　除了建筑师一直关心的两个主题"露天空间"和"向心性"之外，这个项目增添了对"城市平等"问题的思考。这块基地的设计是为适应孟买90%的各个阶层的需求，从最低收入阶层(造价为2万卢比，即1700美元一单元)到中等收入阶层(3万～5万卢比)，直到高收入阶层(18万卢比)。虽然各家收入相差悬殊，但提供给他们的基地面积则相差不大(45～75m^2)，比例不到1∶2。柯里亚原本设想场地面积均为50m^2，不过后来根据各户的支付能力以及相关的条例规定而进行了修改。这些住宅形式是可增添的——因此既可适应城市贫困人群，也可满足高收入阶层的需求。住宅平面立面设计、建造工艺都非常简单。这样就给住户提供了机会，参与到房屋的建设过程中。住户可以请掌握传统技艺的泥瓦匠和手工艺人来帮助建造和增扩，同时各个家庭可以选用自己喜爱的色彩和符号，来表达个性与文化价值观。建筑材料也非常朴实，屋顶为灰瓦砖，室内采用抹灰整平，外墙为砖承重，砂石和水泥饰面。此外，还提供了一些预制的木门和百叶窗供住户选用。

　　场地规划由社区空间序列组成。在较小的规模里，是7个单元为一个组团，围绕一个8m×8m的尺度适宜的小院子。3个这样的组团形成一个更大的组团，即21户围绕一个12m×12m的院子。3个大些的组团再进行进一步的组合，此时的庭院尺寸为20m×20m。空间序列根据这个规律不断扩大，直到形成公共社区空间，包含有学校和其他公共设施。公共社区空间是沿着一条小溪流布置。小溪流流经场地中央，在季候风季节可以排水。沿着场地的对角线方向拟建一个百货店。

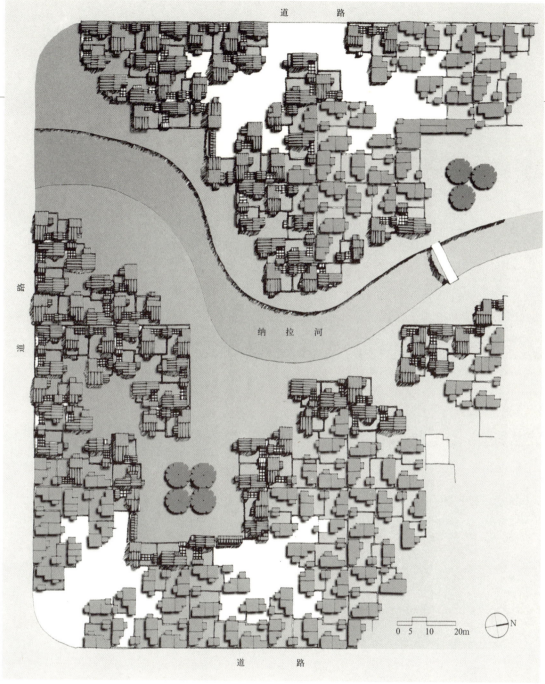

图 44-1 总平面图

  贝拉布尔住宅设计体现了柯里亚认为住宅中至关重要的一些原则，即：平等、可增添、多元性、拥有露天空间以及空间的离散性，从而满足各个阶层的生活起居要求。这个方案对于低收入和中等收入的家庭有着重要的实践意义。其中最为有意思的是，住户可根据自己的喜好对住宅进行个性化的建设活动。

图 44-2　院子外观

图 44-3　高低错落的住宅

图 44-4　保持雨水渗透的地砖
（图 44-2～4：引自：The Architectural Review.London，1985-Oct.34）

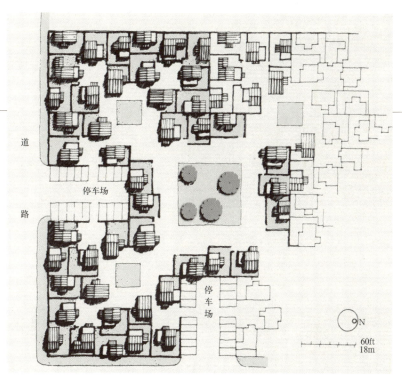

图44-5 II期建设的总平面图

图44-6 A户型单元组合的轴测图

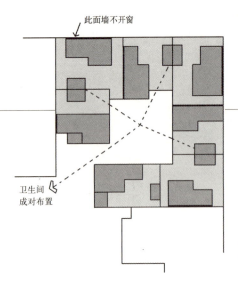

图 44-7 7个单元为一个组团,围绕一个 8m × 8m 的小院子,相邻户型共享卫生间的服务管线

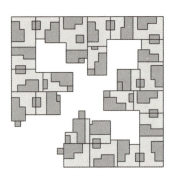

图 44-8 3个这样的组团形成一个更大的组团,并在转角处加上4户,即共25户围合处更大的院子

图 44-10 8m × 8m 小院子的现状(引自:世界建筑导报,1995,1.28)

图 44-11 俯瞰院子(引自:The Architectural Review.London,1985-Oct.34)

图 44-9 同样,可以进一步组合

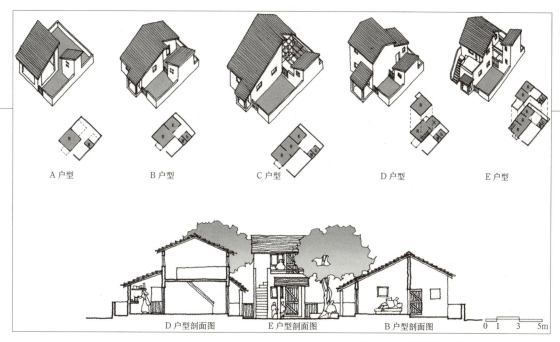

图44-12 根据不同收入情况，对应不同标准的户型
注：本案例图片除标注的以外，均为根据资料重绘。

参阅书目

- 1982　Progressive Architecture.New York.Oct..104
- 1985　Belapur Housing.Mimar.Singapore, July.34-40
- 1985　Peter Davey.Correa Courts.Architectural Review.London, Oct.. 32-35
- 1987　Variations and Traditions.The Architectural Review.London,Aug.. 56-58
- 1987　Hasan-Uddin Khan.CHARLES CORREA.Singapore,Butterworth, London & New York：Mimar
- 1987　孟买干城章嘉公寓.北京：世界建筑, 8703
- 1990　Vikram Bhatt & Peter Scriver.Contemporary Indian architecture： After the Masters.Ahmedabad：Mapin, 1990
- 1991　Jorge Glusberg, El Cronista.El valor de lo sagrado.Buenos Aires, Sept..1-3, 8
- 1993　Babar Mumtaz.Public Sector Mass Housing.Design Ideas.Bombay, April.cover & pp.5-9
- 1995　印度建筑师查尔斯·柯里亚作品专集.深圳：世界建筑导报, 1
- 1996　CHARLES CORREA：with a Foreword by Kenneth Frampton. London：Thames & Hudson
- 1999　Charles Correa：Housing & Urbanization.Bombay：Urban Design Research Institute
- 2000　Charles Correa：Housing & Urbanization.London：Thames & Hudson

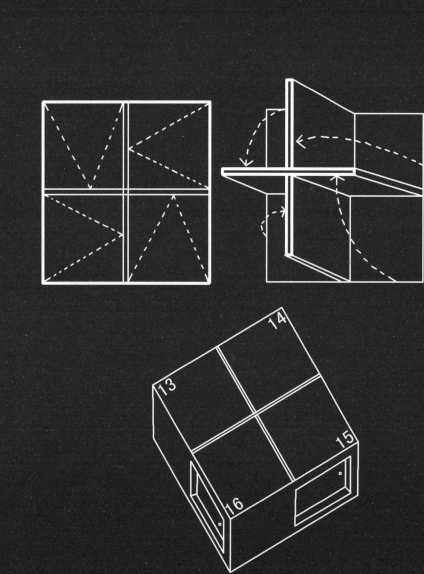

PART IV　　CITY PLANNING

第四部分　　城市规划

1 述 评[①]

柯里亚对自己规划作品的介绍，不是按照总体规划、控制性详规、修建性详规等规划图集的格式进行说明，而把触角延伸到更为核心的社会问题的探讨上。与其说是一个规划方案的表述，不如说是有关城市问题的专题讨论，具体的形态已不是最为重要的部分。在印度，人口增长、急剧的城市化进程、尖锐的城乡差异和蹒跚发展的经济都发生在丰富的文化积淀背景中。一方面，城市是创造公共财富的最大基地，另一方面，城市又是贫穷污染、社会分化、交通堵塞的渊薮。人们认识到"城市可能是主要问题之源，但也可能是解决世界上某些最复杂、最紧迫的问题的关键。"[①]

1. 大城市多中心对策

人口爆炸、急速的城市化进程以及人口从乡村到城市的大规模迁移，这样的社会背景正在深刻地改变着印度城市面貌，形成文化、经济、社会和技术上的多元化，同时也使得业已存在的问题愈发突出。在乡村缓慢变化的同时，而大大小小的都市中心则发生着剧烈的转变。由人口增长所推动的都市化进程，吞食了该地区未开发的土地，破坏了该地区的资源，并给现存的物质和社会基本结构带来了巨大的压力。在这种背景下，一系列新的经济及文化上矛盾的两极产生了[②]。城市规模无限膨胀，环境质量持续下降，低收入阶层的居住情况愈加恶劣。

由于孟买的城市形状为狭长形，所以当城市扩展时，就形成了南北方向的线形模式。每一次当城市人口增容到一个新的数量级时，城市就向两端延展开来，结果城市越拉越长，就像一根不堪重荷的橡皮带眼看就要断裂(图1)。相距甚远的北端居住区与南端密集的办公区、商业区给城市日常交通带来很大压力(图2)。为了减少每日奔波的辛苦，人们希望能够在工作地点附近找到住房，这样就使得南端的房地产价格急剧上升(图3)，就像北京的北城和南城，只不过正好相反的是，北京存在着"北富南贱。"因为北城拥有中关村高新技术园区和我国著名高校，有着许多稳定而高薪岗位的就业机会，因此，在北京大部分地区房产价格缓缓下降的时候，这里带卖点的楼盘价格还在上扬。

面对这种城市现状，柯里亚和同事们提出的解决方案是：设立多中心，来缓解老孟买的人口压力，并具体主持了新孟买的规划。通过政府机构的搬迁，在新城区培植工业、发展交通，来

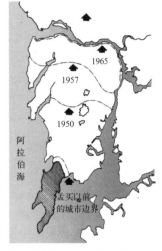

图1　各个阶段孟买的城市边界

图2　孟买的工作分布图
(图1~2：根据资料重绘)

[①] 吴良镛.城市世纪、城市问题、城市规划与市长的作用.北京：城市规划，2000，4

[②] R·麦罗特拉.综合评论.《20世纪世界建筑精品集锦》第8卷南亚.北京：中国建筑工业出版社，1999.17

吸引人口的迁移。今天，新孟买的人口大约为100万，虽然没有达到预计的200万，但毕竟取得了一定而显著的效果，为印度其他大城市的进一步发展提供了可资借鉴的案例。北京周边卫星城，如通县、怀柔的发展，也是为了疏散中心城区大数量的流动人口。虽然其所发挥的作用离设想的目标尚有距离，但终究给未来北京发展的人们提供了更多的选择和较低的门槛。

同时，面临农村进入城市的移民人口、城市间流动人口带来的同样紧迫的城市化问题，为了发展经济、保护和改善人居生态环境、缩减城乡差别，在优先发展"大城市"还是"小城镇"的抉择上，中国确立"小城镇、大战略"的解决对策，并作为国家制定方针政策的重要内容之一。

2. 城市土地的整合

借助城市土地功能调整，配套新的产业结构，将为人们提供更多的就业机会，改善生存状态。在马哈拉施特拉邦政府委托的孟买帕雷地区规划(1996年)(作品51)中，柯里亚思考的基点设在如何让如"呆账死账"般的城市土地重新"活"起来。

纺织业为孟买原有的支柱产业之一，但现在已萎缩，城市发展逐步走下坡路，纺织业工人生活每况愈下，许多原来车水马龙的纺织厂变得门可罗雀。如果情况的确如此，那么被纺织厂占用的土地(在孟买城市中心区就有大约240公顷)就应该进行有效重新利用，对工人、对整个城市是双赢。因为工人可以接受职业再培训，同时城市不仅将获得新的税收，而且有更加宽裕的土地用于建设学校、医院和其他城市开发空间，这是市民们所热切希望的。1993年，政府颁布的法令将未来城市土地的利用定位在高科技、无污染工业，例如服装工业、计算机软件等，这样就给这座城市发展提供了新的机遇。

为此而成立的孟买区域发展署委员会将可收归国有、有利用价值的土地归总，被用作城市住宅用地、公园绿地和公共设施用地、以及进入拍卖市场进行流通的土地。通过把这些经营不善的土地重新归为国有，让政府建立起来现金周转系统，并使用这些从已开发地区提升价值中获得的利润来帮助完善金融结构、公共交通以及为穷人提供住房，从而形成一个良好的循环。遗憾的是，政府最终只收回其中部分厂房用地。

抓住城市空间有多尺度、分时段利用的潜力，柯里亚还特为小商贩们设计了一种晚间可以休息的人行道断面形式(1968年)(作品46)。这种平台为2m宽，0.6m 高(后在花神①喷泉方案中，调整成为2m × 2m)，与行人行走的路面分开，每隔30m还设置一个水龙头。白天这里为小商贩们叫卖的工作场所，晚上清洁工打开水龙头，把平台冲洗干净，小商贩们就可以席地而睡了。在以前，这些低收入者在闷热拥挤的廉价租房里无法睡眠，只好移到肮脏的马路上睡觉时，常常得忍受来来往往的行人从身上跨过。虽然有着一份自食其力的工作，但却像乞丐般没有尊严地生活着。这样的情形总算有些改观了。同时，对于整个城市的景观中，令人头痛的随意摆摊设点的小商贩们也有了一个固定的工作场所，还给城市以整洁以及路人的交通安全。

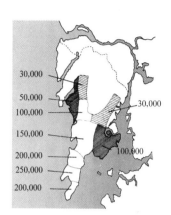

图3　1996年孟买的土地价格图(根据资料重绘)

① Flora: 弗洛拉，神话中的花神。

3. 城市交通的组织

在印度城市里，交通方式之多常常令人惊讶不已，除了自行车、单脚滑行车、公交车、出租车、小轿车、卡车等等常见交通工具之外，黄牛、骆驼，甚至大象(图4)也大摇大摆地出现在繁华闹市中。

对于发展中国家，最能解决交通问题的工具仍是自行车、公共汽车和火车。所以交通规划在结合城市发展和保护生态环境的同时，应率先考虑普通大众的乘车特点。在交通工具的选择上，北京也在提倡优先发展大众型的地铁、轻轨(图5)、自行车、公交等，而不是小轿车。值得一提的是自行车，这是一种节能无污染的交通工具，它成本低，没有能源消耗，却能给人们中近距离出行带来方便。自行车专用道也成为了发展中国家城市景观设计的重要组成部分(图6)。

图4　大象作为交通工具（吴刚拍摄）

当城市逐渐发展扩大，依靠自行车作为交通工具不那么方便时，别的公共交通方式的优势就体现出来了。根据高密度的带形城市的土地利用规划，以及对聚居与就业的研究，解读网格城市(如昌迪加尔)的平面使用存在的问题，柯里亚提出一个开放式的线型交通模式，并应用于孟买的规划实践。在带形城市中，线形交通模式才能保障形成高效的城市巴士系统，成为中低收入者往返居住地和办公区的主要联系方式。当把小汽车作为城市的主要交通工具时，均匀的交通道路分布、方整的网格城市布局自然更受到私车拥有者的欢迎。但对于普通老百姓而言，情况恰恰相反，公共交通体系和巴士才是他们经济承受得起的。例如，孟买就是一个线形城市，以两条平行的往返列车通道为基础。即使在今天，花很少的卢比就能买到一张月票，可以不受次数限制地从南到北乘坐列车——其距离超过40km。而在德里，交通线路分布均匀，密度低，不能维持一个经济实惠的公共交通体系。

图5　北京新建成的轻轨（自摄）

为了保障线型交通模式的可实施性，在已有的土地利用模式上，需要以某种方式嵌入高密度的住宅发展计划，以便产生满足需要的交通通道，公共交通将沿着这个通道循环往返运行。在沿途的每个中转站的周围都设有商业区——在可以接受的步行距离之内——分布密度适宜，以此来支持公交系统，这样就能够大幅度地削减上班的交通距离和费用开销了。

4. 移民新城的建设

就像长江截流和三峡大坝的修建将淹没长江流域沿岸的广大居民点和城市用地，将后靠、新迁形成许多新的城镇，印度巴格尔果德镇规划(1985年-现在)(作品48)的背景也类似于这种情况。政府新修大坝将抬高卡达普哈河水位，这将淹没巴格尔果德镇部分地区。卡纳塔克邦政府决定离旧城不到10km择址新建一个巴格尔果德镇，移民为5万人。

移民新城的修建，既是给设计者一张白纸，有着很大的发挥余地，而同时，居民们以前形成的生活习俗和今后的就业方式又给规划者出了个难题。

图6　街道中留出自行车专用道（自摄）

图7 当地传统住宅外观（引自：世界建筑导报，1995，1. 31）

图8 丰都移民新镇（自摄）

图9 奉节移民新镇（自摄）

巴格尔果德老镇是个韵味悠长的老镇，它的美不仅在于民居建筑，而且还体现在城市格局。在长期的建设和调整中，它与周围环境越来越协调和谐(图7)。这种和谐成为柯里亚设计巴格尔果德新镇最优先追求的效果，有机增长成为解决方式。同时，这也正好为柯里亚提供了一个机会，把曾思考的一些原则(如适宜的经济承受能力、可增长性等)运用到小城镇，这在印度现实的经济条件下切实可行的，同时在形式上仿效那些已经发展得非常有机的印度传统小城镇，这些城镇形式是基于生活的积淀与时间的推移。在这个规划方法中，一些特殊区域无须规划师事先做出决定，而且通过在不断发展过程中，从居民的实际出发，逐渐成型。

值得注意的是，在柯里亚的图示中，建筑形式的选取类似于印度大多数小城镇中能够看到的住宅式样。柯里亚的研究重点并不在建筑单体形式的推敲，而是有关交通体系和城镇空间的有机组合。住宅布置的方式反映出现存城市的传统模式。柯里亚在开始新住宅区的设计前，就已经先着手研究老镇的住屋形态、街道模式和构造材料等。政府帮助居民把旧宅的门、窗、梁、阳台等构件也运送过来了。这对新镇的面貌形成大有好处。

在长江三峡区域的调研中，我途经涪陵、丰都、忠县、万州、云阳、奉节、巫山、巴东、秭归等多个移民新镇，深感：看过其中一个，其他的也大同小异，或者说是微缩的小重庆(图8~9)。其实，这些城镇多为数百上千年的老城，有着丰厚的文化沉淀，巴文化、夔文化等源于此、长于斯。但有许多来不及搬迁、够不上文保等级的村落、老桥已被拆为废墟(图10)，取而代之的是千篇一律的城市形象和仿古一条街的兴起，成为"县城看省城、小城市看大城市"的产物，令人不禁扼腕。

在城市和区域规划中，柯里亚仍然坚持着"平等"的原则。尤其在专为小商贩们设计了人行道断面形式——这个小小的作品中，我们可以感受到：柯里亚作为城市景观的设计者，他不是用冷眼、白眼对待这些貌似不雅的、生活在社会最低层的劳动大众，而是怀着一颗诚挚的心去观察他们、关心他们。他的许多提议最后并没有得到很好的实施，但至少唤起了城市决策者们注意到这么一群人的生存状态，告知我们建筑后学者还有这么一群人应该去投之以关注，而要解除心中固有的鄙夷和轻慢。

图10 拆为废墟的小镇（自摄）

2 作　品

作　品　45	**孟买规划**①
英　文　名	Planning for Bombay
时　　　间	1964年
地　　　点	孟买，马哈拉施特拉邦
业　　　主	城市和工业开发公司

　　孟买是印度的金融中心，印度政府税收差不多一半来自孟买。孟买人口已超过1000万，在毗邻地区还有300万。孟买在过去数十年的发展中，逐渐呈现出一个两难问题：房地产价格一直飙升，即使城市环境已是越来越糟糕。在1960年代，柯里亚还是一位年轻建筑师时，就开始在城市南端找寻能够让人们承受得起的办公用地。

　　现在，孟买的房地产价格差不多是印度其他城市的两倍。其原因不仅是不断增长的人口。这与这个城市的地理形状也不无影响，就像其他许多港口城市，孟买位于一个长条形的防洪堤上，以保护城市的安全。这个城市的中心在船舶停靠点处接合，正是在防洪堤的南端。因为狭长的城市形状所限，所以城市迅速发展为南北方向的线形模式。

　　每一次当城市人口不堪重荷时，所采取的对策就是向北端无限制地扩展。这种简单的方法一直沿用到二战时期，当时城市人口还低于150万。由于无节制的扩建，城市越拉越长，终于像一根绷紧的橡皮带即将断裂。位于城市南端密集的办公区和商业区给城市日常交通带来很大压力：清晨人们从居住的北城涌向工作的南城，而傍晚又形成逆向涌动的人流。为了避免这种极度紧张的城市交通，人们希望能够工作地点尽可能地在居住区附近，这样就使得位于南端的城市中心房地产价格螺旋式上升。既然这个地段大部分都被中高收入阶层占用，穷人就只好被迫住在所能找到的栖身之地，如贫困人口住宅区或者拥挤不堪的棚户区。

　　1964年，孟买市政当局出版了关于城市规划的草案，准备在接下来20年里来解决城市无序的发展问题，并听取公众建议。当时，孟买人口已经增长到450万，估计到1984年将为900万（根据草案进行估测得到的）。尽管这些数据触目惊心，但城市所采取的对策并没有改变。相反，当局再次提出将城市的边界向北部进一步扩展。

　　就此，柯里亚和两位同事，普维纳·梅赫塔和夏瑞希·帕特尔提交了一个解决这个大城市问题的备忘录，其中提出了一个更行之有效的建议来处理城市所面临的巨大压力，即城市南端独立承受压力可以通过这种南北模式进行重组城市结构。他们建议的本质就是把孟买岛与大陆本土在东面结合成为一个整体，开发出新的多个城市中心，这样就能把孟买与马哈拉施特拉邦的穷乡僻壤联系起来，把孟买的南北结构转变为一个围绕海湾

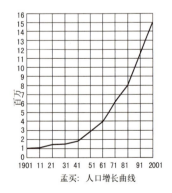

图45-1　孟买1901-2001年人口增长曲线（根据资料重绘）

---

① 其相关资料可参看本书第五部分柯里亚所著《新景象》的译文。

图45-2 孟买各个时期的城市边界(引自 The Architectural Review.London, 1971-Dec.336)

的多中心城市结构。新孟买的城市中心围绕瓦格伊瓦伊湖区周边布置,在本韦尔海湾筑堤而成,这样使滨水地区轮廓清晰,安全实用。在完工以后,这个湖面(将差不多和孟买的巴克湾一样大)将把新孟买变成水上之城,通勤列车沿着湖岸来回穿梭,船舶将人们带到湖中小岛。

虽然这块穿越海湾的区域尚未开发,但多个政府部门已经认识到其中的意义,具体定位取决交通、工业和其他对城市平衡发展等等至关重要的因素。如果这些部门采取行动是经过深思熟虑,并发挥职能部门的作用(尤其是邦首府的作用),那么这些相互作用将形成一个新的城市中心,与孟买发展规模相匹配。

新的工作模式(以及重新开发一些已有的工作类型)出现,将优化城市交通的均匀配置。新广场,如阿波罗码头将沿着朝向海湾的岛屿东侧发展,这样就为城市创造出新的滨水地带。

而且,通过把这些土地公有化,政府现金周转系统将建立起来,并使用这些从已开发地区提升价值中获得的利润来帮助完善金融结构、公共交通以及为穷人提供住房。简言之,将通过这种新的发展模式来重新调整城市结构,创造机会来"创造城市新景象"。

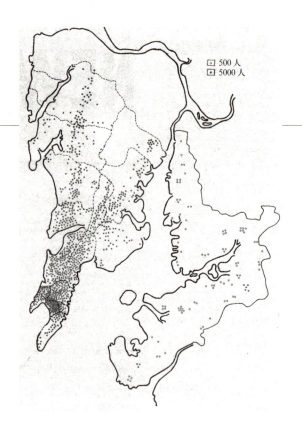

图45-3 孟买人口密度分布图（引自：The Architectural Review.London，1971-Dec.336）

柯里亚及同事于1964年所提出的建议得到了公众的支持，在多轮磋商之后，经过几次评审会，最终在1970年，邦政府接受这个基本提案，并划出22000公顷土地进行建设。新城市被命名为"新孟买"。这个新的城市中心，与孟买隔海湾相望，是印度最早的一个重组大都市结构的规划，其规模庞大，以前还从未进行过尝试。新孟买的设计和开发是由一个特设部门专门进行管理，即城市和工业开发公司。因为孟买城市区域容纳人口数量在1970年至1985年之间估计为400万，因此新城至少要吸引一半的人口，即200万。

从1970年到1974年间，柯里亚出任城市和工业开发公司的总建筑师。这使他获得机会来实现自己的构想，来更全面地思考各种问题，而以前只不过看到一些片段。而如果局部孤立地看待某个问题，似乎就无法解决，但是如果通盘考虑，许多问题也就迎刃而解。

今天，新孟买的人口大约为100万，虽然这个数据看似庞大，但它比原来预计的200万要低很多。达到这个数字，显而易见将缓解孟买老城的压力。如果邦政府（毫无疑问，这才是本项计划的主角）同意将邦首府移到这里，达到200万是不成问题的。

不幸的是，这并没有成为现实。不过，我们还是有理由乐观，正如罗马城不是一天建成的。就孟买而言，它在17世纪由英国建立之初直到1870年代都没有得到真正的发展。而新孟买在过去10年里的发展速度则相当惊人，私人在其中起到了相当大的作用，也提供了越来越多的就业机会。

新孟买最后的实施情况与规划虽然还有相当的距离，但它为印度其他的中心城市的进一步发展提供了可资借鉴的案例。

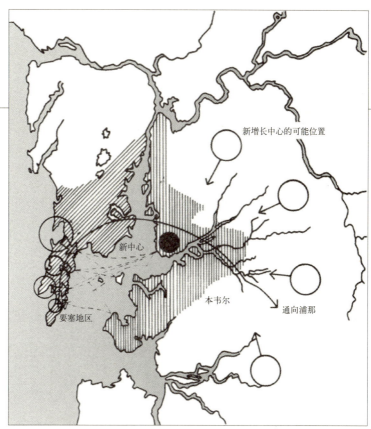

图45-4 开发区域和孟买东部滨海地区（根据资料重绘）

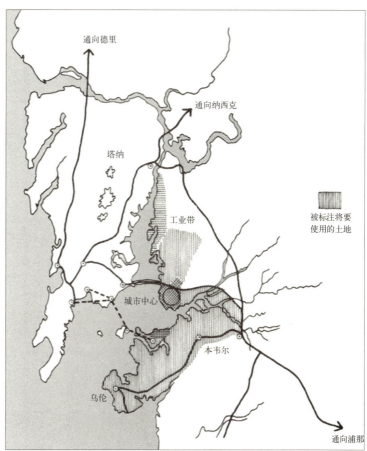

图45-5 保留了22000亩土地留作新孟买的城市开发（根据资料重绘）

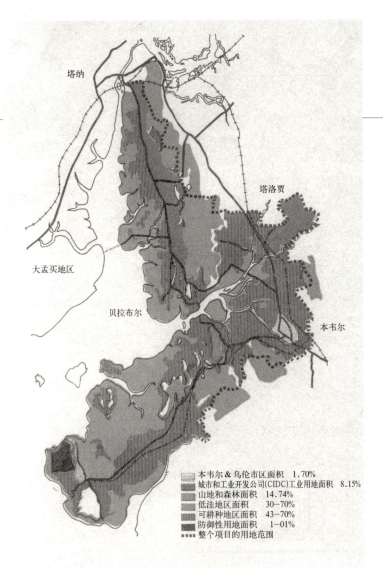

图 45-6 新孟买土地利用规划图（引自：The Architectural Review.London, 1971-Dec.338）

参阅书目

- 1965 Correa, Mehta, Patel.Planning for Bombay.Marg.India, 140-145
- 1971 INDIA.Architectural Review.London, Dec..349, 352-353, 365, 369
- 1980 Contemporary Asian Architecture.Process Architecture.Tokyo,Nov.. 94-118
- 1982 Jim Murphy.Open the Box.Progressive Architecture.New York, Oct..100-104
- 1983 Charles Correa;with a Foreword by Sherban Cantacuzino.Singapore：Mimar
- 1985 The New Landscape：The Book Society of India, Bombay
- 1987 Hasan-Uddin Khan.CHARLES CORREA.Singapore,Butterworth, London & New York：Mimar
- 1995 印度建筑师查尔斯·柯里亚作品专集.深圳：世界建筑导报，1
- 1996 CHARLES CORREA；with a Foreword by Kenneth Frampton. London；Thames & Hudson
- 1999 Charles Correa；Housing & Urbanization.Bombay：Urban Design Research Institute
- 2000 Charles Correa；Housing & Urbanization.London；Thames & Hudson

作　　品	46	专为小贩设计的人行道（未建）
英　文　名		Hawkers Pavements
时　　间		1968 年
地　　点		孟买，马哈拉施特拉邦

在印度城市里，各种交通方式组成了一幅令人惊奇的画面：自行车、单脚滑行车、公交车、出租车、小轿车、卡车等等，当然还包括牛车。如果在艾哈迈达巴德或德里，还有骆驼，甚至偶然可见大象。它们的速度当然有快有慢，如何形成合理组织、形成秩序感是个值得思考的问题。

这种混合方式当然有它的好处。这说明每个人都有平等的权利使用道路。不过人们也不得不思考，如何把它们组织得更为理性一些。柯里亚与同事一道做的第一个实验性方案于1968年提交给了地方政府。这个方案关系到达达布海－瑞罗吉大道的人行道的设计，这是一条位于孟买"要塞"地区的主要干道。

白天，人行道上挤满了小商贩，行人就被迫在车道上行走，从而影响交通畅通。到了夜幕降临的时候，商贩们收拾好自己的货物，打道回府。这时，又有人打开铺盖在人行道上睡觉了。

这些在马路上睡觉的人们并不是无家可归的流浪汉，他们大多是家庭佣人和办公室的勤杂工。因为所租的房间太小了，堆满了各人的财物，所以只好来大马路上睡觉了。这样就能节约租房费用。而且在闷热的夜晚，室外比拥挤的室内还舒服得多。但问题在于马路上太脏了，人们径直从他们身上跨过去。这真是叫人苦恼。

柯里亚所提交的方案是建议设计一种线形平台来改造孟买的街道，2m宽，0.6m高，每隔30m设置一个水龙头。在白天，这些平台由小贩们使用，于是就可以留出拱廊和人行道来让行人行走。车行道也不再被占用。而且这些水龙头还可以在车辆和行人之间形成一个安全屏障。到了傍晚，太阳落山时，市政清洁工就打开水龙头，把平台冲洗干净，这样就方便了晚上出来睡觉的人们，同时也安全了些——过路的人们无须从他们身上跨过去了。

但这并没有被实施。过了许多年，又提交了许多轮方案之后，柯里亚和他的同事们提出了花神喷泉的方案——这是在城市中最为重要的地段，即CBD核心区的位置。数十年前，这里原本是一个美丽的地方，是这个城市的骄傲，但是今天这里变成了一个肮脏的海面，围绕着两座纪念构筑物停满了车辆，一个是花神喷泉，还有一个就是烈士纪念碑。因为金属表面的反光，这两座构筑物都几乎看不见了。于是建筑师建议把停车场移到构筑物的后面，这样就不会影响人们观看两座标志构筑物的视野了。把场地前方清理干净以后，进行植树铺地，就有可能重新恢复城市广场往日的勃勃生机。

在这个花神喷泉方案中，建筑师把上述为小商贩设计的线形平台赋予了新的形式。小商贩仍是城市中有争议的一个问题。毫无疑问，他们给行人行走带来了种种阻碍。但如果把小商贩们都迁到别的地方去，又将给大部分的勤杂工买日常用品造成

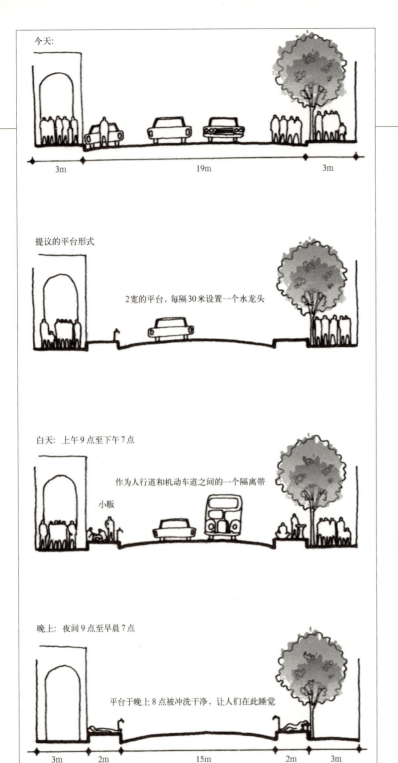

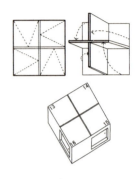

图46-2　2m × 2m沿街平台的灵活使用方案示意图

图46-1　街道断面设计图

不便。柯里亚的方案是设计一系列的2m × 2m的平台，每个这样的平台可容纳4个小商贩，彼此之间还划分了清晰的界线。平台的数目与领了营业执照的商贩数量吻合。这样没有执照的非法占用者就会被马上识别出来。平台是沿着人行道布置，有时独立设置，有时成组团设置，这样非常便于人们靠近这些平台，而且不会影响行人交通。

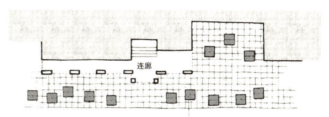

图46-3 供小贩使用的平台的断面图、平面图

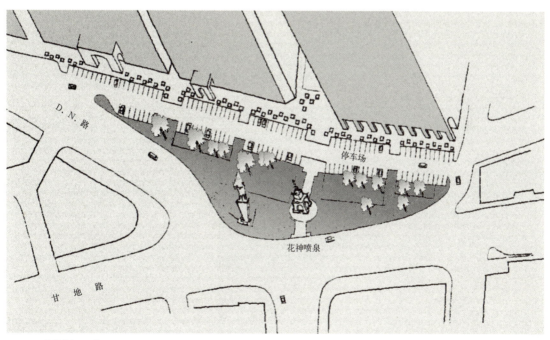

图46-4 花神喷泉地区的平面规划图
注：本案例图片均为根据资料重绘。

参阅书目

- 1983　Charles Correa；with a Foreword by Sherban Cantacuzino.Singapore：Mimar
- 1987　Hasan-Uddin Khan.CHARLES CORREA.Singapore,Butterworth, London & New York：Mimar
- 1999　Charles Correa：Housing & Urbanization.Bombay：Urban Design Research Institute
- 2000　Charles Correa：Housing & Urbanization.London：Thames & Hudson

作	品	47	纳里曼岬地区规划
英	文	名	Nariman Point
时		间	1974年
地		点	孟买，马哈拉施特拉邦
业		主	"拯救孟买"组织

纳里曼岬地区位于孟买岛的南端，面对阿拉伯海。对这个地区新建筑的改造始于上个世纪20年代，但结果引发了系列丑闻，以至一位充满正义感和胆识的市民出面来阻止建设活动。他的名字叫做 K·F·纳里曼，因此这个地区便以他的名字命名。数年之后，在1950年代末，政府又重新开始这项计划，这一次规模非常之大，在城市南端将建设双倍容量的办公区。这样就激化了各种矛盾，如交通、服务业、公共设施等等，再次又出现了令人瞠目结舌的腐败行为。为了向这种现象挑战，市民成立了"拯救孟买"组织。他们邀请柯里亚为这个地区做总平面设计。但是直到今天，成效甚微，城市中还存在十分严重的凌乱的轮廓线。

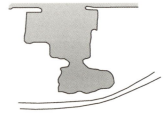

图47-1 城市中十分严重的凌乱的轮廓线

柯里亚首先将城市轮廓条理化，分成两个独立的地段。其中较小的一个方形湖面可以让平底船通过，而另一个较深的水体则面向大海开敞。为了不让规划好的地段形状被随意更改，柯里亚进一步提出：与其随意倾倒泥土形成含混的轮廓线，不如将水体边界用公共散步大道来明晰地限定出来，而且还修建旅馆、餐厅等。

"拯救孟买"组织受到了总理的接见。总理对他们的行为颇为震动，同意了这项提议，决定把纳里曼岬地区改建活动暂停。其他一些环境保护论者却反对这项计划，因为他们认为如果将水体的轮廓线明确的话，则对地理环境改造太多。因此边界模

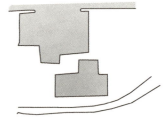

图47-2 柯里亚将城市轮廓进行条理化改造

图47-5 设计方案模型推敲(引自:Charles Correa: housing and urbanisation. London:Thames and Hudson , 2000.125)

糊的水体仍保持原状,结果为腐败的政客提供了便利,他们利用夜幕的掩护偷偷倾倒泥土,来获得更多可以出售的土地,从中牟利。

今天,已是过去了20多年,这项计划还是停留在纸面上,这个地区仍然是充满各种丑陋现象,不过新建了许多建筑物,比起1974年来多了许多。这一切都是所谓的环境保护论者的短视和固执造成的。因为他们的固持己见,腐败的政客和他们所属结构从中渔利。

就此,柯里亚大声诘问:"谁是最终的失败者?是我们的城市。"①

① Charles Correa:Housing & Urbanization,Thames & Hudson, London, 2000. 125

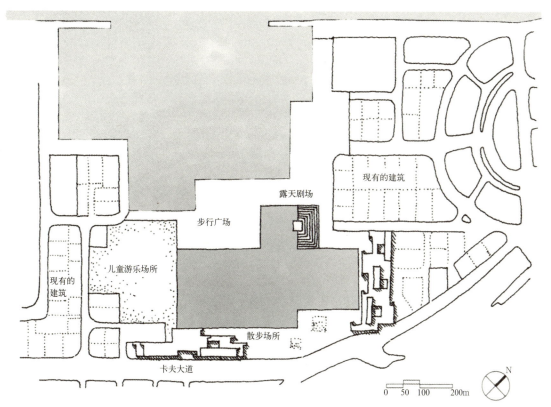

图47-3 总平面图

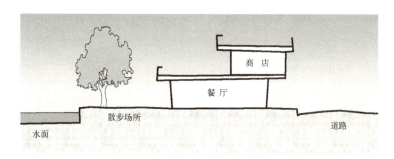

图47-4 滨海地区道路断面设计
注:本案例图片除标注的以外,均为根据资料重绘。

参阅书目

- 1999 Charles Correa:Housing & Urbanization.Bombay:Urban Design Research Institute
- 2000 Charles Correa:Housing & Urbanization.London:Thames & Hudson

作　品　48	巴格尔果德镇规划
英　文　名	Bagalkot Township
时　　　间	1985年－现在
地　　　点	卡纳塔克邦[①]
业　　　主	卡纳塔克邦政府

重要设计手法　露天庭院、屋顶平台、中央邻里共享空间

巴格尔果德镇是一个美丽的小镇，人口7万。卡达普哈河从小镇中缓缓流过。因为政府新修的大坝将抬高卡达普哈河水位，这将淹没巴格尔果德镇部分地区。因此为了妥善处理，使得居民损失最小，卡纳塔克邦政府决定新建一个巴格尔果德镇，离旧城不到10km。新镇将容纳10万人口，不仅要接纳5万旧城居民，还将计划把它建设成为该地区新的主要发展中心，吸引和分散部分涌向诸如班加罗尔和胡伯里尔已经饱满的城市移民。

图48-1　老镇区的街道景象

于是卡纳塔克邦政府委托柯里亚这个任务，要求为5万名因卡达普哈河涨水而失去家园的人们提供住宅设计，并保留巴格尔果德老镇的迷人韵味。老镇的美不仅在于建筑，而且还体现在城市格局，它是逐渐地自然形成，与周围环境协调和谐。这种和谐成为柯里亚设计巴格尔果德新镇最优先追求的效果。

在现有的社会经济模式上，根据地块的大小，柯里亚事务所为各个不同的阶层确定相应的宅基地面积大小。

基地划分成一个个小单元，较小单元为"块状"，较大单元为"条状"，然后组合成多个大小为280m×280m的区域。从局部的平面图上可以看到，通过道路连接，能把各个阶层的住宅区很好地联系起来。这样可以避免在许多号称经过"规划"的城镇所遇到的情况，出现不同收入阶层的隔离现象，昌迪加尔就是这样。同时，以城镇中心为核心，呈环状分布，并沿对角线方向布置了四条主要的道路。

图48-2　当地传统住宅外观
（图48-1～2：引自：Techniques & Architecture. Paris, 1988–Feb./Mar.96）

政府不仅补偿这些居民的财产损失，还帮助他们搬运家什到新家，包括旧宅的门、窗、梁、阳台等构件。

从总平面中可以看出，该规划将经验主义出发的理性分析与高度抽象的感性思考有机地结合起来，这让我们想到了斯里兰格姆圣城。圣城以几重方形环道围绕着作为核心的神殿，塑造出一个井然有序的宇宙模型，近乎完美地表达了古老而神秘的吠陀文化。

地块尺寸					
已有地块			建议地块		
楼层面积 (m²)	各户型 所占%	户　型	各户型 所占%	地块尺寸 (m)	地块面积 (m²)
0–10	12	A	12	8×9	72
10–25	38	B	38	8×12	96
25–50	30	C	30	12×9	108
50–75	11	D	11	16×9	144
75–100	4	E	4	12×18	216
100+	5	F	4.5	15×24	360
		G	0.5	20×24	480
总计	100		100		

图48-3　从图表中可以看出，新建住宅和在印度大多数小城镇所能见到的住宅非常相像。柯里亚主要的关注点不是放在建筑形式上，而是城镇的交通和结构

[①] Karnātaka：卡纳塔克邦，位于西南海岸，邦名意为"位于海岸边的国家"，首府为班加罗尔(Bangalore)。

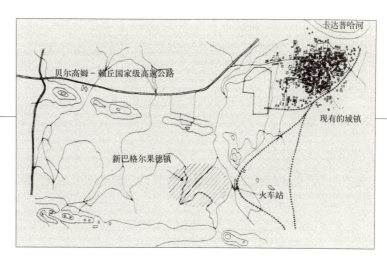

图48-4 镇区位置图

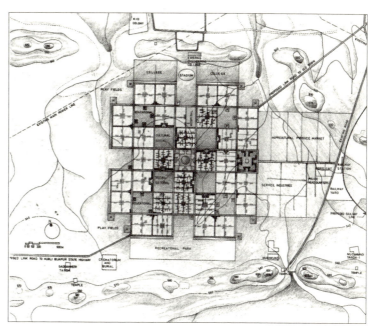

图48-5 总平面图（引自：Techniques & Architecture. Paris，1988-Feb./Mar.96）

图48-6 典型街区分析　　　　　　　图48-7 集贸市场街贯穿街区的对角线

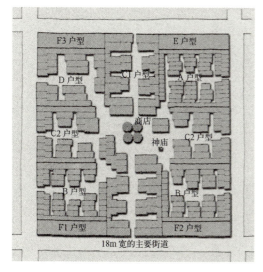 

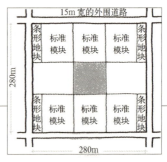

图48-8 地块分析图

参阅书目

- 1987 Hasan-Uddin Khan.CHARLES CORREA.Singapore,Butterworth,London & New York：Mimar
- 1988 L'Inde Intemporelle.Techniques & Architecture.Paris, Feb..86—97
- 1992 Caralogue："World Architecture Exposition, 1988".Nara.Japan, 40—49
- 1995 印度建筑师查尔斯·柯里亚作品专集.深圳：世界建筑导报，1
- 1996 CHARLES CORREA：with a Foreword by Kenneth Frampton.London：Thames & Hudson
- 1999 Charles Corrca：Housing & Urbanization.Bombay：Urban Design Research Institute
- 2000 Charles Corrca：Housing & Urbanization.London：Thames & Hudson

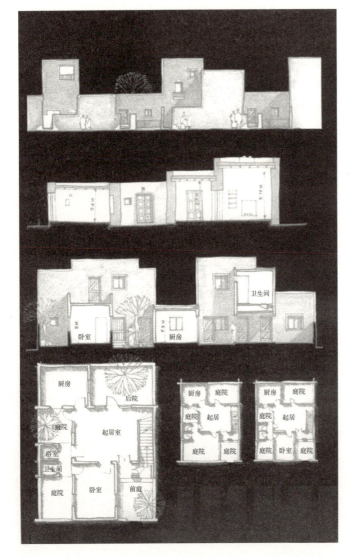

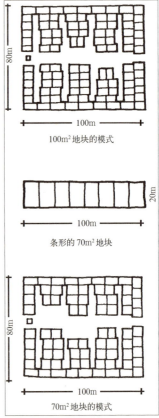

图48-9 各种地块尺寸

图48-10 住宅单体设计(引自：Techniques & Architecture.Paris, 1988-Feb./Mar.97)

注：本案例图片除标注的以外，均为根据资料重绘。

作品	49	乌尔韦：新孟买的城市中央商务区规划
英文	名	Ulwe: The CBD of New Bombay
时	间	1991年－现在
地	点	孟买，马哈拉施特拉邦
业	主	城市和工业开发公司

图49-1　乌尔韦是新孟买建设中的一个主要节点

这项任务是新孟买城市中心的重要组成部分，给了柯里亚一个机会来实践他之前已经讨论过多次的观点，例如，可承受(Affordability)、可复制(Replicability)、最佳密度(Optimal Densities)等。在这个规划中，是把几个基本概念结合起来考虑的。遗憾的是，城市和工业开发公司并没有将其纳入到新孟买的开发中来。

乌尔韦是位于新孟买3个节点中最南端的一个，它成为了围绕瓦格伊瓦伊湖区城市中心的组成部分。乌尔韦有1580公顷土地，根据发展规划，将要为大约35万人口提供住房，并预计容纳超过14万个劳动力。

柯里亚事务所承担了其中3项任务。第一，做土地利用规划(在新孟买的结构平面的框架内进行)；第二，为中心区做城市设计控制规划以及建筑设计控制文本；第三，设计1000个住宅单元，包括各个不同收入阶层，从最富有者到贫困人群。

这3项任务为柯里亚提供了一个难得的机会，来考虑城市高速发展过程中面临的一些尖锐问题。是否有可能为第三世界国家，例如像印度这样的国家，找到一条适合的、能够承受得起的城市发展模式？乌尔韦的规划为检验这个疑问提供了可能。柯里亚准备根据以下几项参数来进行分析：

a.可承受：确定预期人口的收入，来决定住房建设预算(包括政府补贴、银行贷款等)；

图49-2　总平面规划图。对乌尔韦进行开发的平面设计中可以看出居住与工作区的模式，在面对瓦格伊瓦伊湖区的场地北端密度较高。公路和铁轨把新开发区沿着南部边界与尼亚瓦－谢瓦港口码头以及城市的其他部分联系起来。其中穿越贝拉布尔海湾的新铁轨将起到堤堰的作用，来确保瓦格伊瓦伊湖在一定的水位高度，这对沿岸修建的建筑和公共散步道至关重要。(引自 Charles Correa.London:Thames and Hudson, 1996.175)

209

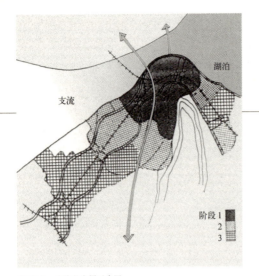

图 49-3 分阶段发展示意图

可负担得起的费用	A 11000	B 21600	C 26400	D 45200	E 53000	F 128000	G 265000	H 575000	I 700000
1P 1217	9.0	17.7	21.7	37.1	43.5	105.2	217.7	575.2	575.2
1Q 1767	6.2	12.2	7.4	25.6	30.0	72.4	150.0	396.2	396.2
2Q 2430	4.5	8.9	10.9	18.6	21.8	52.7	109.1	288.1	288.1
1R 2867	3.8	7.5	9.2	15.8	18.5	44.6	92.4	244.2	244.2
2R 3530	3.1	6.1	7.5	12.8	15.0	36.3	75.1	198.3	198.3
3R 3973	2.8	5.4	6.6	11.4	13.3	32.2	66.7	176.2	176.2
1S 3167	3.5	6.8	8.3	14.3	16.7	40.4	83.7	221.0	221.0
2S 3500	3.1	6.2	7.5	12.9	15.1	36.6	75.7	200.0	200.0
3S 3833	2.9	5.6	6.9	11.8	13.8	33.4	69.1	182.6	182.6
4S 4500	2.4	4.8	5.9	10.0	11.8	28.4	58.9	155.6	155.6
2T 4750	2.3	4.5	5.6	9.5	11.2	26.9	55.8	147.4	147.4
3T 5083	2.1	4.2	5.2	8.9	10.4	25.2	52.1	137.7	137.7
4T 5750	1.9	3.8	4.6	7.9	9.2	22.3	46.1	121.7	121.7
选项	1	2	2	2	3	4	6	10	10

图 49-4 不同收入阶层的住房选择分析表格

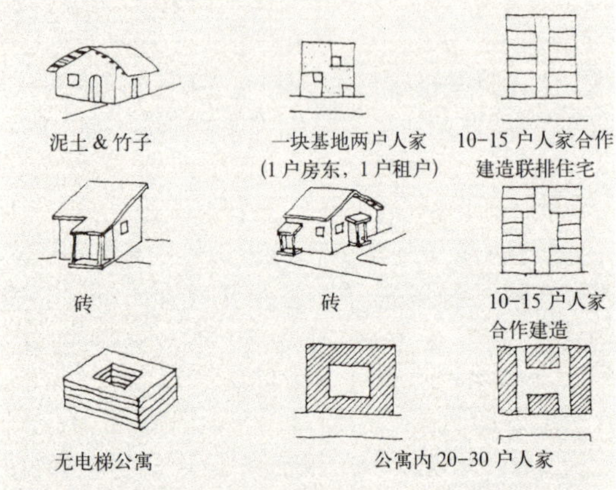

	项目用地 (MPR)		提 案	
	面积(ha)	%	面积(ha)	%
住宅	11.0	56.0	11.2	57.2
道路	5.0	25.0	4.7	23.8
绿化	3.0	15.0	3.0	15.1
S.F./商店/市场/研究所	0.8	4.0	0.7*	3.9
总计	19.8	100.0	19.6	100.0

* 作为每个城市和工业开发公司的需求

图 49-5 土地使用分配表

建筑类型	P 泥土&竹子	Q 石棉	R 砖	S 无电梯公寓	T 塔楼单元式公寓
建筑费用(卢比/每平方米)	500	1000	2000	2000	3000
楼层数量	1	1+夹层	2	G+4	G+10

图 49-6 住宅类型与造价分析

b. 建筑形式的选择：同时还考虑建筑材料和建造技术的费用(从茅草、竹子到砖材、混凝土，从低层建筑形式到高层塔楼)以及可行性(如在不同的气候条件下)的探讨。此外还包括对道路、供水方式、污水处理、电力交通及其他基础设施的选择。

c. 关于场地：分析地形等高线和土壤现状等情况，这样就能够非常清楚哪些土地能够使用，需要多少费用。

一旦这些参数被确定下来，第二步就是通过不同"建筑形式"(b项)实际造价／利润的比较，来确定"可承受"(a项)的模式，这样再来估计各收入阶层的土地需要量和所在地段(从而确定不同的土地价格)。这些可选择的因素针对各种收入阶层来进行调整，与各自的承受力相吻合。例如，对于一个中产阶级的家庭来说，可以选择居住在城市中心的 $30m^2$ 高层塔楼里，或者是郊区的 $60m^2$ 公寓，还可能是 $100m^2$、用烘干砖和瓦坡屋顶砌成的住宅里。这样就可估算出不同地段需要的土地量(c 项)。

第三步寻找适宜的方式来铺设交通网络，包括自行车道、公交路线、火车线路和通勤车道，这样就能够为上述第二步提供

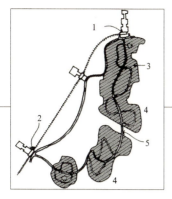

图 49-7　开放沿山坡地区
1. 加内斯浦里火车站;2. 巴门东里火车站
3. 住宅区;4. 山坡;5. 环道

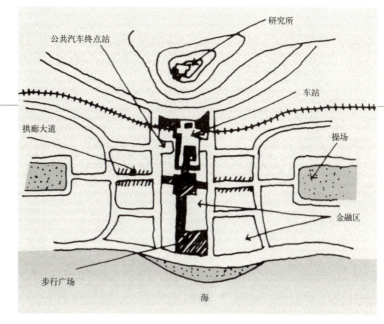

图 49-8　典型区位分析图

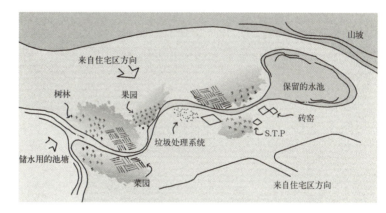

图 49-9　对季候风大量雨水的处理：大部分的雨水都引到了周围山区的水库中，而在 3 个月的季候风期间则通过穿越场地中的一系列平行方向的小溪引向大海。为了避免触目惊心的污水横流，乌尔韦的开发中使用了污水处理系统，在水体边缘设置储存用的池塘，这样就能够很好地收集雨水，在干旱季节来灌溉树林、果园和蔬菜

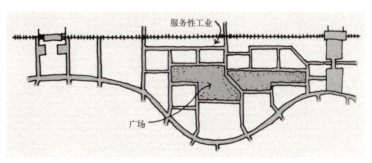

图 49-10　公共交通体系的建设可以提供更多的可利用土地。开放的绿地和游戏场位于社区中心，同时还在铁路沿线一侧布置小规模的工业用地

更多的可利用土地。综合三个步骤，使城市形象越来越明晰。同样，这种综合的方法也将明确人们可承受的、好使用的住宅形式，并选择城市中不同的地段。

在米兰、新加坡、哈瓦那这些城市里，城市形象和生活方式的特征鲜明，与世界上寒冷地区的城市面貌截然不同——为了防寒，寒冷地区的建筑是一栋紧挨一栋。在孟买，建筑形式则需要独立布置，组织开放空间，来形成穿堂风。建筑沿着街道和滨水地区布置，形成了孟买城市连续的景观。每栋建筑前沿加上拱廊来遮阳避雨，这也成为了城市特色的构成元素。

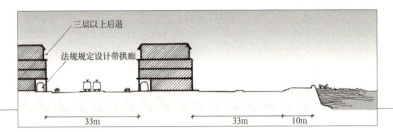

图 49-11　道路断面图

图 49-12　不同街区模式分析图。每一个中等规模的城市街区（200m×200m）都带有独立的后花园。一些地段优越的街区则被分解成为数个较小尺度的地块，是为了鼓励大量的小投资者来进行投资，每小块地块即独立控制，又综合考虑，采用低层高密的建筑形式，来塑造街区的整体形象

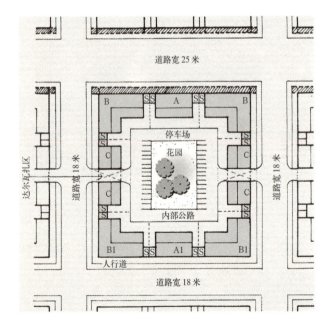

图 49-13　乌尔韦 CBD 地区的典型商业／住宅街区

注：本案例图片除标注的以外，均为根据资料重绘。

参阅书目

- 1996　CHARLES CORREA: with a Foreword by Kenneth Frampton. London: Thames & Hudson
- 1999　Charles Correa: Housing & Urbanization. Bombay: Urban Design Research Institute
- 2000　Charles Correa: Housing & Urbanization. London: Thames & Hudson

作　品	50	政府委托的城市化研究项目
英　文　名		The National Commission on Urbanization
时　　间		1985-1987 年
地　　点		印度政府

拉吉夫·甘地①是印度少有的几位对城市问题感兴趣的总理之一。在1985年国大党大选获胜以后，拉吉夫·甘地总理组成了新内阁，他还任命了一个新的机构，即国家城市建设委员会。这在印度城市建设中仅此一次。在这之前，大多数政治家并没有认识到城市所存在的问题值得如此关注。在大多数情况下，他们只是把城市看作自身和其政党的资金来源。而这一切终于有所变化。

拉吉夫·甘地总理坚持委员会的成员来自政府以外，这样能够为城市新景象的形成注入新鲜活力。在接下来的数月里，柯里亚和同事们走遍了印度各邦，参观了许多大、中、小城市，会见了各地的政治领袖、政府官员、民间机构、市民团体，收集中央地方各级政府的信息通报。为了确保委员会能够接触来自各方面的建议，因此设立了数个工作组，来调研大量的城市核心问题，涵括从公共高速交通线(MRT)到建造技术、城市管理和城市贫困等方方面面。这些都被委托给全国各高校和研究机构来进行研究。

这是一项复杂的工作，工作量极大，最终报告多达数卷。委员会把其中最为关键、最为重要的问题集中到了前两卷，这样一目了然。最后得出的结论还是相当积极的。其乐观的主要原因之一就是印度城市居住模式的多样性、自我很好的平衡能力。这的确是个优势。在印度，无须用一个类型的大城市来统帅其他的城市(就像巴黎和法国、伦敦和英国的关系)。相反，值得庆幸的是，通过一套完整的电脑网络系统把乡村、城镇和城市在真正的意义上联系起来。

现如今，由于来自方方面面的压力，这套系统已处于超负荷运转中。这份报告主要针对的问题，不是为大都市中心寻求一条解决的捷径，而是如何加强和平衡城市居住这个至关重要的问题提出了良多建议。委员会强调的另一个重点是如何解决城市经济来源的巨大压力。这不可能用乡村地区来分散城市压力，相反，应当好好的重新安排已有的城市中心模式：把城市中心当作是增长的机器，为城市健康发展提供必要的资源，从而带动周边乡村地区的发展。

柯里亚和同事们感觉到其中最为严重的问题是：如何对城市中心进行管理，以及改善政府对城市发展的失控状态，并及时预防城市危机的出现。当大规模的贫苦农村人口流入城市，毫无疑问，大城市将不堪重荷如此众多人口，这在孟买和加尔各答已经出现过了。因此，委员会感到：最为急迫的一个任务就是

---

① Gandhi, Rajiv: 拉吉夫·甘地(1944-1991年)，前总理，英迪拉·甘地之子。1984年其母英迪拉·甘地总理遇刺身亡，拉吉夫于当日接替总理职务。同年12月国大党大选获胜，拉吉夫组成以其为总理的新内阁。1991年5月21日遇刺身亡。

发展小城镇，使它们的发展速度快于全国平均水平，通过适当的基础设施投资，来增长它们的经济活力。与其让政治家们(他们都有自己的政治目的)来自行选择，还不如专家们首先推荐一些标准来供选择。在这个基础上，柯里亚和同事们选定了329个城镇，其中的108个所在地区只有少于10%的人口为城镇人口。既然城乡发展是紧密相连的，那么城市中心地区就应该为乡村无业人口提供就业机会，提供市场来刺激更高的农业生产，并提供乡村所需要的服务行业。这些功能将加强城乡成为连续统一体。

委员会对大城市的问题也进行了调查，尤其是不断上涨的房地产价格。其中一个关键的问题当然是供需极度的不平衡。委员会对城市土地最高限度法案(ULCA)的作用进行了分析，在法规与价格上涨之间建立起清晰的连接方式。这是因为在大多数城市中，ULCA所起到的作用仅仅只是冻结建设项目，这样使得可供应的住房处于稀缺状态，来提高价值。委员会推荐设置一种开发城市土地的调节税，这将用于城市贫困人口的住房基金。对班加罗尔的研究表明，即使采用最低标准3卢比/m^2，每年也将有净收入9亿卢比，这是一个不小的数目，是目前用于贫困人口住房基金的数倍。

另一个造成基金短缺的原因是租赁法案，这是从二战开始生效的一项法案。它旨在处理当时军队和政府住房面临的临时短缺问题。令人难以置信的是，这项法案目前仍然有效，并且租金仍保持在二战时候的水平。因此，柯里亚所在的委员会向政府建议，应当把住房用地与商业用地区分开来。对于后者，土地所有者和租户都是相当富裕的，因此，现在应该弄明白的是：该保护谁？为什么要保护？委员会建议：对商业用地的重新控制与管理要逐步进行。同时也应该对豪华住房用地(即每套超过200m^2的住宅和公寓)重新进行控制。但这些策略绝对不能用于中低收入阶层身上。

委员会也调查了一些城市中不当的管理方式，建议一套包括3个层次的体系，这将可以分解许多过于集中的权力和责任，下放给市民。

委员会还发现至关重要的一点，关于城市发展的许多决策都是由政府领导决定的，而没有听取各个阶层的意见。而官员们是很少顾及普通民众的利益。这是印度的民主议会形式所决定的，政府领导是由其他城镇选举出来的。要改变这种情况的惟一途径就是使政府决策人能够代表城市各阶层人民的利益。委员会已经建议政府在印度4个最主要的城市用这种方式来指派政府高级官员。

城市管理面临的最严峻的问题还有：城市贫困。委员会的报告中特别强调了这一点，这也许是城市中最悲惨、最丧失人性的一幕。委员会提出建议，要求制定新政策，来考虑雇佣模式以及住房土地供给问题。

报告中强调的另一个重点是有关城市形式的问题：城镇面貌变得越来越丑陋。这个问题部分是因为发展商的无知，但最大的因素还是现存的城市管理体制——其中相当一部分非常荒谬，迫切需要人们来重新进行认识。就这个观点，报告进行了讨论，确定出应当遵循的一套发展模式和规则。

这份报告也涉及了其他一些问题，例如能源、交通、城市保护、用水和卫生设施等等，在这里就不能一一列举了。但必须提醒大家注意报告中的一点，即：为了使毫无生气的城市中心重新恢复活力，委员会提议成立一个专职的国家城市委员会(就像是原子能委员会一样的机构)，借它来监督管理整个国家的城市化进程，对相关政策进行管理和检验，在较高的层次上研究城市化问题，并与较高一级的政府机构保持联系和沟通，来确保国家的城市化建设能够在长时期内合理有序发展。这个委员会将成为政府的组成部分，但是又不同于常规的政府部门的结构，这样它不仅能够高屋建瓴地做出长远规划，而且还将使政府最大程度地听取社会各方面的意见，以求集思广益，博采众长。这样的一个机构将对我们的城镇建设大有帮助，能够很敏锐地捕捉到其中所真正缺乏的东西，正如报告前言中写的：

　　"今天，我们的国家开始逐渐意识到城市化进程并不仅仅是指加尔各答的衰落、坎普尔①的人口膨胀、或者是孟买的交通问题，包含的范围要宽广得多。它所涉及的领域和规模是无以比拟的，这将在根本上改变我们生活的本质。诸如我们这个时代的政治、人性和道德等问题将逐渐浮现出来，是由我们数以百万计的人们越来越强烈的期盼所促成的，他们希望有更加美好的未来。"

---

① Kanpur: 坎普尔，印度北部一城市，在恒河上，位于德里东南部。

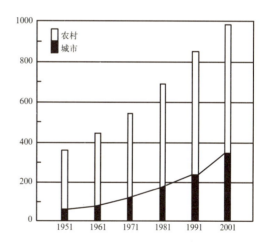

图 50-1　城市人口增长速度是乡村人口的两倍（根据资料重绘）

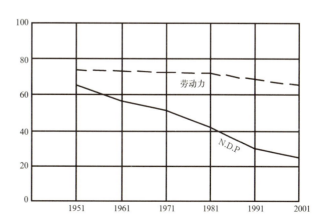

图 50-2　农业在全国经济指标中所占比例降低，但劳动力数量并没有减少（根据资料重绘）

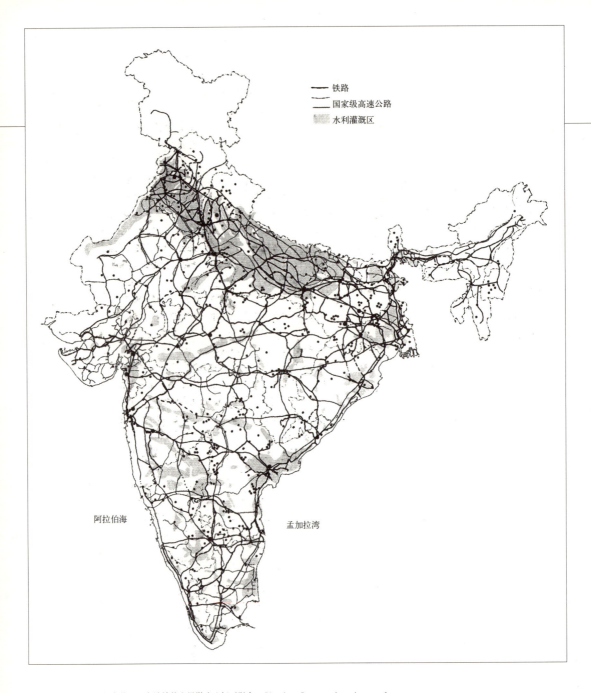

图 50-3　选定进行研究的 329 个城镇的发展潜力分析（引自：Charles Correa：housing and urbanisation.London：Thames and Hudson, 2000.136）

参阅书目

- 2000　Charles Correa：Housing & Urbanization.London：Thames & Hudson

作　品	51	帕雷地区规划	
英文名		Parel	
时　间		1996年	
地　点		孟买，马哈拉施特拉邦	
业　主		马哈拉施特拉邦政府	

增加城市土地的供给对于解决城市生存问题至关重要。在这个过程中，对土地的循环利用是核心问题。但遗憾的是，在印度许多城市，并没有这样来充分利用土地资源。即使在今天，孟买岛大约1/4的土地，其中包括临海湾的东部滨水地区的几乎全部土地，还是被港口托拉斯掌管。加尔各答港口托拉斯在城市中心所拥有的土地面积甚至更大。这大部分的土地使用不当，应当重新考虑其用途。

在世界上其他许多地区，有着城市土地循环利用的成功例证，以此来调整城市的产业结构。例如波士顿，在19世纪就像孟买一样是一个以纺织业为基础的城市，但在1950年代人们发现城市发展走下坡路，纺织业开始萎缩。在过去数十年中，波士顿将自身调整成为一个计算机的高科技中心，现在它的失业率是全美国城市中最低的。格拉斯哥①也是这样，它曾经是世界造船业中心，现在为了生存，也开始寻找新的产业。

不管孟买的纺织业是否已经陷入了这样的困境，这不是城市规划所能够解决的问题，而是一个涉及到经济、政治等多方面的综合性问题。从拿着微薄薪酬的纺织业工人身上可以看出纺织业的不景气。孟买已有58个纺织厂，其中26个已是"病入膏肓"，被政府重新接管。剩余的32个厂仍然是私人拥有。在1980年代，一些"病入膏肓"的厂子想关闭，来出售土地。作为孟买区域发展署执行委员会的主席，柯里亚提出一个简便易行的规则，来循环利用这个城市用地：其中1/3捐赠给市政当局，来建设城市开放空间；保留1/3为低收入阶层住房用地；剩下1/3则在市场上公开拍卖。如果有新买主来选购合适的土地，则拍卖价格和通行的市场价格一致，这部分资金可用于工人补偿和职业再培训，以及支付银行贷款等。

在1991年3月，这条规则成为了开发控制新规定的第58条的基础。在1993年，政府颁布法令：在公开市场上买卖土地，其用途包括高科技、无污染工业，例如服装工业、计算机软件等，这样就给这座城市注入了新的经济推动力。简言之，新规定旨在重新利用纺织业用地，不仅是为了获得财政收入，也是为城市提供开放空间和公共住宅。这将形成城市统一连贯的新形象。这对于孟买真是一个千载难逢的发展机会，因为城市中心的开发已经太长时间被忽略了。

遗憾的是，这一切并未能如愿。相反，为了避免给城市提供公共性质用地，这些纺织厂开始秘密地将所属土地分割成为小块进行出售，甚至黑社会也参与其中。同时，纺织厂的关门倒闭已经引起了工人们的恐慌，造成社会一些不安定因素。

---

① Glasgow：格拉斯哥，苏格兰西南部克莱德河上的一个城市，建于6世纪晚期。它是主要港口和工业中心，而且是苏格兰最大的城市。

这就是为什么在1996年，马哈拉施特拉邦政府成立了孟买区域发展署委员会，来准备为这些纺织厂用地进行总体规划，来创造连续统一的城市形象和市政设施，并为工人们提供新的就业机会。既然委员会与32家工厂中私人开设的接触未果，所以在报告中就只可能先涉及所属国家纺织业委员会(NTC)的26家工厂的土地利用问题。报告中对土地利用的策略主要如下：

a.委员会任命有关建筑师、工程师、城市保护专家，来参观所有的工厂，评价和收集相关文献，是关于各个工厂中的不同结构和其他突出特征；

b.NTC明确其中他们感到需要保留、还有可利用价值的部分，这些土地将被整个儿保留；

c.接下来，这些还有可利用价值的部分除外，计算出可处理的土地量总和；

d.最后，保留下来的工厂土地将进行整体处理。

委员会将所有可任意处置、有利用价值的土地归总，并划为3等份。这使得委员会将有整块土地可以利用，而不是对每一个工厂用地零散使用。这样，其中7块完整的地块被用于公共住宅，4块(和4块其他用地的局部)用于开放空间和公共设施。剩下的1/3(包括3块完整地块和3块其他用地的局部)被做上标记，用于开放市场的拍卖。

对于每一块土地，都准备相应的土地利用草图，来表明如何进行开发。通过这种方法，取代了大杂烩似的开发建设，大片可利用的土地都被明确划分为3种用途中的一种，从而创造出城市的整体形象。

主要街道拓宽被拓宽，两边栽上行道树，这样就形成了枝繁叶茂的林荫大道，从而将帕雷地区变成绿意盈盈，在规模和影响力上都可与孟买城已有的商贸区相媲美。

主要公共开发空间的设想：委员会提议的公共开发空间涵括各种尺度，从大型的运动场到小型的社区公园，这样人们可以进行各种各样的户外活动。在火车站前，是一个大型的步行广场，周围布置着购物拱廊，这样人们就能在回家的路上购买蔬菜和生活用品，这样的模式在城市中随处可见。

在历史街区建新建筑应该考虑已有的历史文脉。在帕雷地区的历史核心地带建造任何新建筑都需要反映城市独有的文脉。一些老工厂所在的场所和结构不仅可纳入历史保护名单，而且还充满活力，可为时尚艺术家和设计师、软件工程师提供工作室。这样将形成孟买的新中心区，而且独具特色，为这个大都市发展提供了新的视角。

再以"要塞"地区的规划为例。为了说明这种合作是互惠互利的，委员会确定一块41公顷的三角形地段，正好是7个工厂的用地。这个地块比孟买的中央商务区(即有堡垒保护的制造加工业和贸易区，包括鲍里码头、霍尼曼圆形区和花神喷泉一带)还要大许多。为了鼓励毗邻的土地所有者能够进行整体开发，委员会建议任命一个专门机构来提供金融支持，以推动整个建设过程合理有序进行。

参阅书目

- 1999 Charles Correa：Housing & Urbanization.Bombay：Urban Design Research Institute
- 2000 Charles Correa：Housing & Urbanization.London：Thames & Hudson

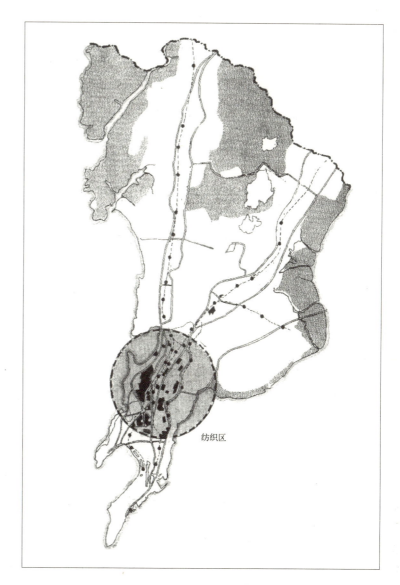

图51-1 纺织区在孟买城市中的位置（引自：Charles Correa：Housing and Urbanisation.London：Thames and Hudson, 2000.132)

PART V   THE NEW LANDSCAPE

第五部分   新景象

*献给莫尼卡*①②

她一直鼓励我在此方向进行探索……我心存疑虑：这些观点和思想，虽然还没有进行充分表达，但是与我有可能建造的任何建筑相比，它们与这个社会更密切相关。

首先我得感谢我的女儿，奇鲁，她投入了极大的热情，来对此书进行细致设计，把文字、照片和草图进行精心编排，成为一个整体。

我还要感谢瓦勒瑞，她以一个虔诚信徒的热情打印出初稿——反复多次。同时还要感谢塔塔出版社的所有工作人员，尤其是泽尔士、马达夫、基兰以及约根施，他们优先安排了本书的出版。并且还要感谢文中所用照片的摄影者，尤其是约瑟夫·圣安尼，他那张令人难忘的关于孟买的充满迷幻色彩的图片，被用作了这本书的结尾。

我努力使此书尽可能的简洁，因为一直以来就反感资料堆砌，我总认为：最深刻的思想应该能用最巧妙精炼的语言表达出来，例如$E=mc^2$③。不管是对或是错，此言出自一位伟大的科学家之口。无论如何，本书无意涉及第三世界国家城市化进程中所面临的一切问题。我仅仅尝试着记录下在实践经历中我已经遇到的有关"新景象"问题的点点滴滴——这些现象不仅出现在孟买，在印度这个次大陆的其他城市也同样存在。我毫不怀疑 高速的城市化进程(由贫困人口的移民潮所引发的)将是今后30年中至关紧要的政治问题。然而令人惊奇的是，迄今为止还没有形成一套理论措施来作为相关行动的基础。我们必须对这一计划的理性认识给予高度重视。这一工作得由相关人士坚持不懈、日复一日地进行下去——正如游击战争中的伟大的理论家们一样，他们并不是纸上谈兵，而是付诸实践，例如毛泽东和格瓦拉④。

最后需要说明的一点。在本书中，我使用了"第三世界"这个词。我发现它远胜于那些听起来不舒服、也不精确的说法："不发达"或"发展中。"众所周知，"第三世界"一词是1950年由尼赫鲁、铁托⑤、纳赛尔⑥和不结盟运动的其他国家的领导人提出来的。使用此词是为了定义出第三种选择，有别于斯大林的苏联和杜勒斯的美国。正是这个第三种选择，我希望能引起大家的注意。

查尔斯·柯里亚
孟买，1985年

---

① 柯里亚授权本书著者进行翻译。《新景象》的译者为：汪芳；校者为：李道增、雷普义。本部分中有几张图片与前文重复，为保持原著的完整性，因此不作删节。同时，《新景象》的所有注解为译者加注。

② Monika: 莫尼卡，是柯里亚的妻子，是一位染织艺术家。

③ 这个公式是有关爱因斯坦相对论。

④ Che Guevara: 格瓦拉(1928-1967年)，阿根廷出生的古巴共产党领袖，在古巴革命(1956-1959年)中是菲德尔·卡斯特罗的主要将领，后成为工业部长(1961-1965年)。在拉丁美洲其他革命中表现活跃，被玻利维亚军队俘获后杀害。

⑤ Tita 铁托(1892-1980年)，南斯拉夫政治家，曾在二次世界大战期间领导抵抗纳粹占领的斗争，并使南斯拉夫脱离苏联控制取得独立(1948)，作为该国总统(1953-1980年)，他推行一种在外交事务上保持中立的共产主义政策。

⑥ Nasser, Gamal Abdel: 迦玛尔·阿卜杜尔·纳赛尔(1918-1970年)，埃及军官和政治家，1954年至1956年任埃及总理，1957年至1958年任总统，1958年至1970年任阿拉伯埃及共和国的总统。1956年他提出的使苏伊士运河国有化方案触发了一次国际危机。

导　言

图 0-1　秘鲁首都利马，迁移的家庭

　　纵观全球，第三世界国家的城镇发展十分迅猛。这些国家中的大部分年均人口增长率约为2%～3%。但城镇人口的发展速度是这的两倍多。这是由于大量的贫困农村人口涌向城市。农田已经不能养活所有的农村人口。他们来到城市，非法地住在人行道上，或是在任何能找到的城市夹缝中艰难度日(图0-1)。

　　这是所有的增长率中最引人注目的一项。让我们来看看印度孟买的情况。20年前在450万人口中这种农村来的移民不到40万。而今天的900万人口中他们几乎占了450万。这样，当全国人口增长率为50%、城市人口增长率为100%时，农村移民的增长率却超过了1100%!

　　由于现实情况如此，我们头脑中所记忆的关于"城市"一词的意象也将随之改变。今天出现的十几座人口超千万的大都市大多分布在富裕的高度发达国家，如纽约、伦敦、东京、洛杉矶等。这样，"城市"一词所传递的意象更清晰地体现在：高楼林立、汽车如梭和立体交通等等方面(图0-2)。

　　然而，在即将来临的2000年，据估计，全球大约有50个城市的人口将达到1500万——它们其中将有超过40个之多分布在第三世界! 这其中大部分的城市意象还相当模糊。也就是说，人们对这些城市所能联想到的内容就只是与它们的名字发音联系在一起：达卡①、雅加达、孟买、广州。例如马尼拉的通多②地区，根据猜想，在人们头脑中的意象就是拥挤的人流混乱不堪，人们或骑车、或步行，从四面八方堵塞了道路。正如在最近40

图 0-2　美国，城市景观

---

① Dacca: 达卡，孟加拉国首都和最大城市，位于孟加拉国中东部，17世纪时，它是孟加拉莫卧儿帝国的首都，1765年开始受英国人统治。1947年印度获得独立后，达卡被设为东巴基斯坦的首都，1971年该国改名为孟加拉共和国。

② Tondo: =Tonda，通多，马尼拉城巴石河北岸行政区。

年里，蘑菇云的形象作为象征原子弹的爆炸已牢牢地扎根在人们的头脑中，新的城市意象将成为下一个世纪精神观念中的决定性因素(图0-3，0-4)。

显而易见，这些农村移民有他们自己的优势。有一位关注计划生育问题的拉丁美洲朋友说道"你如何去告诉一位贫困的墨西哥农民，让他明白，如果生育10个孩子，生活将是一场灾难，而世界也将以灾难告终？"我们关注未来的《启示录》中人类的命运，或许是出自一种自私的心理。我们担心如果没有通常的生命自助体系，人类是否能在毁灭性的大灾难中逃生。在一无所有中穷人能比较容易地继续生存下去，因为他们本来就一无所有。

人类的适应性和创造力真是让人难以置信。几年前，我再次观看了几部意大利出品的新现实主义电影，这是对二战结束后不久人们贫困生活的描述，如《擦皮鞋的人》、《偷自行车的人》和《一个开放的城市》。这也是今天第三世界城市里数以百万的人们生活的写照。事实上，电影《偷自行车的人》[①](图0-5)所描述的情景在许多亚洲城市中可以找到，如在曼谷、浦那、雅加达，情形几乎一模一样。因为战后充满英雄主义的意大利不仅独自发明了今天还在影响我们第三世界国家人民生活的许多设备(例如，单脚滑行车)，而且也追求体现基本的社会——政治平等，即：以家庭为基点的人们面临新工业时代经济的残酷冲击，由于还保持并且依赖着人性中的仁爱才得以生存。依我之见，那个时代的意大利的情况是处在典型的发展中国家的阶段，就与现在所说的第三世界国家的状况差不多，如甘地时期的印度和毛泽东时期的中国。

2000年已不遥远，比起1970年来，它距离我们更近。即将走入一个新世纪的时候，人们开始怀疑：第三世界的城市是否将顺利渡过面临的重重难关。未来的林林总总(像一道错综复杂的难题)逐渐频繁地浮现出来。缓慢地，坚定不移地，它们正在开始形成一种"新景象。"

图0-3　20世纪的景象

---

① "Bicycle Thieves"：《偷自行车的人》，这部意大利电影讲的是二战后，一个贫困的父亲好不容易找到一份送报纸的工作，但第二天工作所必须的脚踏车就被偷了。他和儿子费尽周折还是找不到脚踏车。万般无奈，他只好去偷别人的脚踏车，却被警察当场抓获。这是一部笑中含泪的电影精品，反映出当时贫困人群的生活状态。

图0-4　21世纪的景象

图0-5　贫困人们的生活状况：德西卡拍摄的"偷自行车的人"

1. 城市化

由于我们对于第三世界的观察常常受到局限，并且是以自我为中心，因此常常忽略了新景象的细微之处。例如，我们对第三世界的一个非常奇妙而又不为人所知的特征就没有注意到，即：尽管生活贫穷而且存在剥削，尽管遭到外来几个世纪的掠夺，这里的人民——从社会和人类的整体来看依然完整。这是第三世界国家未来发展的至关重要的因素。在富有的城市居民眼中，从农村迁移而来、流浪着的穷人为自己的家庭寻找栖息之所似乎是一种反社会的行为（图1-1）。从另一个角度看，这种努力是令人叹服、发自本能的一种积极的社会行为，就像鸟儿筑巢一样。把他们所代表的这种现象与大多数的充满凶杀抢劫的北美城市相比较，不难得出这样的结论。

但是这些特征——这种与生俱来的稳定（它经过几个世纪的沉淀才涌现，大概是我们所称之为文明过程的重要产物吧）——能否在人口急剧变化中保留下来？因为大多数第三世界国家，城市人口增长的速度约是整个人口增长速度的两倍（图1-2）。

图1-1　共享一杯茶。注意这个绝妙所在——在公共交通道的一侧

人口的流动当然不仅仅是因为大城市的吸引力。更重要的原因是，从贫困乡村来到城市中心的移民——作为边缘收入者（例如没有土地的劳动者），农村的土地已不能维持生存需求。他们饱受贫穷，深感绝望，来到城市寻找工作。对住房的需要在他们所有的需求中占很低的位置，而最关心的、首当其冲的问题是哪里能找到工作。因此他们希望能在城市的夹缝中生存下去，哪怕是当个非法移民，在人行道上栖身。在远离工作地点的城市边缘地区给他们提供自助房屋，其实是完全误解了他们在困境中真正最需要的帮助。这就是为什么这些移民（至少是其中一些机灵的人）又搬回人行道上去住，仅仅是为了尽可能离能找到工作的地方近一些。

很显然，关于这些贫困移民，必须得着手进行如下几件事情，其中有一些已经在许多第三世界国家开始实施了（图1-3）。

第一，必须在农村对土地重新分配并进行社会改革，以提高农村的承受、容纳能力。

第二，必须通过适当的投资，来明确和加强各个地区的重要商贸城镇的地位，使之发展成为新的中心。

第三，应在中小城镇，而不是在大都市，设置所有新型工业和重要部门（包括政府部门）。

第一点是所有任务中最关键的一项。这正是甘地的农村发展计划所希望达到的目标（例如印度土布纺纱计划等等）。在中国，毛泽东通过公社制度令人称奇地完成了这项任务。在大多数情况下，这将涉及土地所有权的重新分配——例如在印度，许多迁移到城市的人们就是农村缺乏土地的劳动者。这意味着对印度世袭等级制度的改革——这可能是所有政治目标中最难实现的一项。如果不这样做，发展基金和资源（例如灌溉计划、政府贷款等等）

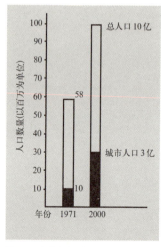

图1-2　印度总人口增长情况（1971-2000）
以印度为例，目前全国人口为7亿，其中1.64亿（大约23%）为城市人口——这意味着：印度，一个农业大国，城市人口规模已和美国差不多。

现在全国人口的增长速度为2.2%，但是城市人口增长更快，超过了4%。人口统计学家估计到2030年，出生率下降，人口将保持在16.2亿，届时城市居民将达到6亿。这样，城市人口将增长4倍，以绝对数值来表示，将增长4.5亿。

图 1-3 乡村群落的发展

在几个村庄的中心设置新的就业机会（乡镇企业等等）和社会基本设施（医疗中心、学校）。居民继续使用已有住宅，直到整个乡村群落逐渐结合成新的发展中心。这也将有利于建立经济合理的交通体系：从乡村到新兴中心的自行车道和牛拉车道，几个中心之间的公交车道等等。所有的道路都通向连接大都会的铁路和航空港。

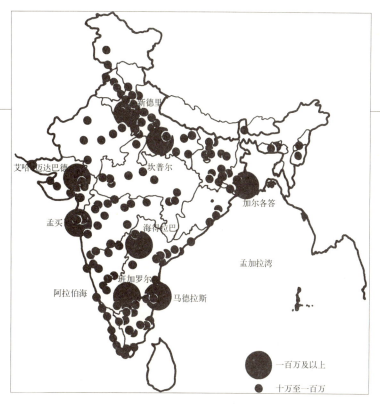

图 1-4 印度：中等规模城市的发展速度比大都市要快

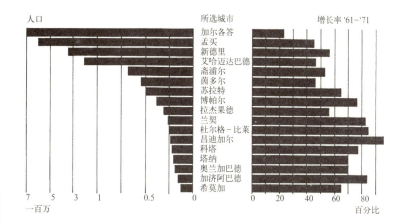

图 1-5 印度的城市人口[①]

---

① Indore 茵多尔，印度中西部一城市，位于孟买东北偏北方向，1715 年始建，是一个工商业中心；Surat: 苏拉特，印度中西部城市，临坎培湾，位于孟买北部，该市曾是印度的一个主要港口，现在是一铁路枢纽及制造中心；Rajkot: 拉杰果德，印度西部一城市，位于艾哈迈德巴德市西南偏西，以前是一个王国的首都，现在为一教育中心和交通枢纽；Ranchi 兰契，印度东北部一城市，位于加尔各答市西北偏西，为一制造业中心和疗养胜地；DURG-BHILAI: 杜尔格-比莱，印度中央邦杜尔格县工业中心；Thana: 塔纳，纳印度中西部城市，是孟买的制造业郊区；Aurangabad: 奥兰加巴德，位于印度西部、孟买东北偏东一城镇，建于 1610 年，位于奥朗则布为纪念他的皇后而建的陵墓遗址附近；Ghaziabad: 加济阿巴德，印度南部偏中北部的一座城市，位于新德里的东北，该市是一个农业城市，也是印度在 1857 年发生叛变斗争的地方。

仍将先流失到农村富裕阶层的手中，他们一定会用于自身的发展，这样将导致更多的贫苦农民背井离乡，流落城市。

其他两项目标就比较容易实现了。在印度，国家关于工业选址和财政投资的政策所带来的结果都是最大的城市并非是发展最快的城市。孟买和加尔各答的年均发展速度略高于 4%；而中等城市如班加罗尔和博帕尔的发展速度则超过了 7%（图 1-4，1-5）。

227

如果所有这些计划能得以实施,那么孟买今天已有的900万人口到本世纪末将可以维持在1500万左右。如果不这样的话,毫无疑问它将重复墨西哥城的老路,墨西哥城人口将达到3000万。(实际上,墨西哥有它自己的优势:它的总人口仅仅5500万。因此它的城市增大还有很大余地! 印度的人口——以及城市的未来——却将无法控制。)

在工业化的西方国家,人口数量如果达到这个程度当然是具有破坏性的。然而,除非我们认识到这些移民的价值,也就是说,他们在为重新调整社会——经济的压力做出贡献,否则,这种城市灾难将无法解决。这样,这种观念并非预示人群的死亡,更代表了希望,代表了对生存的渴望(图1-6)。实际上,如果穷人们只是死守村庄,坐以待毙,对印度未来的判断岂非太悲观了?

图1-6 渴望生存

总之,大量移民迁移到城市已不是什么新鲜事了。从17世纪到19世纪,欧洲人口同样增长了几倍,人们由于同样的原因,如农村人口增长,耕地不足等等而四处迁徙。但是欧洲的这一先例却有明显的不同:欧洲人不仅限于在国内迁移。由于军事力量强大,欧洲人可以自由来往于世界各地——这样,反过来也能推动他们生活水平的提高以及家庭规模逐渐缩小。(换言之,实行计划生育来自人们对美好生活的期望。家庭规模缩小不是出自人们的利己心理,从"国家的"角度来说——没有选择大家庭的形式,是因为亲眼目睹了本世纪法国和德国纳粹政府坚持推行大家庭计划的失败)(图1-7)。

图1-7 试图影响家庭的规模——结果失败

不幸的是,直到今天,这种全球性的人口重新配置对第三世界国家,包括印度和其他亚洲国家,也毫无例外地没有选择的余地。为了理解这一点,我们要认识城镇实际上正在发挥的重要作用。它们是作为移民澳洲的替代方式,实际上起着提供就业机会的作用。

如果情况的确如此,接下来的问题是:我们应如何来增强城市的承受能力?通过工业产业提供的就业机会相当有限,大部分的迁移者只好到第三产业和零售业中找工作。因此,我们如果要对城市现状进行干预,着眼点应瞄准如何推动此地区的经济发展。

为了实现这一目标,城市本身的体形结构非常重要。例如,大型的高层建筑的建设就只能局限在少数开发商的手中,只有他们才能为这种大型项目筹集资金;此外也只有少数的工程师和建筑师能进行这样复杂的设计;也只有很少的建筑公司能够承建(图1-8)。许多利润都流到提供贷款的富有的银行手中,这

图1-8 (左下)受限制的垄断商品:高层建筑

图1-9 (右下)低层高密的建筑形式:提供就业机会

是众所周知的事实。如果我们城市的发展模式还保留第三世界国家许多老城区已有的发展方式，即：把同样数目的投资用于建设小型紧凑、4~5层高的建筑，那么提供的工作机会，如需要泥瓦匠、木匠、小承包商等等的数量就要多得多(图1-9)。

令人沮丧的是，这种观点没有为政策制定者和权力阶层所理解。相反，当移民涌入城市时，正如克努特国王①所做的一样，他们采取的方式是：制定法律、阻止迁移。许多人认为必须强制实施某种进入城市许可证的办法。他们完全忽略了一个事实：这种方式不仅藐视人权，而且在道德观念上也有问题(实际上我们对穷人所说的就是"我先来，这是我的地盘")。在大多数情况下，这只会助长政治歧视和官僚腐败。

从另一个极端看，有人想使所有的移民定居点合法化，使他们有固定的居住区。这种方法至少有一个优点：注重人权，有道德做基础；然而它忽略了我们正面临有关城市规模的问题。许多人努力在城市的边边角角寻求栖身之处，结果住在谈不上是庇护所的棚户中甚至睡在大马路上，因为大多数城市已没有留下足够的空隙来解决这个问题(图1-10)。

例如，从前在孟买，400万居民的住房问题已解决，还有10万人缺房，此时这种方法是有效的。但是今天，孟买有450万非法移民(据官方统计数据)——而且还有更多的人要涌进来。所以这种方法已不可行了。如果到了那时，他们占用了所有的人行道、所有的城市绿地、所有建筑的楼梯间(照我们现在的发展速度，不要多长时间就会出现这种局面)，那么市政当局又如何能对城市进行更新建设呢？

很明显，我们需要更多的城市用地——以一定的速度和规模发展与社会需求相适应。需要的城市用地，并不是任何地方的土地都行，是能提供公共交通和工作机会的地方。换言之，新的城市发展中心是对已有城市结构进行重新调整以消解其所承受的巨大压力(图1-11)。

这种方法有明显的优势。它可能是在我们国家几乎难以承受的经济制约条件下，进行城市化的惟一途径。在印度、巴基斯坦、孟加拉国，户平均收入水平相当低。如果使用砖和混凝土来建房，在可能的预算内几乎不能建造什么。在孟买有些地方，每户只有1.5~3m²。而且处于这种情况下的家庭还占到总人口的30%！当然，在自助建房计划中使用泥土和竹子作建筑材料造价就会便宜许多；但是人们看中的那块土地的费用又是相当昂贵。

---

① Canute：克努特国王，1016-1035年在位，是英格兰和丹麦国王，兼挪威国王。

图1-10 移居到孟买的外来者沿着铁路干线而居——这样他们有得到工作的机会

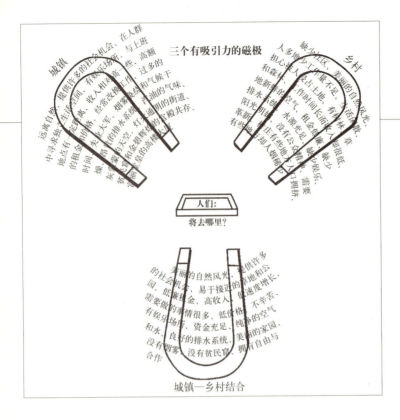

图1-11 埃比尼泽·霍华德绘图

于是，"提供基地和自助建房"计划，在人们的心目中被看作是利用城市边缘废弃的土地，地理位置相当糟糕。如果住在这里就将远离城市主要交通线以及获得工作的机会。这样的计划充其量只能在一、两个当地工厂的恩赐下形成一个廉价劳动力的聚居地(这或许能解释为依靠企业帮助他们重新建立自尊)。

另一方面，也有人提倡修建高层住宅的计划——这在香港和新加坡都能找到例子(图1-12)。如果这样，基础服务设施的费用，包括大型公共交通，都将降低。然而，对于高层建筑的住宅单元本身的建造费用却是大多数第三世界国家的穷人承受不起的(新加坡的人均收入比印度要高几倍)。即使有些可利用的补助金，也应该用在更急需的地方，如食品、保健、教育等方面。

只要我们是零敲碎打地处理问题，那就难于找到行之有效的解决办法。为了寻找城市新景象，我们必须从一个总的思路

图1-12 香港的高层住宅

着手；首先检查我们称之为"城市"的整个系统，然后努力明确居住于其中的人们的生活模式，总之是处于理想的状态——其中包含道路系统、服务设施、学校教育、交通体系、社会公共设施，当然还包含住宅单元本身。只有到了那时，我们才能理解应如何——借用巴克敏斯特·富勒一句贴切的话就是——"重新安排景象"。

事实上，"新孟买"就为我们提供了机会，它是一个正在兴建的可容纳200万人口的中心，位于孟买老城的海港对面。这将努力把孟买老城中办公性质的工作(在孟买，发展办公性质的工作所带来的工作岗位是工业生产所能提供的三倍)转移过来，困扰老城中心的压力将有所缓解。为了使海湾两岸城市发展均衡，而增加了至关重要的投入。

孟买的发展可以作为第三世界许多重要城市中的一个典型例子。它用了40年，从1900年到1940年，从不到100万人口增长到180万。然后二战爆发，人口又有了个飞跃。到了1960年，人口突破400万。今天①已超过900万(图1-13)。

当然，孟买的情况并不是一个孤立的现象。世界上许多国家的人口都以高速度发展。例如，从1950年到现在短短几十年间，阿比让②的人口从6.9万发展到了超过100万；拉各斯③从不到25万发展到超过200万；曼谷从不到100万发展到超过400万；波哥大④从65万发展到超过300万。

第三世界国家大多数的重要城市(加尔各答、新加坡、利马、香港等等)都成了殖民势力和经济不发达内地的分界线。殖民统治者为了自己的目的来发展这些城市——以一定的规模，采用某种经济和形态结构来适应他们的需要。

然而，随着这些国家的独立，它们的城市开始以更快的步伐前进——前景不可限量。在大多数情况下，新的国家政府很少或根本就没有将关注点放在调整陈旧的城市结构上，使得城市的承受能力无法满足发展所需要的规模。

孟买的情况尤为如此。像许多其他的港口城市一样，孟买有一条很长的防波堤，保护着这个毗邻大海的港口。3个世纪以前，东印度公司就在这里开拓定居地，在孟买南端船舶停靠的地方设置了码头和"堡垒"(即有堡垒保护的制造加工业和贸易区)。这种线形结构自然而然地提供了功能结构网——以其特有的方式满足城市需求——一直延续到二战爆发。然而，不断增长的人口使这条结构线越拉越长，直到现在情况依然如此。这就像一条橡皮带，会被突然拉断(图1-14)。

在孟买岛的最南端，集中了大量政府办公楼和商业办公楼——构成全国主要的金融中心。这些办公性质的工作和与其毗邻的大型纺织厂，每天吸引了大量的交通人流，早晨向南、夜晚向北运行(图1-15～17)。为了减少使人头痛的往返上班时间(单程就需要一个半小时)，人们争取尽可能地住得离南端近一些——在那里，移民定居点的棚户区，或过于拥挤的贫民窟，每间房间住下多达10～15人。

城市结构和它所负担的荷载之间的确存在着严重的不平衡。当人口越来越多，共用的基础设施承受的压力越来越大——富人当然会捷足先登地占用他们想要的城市土地。如果我们先来比较城市中工作位置的分布模式和土地价格间的关系，那么对

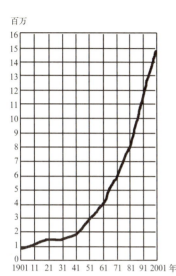

图1-13 孟买：人口的增长

---

① 这里的"今天"是指柯里亚写此书的二十世纪八十年代中期。

② Abidjan 阿比让，科特迪瓦(原译为"象牙海岸")原来的首都(亚穆苏克罗于1983年被定为新首都)和最大城市。位于该国的南部，几内亚湾的一个封闭的礁湖上。

③ Lagos：拉各斯，曾为尼日利亚首都和该国最大城市，位于该国西南部的几内亚湾畔。作为一个约鲁巴古镇，它是该国1960年独立以前民族主义者活动的中心。1982年阿布贾被定为新的首都，但拉各斯仍是一个经济和商业中心。

④ Bogota：波哥大，哥伦比亚首都。

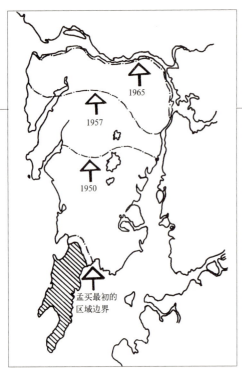

图1-14 孟买的区域边界

图1-15 孟买城市景象

穷人搬到马路上去睡就没有什么奇怪的了(图1-18)。

毫无疑问，必须大幅度增加孟买的容纳能力。这是我和我的两个同事普维纳·梅赫塔、夏瑞希·帕特尔于1964年向政府提交建议时的基本思路。我们建议：在海湾对面建设一座新的城市中心，使孟买的线形结构变成环形多中心结构，使孟买恢复到它起初的样子——这真是一件妙事！——形成一座浮在水上的城市。象岛上的石窟①(图1-19)处于整个体系的中心，——它是一条割舍不断的脐带，把人们的思绪带到一千年以前。

图1-16 孟买城市景象

为城市发展取得平衡，有许多关键元素，如高速公路、桥梁、工业等等，目前尚各种独立、没有关联，其选址已由地方上作出了片面的决策。我们提出：权威机关应果断行动，并增加政府／商业的功能，通过资金投入的相互作用，形成新的城市中心，以与孟买湾今后发展所需的规模相称。而且，随着土地公有化，现金周转将被启动起来，通过已开发土地的升值来给基础设施、公共交通以及解决穷人住房的建设项目注入资金。然后，通过形成新的职业模式(重新配置一些已有的职务)来改变穿越城市的交通线，改善现有交通运输网的负荷。

总之，我们曾试图通过展望城市的发展前景来重新调整城市结构。1970年，马哈拉施特拉邦②政府曾接受了这个规划的基本概念，并正式宣布征用55000英亩的土地，成立了城市和工业开发公司(简称CIDCO)来对新城进行设计和开发——新城命名为"新孟买。"预计自1970年到1985年，这个大都市要发展到400万人，其中约有一半，即200万人住在新城(图20~22)。

在这样一次大胆尝试中，又面对这样的机遇，我们将如何重新安排城市景观呢？

---

① Elephanta caves：象岛石窟，位于印度西部、阿拉伯海的孟买海湾。此岛占地十多平方公里，因其石窟与神庙而闻名。后遭战火，1970年代得到修复，成为著名的旅游胜地。石窟中的神像以一座三面湿婆像Trimurti最为出名，高约5.5m。三面分别代表印度教的三大主神湿婆(Siva)、毗湿奴(Vishnu)和梵天(Brahma)，以恐怖相、超人相、温柔相分别象征宇宙生命的毁灭、保存与创造。(参见："The New Encyclopaedia Britannica" 15th Edition, Volume 4.442；M·布萨利著．单军，赵焱译．东方建筑．北京：中国建筑工业出版社，1999)．不过，根据学界最新的说法认为三面是"湿婆神"的三"相"。

② Maharashtra：马哈拉施特拉邦，印度第三大邦，省府为孟买。

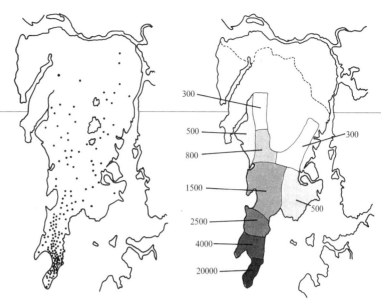

图1-17 (左上)孟买：工作分布图
图1-18 (右上)孟买：土地价格分布图
(卢比/m²)

• = 10000项工作

图1-19 象岛石窟：在孟买海港的中心

图1-22 重新调整城市结构

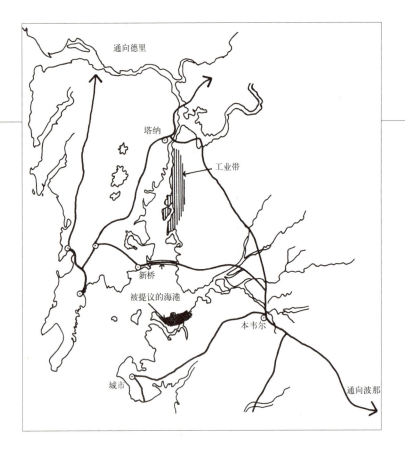

图1-20 在成立城市和工业开发公司以前的孟买

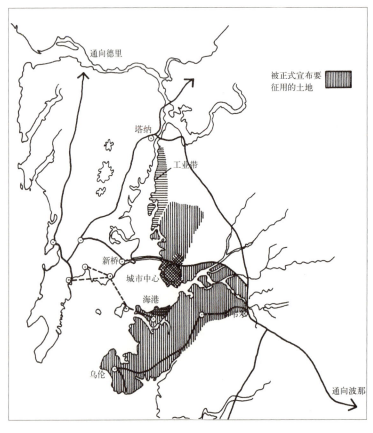

图1-21 在成立城市和工业开发公司以后的孟买

2. 空间作为一种资源

图 2-1 城市的清晨

参观像孟买和加尔各答这样的城市，使人吃惊的首先是贫困到处可见。城市贫困大概是最糟糕的一种污染吧。一路上，都能看到天空中漂浮的烟尘、闻到空气中的硫磺气味，到处都是人，躺在或死在人行道上(图2-1)。难道使生命如此低贱的贫困是不可避免吗？

同样是贫困，在印度农村的表现方式却大相径庭。那里的人们甚至更为贫穷，但是他们没有如此的缺少人的基本尊严。在村庄里，通常都会有见面聊天的地方，大人们在那里做饭洗衣，孩子们也有玩耍游戏的场所。让我们来看看在城市里进行这些活动又是怎样一番情景呢？显然，我们城市的建造方式和人们如何使用，两者间完全脱节。

城市生活不仅仅是使用小空间，例如，十来平米的小房间。它就像鸟巢一样，仅仅只是人们需要的整个空间体系中的一个组成部分而已。这个体系通常是有层次的。根据印度的实际情况，这个空间序列包括四个层次(图2-2)：

第一，需要有排他性的私人空间(如做饭、睡觉、储藏等等)；

图 2-3 在尼泊尔的镇子中心

第二，亲密接触的地方(如孩子们玩耍、和邻居聊天的门前台阶)；

第三，见面的地方(如城市里的打水处或村庄里的水井旁)，在那里你会融入到社区生活中；

最后，基本的城市空间(如绿化广场)由整个城市共同使用。

在不同的社会，这些层次的数量和它们之间的相互关系可能不同，但是全世界的居住区(从意大利的小山寨到伦敦、东京这样的大都市)其空间体系都有一些相似之处。这种相似之处受不同社会、不同气候、收入水平和文化背景等等因素的调节(图2-3～7)。

图 2-2 空间序列
A：私家院子
B：入口台阶处
C：设水龙头处
D：公共空间

A　　　　　　　B　　　　　　　C　　　　　　　D

图 2-5 充满智慧的建筑形式

图 2-4 在塞内加尔的村庄集会

图 2-6 阿格拉的法特普尔·西克里城

图 2-7 在室内空间和露天空间的完美平衡：一个地中海的山镇

现在关于这套系统发挥作用有两个重要的事实。其一是，每一个空间成分都是由室内空间和露天空间共同组成的。这对于发展中国家有着重要的意义。因为几乎所有的这些国家都位于温带或热带地区，有许多基本活动需要在室外进行。如做饭、睡觉、招待朋友、孩子们玩耍等等，并不一定非得在室内进行不可，露天的院子或许会更合适(当然以有私密性的保障为前提)。在孟买，据估计，至少75%的日常生活可以在露天空间里进行；因为季风期大约一年有三个月左右，因此一年中有大约70%的时间是可以在露天空间里进行的。这样，露天空间使用系数大约占建造空间的一半(即: 0.75 × 0.70)。同样，可估计出其他建筑形式的使用系数(例如阳台、搭有凉棚的平台等等——即使是树荫底下的院子!)，它们的使用系数在封闭空间和露天空间范围之间。

就如各种空间有其特有的使用系数，它们各自的造价也不尽相同: 对于室内，房屋需要采用红砖水泥砌筑，院落需要占用更多的城市用地(和更长的服务设施的管线)。如果在这两种不同的空间中找到平衡点，就能在特殊的地理位置上产生最理想的城市住宅模式和密度。今天，如果看看第三世界国家的情况，将发现大量数不清的富有创造力的住宅的范例，从阿尔及利亚首都阿尔及尔的老城区卡斯巴到日本东京①的纸式住宅。每一种都是在不同形式的使用空间中熟练地找到平衡点，而且造价也不高。

关于这种序列的第二个重要方面是所有的这些成分之间的相互联系。也就是说，在一栋住宅里一种空间形式少了一点，就能将之调整成另外一种空间形式。例如，小的居住单元可以用较大的社区空间来弥补，反之亦然。有时会有一些惊人的不平衡。例如在德里的开放空间是依据每千人1.5英亩的标准——即每户的公共开放空间约合75m²来设计的。但是令人惊讶的是，在德里老城内的一些家庭挤在棚户区里，那里很小的公共空间也被每个家庭瓜分了改做小院子(现在大部分的城市空间被浪费掉，例如在新德里公园就被做成狭长的纪念碑式的形式)。同时，却把这种公园的建造模式鼓吹成"对生活水平是一个极大的提高"(图 2-8 ~ 9)。

识别这套空间体系，并理解各种相互起抵消作用的因素的属性，当然是提供具有可使用性的房屋最关键的第一步。没有

图 2-8　在新德里，浪费的城市开放空间

① 在与柯里亚的联系中，已确认为"日本东京。"但就一般观念，东京应不属于第三世界的城市。

图2-9　其代价是老城中拥挤肮脏的穷人区

237

这一点，我们的讨论就将会有导致错误的危险，把低造价住宅狭隘地理解成许多居住单元简单地堆砌在一起，在给定大小的地块上尽可能多地塞满住房，而根本不考虑空间层次中应有的其他要素(图2-10)。结果，建造出来的环境既缺乏人性，又不经济——同时也不好用。这种环境忽略了一些基本原则，即在气候温暖的地区——就像使用水泥、钢材一样——空间本身就是一种资源(图2-11)。

图2-10 存在的问题（巴西的住宅）

在使用露天空间时，保持家庭领域的私密性是非常重要的。因为周围的建筑越高，围合起来的露天空间使用起来就越受限制。周围建筑为1层时，院子对于家庭来说，用途颇多，包括夜里在这里睡觉；2层时，还可以在院子里做饭；5层时，就只能供孩子们玩耍了；10层时，就只能做停车场了。在老式的指标中，每千人多少平方米的露天空间的规定实在太过于简单生硬了。我们必须从数量和质量上分解这些数据，从而使它们达到预期的使用价值。

图2-11 希腊庭院

为了精确地估算出各种空间形式的造价(室内空间、院落、游廊等)，当然要考虑建筑高度和建造密度的关系，因为后者是在城市规模的基础上确定建设造价的关键因素。这种关系又由多种因素决定,包括建筑单元的大小和平均每户的公共空间。对于印度的城市状况(即：平均每户住宅单元面积为25m²，户均公共空间大约为30m²，其中包括儿童玩耍用地和保健中心等设施)，我们观察到，如果修建1层房屋的话，一英亩地大约能容纳125户，每户占地为44m²。如果修建5层无电梯公寓，则这个数目可以加倍，约为250户；20层又能使这个数加倍，约为500户。这样当建筑高度增加20倍时，总的社区密度仅仅增加4倍(图2-12,2-13)。

图2-13 多层建筑和低层建筑
进深为30英尺的多层建筑，如果把它们按其立面大小平摊在地上，则成为了30英尺高的低层住宅了

如果我们纵观一个更大的范围——整个城市，则在密度上的变化就不太明显。因为，与通常的看法恰好相反：将建筑高度提高一倍并不会显著地节约城市的整个用地。城市土地只有1/3用于住宅建设(其余的用于工业、交通、绿地、教育机构等)。进而言之，如果我们仅仅计算住区基地的用地面积(即住区占地面

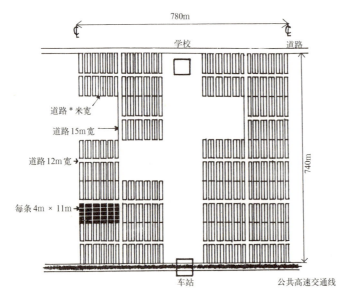

图2-12 对于住宅的图表研究

积,不包括临近的道路等),将发现土地利用上划归住区用地的仅约为20%,基地间的差别取决于每块基地允许的建筑容积率,简称FAR(图2-14)。

30年前进行的一项关于英国胡克新镇的研究说明:对于一个圆形小镇,想要把人口密度从每公顷250人减少到每公顷100人,则这个圆形地区的面积将增加42%,但半径(即:从外围到中心的距离)仅增加19%。即使在寒冷地区,这也是一条重要的原则。不过,我所想要强调的主要是在第三世界国家温暖的气候条件下,住宅密度的变化将引起居住模式的重大改变——的确也会影响到人们的生活方式。人们通过大量减少住宅的露天空间的办法来换取整个城市的面积相对缩小一些(但这种方法在温暖的气候条件下,将使住宅的适用性降低)。

因此这些变化对于造价将带来决定性的影响。因为在温暖的气候条件下,建造住宅的简易材料选择范围很大——从泥土到竹子、晒干砖(图2-15)。这样的结构当然适应低层。当建筑建成中、高层时(从4层的无电梯公寓甚至更高),结构形式必须得采用预应力钢筋混凝土(RCC)——不是因为气候的原因,而是结构强度的需要(图2-16)。这样造价当然会大大提高。相反,在欧洲和北美的寒冷地区,造价与建筑高度成函数关系,即使是1层的房屋也必须用相对昂贵的隔热材料建造,因此结构带来的造价变化幅度也就不大了。

建造低层建筑,不仅意味着可以自助建房,而且通常将运用本国传统的建筑形式——世界各地的广大人民,而不是职业建筑师,已经对本国民居创造了丰富的词汇。这种本土的建筑体系不仅在经济上、美学上和人文上取得了很大的成功,(就像任何正直的建筑师所承认的那样),而且是一个更为合理的社会和经济的生产过程。就像我们所看到的,用于建造本土形式住宅的资金投入是普通平民百姓承担得起的,它推动了第三产业的发展,为从农村来的移民提供了就业机会。

我们又如何解释在全球第三世界国家中令人吃惊的人口聚居的高密度呢?这的确令人感到悲哀。起因倒不是由高层建筑引起的,而是另有缘由。第一,每间房间的人口密度太大;第二,在社区完全没有玩耍空间、医院、学校和其他社会基础设施。这是一种行同犯罪的作法。例如在伦敦,每千人大约有3公

图2-15 住宅材料的选择基于经济、舒适

图2-16 以及满足结构强度

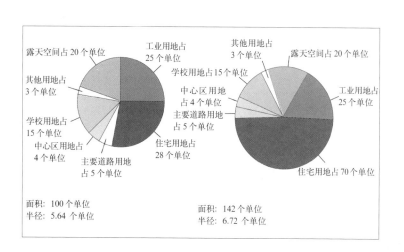

图2-14 城市用地比例

顷绿地面积，德里有1.5公顷；在孟买，这个数据仅为0.1公顷——这还包括了交通安全岛的绿化！道路的土地使用率至少是25%(在洛杉矶还要更高)，在孟买岛区仅有8%。因此，很自然地，总的住宅建筑密度就变得很大，所到达的指标显示出其居住条件非常糟糕(图2-17)。

然而仅仅通过增加公共绿地(露天空间)还不能完全解决问题；因为这样的露天空间并不适用于全体市民，而是一定年龄阶段的人用来打板球、踢足球和进行其他运动项目(图2-18)。两、三岁刚学走路的孩子不敢来这里玩耍；也没有人看见中年夫妇傍晚来此散步。另一方面，孟买海边的人行道——奇怪的是在数据统计上竟然没有显示——是整个城市中最受欢迎的公共空间(图2-19)。显然，我们应建立许多类似这样的散步场所。它们是热带地区社会生活的核心。看看一些拉丁城市的建设，例如巴黎、罗马、里约热内卢等，就很能理解这一点；那里的林荫大道上设有宽阔的人行道以及咖啡座。用来修建这样的林荫大道比起传统的"绿地"要经济得多(图2-20)。(可能巴黎圣米歇尔林荫大道上一棵树的价值可以等同于巴黎郊区博洛涅森林一英亩的绿地吧？)

总之，须强调的是：研究确定一个理想状态的密度取决于我们建立的区域规模有多大。例如，对于一个开发商，当他看到一块独立的城市用地时，在权衡造价(随着建筑高度增高而费用上升)和影响这块地的各种因素(与建筑面积大小成反比)之间的得失，将导致某一特定的建筑密度。

对于负责开发一片较大区域，即整个邻里地区的机构来说，权衡得失的结果又是另一种答案，因为在作决策时，他们一定会

图2-17 每间房间的人口密度多大呀！

图2-18 进行锻炼的人先占用了操场

图2-19 海边是全家人散步的地方

图2-20 漫步在巴黎的林荫大道

考虑此地区对学校、道路交通和其他基础设施的需要(图2-21)。

任何人从整个城市出发，或者是从整个国家和它拥有的资源的角度来看问题，答案又会不同。考虑到第三世界城市发展的规模已到了可怕的地步，毫无疑问，我们观察问题时，会在更宽广的视域范围内来思考。

长期以来，我们一直纵容城市密度由私人开发商在片面的思考中进行随机决策，即以高密度来引发高地价，反之亦然(图2-22)。这导致密度与地价螺旋式恶性上升，就像一条咬住自己尾巴的大毒蛇。今天，在主要的城市里，几乎整个建筑行业所生产的产品变成只有中、上阶层才支付得起，这迫使我们社会中一半的人口流落街头。在困惑和绝望之中，建筑师和工程师开始寻求新的"神奇的"技术(有些像中世纪的炼丹术狂热地寻求点石成金)。我们为寻找这样的答案已花费了太长的时间，但是土地规划师从一开始就把思路搞错了。解决绝大多数城市人口的住房问题不是靠找寻神奇的建筑材料或建造技术就能解决的，从根本上说，还是一个建筑密度的问题，一个重新建立土地分配制度的问题。

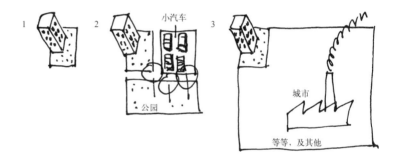

图2-21 对城市基础设施的考虑

图2-22 堆砌的方盒子

3. 平等

几个世纪以来，每个社会都自然而然、就地取材地形成了满足自身要求的住宅形式。迈科诺斯①、杰伊瑟尔梅尔②、萨那（图3-1）……这里的住宅都不是由外来者"设计"的，而是社会发展有机过程的结果，就像花儿在草地上绽放一样自然。如果它们未曾出现，反而表明其社会制度一定在什么地方出了毛病。我们的任务就在于领会什么地方不对头了，努力去纠正它。

但现实常常与之截然不同。还没有思考清楚，我们就得马上行动起来，为人们设计房屋了。为什么要这样做？尽管抱着良好的愿望，实际上我们的态度却实在恶劣。似乎我们想要说明的是：穷人们没有房屋是因为他们的无知愚昧，因此我们要来向他们展示应如何建造房屋。似乎这么做我们就心安理得了，而事实真相却是：他们无家可归，因为他们在整个社会体系里处于被遗忘的角落。

这种想法真是荒谬……就好像发生了灾荒，为了使数百万挨饿的人们有饭吃，建筑师和／或家庭主妇就开始忙着写烹调的书。人们挨饿，不是因为不知道如何烹调，而是根本就没有做饭的粮食。

是什么神奇的因素使花儿自然开放？我们所看到的最为关键的一个因素是"密度。"超过了一定的限度，社会秩序将遭到破坏。毫无疑问，这就是为什么二战时，孟买吸引了大量从农村来的移民，但他们并没有因此无家可归，住在马路上。只是到了最近一些年，行政分区政策促使运用更加复杂、昂贵的解决方法，而摒弃了低层住宅的形式。这额外的费用当然会提高单元卖价。城市用地的严重不足（由于城市陈腐、超载的结构模式），使得开发商很容易开高价。

然而依靠增加城市土地的供给，居住区的密度也许能保持在一个理想的状态，每公顷250～1000人。超过这个密度范围将使第三世界国家陷入困境。事实上，用体温来作类比可以很清晰地说明问题：我们知道，当体温超过98.4°F时，就是生病了。也许对于城市也是这么回事呢？我们认为这不但适合于第三世界国家，也适合于发达国家。例如，在伦敦（图3-2）和巴黎之间整体密度的差别并不大，但在这两个城市里可容纳的居民数目却形成强烈对比。巴黎是人类文明的一项伟大创举，但是只有富人才能在那里生活得很好，大多数人还得住在简陋、狭小的公寓里——同时几乎所有的英国家庭都有一栋带花园、有平台的住宅。

不幸的是，关于低层住宅，我们总是把它和城市郊区随意扩展的房屋联系起来；当然，这不是我们所要谈论的那一种。以它集中的形式为特点，低层住宅是住宅区土地使用的永恒而经典的模式（图3-3）。它有如下几个突出的优点：

图3-1 也门首都萨那

图3-2 在伦敦的行列式住宅

图3-3 科塔奇瓦蒂③……在孟买城市中心区一种老式、传统的低层高密的住宅

---

① Mykonos: 迈科诺斯，是希腊东南一岛屿，位于爱琴海基克拉泽斯群岛中，是一个颇受欢迎的名胜区。

② Jaisalmer: 杰伊瑟尔梅尔，又译为贾伊瑟尔默，印度西北部拉贾斯坦邦西部城市，为商业贸易中心，从事羊毛、皮革、盐等贸易。以黄棕色石砌建筑物闻名。1156年始建。周围地区几乎全为沙性荒地，属塔尔沙漠的一部份。（参见：《不列颠百科全书》国际中文版(8). 北京：中国大百科全书出版社，1999.502）

③ Kotachiwadi: 科塔奇瓦蒂，孟买地名。

图 3-4 传统的低层高密的住宅

图 3-5 现代高层住宅

图 3-6 住宅以平等的方式安排在一起

---

① Abrams, Charles: 查尔斯·艾布拉姆斯，住宅专家，曾在纽约的哥伦比亚大学任教。

a) 它是可以增添的。也就是说，随着主人需求的改变和收入的增加，这种住房也能加大规模。在第三世界国家，这种优势可能会促使政策上的势在必行。因为在这里，可利用资源——至少在最近几年内——将被住宅以外的其他建设优先占用。

b) 它有很大的可变性。因为每个家庭能根据自己的需要自行设计和建造。

c) 这种模式对于我们环境的社会／文化／宗教等诸多决定因素更为敏感(图 3-4)——这些因素在发展中国家的关系越来越受关注。因为这种模式相对容易调整空间来适应当地居民喜欢的生活方式。

d) 它适应快速建房。因为个人建造自己住宅时具有极大的动力。而且，这种主动性能促使单位造价的减低，因此这种房屋的建造就不会牺牲国家其他的投资项目了。

e) 低层住宅的建设周期要短得多。这样，建设资金的利息要少许多。

f) 它不需要特殊的建筑材料。多层建筑必须得使用钢筋和水泥——这些材料在发展中国家供应不足。另一方面，私人住宅几乎可以用任何材料来建造，开始是用竹子和黏土砖，随着时代的进步，材料选择有所提高。

g) 当然，如果房屋建筑材料不那么昂贵，那么，它的使用年限不会超过 15～20 年，而钢筋混凝土结构的使用年限则大约为 70 年。但是这种暂时性的确是种优点。在 20 年后，随着经济的发展，我们大概会有更多的资源来处理这种住房问题。就像查尔斯·艾布拉姆斯①已提出的一样，"更新能力"是发达国家的大型住宅建设中的基本目标之一；因为随着国民经济的发展，建筑模式也会改变。为了保证这种可能性，应采取把房屋基地分配给 20～50 户的合作集体，而不是给个人。也许，从现在起二三十年后，整个土地能被重新开发，以跟上那个时代的技术和经济进步。遍及第三世界国家，到处都是由政府机构建造的简陋的多层住宅楼，它们是悲观论者工作的结果。正如他们所说的那样：我们的未来不会有什么希望(图 3-5)。

h) 对低层住宅进行维修，相比之下要容易得多。对于最便宜的白粉墙，个人搭个普通的梯子就能进行粉刷。相对应的是，高层建筑不仅维修费用高(进行粉刷需要特殊的室外脚手架)，而且修建时高度超过树顶，破坏了方圆几里以内的天际线。在大多数第三世界国家的城市里，这种现象已成为一个普遍而令人担忧的问题。

但是，对于第三世界国家，这种居住模式还有一个优点，它可能是所有优点中具有决定意义的，那就是：平等(图 3-6)。

今天，一个人能控制的城市空间的数量，直接取决于他的地位和／或经济收入：它和家庭的实际规模大小没有任何联系(穷人家一般和富人家人口差不多——事实上也许更多)。因此，这种人们控制空间数量的差别从人本思想上说是不合理的，而只能用经济的原因来分析判断。相对照的是，想想澳大利亚的城市，在那里，几乎每个家庭都有 1/4 亩的土地——不多，也不少。在澳大利亚，大家都是平等的，没有特殊人物。在大多数的第三世界国家，情况却恰恰相反。尽管我们口头上总在说什么社会公正和机会平等，但实际上是不平等的。我们城市的实际状况已说明了这一点。

当然，这种不平等是收入不同带来的直接后果。然而，这种住房模式指出了一条解决之路，帮助人们走出两难困境。因为我们可以很容易地理解：场地大小的变化区间为从50～100m²，这将对社会最穷的阶层(家中也许只有几株树、一头羊和一间斜坡顶的茅草屋)和富裕阶层(从阿姆斯特丹、洛杉矶、乌代布尔①及其他城市的非常精美的住宅中可见一斑)都适用(图3-7～8)。事实上，这种大小可选择的住宅基地——我们或许应称它为"平等的基地"——可能对95%的城市居民都是合适的。这其中的确包含着深刻的社会与政治意义：它是关键的一步，走向真正平等的城市社会，完全不同于在大多数第三世界国家所暴露出来的情况。

"平等的基地"的政策还有另外的优势，它事先就在邻里地区或整个城市中，把不同社会状况和经济条件的家庭混合在一起。在今天大多数的规划中，不管它的目标如何进步，结局都以严格的等级划分而告终——就像昌迪加尔的情况一样。原因很简单。因为不同的场地被划分成大大小小的尺寸，规划师们不得不事先在一定范围内决定各个不同功能的位置。在这种情况下，规划师不可能把办事员的住宅与部长的住宅紧密相邻；而且规划一旦在基地上付诸实施，定下的模式就很难再改变。这样我们所得到的是僵硬、缺乏灵活性的城市，对于正在不断发挥作用的社会力量没有回应。而这种社会力量使得"缺乏设计"的老城中心成了一个有机的混合体，包含着各个不同收入的阶层。

如果为第三世界国家的住宅标准开个清单，它将必须包括——应牢牢记住！——下面几条基本原则：

  可增添 多元性 参与性 按收入划分阶层
  平等性 开放空间 分散性

原则阐述了一些建筑模式，在此建筑单元紧密地结合在一起，体现出高密度的优势。然而如果能分开的话，就可以考虑到单家独户的明确性和发展余地。例如贝拉布尔的住宅区(图3-9)，它的位置正好与新孟买城中心相毗邻。

这块基地占地5.5公顷。以土地机会成本为基础，确定规划密度为每公顷500人(即100户)。而且，住户将包括各个收入阶层，从最低造价(预算为每个居住单元2万卢比)到中、高造价(预算为18万卢比)。

首先，为了保证居住单元将来能有所发展，每一栋都安排独立的基地。第二，支撑屋顶(或上层楼板)的主要墙体不和邻居家共用。这种独立性不但将邻里共同合作的机会减到最小——也将争执减到最小！——包括屋顶的维修等诸如此类的基本任务，也能使每栋住宅都在一个方向上有发展余地。

虽然家庭收入差距很大(比例为1:5)，而划分的每一小块地的大小变化不大，从45～75m²(比例不到1:2)。起初在规划时，对于各种收入不同的家庭，土地分配都平等一致，为50m²，但因管理机关制定的详尽的规则和程序，不得不对此进行折衷修改。

图3-7 同样大小的基地能适应于一个富裕家庭的情况

图3-8 同时也能符合一个贫困家庭的情况

图3-9 贝拉布尔低收入者住宅设计

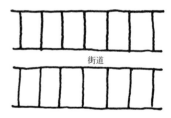

图3-10 单调无趣的线形街道示意图

---

① Udaipur：乌代布尔，印度西北部的一个城市，位于阿默达巴德的东北偏北方向。是一个以前诸侯国的中心，以其12世纪的王宫而著名。

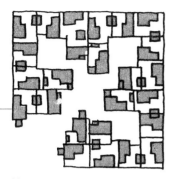

图 3-12

孟买的收入分配	1983~1984年	
收入不同的阶层(卢比/每月)	户数所占的百分比	累计的百分比
325 及以下	7	7
325~650	16	23
651~900	17	40
贫困线 ------	------	------
901~1100	14	54
1101~1600	20	74
1601~2500	16	90
2500 以上	10	100

形态规划以前节讨论的露天/封闭空间的约定为基础。首先,在场地中,每一家都有露天空间(例如厨房院子、平台等等)来增加建筑面积。其次,交通空间和社区空间安排的模式构成空间层次,这在第二章已讨论过。

通常,低层高密度的住宅采用的形式为行列式,形成了单调无趣的线形通道:(如图 3-10)

与之相反,我们可将这些单元围绕在小的社区空间周围。最小的规模是用7户围成一个亲切的小院子(大约8m × 8m):(如图 3-11)

三个这样的组团联合成一个更大的模数单元,包括21户,中间围绕的开放空间为12m × 12m:(如图 3-12)

三个这样的模数单元组成一个更大规模的社区空间——大约20m × 20m:(如图 3-13)

以此类推,空间层次不断发展下去,直到形成大的邻里空间,包括有小学校和其他相关的公共设施。在中心地带,一条小溪流淌而过,在雨季时,排掉地面积水(图 3-14)。

房屋类型分为两组。对于每一种形式,当家庭收入增加以后,房屋都有进一步发展的余地(图 3-15)。

这些房屋的平面和表现图仅为示意,单元的结构设计非常简单,当地的泥瓦匠和掌握传统技艺的土工程师就能修筑,住户自己也能积极参与进来。将来,住户可以在自家的房屋上添上颜色和图案,来标示自己的生活方式(图 3-16~20)。

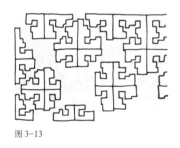

图 3-13

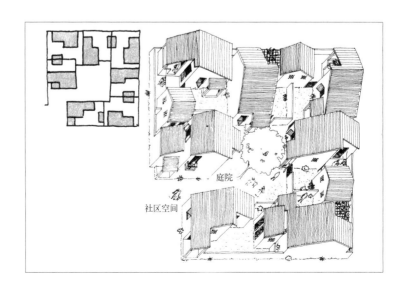

图 3-11 贝拉布尔的住宅 A 单元的示意图

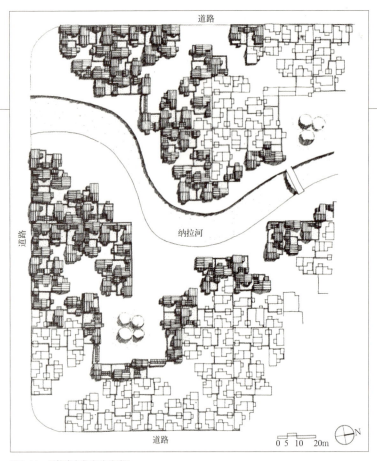

图 3-16 贝拉布尔住宅外观

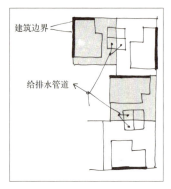

图 3-17 共享服务管井

在房屋基地中,卫生间是成对安排的——这样可以节约管道,降低卫生设备的费用。对于每块基地,房屋的主要支撑结构设在相邻边界的两侧——这样保证毗邻房屋之间的独立性。在这些墙上,为了保证私密性不设窗户。

图 3-14 贝拉布尔住宅总平面图
图 3-15 贝拉布尔住宅的几种户型

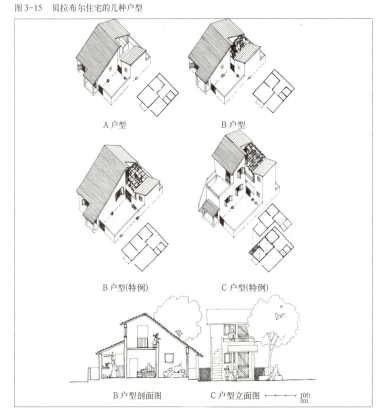

图 3-18 庭院

图 3-19 住户给自家的房屋添上颜色和图案

图 3-20 庭院

4. 交通

图4-1 在中国骑车上班的情形

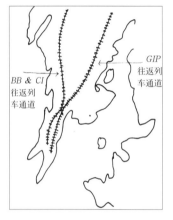

图4-2 设计这两条铁路干线的总工程师是孟买城的真正规划者

图4-3 在孟买的维多利亚车站：每天早晨有50万人蜂拥而至……滞留此处

图4-4 新德里扩展的方式难以形成有效的公共交通

在每个人的头脑里，关于中国城市最为生动的印象可能是宽阔林荫道上，挤满了穿蓝衣裳、骑自行车上班的人群(图4-1)。这是一幅令人愉快、充满活力的景象——同时也显示出在发展中国家自行车的极端重要性。自行车的成本低，没有汽油或其他能源的消耗，却能给人们出行带来方便。换句话说，它是一种节能无污染的交通工具。

当然，在第三世界国家的景观设计中应包括自行车专用道，并能与机动车隔离开——同时也不会干扰行人。这样的通道已经证明是非常受欢迎的；但是，即使在没有自行车专用道的城市，人们还是骑很远的距离去上班——可见作为第三世界国家一种基本的交通方式，自行车是何等的重要。

然而，很显然，当城市逐渐发展扩大，依靠自行车作为交通工具就不那么方便了。首先是因为距离的原因，其次是因为自行车在穿越城市道路时，会增大交通流量，阻碍主要干线的畅通。因此，别的公共交通方式的优势就体现出来了。

现在的公共交通体系，按其定义来说，是起到线形功能。这仅仅在土地使用规划中，发展高密度的交通通道时才有作用。例如，孟买就是一个线形城市，以两条平行的往返列车通道为基础(图4-2)。即使在今天，花很少的卢比就能买到一张月票，可以不受次数限制地从南到北乘坐列车——其距离超过40km(图4-3)。而在德里，交通线路分布均匀，密度低，不能维持一个经济实惠的公共交通体系。

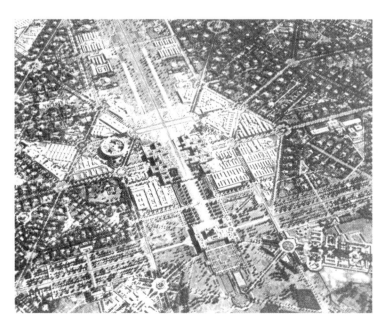

247

事实上，在像德里这样一个以网格的方式(图4-4)为基础平均发展的城市，最好是发展私人交通工具(小汽车或喷气式滚轴溜冰鞋①)，因为在交叉口遇到塞车时，这样便于绕道而行。印度决策者们因此认为德里要比孟买好，这是因为他们中间几乎所有的人都有私车。对于普通老百姓而言，情况恰恰相反。孟买公交公司提供的服务和德里的区别不仅是管理的问题——而且是由两个城市的布局所决定的。在德里，为了形成有效的公共交通体系，首先必须建立一套线形的次级结构。也就是说，在已有的土地利用模式上，我们必须以某种方式嵌入高密度的住宅发展计划，以便产生满足需要的交通通道，公共交通将沿着这个通道运行。在沿途的每个中转站的周围都有一个贸易区——在可以接受的步行距离之内——分布密度适宜，以此来支持公交系统。

图4-5　孟买的店铺和住房合二为一的形式：工作和居住连在一起，不仅避免了每天往返上班的不便，而且对发展家庭式作坊起到鼓励作用，这意味着开小本经营的杂货店更为经济，这正是最能提供工作机会的地方

假定到达高速公共交通线(MRT)上的车站的步行距离大约为8分钟，这样此车站每侧辐射的范围大约是50公顷。我们已经分析过，假定每户住宅有一小块私人基地，每公顷将达到100户(即500人)的密度。这意味着能有2.5万人居住在每个车站的一侧，即车站两侧的居住人口将为5万——这足够支持一个经济、高效的公共交通体系。

如果在住宅区设置就业中心，那么上班的交通距离和费用可以进一步大幅度地削减——事实上，有时两者可以完全免掉。这种古老的工作／居住混合的模式在所有的第三世界国家都能找到(例如东南亚就有店铺和住房在一起的形式)(图4-5)。这种形式与现代城市规划的功能分区体系相比较，更具有人情味、更为经济实用！

图4-6　城市公共交通体系

不同的交通体系(从自行车到公交车、火车)都是在不同的成本／容量的约束条件下运营——这说明随着城市的发展，不同层次的交通方式相继被运用(图4-6)。这样，从自行车和公交车的混合交通方式开始，逐渐建立了有更大容量的运输系统，在任何阶段，都不会突破我们面临的成本／容量的约束条件。

此种方法还带来了另外一个优势。单一公共交通体系产生的基本上是线形通道，这种通道通常给场地规划带来严重的限制。如果把两、三条合适的交通系统联系起来，就可以使规划不受狭长带状发展的局限，而给形态规划带来巨大的好处。而且，系统中的转换点将自然而然地形成城市发展的节点——这是非常重要的事实。

例如，公交车沿线要经过一系列地区(居住和工作区相混合)，每一个公交停靠站自然形成了一个发展点。发展这样的线形交通体系，能满足中等密度通道的需要，从而可以形成高效的公交体系(图4-7)。

图4-7

同样是这样的一系列地区，现在来把它们进行网格布局(例如，就像在昌迪加尔的情况)。这种模式的公交服务是非常不经济的，居民们只好以个人交通方式为主(图4-8)。

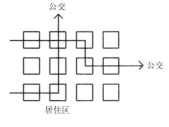

图4-8

然而，随着时间的推移，这种线形交通体系也显现出问题。因为随着人口密度的加大，交通流量也增大，干线交通容易堵塞。非常有必要修建一条高速公共交通干线。沿各个发展中心修建一条铁路，这需要征地、拆迁房屋等等，或是从一开始就预留这片用地——这是很难的，首先是因为有非法迁移者会占用，其次是因为在最初几年将在沿途留下一些无人管理的土地，景

图4-9

---

① Jet-propelled Roller Skate：喷气式滚轴溜冰鞋，柯里亚开的一个玩笑。

观颇为不美(图 4-9)。

把铁路安排在这个交通体系之外，效果会更好一些。每隔四五个地区才设一个火车站(比汽车站设置要疏松一些)；由于铁轨的铺设要避开中间的地区，这将导致形成迂回、不合逻辑的铁路干线形式(图 4-10)。

为什么把这种模式颠倒过来呢？这是因为开始修建公交车道时，路线迂回曲折；后来，修了铁路以后，路线就变直了。这种模式更清晰地反映了安排这两种体系时所受到的限制(图4-11)。

这个体系是如何发展的呢？我们先开始修建公交线路(二级公共高速交通线)，这样沿途将形成一系列同等重要的地区。让我们把这称为"A 型地区。"此外，其中某一地区可能因其特殊的地理位置(例如靠近水)而变得更为重要，我们把这称为"B 型地区"(图 4-12)。

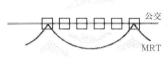

图 4-10

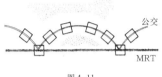

图 4-11

图 4-12

随着车流的增加，主要的高速公共交通线路也建立起来了，中转站形成了新的功能，从而使这些地区的重要性升级(C 型地区)(图 4-13)。

这种升级的作用非常重要。因为随着时间的推移，将建立二级公交路线，从而使在腹地开发一整片新的地区成为可能(图4-14)。

此图形(图 4-15)用来说明前文中建议的交通体系在新孟买城一个典型地区的情况(交通干线在山脉、水域之间来往)。

在将来，倘若人口密度和交通量的发展超过了预期的规模，就应另外再建立一个主要的高速公共交通线。这将使 A 类地区的重要性升值(也将为增加的人口设置社会基础设施和其他机构提供可能性)。人类的居住地经常选在交通交叉点，其规模与此交叉点的重要性成正比。在一个大型的连接点，允许密度大一些，来为一些专门的功能的发展，例如办公、购物和豪华宾馆等，提供条件。这样一系列的节点自然就发展起来了，成为了城市中心的重点部位(图 4-16)。

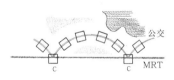

图 4-13

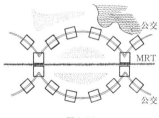

图 4-14

新孟买的基本平面结构(图 4-17)表明在商贸中心区的周围有三条线形结构，成风车状布置。每一部分都有一端与商贸中心区相连，另一端伸入到地区交通网，这样就把新的商贸区与周围地区联系起来。

在这些图片中可以看到，我们在开发城市土地时，设置工作区和高速公共交通线，这样可以使居住区保持在最适宜的水平，以避免压力不断升级，从而扭曲甚至最终毁掉了我们的城市。即使对高速公共交通线投入了一定的补助金,(这事实上也是对住房的一种间接的补助)，但也经常导致居住单元的非法调换。这是很重要的一点。以远低于市场的价格卖给移民一套住房，这将诱使他将房屋卖出以获利，自己还是搬回到人行道上去住。这在孟买屡见不鲜。同样的补贴用于公共交通，将使得人们有更多便利的住宅可以居住——而此时就不会再有房屋倒卖的诱惑(或机会)。

当然，这将要求有一种自由开放式的规划；不是用来支持"固定不变的"拥有人，而是假定有多种不同的发展方式可供选择。考虑到第三世界国家所期待的城市发展规模，所以不要试图来强化一个固定的、事先预测好了的最终结果。所需要的是一个有弹性的结构规划，它能指明潜在的发展点。在以往的例子里，这些点经常为交叉点和／或转换点(图 4-18)。例如，在

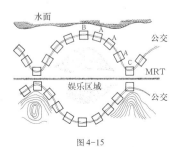

图 4-15

两条道路的交叉点最合适设置一个售烟摊点。公共汽车站也是如此——人们可以在此改变交通方式,例如从走路改为搭车。

即使像孟买这样一个大型海港(图4-19),它也只不过就是一个从陆地到大海的转换点。这一简单功能就是促使孟买不断发展的动力。在第三世界国家,只要有可能,我们就应努力说明我们的规划提案不仅是一种设想而已,更是真实生活的写照——代表了我们所预想的发展过程中一系列的景象。只有那时,我们才能确认已接近了城市发展的有机的——真实结构的——本质。

交通体系不能独立存在,而是在对城市做整体决策时,错综复杂的问题反馈的一部分。道路工程师经常遇到的情况是,给定的土地使用模式是不可改变的,他们的任务就是在此基础上提出解决办法。因此提出一套非常昂贵的交通体系,包括高速公路、地铁、跨线桥等等方式(图4-20)。然而我们知道这样的解决办法只是暂时的;出行越方便,人们的出游就越频繁,反过来又将阻塞交通干线(旅行使阻塞点增加了——这是帕金森定律①关于交通规划的一条原则)。

土地利用和交通模式是一件事情的两个方面。通过修改土地利用的方式,我们也许只花很少的钱就能大幅度地改变成理想的路线形式(同时也改变了交通流向)。土地利用、期待的线路、交通体系以及土地的机会成本之间的关系密不可分。正确地理解和巧妙地处理这种关系,能给规划当局提供一种事先处理城市生长发展的工具。

当然,这种想法在第三世界国家比在西方国家更能引起兴趣——因为西方国家的人口变化已经达到了稳定(常以一种效率低下的模式实现)。这就是为什么那里的规划师感到只需要进行某种程度的"微调。"因此许多现代规划的先进技术并不符合第三世界国家的需要。第三世界国家的问题与西方国家截然相反。纽约想要吸引人们返回城市,而上海(或是波哥大、或是香港)正努力把人们迁出城市。第三世界国家的规划师如果想使工作更有成效,就必须发展自己的技术——如果必要的话,从零开始。

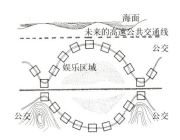

图4-16

图4-18 道路交叉点、转换点的设计

图4-19 海港示意图

图4-20 规划只是反映了硬币的一面

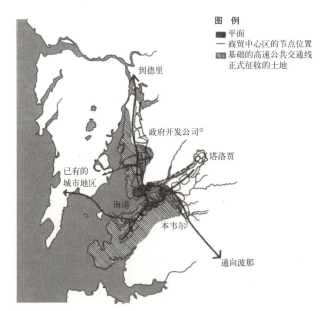

图4-17 新孟买:平面结构图

---

① Parkinson's Law:帕金森定律,是由英国历史学家、作家Northcote Parkinson提出,即时间充裕则工作速度随之而慢,或者是收入增加则支出亦随之增加。(参见:"The New Encyclopaedia Britannica" 15th Edition Volume 9.160)

② MIDC: Government Development Corporation,政府开发公司。

5. 大城市……可怕的地方

也许我们把太多的注意力放在了城市的物质和经济方面——而忽略了它另一面：它的精神因素和属性特征(图 5-1～2)。一个城市可以成为既形态美丽又适合居住的物质环境——绿树成荫、交通流畅，保留开放空间——然而却没有提供一种我们称之为"城市"的、特殊的、难以形容的品味。

这样的例子不少。孟买的情况就正好相反。它的物质环境的确是越来越糟糕……然而作为"城市"却越来越好。也就是说，每天它为各个阶层——从外来移民到大学生、企业家和艺术家，提供越来越丰富的技术、活动和机会。剧院的活力(从越来越多的观众就可见一斑)、报章杂志的涵盖内容和趣味性越来越吸引人。许多迹象表明城市人口和城市能量的相互碰撞形成一把双刃剑——毁坏了孟买的环境，同时却加强了它作为"城市"的品质。

图 5-1　人们不仅仅只是为生计而活着

图 5-2　在孟买乔帕蒂海湾举行的甘帕蒂庆典

泰亚尔·夏尔丹①把这种增长的复杂性(当我们从农村到城镇进而到都市时,也有过这样的经历)比做手帕的连续折叠——每叠一次,手帕的层数就增加一倍——即:密度提高(图5-3)。作为一个生物学家,他感到:城市盲目地推进可以类比为生命的发展,从单细胞到越来越复杂的形式——这是一种带强制性的、无法逆转的运动。这番表述引人入胜、富于洞察力。它不仅解释了为什么迁移是从农村到城市,而且(更为重要的是)为什么在迁入城市后,即使生活质量下降了,也不再愿意返回农村。因为他别无选择。当状况变得理不清头绪时,我们只能返回到瓦尔登池②。只有疯子——或是神秘论者——会出走到荒漠。神秘论者的确是带着他心中的上帝和种种错综复杂的思考。因此只剩下疯子这么做了。

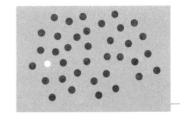

图5-4

希腊的规划学家、区域规划的创立者道萨迪亚斯,曾提出一套同样深刻的说法,来解释城市不可抗拒的诱惑力。我记得,许多年前,他放过一些幻灯片……(是60mm的幻灯片,图片非常清晰,内容令人难忘)。第一张:关于一个村庄的图表,用250个深色点,一个浅色点来表示——一个浅色点代表一个"浅色人",即一个与众不同的人。是爱因斯坦?还是这个村子里的傻瓜?总之,他和别人都不一样(图5-4)。

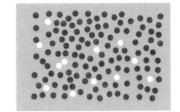

图5-5

下一张幻灯片:一个有1000人的镇子。现在,有四五个浅色点显现出来(图5-5)。

再下一张:一个有2.5万人的镇子,啊!有历史意义的运动:两个"浅色人"第一次相遇了(图5-6)。

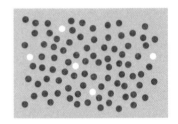

图5-6

接下来,城镇越来越大,发展到了10万人……我们已有了几个"浅色人"的居住点……再发展下去,一些在这些居住点边缘的深色点变成了……较浅的颜色(图5-7)!

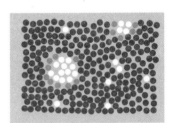

图5-7

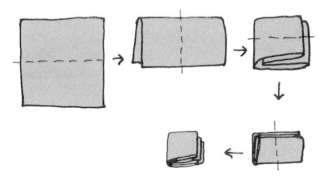

图5-3 连续折叠手帕

---

① Teihard de Chardin: 泰亚尔·夏尔丹(1881-1955年),法国地质学家、哲学家、古生物学家,曾参与鉴定北京人化石。(参见:"The New Encyclopaedia Britannica" 15th Edition Volume 11.605)

② Walden Pond: 瓦尔登池,美国马萨诸塞州东部的一个小池塘,大约64英亩。因为亨利·戴维·梭罗(Henry David Thoreau)曾于1845-1847年逃离社会隐居在此,完成其代表作"Walden, or Life in the Woods"而使得此地闻名于世。(参见:"The New Encyclopaedia Britannica" 15th Edition, Volume 12.460)。亨利·戴维·梭罗(1818-1862年),美国著名诗人、杂文家、自然主义者、改革家和哲学家,生于马萨诸塞州,毕业于哈佛大学,在担任数年中学校长之后,毅然决定以作诗和论述自然为终生事业。他受超验主义领袖爱默生影响很深,两人过从甚密。1845年,梭罗撇开金钱的羁绊,在爱默生的林地中的瓦尔登湖畔自建一个小木屋,自耕自食两年有余。"Walden, or Life in the Woods"即是他对两年林中生活所见所思所悟的记录。1850年代,梭罗卷入废奴运动,选择了积极的政治生活,1862年死于肺病,年仅44岁。(参见:徐迟译.瓦尔登湖.吉林:吉林人民出版社,1997)

这就是城市的内涵。"浅色人"相聚了,他们交流着,相互加强着,向"深色人"挑战(并改变他们)。因此有了在孟买的广场上甘地发起的"离开印度"的运动(图5-8)。加尔各答,在20世纪它的全盛时期,成为了思想革新的政治的、宗教的、艺术的发源地。这也带来了矛盾:孟买一方面在形态结构上衰落了,另一方面,作为一个城市的内涵却得到了提高……在"浅色人"相遇的地方,就能产生新思想的萌芽。

当然,在那里,城市的技术也在增长。因为发展中国家是需要这些技能的。今天在孟买的海湾地区可以看到,第三世界国家的技术有了长足的进步,出现了一大批工程师、医生、护士、施工单位和旅馆经营者(图5-9)。他们在世界范围的竞争中赢得了项目,其业主遍及全球。这真是令人鼓舞的成绩——基本上都是在创造这些技术的城市中心取得的。发展使管理成为必要,第三世界国家还需要引进许多先进技术(通过世界银行和联合国)。幸运的是,印度已有许多城市中心,规模从小的商贸镇到大都市,它们所涉及的技术范围和种类之广令人难以置信。像旁遮普邦的农田和比哈尔的油田都是印度国家财富的重要部分。让那里的环境恶化,是对宝贵资源的浪费——是不可饶恕的错误。

图5-8 甘地在1942年孟买发起的"离开印度"的运动

图5-9 在海湾地区的印度护士:运用城市现代技术

我们对诸如加尔各答、孟买等城市不可饶恕的漠视,使得生存条件恶化。然而孟买的城市功能以及令人难忘的能量和热情(图5-10)——比起用来摆样子似的首都德里,给人们留下的印象要深刻得多。因为德里人均需要的开支是孟买的几倍。而且,像孟买和加尔各答这些城市代表了一种城市收入的真实情况,而新德里没有穷人(他们都藏到了老德里),你能看到的最穷的人是骑自行车上班的政府公务员——在冬天这些"最穷的人"穿的是毛织品!第三世界国家有许多类似这种情况的首都城市,此种表面现象纯粹是一种误导——因为几乎所有的政治家和政府官僚都居住在那里,他们自欺欺人。

不,孟买的奇迹在于尽管政治上受冷漠和不被重视,尽管缺乏资源,但水还是有供应(至少是大部分时间),公交车和火车在白天及夜晚的大部分时间都提供着服务。这一切成就都依靠孟买人民的才智、能量和奉献精神才得以实现。然而这将持续多长时间呢?在缺乏关心、废物成堆、乌烟瘴气的情况下——市民的锐气、热情被瓦解,这还能维持多久呢?类似在加尔各答的情形,冷漠开始上升,一种透着愚昧的冷淡……

图5-10 能量和热情

城市一直是一种独特的人类文明的指示器——从摩亨佐达罗①到雅典、到珀塞波利斯②、到北京、到伊斯法罕③、到罗马(图5-11)。在一个走向没落的年代里,能产生伟大的音乐、绘画和诗歌——但从不可能出现伟大的建筑和城市。这是为什么?对于建筑,最基本应包含两个必不可缺的要素 第一是要有一个经济体制能集中权力进行决策 第二就是作决策的核心中领袖人物具有远见和鉴赏力,有对资源进行明智分配的判断力和政治意志。

条件中的第一点是通常能满足的——第二点却有些困难。两者

图5-11 巴黎人讨论君主制

---

① Mohenjodaro: 摩亨佐达罗,巴基斯坦城市,是一座历史名城。

② Persepolis: 珀塞波利斯,古波斯帝国都城之一,位于伊朗西南部、今天的设拉子东北。它是大流士一世和他的胜利者们举行庆典的首都。其废墟包括大流士和色雷斯的宫殿及亚历山大大帝藏宝的城堡。

③ Isfahan: 伊斯法罕,伊朗中部一城市。在1598年至1722年间,它是波斯的首都。这座古城以其精美的地毯和银丝细工饰品而闻名。今天还拥有纺织和钢铁工厂。

的结合却几乎做不到。因此阿克巴[①]就是阿克巴(图5-12)。不是因为他的军事开拓(在他之前、之后有比他在此方面强一百倍的)。他是独一无二的阿克巴,因为在权力的中心,他恰当地运用了这一切。

城市以比我们的想像要快得多的速度发展和灭亡。今天来加尔各答参观,很难理解为什么世纪之交的旅游者们会把它看作世界上的大都市之一(图5-13)……于是就有了"苏伊士以东的最佳城市"……"皇冠上的明珠"等等说法。难道他们没有看到严重的(也许已到晚期)城市病已牢牢地缠住了它的手脚,影响朝着人性化城市发展吗?当然,这些灾难明显地浮现出来,还有待时日。即使到了20世纪40、50年代,我们仍然看不到这些致命的病痼……而这已在建筑墙面上留下了烙印(图5-14)。

显然,孟买也是如此。当它作为一个城市的素质变得越来越好时,环境却在崩溃(速度非常之快,毫无准备)……可能我们在经历最后一次能量的爆发,或许是临终前的抽搐。我们居住在这样一个城市里,自己却无法觉察。

如果把一只青蛙扔到一个沸腾的炖锅里,绝望中它将努力挣脱出来。但是如果把青蛙放入温水中,然后逐渐逐渐升温,青蛙将怡然自得地在其中游泳……调整自己来适应这个危险的环境。事实上,直到最后……青蛙被活活烫死……当水温非常热时……青蛙还是放松着……兴高采烈地洗热水澡(图5-15)[②]。也许在孟买,对于我们来说,情况就是如此。不经意间,大家发现孟买越变越大……已经成了一个可怕的地方。

但这也许是全世界大都市共同的情况。我们看不到它们的实际情况——而沉溺于其所具有的令人眩目的优势中。如果参观曼哈顿,关于它的种种神话我们却无从感受或无从理解……那能看到什么呢?棋盘格似的城市交通和像鸽子笼一样的建筑形式(图5-16)——与克利夫兰[③]、底特律和许多美国北部城市的情况都差不多。但是第五大道……中央公园……42号街等地名都是一个个令人遐想的名字!我们无法听到关于它们的真实情况——仅仅能从地图上看到相关数据与规划师的速记,由此令人们浮想联翩(图5-17)。

在第三世界国家,正在发展的大都市的情况也是如此。这些大都市向外来者展示的,仅仅只是它众多的人口以及正在向四面八方无限制扩展的趋势。对于人们来说,规模庞大的城市,能提供小城市不敢奢望的机会。

图5-15 沸水中的青蛙

图5-12 法特普尔·西克里城:一个反映人类文明最伟大的指示器

[①] Akbar: 阿克巴(1542-1605年),1556-1605年期间为莫卧儿王朝的皇帝。

[②] 这就是著名的"煮蛙症候"(Boiled Frog Syndrome)理论。

[③] Cleveland: 克利夫兰,美国俄亥俄州东北部的一座城市,位于伊利湖畔,是一货物进入港和工业中心,该市于1796年始建。

图 5-13　19 世纪 80 年代的加尔各答

图 5-14　100 年之后的加尔各答

图 5-16　一个个的"鸽子笼"

图 5-17　……但是，曼哈顿呀

6. 分散人口

在我们已经讨论过的前文中，可以看到城市人口数量属天文数字，超过了人们的理解范围——当然这会给城市带来危险。由于这个庞大的数字带给人们以荣耀和振奋——正如一些英国总督所做的一样(图6-1)，当他们出自文明的需要而把全国所有的土著公民考虑在内。又如维多利亚女王时代的传教士预期数十亿亚洲和非洲的灵魂等待被拯救时，情况都差不多。

图6-1 庞大的数字所显示的权力和荣耀

为了避免这一非常实际的危险，我们必须分散人口数量。只有那时，我们才能真正看清楚问题。例如，如果想想本世纪现代建筑的杰出作品，发现其中最大的缺陷在于大量性住宅的建设(与之相对照的是私人住宅、博物馆、学校等等。这些建筑类型的情况截然相反)(图6-2)。毫无疑问，建筑师真诚地认为，他们将创造一种更具人性、更适合居住的人居环境。然而事实上，在多数情况，他们创造的作品毫无特色、面目粗陋、单调无趣(图6-3～4)。

这是因为建筑师缺乏设计才能吗？我并不这么看。相反，这是现代建筑方法论所不可避免的结果。因为亨利·福特的装配线取得了重大成功，以及其他一些类似的例子，所以建筑师受到了大规模汽车生产的启发和影响——即使是伟大的勒·柯布西耶(或说是，尤其是柯布西耶)也设计出了奇特洛汉住宅群(图6-5)。这其中涉及的原则显然是：首先创造出一种理想的住宅形式，然后进行克隆。然而这种方法并没奏效。因为，毫无疑问：

理想住宅 × 10000 ≠ 理想社区

不幸的是，亨利·福特的方法并没有涉及住宅设计中应考虑的基本要素：多样性、独特性、参与性等等。简言之：多元性。当L.芒福德批评现代建筑时，想建立一套理想的环境条件，其中包括温度、湿度等等情况，他的直觉是正确的。但芒福德提出的这种研究注定要失败，因为在实际情况中，不存在这样的理想状况，条件千差万别。考虑到人的天性，也不可能建立一个十

图6-3 郊外住宅进行克隆建设

图6-4 高层塔楼进行克隆建设

图6-2 格罗皮乌斯设计的工人住房

图6-5　柯布西耶的手。创造生命还是毁灭生命？

图6-6　生活在"囚牢"中：在美国

图6-7　在苏联……

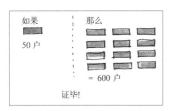

图6-8　简单的重复

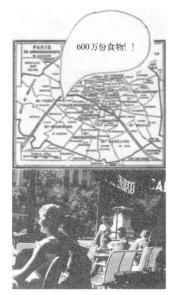

图6-9　提供600万份食物的示意图

全十美的固定静态模式。换言之，用这种方法来思考我们的工作是错误的——注定要失败。

人们担心，即使在今天的住宅建设中还会存在同样的问题。走入陷阱的第一步是聚各方需求。这意味着不仅要满足目前的还包括已堆积如山的需求，更要适应将来的需要。需求在数量上当然是极其庞大的。

接下来的第二步是建立大型的中心机构来处理与此要求相关的事务。此时陷阱形成了。此中心机构属于部门还是个人开发商，关系不大。其结果都是一样的。

人们常常错误地认为，这种没有特征、缺乏人性的建设是某种特殊的政治意识形态带来的后果。当然这并不正确，政治与此无关。这样的房屋在世界各地都能找到：在布朗克斯①、在墨西哥、在新加坡、在孟买、在巴黎港口区，都是此过程的直接后果(图6-6～7)。一旦得到需要建设的房屋的总数，你将会想到用克隆的方法来完成。换言之，如果建筑师要设计1万套住房，每一栋能容纳500户，这就意味着将要建造20栋这样的房屋(图6-8)。可以想像：如果由庞大的中央机构的政府官僚来雇建筑师做设计，当然会喜欢这种方式。这样做设计文件会相当精简！在任何一个财政年度，他都能非常精确地估算出需要多少水泥、多少砖、多少钢材，向政府里的上司提交一份编排得很好的预算报告。毫无疑问他会很高兴。然而这却与我们讨论的住宅中"多元、分散、复杂、用户参与"等等概念背道而驰。

1920年代的现代建筑师首先走入了这个误区(或曰陷阱)——它是一战带来的后果，可能是欧洲人第一次意识到数量如此之大吧。这使得人们头脑发热，引发了许多冲动的行为。二战刚一结束，类似情况再度出现。由于破坏严重，人们的反应更为狂热，多数都是灾难性的！现在这种危险转向第三世界国家。因为这里面临着庞大的人口集聚。欧洲与之相比，简直是小巫见大巫。难道我们将重复欧洲曾犯过的错误，重蹈覆辙吗？

如果要避免这种后果，我们必须得改变发展进程。也许可以根据就餐的情况来进行分析。例如，在每个晚上，可以预测在巴黎有600万人需要就餐。这是第一步：我们了解了整个需求。接下来，根据这个令人吃惊的数字，我们很快算出处理这个问题最有效的方式是设置50个中心餐厅，每一个餐厅提供12万份食物。餐厅可能要通宵供应，但这些餐厅的规模之大的确太叫人难以置信(图6-9)。

当然，这样的食品供应方式在巴黎不可能发生。没人能做到在整个城市成百上千的餐馆里同时制作12万份食物。我们用类推的方法来分析房屋建设。这需要极富创造力的管理才能来为如此众多的人进行设计，但这种形势已迫在眉睫，因为这是新景象建设中至关重要的事。

埃及伟大的建筑师哈桑·法赛曾说过："没有人能同时设计超过12栋房屋。就如即使是世界上最伟大的医生，如果一天之内给200人动手术，所有的病人都会被治死！"

---

① Bronx：布朗克斯，纽约最北端的一区。

7. 政府意愿

几乎在所有的第三世界国家城市中心,都存在着一种通病。它们看起来是由两个不同的部分组成(图7-1):一个是富人的世界(图7-2);另一个是穷人的世界(图7-3)。两者紧密相连。一般后者都有专门的名称。例如,在孟买,它被称为"要塞。"在塞内加尔的首都达喀尔,被称为"高地"——这个名字相当准确,既代表了所在的地理位置,又表达出这个城市的经济/社会心理的现实情况。

虽然这两个世界之间横着一道鸿沟,但穷富之间仍有共生的关系。富人一般不能理解这一点,他们通常高高在上,认为穷人的作用是在城市中干活做工,使城市得以运转,替他们干家务劳动更是理所当然。在孟买,大多数有特权的家庭里,许多家务活(从每天擦洗汽车到每周洗烫衣服)都由从农村来的移民们来完成,而工资却很微薄。他们的地位类似于欧洲的外来打工者和得克萨斯州的"湿背人"(指非法进入美国的墨西哥人)。如果要求这些来孟买的移民必须按合法居民一样支付食宿费用,那么他们的工资将会很高,大大超过雇主的支付能力!

图7-1 第三世界的典型画面

为了减少社会的不平等,建立公平,一些第三世界国家已经尝试把土地社会化,减少富人对房地产的占有。例如,几年前,印度政府通过了一个法案,关于个人对城市土地所有权的一个最高限额(大都市限制在500m², 较小的城市为1000m²等等诸如此类的规定)。任何多余的土地必须以最低价卖给政府,用于建设低造价住宅。不幸的是,这个法案并没有奏效。首先,人们可以通过再次划分土地来逃避法规的约束。其次,这些多余的土地分布在城市的各个地方,成为一小片一小片——所处的位置经常对于低收入者住宅来说是不合适的(因为缺少得到工作的机会、公共交通不便等等)。我们此时所需要的不是一个能提供一些偶然获取小片土地的法案,而是能获得有一定规模和适当位置的土地法案,这样才有可能进行城市急需的重建工作。否则,只会刺激富者来保护自己的土地(它将会立竿见影地冻结我们城市中心所有土地的交易,这样,具有讽刺意味的是,所有房屋的价格将会飙升!)。同时,它的威慑力不足以影响我们城市

图7-3 ……和惨不忍睹的棚户区

图7-2 孟买的两个侧面:金碧辉煌的大都市

产生积极的变化。

这的确非常遗憾。在第三世界国家太多的城市里，占有土地是一小部分富有阶层的特权——他们把土地看作是一件商品，一件比任何其他投资升值都要快的商品。收回土地来建造低造价住宅通常是无法实现，因为这种补贴价格和实际的市场价格相差甚远，将诱使穷人卖掉自己的住房，重新住到人行道上。征收土地仅仅是去掉了土地作为商品的市场价格；它并没有改变总的土地机会成本——这才真正反映了城市的压力所在，并由城市的功能结构(交通线、工作的分布等等)所决定。在伦敦已废除土地私有，将不允许任何人住在海德公园周围。为了实现这个目标，首先我们必须重新建构伦敦，来创造更多的海德公园。

希望占有土地显然是一个根深蒂固的观念。在新孟买，尽管有法令要求征收土地，但在当地的农民和村镇居民中遇到很大阻力，他们不愿离开自己的土地——虽然仅仅只是进行一些收益仅敷支出的生产。他们并不反对建立新城的想法，只是想拥有属于自己的土地，以此创造"效益"(其实，可能根本就不会有效益；如果卖给孟买的开发商，收效也许更快)。然而，人们应该能理解农民的怨恨与不满——他们世代饱受贫困之苦，最终希望能有奇迹发财致富。直到今天，征收土地的进展仍然很慢，土地仍只能一小片一小片地收回，因此发展计划不得不经常进行调整。

在明确新孟买城的基本目标以后，政府迈出的第一步——征收土地，就陷入了困境，这真是太不幸了。在这个过程中，政府官僚们对待农民并不慷慨，往往出价很低——而且还要拖延很久才兑现。也许除了征收土地，政府还应找出其他办法，也应允许农民在开发公司中以平等的条件交换土地。新的立法机构必须对此领域进行改革，从而调动相关人士的积极性(图7-4)。关于这一点，人们应清楚地认识到，实际上在孟买的整个建设中，只有很少的部分是英国人修建的——大多数的医院、学校等等的建设都是印度人自己完成的。然而，英国人的确提供了一种能激发印度人能量和热情的城市结构。(顺便提一句，对于当时社会等级制度严格、实行家长式作风的印度，这种维多利亚女王时期的城市结构是非常适合的。今天，孟买衰落的原因之一是这种城市结构与城市新的社会现实不再相适应了，对于非法移民居住区的400万穷人根本就没有考虑如何激发他们的热情。当务之急是：重新为这个城市创造一种新的结构。)

另一个关键问题是：提供就业机会——这是推动城市发展的关键所在。为了减轻孟买的城市压力，基本的方法是建立新的城市中心吸引各种事务所和办公机关，否则它们仍将集中在

图7-4　新德里：政府作为社会变革的机构

岛屿的南端发展。但是一个办公机关不可能在一个一无所有的地方独自发展。在开始一个新的起步时，应当设置相关的工作机会及大量的必备条件。在最初的提案中，我们建议：州政府应一鼓作气，将重要的城市功能移向新的城市中心，这样必将吸引私人企业接踵而来。

我们已经进行了大量研究，来明确何为关键条件以及谁能成为领头部门。但当决策者(如政府部长、政客、企业家、商人等等)能在老孟买城通过竞争获得土地时，谁又能说服他们出资建立一个新的中心呢？因为对于特权阶层来说，孟买是个宜于居住的地方。在孟买老城的南端，小学、俱乐部、大学、运动场馆、电影院、住宅区、办公楼(啊！达喀尔的"高地"也是如此)一应俱全，并都在咫尺之遥：(如图7-5)。

事实就是这么简单而残酷：有能力改变孟买的人，他们并不需要改变孟买。事实上，他们是既得利益者，维持现状对他们最有利。这样，在整个1970年代，在发展新孟买的同时，政府要求归还在老城中心附近卡夫·帕拉德／纳里曼岬地区的土地——然后以天文数字的价格卖出。在这个过程中，的确为被挑选出来进行大力发展的地区带来了可观的繁荣。然而，高楼林立的结果却给城市服务设施带来了很大压力，例如，供水系统、公共交通、垃圾收集等等。最后，把这一问题通过市民参与的方式直接提交给公众，以此得出的结论是：暂停收回土地。但欲将办公机关迁到新孟买，以实现新孟买所必需的相关条件时，遇到的阻力却非常大。这个过程使我们至少延误了五年时间。

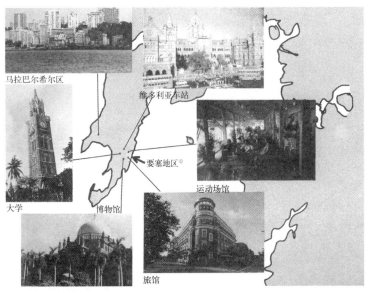

图7-5　新孟买主要城市节点

图7-6　重新收回土地，对城市进行开发：卡夫·帕拉德／纳里曼岬地区

① THE FORT：要塞地区，是孟买富人居住区。

直到最近新孟买的建设才重新启动。一些重要的批发市场(如钢铁、洋葱、土豆市场)正迁向新孟买；大量的投资投入新港口，其吨位将超过孟买的现有港口，正在形成新的商业中心。近海以及深海油田所开采的石油、天然气的装卸设备已投入了大量资金。州政府已把它的一些部门搬移过去，虽然规模不大，但它周围的经济正有所增长。目前大量建设正在进行中，到1986年，新孟买的人口预计超过50万(图7-6)。对我而言，这就像发出了春天的信号——开始吸引农村移民搬迁过去。

目前，又出现了压力迫使我们改变政策，允许土地私有化。非常具有讽刺意味的是，这样做有可能加快新孟买生长的步伐。事实上，如果对孟买的开发商给予政策刺激，甚至政府都决定进行搬迁，我们对于新孟买的飞速发展当然不会惊讶！然而，这样的策略不会为穷人考虑住房问题。由于大部分市民的收入非常之低，仅对20%的高收入人群进行住房开发才有利润可言。这就是为什么为富者进行投机创造条件的豪华住宅大量积压的原因。孟买的这一现象，在大多数第三世界国家都存在。

拥有土地似乎是人的一种本能要求——人们可以用土地来实现一些基本的愿望。这个想法并不仅仅属于富人。相反，迫切需要一片属于自己的土地，并建造自己的住宅，是社会各个阶层的要求(图7-7)。当然，如果土地使用年限能得到保证，将促使移居城市的人们大大改善自己居住条件。当然，不能认为中上阶层的建房行为一定就是投机的、反社会的。这是出自对自己家庭未来的一种合理、发自内心的长远考虑。事实上，对于新区的发展，这种考虑的心理能把大家的积极性调动起来。因为我们看到：把一个公司企业(或政府部门)迁移到新区，对决策者来说，吸引力不大；而对于个人来说，包括所有的职员，却具有不可抗拒的吸引力，因为就此可以改善自己的生活条件。

像印度这样的国家，大多数有工作的人(从总统到雇工，当然包括政府官员)都很担忧"退休"，58岁那个可怕的年龄。那时所有的一切——薪水、地位、汽车、房子——就像过眼烟云似的离开了自己。这种变化真叫人害怕，就像到了男性更年期。因此大部分人在位的最后几年里，都用来把自己的小巢弄得舒舒服服，从公司或政府部门弄一套永久属于自己的公寓，设法搞到诸如此类的好处。这种行为易遭人嘲笑，甚至被谴责，但它的确是人们发自内心合理的需求。

现在让我们来讨论城市公平中另一个因素，即：在大都市的中心地带办公楼和住宅区的价格令人惊讶的昂贵。目前，由于在孟买供求关系的极度不平衡，市场价格比新孟买同等面积的价格

图7-7 居民参与修建住宅

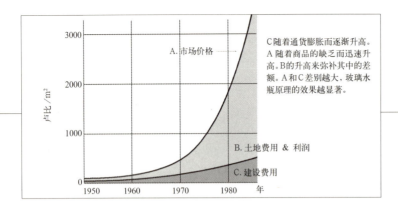

图 7-8

高出8倍。在老城卖办公楼每一平米的价格,不仅足以支付在新城购买同等办公面积的费用,还能支付主管和工作人员的居住以及相应公共机构所要的全部费用(图7-8)。如果购买的房屋是给退休人员的(用来充抵他每月工资扣除的份额),这样做将解除他最大的内心忧虑。这样不但不会使对迁到新城的人们感到愤懑,相反,还会欢迎这种安排。毕竟,只要当先行者有所报偿,没人会介意当先行者。这是建立所有新的居住区的基本原则。

当然,这样一个计划并不是时无止境。因为此非长久之计,只是用来建立新城、另起炉灶时的权宜之计。应该说明的是要明确一个截止期限:六个月或提供5万份工作(或是让新城能运转起来的必备的相关部门已运转起来)。新城应对所有的公司企业、政府部门敞开大门。事实上,尤其对于政府职员,应努力(可能要通过罢工的方式)促使长官们对其短视(或因胆小、懒散而做出)的决策进行结构调整。

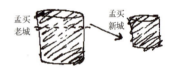

图 7-9 玻璃水瓶原理示意图

把老城已有的行为引入到新城,就必须理解所谓的"玻璃水瓶原理"(图7-9)。让我们把孟买老城和新孟买想像为两个大口杯:OB和NB——一个杯内水已装得满满的,一个还是空的。如果我们仅仅把OB里的一部分水虹吸出来,空出的部分将建立开放空间和城市基础设施,这当然令我们高兴。然而,这是几乎不可能实现。城市没有资金从土地拥有者的手里买回土地,并改建为公园。土地拥有者也不可能"主动"做出如此大的牺牲。

如果把内容从OB移到NB,通过这种替代进行经济平衡——即:通过新的机构全部买下已有的建筑。OB仍是满满的;但情况已有所好转,因为NB已经开始运转。一旦NB建立了必备的相关部门,迁移的模式将会有所改变,从而帮助OB卸除压力。

图 7-10 固定资产

在经济发展时期,要重新建立一个有活力的城市中心,所遇到的困难的确是难以克服——一方面要提供就业机会而另一方面却资金短缺,这便是问题的症结所在。为了重新利用这些资金,应该开发出新的技术。不难看到,有的资金、资源比其他投入更具有流动性,即可以再利用。例如,码头设施一旦建好,就不能再迁移(图7-10)。而像政府那样起关键作用的机构是具有高度流动性的(图7-11)。

进一步说,在大多数第三世界国家,政府确有权威,控制着经济发展的"制高点",因此政府的工作能起到事半功倍的效果(就孟买而言,估计为"5倍")。显然,在经济和资源有限的条件下,要建立一个新的城市发展中心,我们必须开发一种能多

图 7-11 可动资产

次重复利用资金投入的技术,资金原是为了追求公平才投入的。只要能保证健康的可持续发展,其中某些成分可以重新安排、再次利用。这有些像嫁接树木的技术(图7-12)。(也许巡游各地的马戏团是一个更好的类比?每20年政府就制定出一个建设框架,以推动城市不断发展。)

值得记住的是,这种发展在历史上也曾出现过。英国的确白手起家建造了孟买、马德拉斯、加尔各答和新德里。西班牙人兴建利马城就是为了开辟一个港口运送黄金回西班牙。这些殖民统治者——巴克敏斯特·富勒恰当地把他们称为"世界的海盗"——的确做事果断。他们明白必须得采取迅速而强有力的行动,才能使他们的帝国维系下去。现在让一个国家政府用这种方式来思考,似乎就困难多了(今天的英国政府处理国内事务,比起50年前处理国内问题时,果断的作风已远远不如)。然而创造高速城市化的技术是至关重要的。在最近十年里,第三世界国家必须像它们进行工业化建设一样来大胆地开展城市规划的工作。(苏联可能是第一个在全国范围内,通过革命的方式进行工业化建设的国家。他们取得了极大的成功,在建国之初——在设计了国旗之后——就建立了国家计划委员会,开始规划工业化建设。不幸的是,列宁没有在全国范围内重新建立城市模式,因此这些新国家无法意识到这个问题。)

图7-12 搭建帐篷和嫁接树木

也许城市规划带来的最为深刻的教训与意义没有记录在我们的教科书中,而是存在于活生生的人类历史里。孟买是如何发展成如此庞大的大都市?沿着印度的海岸线还有许多其他的城市(图7-13)——为什么唯独孟买发展起来了呢?为了回答这个问题,我们得追本溯源,解读孟买(或圣保罗①或伦敦)的DNA基因信息。即使今天,孟买仍有非凡的活力——来自于它作为印度金融中心的影响。全国银行系统的总部设在这里——这必然是由1934年的储备银行法案引发的。50年前,孟买仅仅只是一个海港城市,人口不到100万。另一方面,加尔各答是个大都市,整个次大陆的金融中心。但是英国(可能是为了作为军事后勤基地,因为孟买处于苏伊士运河和新加坡的海运航线上)更看重孟买。从此加尔各答衰落下去(其实十几年前,印度政府迁都新德里,已给了它致命一击),这个至关重要的因素成为了孟买发展的原动力。

图7-13 17世纪马德拉斯的圣乔治港

随着移民潮涌向老城中心,贫民窟和无法控制的居民区占了城市人口的很大比重:卡拉奇②和加尔各答占33%,巴西利亚占41%,孟买超过45%,布埃纳文图莱③高达80%(图7-14)。但这种糟糕的状况需要有所控制。今天,通过政策引导,可以把我们城市的大量需求变成一种有利因素 因为有可能通过规划,把这种大规模需求的重心转移到邻近的大型的新区中去(在此过程中可以对城市结构进行调整)。如果运用巧妙的刺激方法,把老城中的活动移到新城,这可能是一个可行的目标。如果把要开发的新土地先收为国有,再进行开发,土地会迅速升值,这样就有钱来支付道路、下水管道等基础设施的建设。它的优势在于:把开发机构有限的资源有节制地而非仅仅地用在基础设施和交通体系的建设上。这样,只要用最少的钱作为前期投入,接下来几十年依靠城市的迅猛发展就能维持自给自足了。我们已经提出了自助房屋的概念;接下来就须形成"自助城市"的概念和计划。

图7-14 不断增长的移民潮

---

① San Paolo:圣保罗,巴西城市。

② Karachi:卡拉奇,巴基斯坦南部一城市,濒临阿拉伯海。18世纪早期该市作为贸易中心发展起来,1843年转由英国人管辖,从1947年至1959年成为新近独立的巴基斯坦的首都。

③ Buenaventure:布埃纳文图莱,哥伦比亚地名。

8. 审视几种选择

问题的大小决定了解决的方法。这是在今后25年我们制定策略的关键。如果我们的干预能成功，实际上我们有可能利用这种发展持续受益，走出前面的困境，也就是说，比以前的情况有所好转(图8-1)。毕竟，大多数城市已经取得了持续的逐步增长。但当局从来没有认清这个时机，来"重新调整城市景观。"让我们把时钟倒拨到纽约还只有一二百万人口的时期。如果当时就能清楚地看到纽约很快就得容纳1000万人口，许多基础结构的调整不仅经济上可能，而且政治上也具可行性，那么今天的纽约市将是一座组织合理的城市。

图8-1 找寻未来

最后我们来分析困境中的有利条件。在历史上还是第一次，我们看出城市发展在量上的巨大飞跃；这种洞察能真正地促使我们调整已继承的景观。如果措施明智的话，其中必然会包括令人吃惊的地理-政治的含义——例如，美国拥有一种跨越一个大洲、连接两个大洋的城市结构而获得了某种平衡。一个多世纪以前，在美国占统治地位的是面朝大西洋的东海岸城市(如波士顿、纽约等等)(图8-2)。为什么美国后来开始注重太平洋呢？就是为了沿西海岸发展起与东海岸对应的一套城市中心(例如旧金山、洛杉矶等等)，同时还在贯穿全国中部的区域发展了一些城市(例如底特律、芝加哥、丹佛)。这是一个相互依赖的有机的城市结构，是由于过去100多年来美国迅速增长的大量人口所致(图8-3)。与之对照的是澳大利亚(图8-4)，这个大陆结构的形成是想通过它的东南部港口墨尔本、悉尼来面向英国；虽然它已经认识到：将来的发展在于它的西北部同亚洲邻居的联系，但它没有一定规模的人口发展来促使这种重新调整结构的可能。所以说，哪里发展了，哪里就有希望。

图8-2

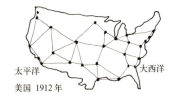

图8-3

这并不是说第三世界国家的人口要继续增长。这里只是强调：不管我们采取什么措施，多数情况下，人口达到稳定前，数量还将翻倍("已经出生了太多的女婴，等等……")。对于这一点，我们没有太多的选择。我们能够进行选择的是调整全国的人口分布模式以及城市中心的内部结构。如果错过这次绝无仅有的机会，我们无法向后人交代。

图8-4 澳大利亚同亚洲邻居的联系②

对于这么大的人口数量，我们不必感到慌张，也不要感到受威胁。的确一个有1000万人口的城市看起来似乎无法管理——但是如果把这同样数量的人口分散在一个多中心的城市结构中，例如有五六个中心，每一个都有合理的数目，结果又会怎么样呢？这样的城市结构已经存在了，例如在加州的海湾地区，就有几个分散的中心(如旧金山、奥克兰①、马林等等)。合起来形成一个超过500万人口的城市体系——而旧金山本身的人口还不到90万。同样，几个荷兰城市(阿姆斯特丹、海牙、鹿特丹)也共同形成了一个多中心城市体系，每个城市都保持在便于管理、

---

① Oakland：奥克兰，美国加利福尼亚州西部的一座港口城市，在旧金山对面金山湾附近。西班牙殖民者于1820年1月在此始建定居点，作为一条铁路终点，通过桥梁、隧道和高速运输系统与旧金山地区其他社区相连。新西兰还有一个城市与之同名。

② Perth：佩思，澳大利亚西南一城市，濒临印度洋。建于1829年，19世纪90年代在此发现了金矿之后迅速发展起来；Brisbane：布里斯班，澳大利亚东部城市，昆士兰州首府；Adelaide：阿得雷德，澳大利亚南部的一座城市，位于墨尔本西北部，为托伦斯河口的海港，建于1836年。

合于人性尺度的规模上。在印度本身：由坎普尔、阿拉哈巴[①]、勒克瑙[②]等也形成了一个城市体系。

这些模式的确值得研究。事实真令人不安，我们很少去认真思考，能选择的余地是如此宽阔。也许，我们需要的不仅仅是更多常规的城镇，而是一种类似城市和乡村复合体的新型社区；它的密度要高得足够支持相应的教育体系、公交体系；同时又要低得能为每户人家提供场地，饲养一头牛羊和种植香蕉。事实上，如果居住区的密度能降低到每英亩50户，没有中央排水系统也是可行的，代之以充分利用废水粪便(包括人与牲畜的)。重复使用煮饭时的沼气、以肥料浇灌、种植小型菜园等等。在印度特有的条件下，它还有另外的一个优点，即可以保持当地人们熟悉的生活模式——就像甘地的先见之明：在印度以农村为特征的情况几乎已经类似于准城市了。

在印度，于我们而言，就像戈巴尔、沼气，当然也包括阳光，成了新景象中的另一类先驱。在第三世界国家，利用太阳能是最节约的策略，当然不是靠一些小装置，如煎锅之类(生产这些器具价格昂贵、效果并不见得好)，而是通过建立整个生态循环系统：例如，在浅水池塘里种上藻类和植物，在水面进行光合作用，为鱼类和其他高等生物提供养料，直到我们人类成为最终的受益者(当然，不可避免的是，我们自身也得有所消耗，以来维持这个循环系统)。这个循环系统提供的就业机会是相当可观的。在新孟买的一个试点项目中，粗粗估计一下，这些池塘的修建不仅能提供一些工作机会，而且挖池塘的泥土还可用来制造简易的晒干砖。

这样的循环体系不仅形成了社区的经济基础，而且也将成为决定其形态模式的必要条件——正如今天的城市由马车和汽车形成的一样。把第三世界国家特有的充足阳光和丰富的劳动力联系起来，形成一种新类型的居住区。

这些居住区一旦形成，将带来两个基本的变化。第一个是，既然上苍把阳光平等地撒在第三世界国家的角角落落，人口的分布模式也应与之相适应，避免由于工业化带来的过分集中。第二个是，在一个人口分布平均、自给自足的社区里，政权结构必须发生极大的变化。因为谁也不能整个控制德里(或是拉各斯、圣保罗、雅加达)，来影响全国千千万万的人民。

很显然，在第三世界国家，建立起一个内涵深刻而且作用重要的居住区范例的条件不仅仅只涉及就业问题——我们所需要的是对新型居住区的社会体制和生活方式的变革。毕竟，毛泽东主席倡导的公社不仅是一个合法的协约，将人们联合起来一起耕种，而且是公社社员所能理解的政治、社会、人性相结合的现实生活(图8-5)。找出这种人类聚居的新型运作方式，需要经过努力以同样的创造力才能实现。

在过去，从来都不缺少这种富有想象力的想法。例如，在印度，自吠陀时代起，被称作"曼荼罗"的宗教图案构成了建筑和城市规划的基础。这些方形的曼荼罗，根据指定的比例再进行

[①] Allahabad：阿拉哈巴，印度北部城市，为印度教圣地。

[②] Lucknow：勒克瑙，印度北部北方邦(Uttar Pradesh)的首府。

图 8-5 中国的公社

图 8-7 莫德拉太阳神庙和贡德

分割(可以从1格一直到1024格),完整地代表了宇宙的模式。它们产生的序列形成了决定方位的矩阵——不管是神庙里的神,或是在城市中最重要的建筑。它们清晰地表达了建筑形式的一种柏拉图式的理想状态,反过来又对社会起到加强和稳定的作用(图 8-6 ~ 8)。

今天,这样的概念并没有继续使用。而且,如果想要援用这些概念,将被认为是十分愚昧的,除非我们赞成它们所代表的宇宙概念的基本结构。然而,在本世纪,科学已探索到不断扩展的宇宙空间。我们在建构生存环境时,真值得去思考把什么中心信仰作为基础(图 8-9 ~ 10)。

另一方面,我们必须知道如何用同样的创造力在小尺度的范围里创造我们的居住环境。例如,关于街道形式和我们使用街道的方式之间缺乏联系。在孟买,行人们觉得道路非常拥挤——白天是因为小贩们把行人挤到了机动车道上,夜晚又有人在路上打开床睡觉(图 8-11)。

这些在街道上过夜的人并不是无处可去而住在人行道上。许多家庭佣人和办公室的勤杂工,因为放私人物品的地方是与别人共用的,非常拥挤,晚上只好在大街上睡觉了。这样能使他们节约一些住房的开销(就能最大限度地往家里寄钱)。睡在户外倒并不是让他们感到最沮丧的(在闷热的夜晚,比起拥挤的房间里,户外的诱惑力还更大些),只是想想有多少人从他们的身上跨过,生活在如此肮脏的环境里实在是不得已而为之。难道就不能为了他们的需求,而将城市的街道和人行道进行改进吗(图 8-12)?

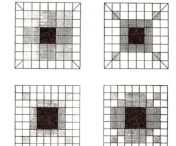

图 8-8 曼荼罗:宇宙的模式

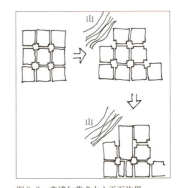

图 8-9 斋浦尔艺术中心平面构思
　　斋浦尔古城的平面是从九方格的曼荼罗开始的(这是象征着行星)。第三号方格被已有的山所取代,移至第七号的旁边。1、2号方格连接起来,成为宫殿的基地

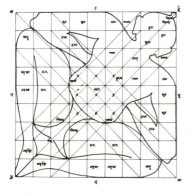 

图 8-6 原人曼荼罗:人类作为宇宙之灵

图8-10 神庙群以曼荼罗做模式：在印度南部的斯里兰格姆

图8-11 用一线型平台来改造孟买的街道，2m 宽，0.5m 高，每隔30m 设置一个水笼头。在白天，这些平台由小贩们使用——可以留出拱廊给行人行走。到了夜晚，用水笼头的水把平台冲洗干净——为在此睡觉的人们提供露宿地③。

图8-12

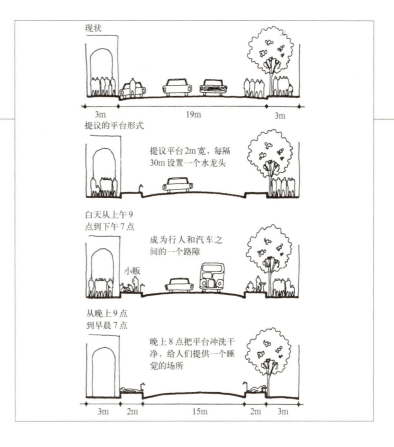

---

① Chartres：沙特尔，法国北部城市，位于巴黎西南方。市内13世纪的大教堂（Chartres Cathedral）为哥特式建筑的杰作，以其彩色玻璃和对称螺旋体而著名。

② Allahabad：安拉阿巴德，印度中北部一城市，位于瓦拉纳西以东朱木拿河和恒河的交汇处。该城建于古印度雅利安圣城的遗址上，至今仍是印度教徒的朝圣地。

③ Otlas 露宿地，是印度传统建筑中的一种平台形式，大约为500mm 高。

考虑到这个问题，作为一个建筑师，不仅仅要做好自己的本职工作，还要把自己的聪明才智奉献给社会。这在历史上有重要的先例。在亚洲的大多数地方，在过去，建筑师的原型是掌握传统技艺的匠人，即：设计和建设居住区的一个经验丰富的泥瓦匠／木匠。即使今天，在印度的小城镇里，情况还是如此。业主和当地的土工程师一起来到工地上，用小树枝在地上画出要建房的边界线，并且还对窗户、楼梯的位置等等进行翻来复去的讨论。但这种工作方法的确有效，因为建筑者和使用者享有共同的审美趣味，他们站到了谈判桌的同一边(图8-13)。在过去，就是用这种方法建造了伟大的建筑物，从沙特尔①到安拉阿巴德②、法特普尔·西克里城。(今天的建筑师如果连公司的主管都不能说服，又怎么去说服300年前的莫卧儿皇帝——并保住性命呢？)

图8-13 享有共同的审美……当反对业主的意见时

今天的情况已大不一样了。不仅没有了共享的美学观点,业主和建筑师之间的合作也减少了。只有10%的人有钱请受过专业训练的建筑师替自己设计住宅——这其中又只有10%的人想到要请建筑师(其他人就直接雇请一位工程师或是承包商了)。这样建筑师与社会的需求的接口仅为1%。这个数字说明了建筑师实际工程的大部分内容是由办公楼、公寓、豪华住宅、工厂、宿舍等组成。这并非建筑师的本意;而仅仅反映了社会本身的不平等。当然穷人对住宅的需要是最迫切的,但是他们又最没有支付能力。今天在里约、拉各斯、加尔各答等城市,都有数百万从农村来的移民住在非法的聚居地里(图8-14)。建筑师和他高超的专业技术,能找到一种什么方法与这些人建立联系吗?

图8-14　我们为什么要建造这些?……

不幸的是,即使有强烈社会责任感、愿意伸手去帮助穷人的建筑师,许多也仅是只顾视觉效果的——实际上,有些情况又根本顾不上视觉效果——在丑陋和美好之间嬉戏(当他们来到穷人之间,就像弗罗伦斯·南丁格尔①来到了受伤的士兵之间)。这些社区的人们需要的不是我们的怜悯,而是我们的专业知识(例如关于视觉效果和布局形式)(图8-15)。没有这些,流入城市的农民的居住地将会变成一个可怕的地方——在今后二十年还将不断扩展,规模不知道要发展到什么地步。同时,在这种环境中第三世界国家的下一代将无法健康成长。

图8-15　在拉贾斯坦地区已有这样的居住建筑:低能耗、视觉效果也不错

我们不能听天由命,不能盲目信仰人道主义。历史上出现迈科诺斯,但同时也出现了许多令人沮丧的城镇。在某些地区,有许多令人眩目的美丽的手工艺品和织物,它们是时间累积的产物(真是世人有幸),经过了许多年,每一代都对它进行一些改进提高,才形成了最后的结果(图8-16)。如果没有继承和发展,人们就只能看到丑陋的事物了(这是迈阿密海岸原则)。如果我们想增加一些可能性,把某个城市装扮得像乌代布尔城(图8-17)一样美丽,那么我们就该相应地采取"提供场地、自助建房"的策略。同时,是否还应对一些视觉效果敏感的住户们给予更多的关注,来促使加快这个过程?(例如在新孟买的自助计划中,当和房屋主人一起工作时,民间艺术家们起到了催化剂的作用。)

为了使视觉形象更为动人(这在传统的住宅里随处可见),就应该远离今天时髦的折衷主义。我们必须很好地理解我们的过去,看重它的价值——也应该充分理解它的缘由(以及如何实现),并必须加以改进。建筑不仅是加强已有的价值,例如社会、政治、经济的价值。并且,它还应该向新的渴望敞开大门。

图8-16　在新孟买的房屋装饰

为了帮助数百万居住在马路上和棚户区的人们,这将涉及到一整套全新的问题。我们必须用建筑师的直觉和专业技术来看待这些问题。我再次强调这一点是因为在涉及到这个问题以后,建筑师经常会忘却他的优势所在。这样"提供场地、自助建房"的计划将变得徒劳无益——因为这种想法是基于认为"美学不是穷人所能享受得起的。"当然,没有什么比这种想法离真理更远的了。提高居住区的生活质量需要运用产生视觉效果的技巧。穷人们一直都明白这一点。当墨西哥艺术家在泥土罐子

图8-17　在乌代布尔城的房屋装饰

---

① Nightingale, Florence: 弗罗伦斯·南丁格尔(1820-1910年),英国著名女护士,近代护理制度的创始人,红十字会创办人之一。

图8-18 墨西哥的制陶者

上画上粉红的一笔，罐子的形象立刻得到改观(图8-18)。这不用花费什么，但却改变了你的生活。这并非不谋而合——最好的手工艺品来自世界上最穷的国家——尼泊尔、墨西哥、印度。阿拉伯人使用最简单的工具：泥土和天空，而却发挥了无穷的创造力——创造出世界上令人叹为观止的沙漠绿洲城市(低能耗而且视觉效果很好)。

从波利尼西亚的岛屿到地中海的山城小镇、再到阿萨姆邦①的丛林，数千年来，人们建造出令人难以置信的美丽的住宅(图8-19～22)。事实上，我们回顾一下环境保护论者所关心的时髦话题：平衡的生态体系、废物循环利用、适当的生活方式、本土

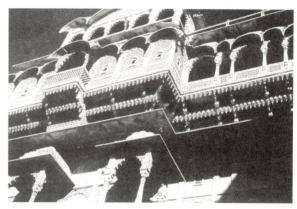

图8-19 拉贾斯坦邦杰伊瑟尔梅尔城

图8-22 迈科诺斯

图8-20 乌代布尔城

① Assam：阿萨姆邦，位于印度东北部，首府为迪斯布尔(Dispur)。

图8-21 班尼

技术(图8-23)等等,我们发现第三世界国家的人民早已掌握了这些。具有讽刺意味的是,第三世界国家中最叫人称奇的是: 住房并不短缺。更明确的说,他们所缺乏的是在城市文脉中如何把这些具有惊人创造力的解决办法付诸实施。

因此我们首要的责任是: 帮助建立有关的城市文脉。

建筑作为变化的一种力量……这就是为什么人民常常把自己的领导人,如甘地,称呼为"国家的建筑师",而不是称他为工程师、牙医,也不是历史学家,就是建筑师。因为建筑师代表着通才,他思考着如何用最有效的方法将各个零散的部分连为一个整体。他所关注的是如何做到尽善尽美。

为了实现这些目标,在第三世界国家,建筑师必须有勇气面对非常头痛的问题。你有什么道义上的权利,为数万、数十万、数百万人民作出决定呢?然而,"无所作为"的思想又是以什么道德为依据呢?难道就消极地看着周围人们的生活每况愈下吗?

行动,抑或不行动。这的确是个两难的问题。一方面,存在着选择法西斯主义的危险;另一方面,又将导致哈姆雷特式的麻木。这真是一个令人头痛的问题,它将决定21世纪前半叶的基本道德价值观。因此,建筑师将起到中心的作用: 我们是否真正能理解他人的渴望? 在1960年代,欧洲的嬉皮士(图8-24)第一次来到孟买,许多印度有钱人对他们很看不惯。在宴会上,他们把这些嬉皮士说成"躺在马路上乞讨,头发里长有虱子,可怕的、肮脏的人群。"有人回应道,"如果你看到一个这样的印度人,你会无动于衷。为什么看到一个这样的欧洲人,你的反应就如此强烈呢?"最终,一个朋友给了我答案:"当一个印度有钱人驾驶着他的名牌汽车梅塞德斯-奔驰时遇到了一个嬉皮士,他当然会勃然大怒。因为嬉皮士传递了一个信息:'我来自你想要去的地方——那儿并不值一去。'这让他非常沮丧。"

但是回过头来想一想,的确这个信息也可以进行逆向理解! 这些嬉皮士应该已经意识到,这些坐在奔驰里的印度人虽然出言不逊,但也传回同样的一个信息给嬉皮士: 我来自你将要去的地方。

我们不过是在漫漫长夜里航行的船只——这张孟买城轮廓线的照片所表现的情景令人心酸。前景是一群困窘的农村移民,他们的身后却是簇新的高楼大厦。对于我们,这些大楼形象令人生厌,同时也颇多感叹。但是于那些穷人而言,这是雾里看花,是城市的神话,他们向往着,但可能永远也得不到(图8-25)。

图8-23 信德①的海得拉巴城

① Sind: 信德,巴基斯坦南部一历史性地区,位于印度河下游沿岸,史前就有人在此居住,从11世纪到1843年之前一直被穆斯林王朝所统治,1843年并入英属印度,1947年信德成为巴基斯坦的一部分。

图8-24 嬉皮士的行为

图 8-25　大都市宛若海市蜃楼

　　一位 20 世纪的作曲家——我记得是辛德米斯[①]——曾有人向他提出一个难以回答的问题：您是如何作曲的？对此，他作出了令人惊讶然而准确的回答：就如眺望窗外，暴风雨的夜空一片黑暗。突然一道闪电，照亮了整个天空。在那一瞬间，我们看到了所有的一切——又什么也没有看到(图 8-26)。什么叫做"创作"，对于城市而言，就是耐心地对城市景象进行再创造，一块砖一块砖地再创造，一株树一株树地再创造。

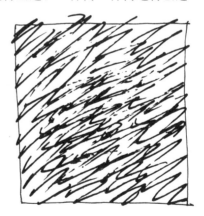

图 8-26

　　第三世界国家的城市在今后几十年里能否有立足之地？这主要取决于我们是否能敏锐地寻找到和认识到城市中的一石一木……而使它们逐渐地融合到我们城市的新景象里去(图 8-27)。

图 8-27

[①] Hindemith：辛德米斯(1895-1963 年)，德国中提琴演奏家、室内乐、歌剧作曲家，歌剧作品有《画家马西斯》(1938 年)。

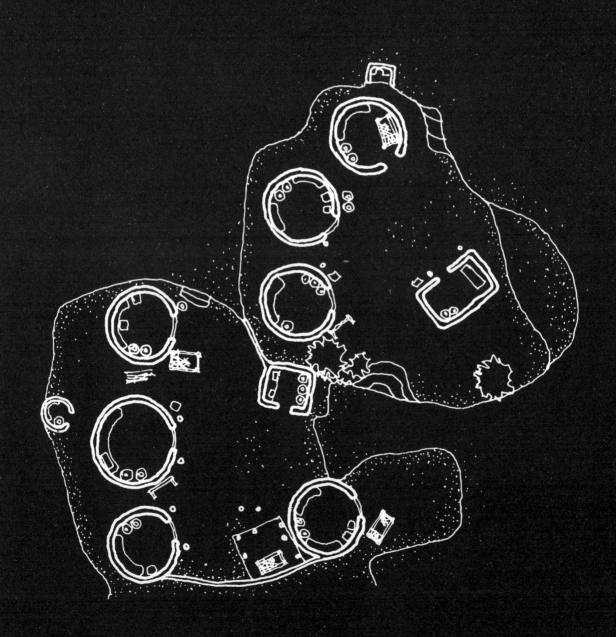

PART VI   ELECTED ESSAYS

第六部分   论著摘录

1. 昌迪加尔议会大厦（1964年）①②

The Assembly Chandigarh, 1964

"他自由地翱翔于天际，
那个大胆的老人在秋千架上飞扬"

（引自古代欧美民歌）

我们来到了昌迪加尔。我们在城市中漫步，穿越淹没在飞扬尘土中的座座建筑，看不到尽头。徘徊在这些似真似幻的街道中，满目都是重重复复的砖墙。昌迪加尔，勇敢而伟大的城市，诞生在旁遮普邦粗犷的平原大地上，无拘无束，率真奔放。

图1-1

远远地观看，昌迪加尔秘书处办公大楼就像一艘漂浮在海港上的航船，挤压在激流残骸之间。从数公里之遥看过来，在阳光的照射下，一片惨淡之色。坐在汽车上奔驰而过，一排排积木似的低矮房屋构成了视野的背景。慢慢的，城市轮廓逐渐清晰，精彩部分也愈加凸现，行政中心楼群的另外两个元素显露出来：议会大厦和高等法院。这三栋建筑成品字形布局，与喜马拉雅山麓的灰白色调形成了鲜明对比。

图1-2

这些宏伟的建筑群构成的景观真是令人激动不已，令人难以置信。"石头本没有生命，它沉睡在采石场，但是圣彼得大教堂却赋予了它以活力！"纵览柯布的一生，他一直都在追求创造充满激情的建筑。他的建筑，无论在思想深度上，还是在形体语汇上，都极具震撼。从不轻言慢语，从不温文尔雅，而是像建筑师瓦格纳那样，追求礼堂上空回响着的雷鸣般的音乐之声。这可能是柯布最至关重要的一点，这也势必促使他抛弃任何影响实现这种效果的设计方式(有一点值得说明：非常有趣的是，柯布有时会有意识地低调处理，例如在高等法院的扩建工程中，他所实现的建筑效果与路易·康的作品有异曲同工之妙）。

一个建筑作品如何才能富有震撼力？作为一位充满智慧的建筑师，柯布马上意识到建立一个强有力的设计概念的重要性("策划是设计的出发点")。但光有概念还是不够的。作为一个艺术家，他非常了解发展出一套令人难忘的视觉语汇的重要性，只有运用这些震撼心魄的语汇，才能表达出自己的想法。这样，柯布每一个建筑作品的实践成为了连贯的思考过程，来挖掘自身的表现力，并拓展和丰富其建筑语汇和句法。

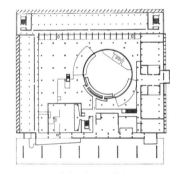

图1-3　议会大厦上层平面图

柯布的建筑表现力始于轮廓线的确立。他一直把思考的重点放在建筑整个体量的推敲上，以及在天空为背景的衬托下建筑的轮廓。例如，秘书处办公大楼的大坡屋顶就像一根巨大的

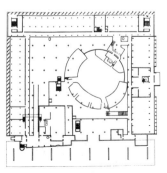

图1-4　议会大厦底层平面图

---

① 本部分的文章是依据年代来选取的，文章之间内容有着很强的关联性，甚至内容、图片前后有重复现象。但为了充分理解柯里亚建筑思想的演变过程，保持原文的完整性，所以不作删节。读者可结合文章写作同时代的柯里亚设计作品来进行分析，将会有更多收获。此外，没作特殊说明的译文中的注解为译者加注；其中部分译文初稿由李天骄完成。

② 原文参见：The Assembly Chandigarh. The Architectural Review. London，1964-June. 405-411

图1-5 议会大厦西向鸟瞰

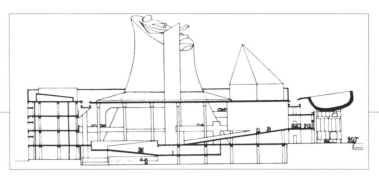

图1-6 议会大厦剖面图

图1-8 议会大厦门廊

图1-7 议会大厦东向立面图

图1-9 议会大厦水池倒影

图1-10 议会大厦跨越数层、柱子林立的大厅

图1-11 议会大厦进入底层停车层的入口

图1-12 议会大厦坡道作为交通的重要组成

图1-13 议会大厦柱子林立的室内

轴，把长长的、离散的、笨拙的建筑立面串起来。(如果撇开屋顶，建筑将被分解成为多个截然不同的体量)。议会大厦也是如此，屋顶设计中运用了三个元素：双曲面、金字塔形和升降塔，在天幕的衬托下分外醒目。从远距离进行观看，双曲面的魅力无法用言语来表述——在阳光的照耀下色泽苍白，但又柔和得似皑皑白雪。当我们慢慢接近这座建筑物，从左右前后不同的角度进行观看，将发现这三个元素互以对方为轴心的布局关系。最终，当我们走近时，发现巨大的门廊会遮挡住我们的视线，将它们掩藏起来。

其他的三个立面设计(如果把这栋建筑比作舞台，它们将是"舞台"的基座)非常简洁，这是由它们所处的位置所决定。对于毗邻的秘书处办公大楼而言，这三个立面也必须是处于陪衬的位置。巨大的门廊为建筑指引方位，转而面向高等法院。经过前部高达 50 英尺的入口遮棚后，人们推开一扇转轴门(面积为 25 平方英尺)，具有戏剧性效果的室内空间开始展示在人们面前(柯布当然知道如何把入口恰如其分地展示出来，精彩地拉开建筑的序幕。我在艾哈迈达巴德为一位工厂主设计的住宅中①也借用了同样的手法，延伸出去的长长的坡屋顶就像一只大手，牵引行人偏离道路，来到住宅内部)。

建筑师是如何在室内空间里传达如此复杂的层次感？让我们来研究这栋建筑的剖面和平面吧。即使匆匆一瞥，也能够感受到柯布处理空间的手法是多么巧妙、多么富有感染力！例如，他对 L 形的连续使用。换言之，柯布和赖特一样，敏锐地感知在不同视点的观察效果。从不死板地界定出视野的边界(设计剖面时，就像设计平面时一样精心对待，这样我们的眼睛可以尽情欣赏建筑的角角落落)，从而创造出的空间极具动感。当我穿越建筑的斜坡和平台时，逐渐形成了对序列空间的印象，重叠在脑海里，整体形象丰富多姿。

这就是柯布基本的手法。他的建筑中体现出来的复杂感不是因为依赖一个极为复杂的体量，而是一组复杂的体量。通过高明的建筑组合方式，让人们自然而然地接受了，从而创造出一种令人难以置信的错综复杂感。这在他为艾哈迈达巴德一位工厂主设计的住宅沿河一侧的立面中可见一斑(4 个独立的部分共同组成一个整体，就像传输带上的设备)(图 1-18)。秘书处办公大楼上的立面设计中设置了各种形式和大小的百叶格子窗，从而共同创造出一个完整的景观(图 1-19)。这种手法在法特普尔·西克里城的大理石格子窗(图 1-20)和日本的遮阳屏风中常

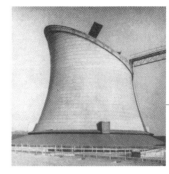

图 1-14　为圆形议院会议室提供采光的建筑体量是一个巨大的双曲面

图 1-15　议会大厅室内

图 1-16　议会大厦剖面图

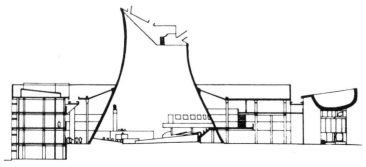

图 1-17　议会大厦坡道细部

① 指的是拉姆克里西纳住宅(1962-1964 年)，参见本书第二部分作品 18。

图1-19 昌迪加尔秘书处大楼立面局部，借用不同尺度进行构图是柯布西耶的常用手法

常使用。这并不是说，柯布是通过精密计算而获得的这种效果。他所做的是：精心地营造出一种环境，让各种不同的元素相互作用。产生的奇妙效果源自元素间的协调一致，从而构成了整个景观。

许多文章都提到柯布建筑中体现出的粗野主义，这常常是指他对素混凝土直截了当的使用方式。但实际上，对于柯布的粗野主义来说，素混凝土的运用只是硬币的一个面，其内涵远要丰富。任何一只猿猴只能表现出粗犷，而柯布除了将粗野做到极致，精巧也能够做得完美。这与他性格的两重性直接相关，从而将两种截然不同的气质同时表现得淋漓尽致(只有看看他在巴黎设计的贾维住宅就可清晰地明白这一点)。曾有人说过，如果要懂得岩石的坚硬，只有懂得丝绸的柔软才行。据说，柯布在墙面上喷洒了厨房使用的大颗盐粒("通过这种方式，我明白了什么是盐，什么是米饭")。我们发现：在议会大厦不同层高的位置，所提供的安全防护是不充分的，连接升降塔到双曲面屋顶的连桥也是如此。这种危险感也存在于艾哈迈达巴德工厂主住宅的某些设计中。这样就提出了一个问题：为什么柯布要这么来处理？让我们来试想一下：在建筑中设置3英尺高的墙体提供防护，这样的例子随处可见。也许，危险是与安全相伴相随(任何一种危险都有它的优势：夜晚穿越丛林可能是种可怕的经历，但是这时候，你反而会警觉地瞪大眼睛、竖起耳朵、精神处于高度戒备状态。柯布的精明之处，可能就在于认识到了这一点)。

采用对比的手法，来提升建筑的内涵，是柯布惯用的基本技巧，这样创造的建筑具有很大的灵活性，同时能够表达出各种气质，涵括人类各式丰富的感情。与柯布的变化多端形成对比的是，密斯的建筑手法是在一个非常有限的范围中选取。如果进行类比，密斯就像一个艺术家，做马铃薯是拿手好戏，可以演绎得有滋有味，而柯布却能够做出真正一流的咖哩饭菜。密斯的方案是把最简单的元素糅合到一起，营造出一种庄严而静谧的氛围；这是一种停顿的空间，实现空间均质性而不再存在特定方位感(遗憾的是，由于恣意滥用，密斯的空间已被庸俗化、世俗化，而丧失活力)。但是柯布的元素变幻万千，他的建筑就像赖特的作品一样，从不依照一种模式进行演绎，在设计中强

图1-20 法特普尔·西克里城，用石材雕刻的镂空窗户

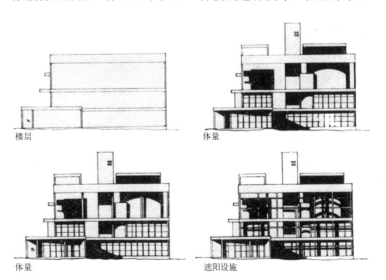

图1-18 对位于艾哈迈达巴德、柯布设计的工厂主住宅的沿河立面进行分析

调自己对生活的体验(其中一个例外,大概是柯布在艾哈迈达巴德设计的博物馆了,那是他最苍白无力的建筑作品)。

  在几个世纪以来,对于建筑的深层思考就像一个摆动的钟摆。在西方国家,钟摆摆到了对功能主义的强调,而现在又摆动回来。而这与印度的实际情况总是步调难以一致。在印度,大部分年长建筑师的实践似乎是在极尽繁琐的装饰艺术和阿旃陀①式的宗教艺术之间徘徊。然而,柯布的作品充满了20世纪所具备的理性主义(就像巴克敏斯特·富勒精妙的穹隆一样)。年轻一代建筑师远不能及。很多人都去模仿柯布,将他的视觉建筑语汇当作一种时尚来传播。这些建筑师的做法可能更加危险,因为他们所关心的是柯布创作出来的各种标新立异的造型手法,而没有去深层思考他所营造的空间感或者他对光线的精到运用。

  这一切的后果使得公众成为了柯布的敌对面。人们不喜欢他无视对气候的控制,不喜欢他对素混凝土不加修饰地运用。而其中最为重要的是,人们不喜欢他的美学观。最近,一位居住在新德里的家庭主妇跟我说:"昌迪加尔的那些建筑,真是巨大、粗笨而糟糕"。一位美国摄影师曾充满愤懑地批评议会大厦:"它就像一座非常古怪的丛林体育馆。"(当然,同样也有一些溢美之词)。也许,更为重要的是,并没有实现统治者心目中的"宫殿"形象,因此统治者对这个设计也充满了反感。他说,他宁愿继续生活在让纳雷设计的带走廊的班格罗平房。

  然而,尽管充满了误解和敌视,毫无疑问,柯布的工作对于印度来说弥足珍贵。他激励了整个一代建筑师。议会大厦给予他们以历史的记忆。在某种程度上,虽然无法用言语来表达,但是柯布始终保持着与这个国家的文化历史相协调。他的感受比一个土生土长的印度人还有深刻,他触摸到这个伟大国家的方方面面。他的美学观唤起了我们的历史感。为什么柯布的建筑深深地扎根在印度的国土上?这就是其中真正的原因。而如果将这些建筑作品放在哈佛,则会显得矫情。

  也许,昌迪加尔是柯布最后一件伟大的作品。自那以后,他的其他一些作品,例如在哈佛的设计,让人们不禁感到:是否他过于关注视觉语言的演绎,而没有去发展和丰富建筑的内涵。同样,在柏林的联合国大厦的设计中,他似乎仅仅只是将"柯布式的实用手法"制造了一件作品而已。难道属于柯布的伟大时代、黄金时代已经过去?这当然是人们所不愿意承认,也不愿意看到的。在波士顿、在柏林、在东京,人们仍将坚持着寻找那个孤寂的背影,他曾在各个时期灵活应变顺应各种波涛汹涌的时代潮流。他已去向何处?也许,他已老去;也许,他已过时;也许,他还在我们之间。

---

① Ajanta:阿旃陀,位于印度中西部,阿姆拉瓦蒂西南部的村庄。附近岩洞可追溯到约公元前200年至公元650年,藏有辉煌的佛教艺术典范。

2. 气候控制(1969年)[①]

Climate Control, 1969

围绕庭院修建的住宅形式是一种独特的设计概念，这同时包含了居住模式、气候控制、建造方式、土地使用等多方面内容。穿越干旱的沙漠之后，来到这样一栋住宅，就像进入了一片绿洲。这种设计概念虽然简单，但是很有作用，它所基于的原则是注重实效，设计案例在"以人为本"的考虑上做得非常成功，即使对于穷人住宅也是如此。

在像印度这样的国家，建筑设计概念不能只考虑结构技术和维护设备，而必须包括对当地气候的呼应。这也正是过去伟大建筑所蕴涵的真理，小村庄的乡土建筑也反映出这一点。例如，在宏伟的阿格拉红堡里的凉亭所隐含的建筑设计概念，是将建筑自由地布置在青青草地上，并引入喷泉和水渠。居住在这里，温度要比阿格拉其他地区低10℃。西班牙的阿尔罕布拉宫[②]也是如此。而昌迪加尔比旁遮普邦的其他地区能够低10℃吗？这也许就是它的建设中最大的失误。

考虑气候因素，对于居住单元设计来说尤为重要。此时业主无法像在办公建筑中一样，通过机械空调设备来改善居住小环境，因为经济上承受不起。这种不利条件也正好提供了一个机会，给建筑设计赋予比空间布置、功能合理更多的内涵。

在下文中，将提到5个概念，与居住单元设计直接相关。

概念 I

这个概念是以印度旧式的带走廊的班格罗平房为原型(图2-1)。毫无疑问，这仍旧是我们能够找寻到的最适宜的居住形式之一。运用路易·康的建筑语汇进行分析，我们能够观察到：这种类型的住宅将主要起居空间放置在中心位置，周围布置一圈走廊进行防护，同时兼作服务区(图2-2)。在剖面上，可以看出，坡屋顶的运用将为主要起居空间提供较高的层高空间，而周围走廊的层高就相对较低。

这种设计概念最基本的优点在于：外围走廊在季候风季节形成了一个缓冲区，为了保持良好的通风，门窗就可大大敞开了。但主要的缺陷也在于这一圈走廊，这么长的通道空间没有什么变化，多少有些单调。

从图2-3~5中，用两个例子来阐释这个设计概念。第一个例子(图2-4)是位于孟买的一栋公寓楼[③]。其主要空间位于平面的中央，而辅助的服务性空间则布置在四周。这些辅助空间如此安排，是为了通过几种联系方式与主要空间结合起来使用。例

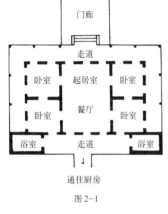

图2-1

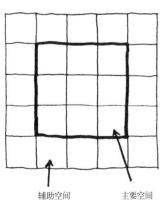

图2-2

[①] 原文参见：Climate Control.Architecture Design.London，1969-August.448-451

[②] Alhambra：阿尔罕布拉宫，中古西班牙摩尔人(Moor)诸王的豪华宫殿。

[③] 这是指索马尔格公寓大楼(1961-1966年)。

如，学习间可以与主卧室相连，也可以与起居室相连，通过一扇可推拉的百叶门进行分隔。这样，当孩子们有小伙伴来玩耍时，除了使用他们自己的房间外，还可结合学习间和走廊来使用，而不会影响家里其他成员的生活起居。

第二个例子是一栋位于斋浦尔的住宅(图 2-3、5)。这个设计更为精妙，主要起居空间被分为两个部分：中央的起居室以及外侧的卧室、餐厅。外侧的空间又穿插了 3 个带花园的区域，以此来突出主要空间，并为主要空间提供采光，同时还为斋浦尔的干燥气候起到湿润的效果。

概念 II

前面提到的概念适用于采用平行承重墙结构的建筑形式，例如联排住宅。两面长长的侧墙就不会吸纳热量，所有的通风和采光从建筑开间方向的短墙进入。

下面将要提到的项目是通过文丘里管来调节气候(图 2-6)。第一个例子是为古吉拉特邦住宅委员会设计的、位于艾哈迈达巴德的管式住宅(作品16)。室内不设置门窗(除了浴室以外)，这样既降低了造价，又增强了空气流通(图 2-7)。私密性是通过设置不同标高来保证的。剖面设计形成的建筑轮廓线缩小了入口的尺度，以与场地环境相吻合(图 2-8)。

基于同样原则进行设计的另外一个例子是拉姆克里西纳住宅(作品18)，它的规模比较大，同样也是位于艾哈迈达巴德(图 2-9 ~ 10)。

这个设计概念在科塔的凯布尔讷格尔镇住宅区(作品14)设计中得到了进一步的发展。在这个镇区中，包括了 6 种不同的住宅类型。因为当地有充分的红色砂岩(曾用于阿格拉的莫卧儿王朝以及新德里的勒琴斯新城规划)，所以决定采用这种建筑材料。住宅单元进深为 12 英尺长。所有单元都基于同样的设计原则，但根据不同的户型在造价上有些变化(图 2-11 ~ 12)。从总平面图(图 2-13)上可以看出，所有单元平行布置，顺应最适宜的朝向，形成良好的通风效果，并控制太阳入射角度。

在凯布尔讷格尔镇住宅区设计中，我们发展出两个剖面形式，称之为"夏季剖面"(图 2-14)和"冬季剖面"(图 2-15)。夏季剖面为金字塔形的室内空间，基部宽敞，顶部狭窄，这样就能把住宅由上而下封闭起来，适用于夏日午后。而冬季剖面，则是将金字塔倒转过来，向顶部开敞，适用于冬季和午夜。显而易见，大尺度的私人住宅设计应该包括这两个方面。在艾哈迈达巴德的帕雷克住宅(作品19)中，夏季剖面成为夹心，夹在了冬季剖面和服务区之间，来与东西向的场地相呼应。而在艾哈迈达巴德的另外一栋建筑①中，由于场地为南北向，夏季剖面和冬季剖面呈直线并排布置(图 2-16)。

概念 III

前面提到的两个概念源于印度北部的乡土建筑，那里气候干燥，冬天寒冷，夏天炎热。在印度需要穿堂风的地区，我们已经发展出另一种设计概念，即把建筑中央部分作为通风井，让气流通过环绕周围的主要起居空间(图 2-17)。位于包纳加尔②的麦钱特夫妇住宅③就是一个例子。这里，8 个居住空间围绕着一个中央方形空间呈风车型布置(图 2-18)。这不但形成了穿堂风，

---

① 这是指柯里亚住宅(未建，1968 年)。

② Bhavnagar：包纳加尔，印度西部一城市，位于艾哈迈达巴德以南的坎贝湾，是制造业中心和主要港口。

③ 这是指兄弟住宅(1959-1960 年)。

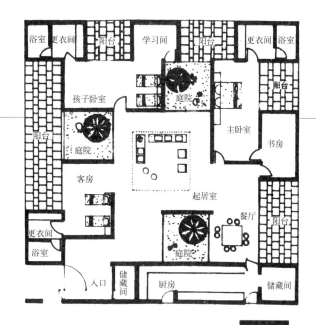

图 2-3

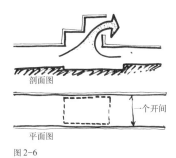

剖面图

平面图 一个开间

图 2-6

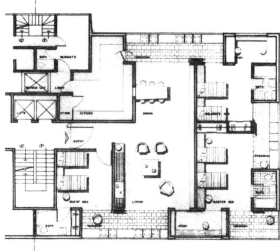

图 2-4

阳台　庭院　起居室　主卧室

图 2-5

图 2-8

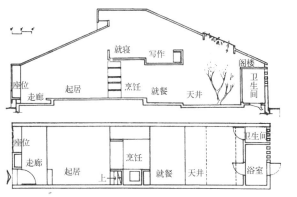

就寝　写作　阁楼
座位 起居 烹饪 就餐 天井 卫生间
走廊

座位 起居 上 烹饪 就餐 天井 浴室 卫生间
走廊

图 2-7

图 2-9

而且还把各个空间贯穿起来。通过有顶盖的走廊来控制建筑小气候。这个设计的变种(图 2-19)是位于艾哈迈达巴德的胡特厄辛住宅①，位于中央交通空间用一种更加随意的方式进行处理，并成为湿润气候的因素。

概念 IV

这个概念适用于湿热气候，例如孟买海滨地区。这里的建筑朝向必须为西向，因为这样就可以直接面对大海，获得徐徐海风和良好城市景观视野，但是这也会不可避免地受到午后烈日的曝晒和季风暴雨的侵淋。惟一合理的解决办法就是在起居空间和外部环境之间设立缓冲区(图 2-20)。

这种缓冲区能够被转换为主要起居空间吗？在干城章嘉公寓大楼(作品23)中，阳台形式为跨越两层高的花园平台。这就具备了使用的灵活性(图 2-21 ~ 23)。卧室可灵活地归属于相邻两户中的任何一家。在浦那的一个住宅设计②中，基于同样的原则，开发出几种户型(图 2-24)。

概念 V

这个概念的特征在于建筑由系列相对独立的单元空间组成(图 2-25)。这在游牧部落和阿格拉红堡的居住形式中可见一斑。

这个原则用于萨巴尔马蒂河畔圣雄甘地纪念馆(作品05)的设计中，建筑随着时光流逝可以继续生长，成为了本项目追求的基本目标(图 2-26 ~ 27)。

在加尔各答为一个家庭所设计的周末度假小屋——桑农宅③(图 2-28)以及浦那的帕特瓦尔丹住宅④都运用了这种设计概念。卧室单元的布置有利于在起居空间中创造出空气流通(图 2-29)。

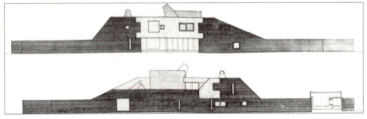

图 2-10

图 2-11

图 2-12

① 胡特厄辛住宅(未建，1960 年)。

② 这是指博伊斯住宅(未建，1962-1963 年)。

③ 桑农宅(未建，1972 年)。

④ 帕特瓦尔丹住宅(1967-1969 年)。

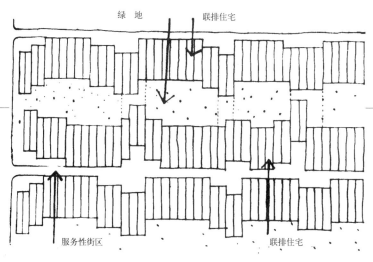

图 2-13

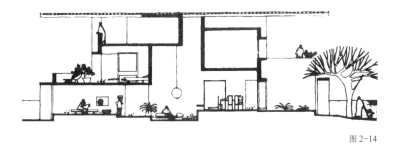

图 2-14

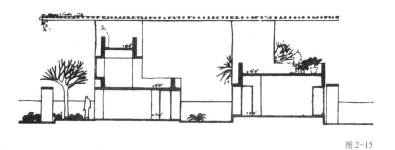

图 2-15

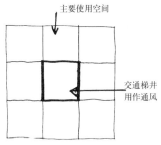

图 2-17

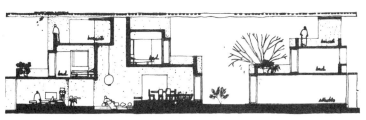

图 2-16

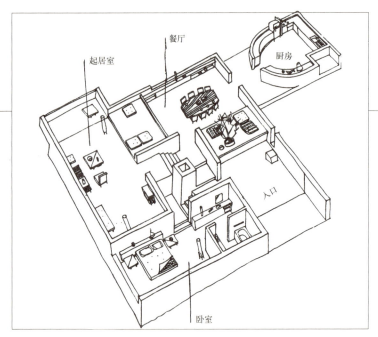

图 2-18

图 2-21

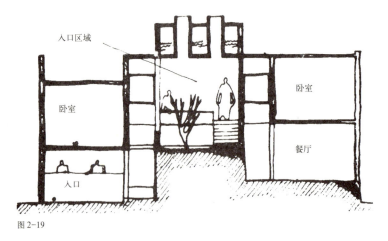

图 2-19

图 2-22～23

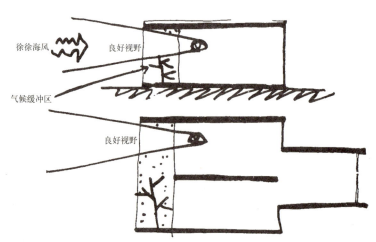

图 2-20

图 2-24

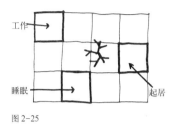

图 2-25

图 2-27

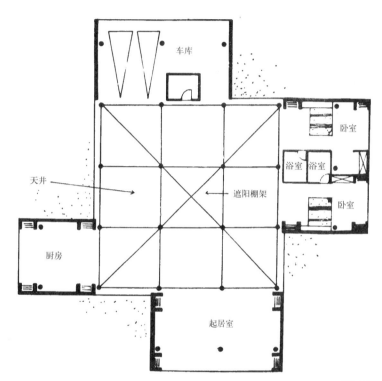

图 2-26

图 2-28

图 2-29

3. 前期策划和优先考虑因素(1971年)[①]

Programme and Priorities, 1971

> "没有任何一个伟人,除了亲爱的上帝,能够建立起世界的统一标准。"
> ——罗伯特·伯朗宁[②]

很多受过专业训练和职业教育的建筑师和规划师们最近来到了印度。就像爱迪生发明留声机一样,他们出现的时机并不成熟,超前于社会对他们所能提供的服务的有意识的需求。过去,印度人以一种自然而又随意的方式来解决自己的建造问题。村民们具有设计自己住所的非凡能力,现在仍然是这样。城镇中的建筑物通常都是屋主与该地的土地监管人共同设计建造而成的。在19世纪,承担了大城市中大规模建筑物委托任务的工程师们更加剧了这种现象的蔓延。

仅仅是在大约50年前,第一批经过设计的建筑出现了,第一批建筑师出现了。大约20年前,第一批研究空间形态的规划师也加入了进来[③]。但总的说来,他们对于这个国家的建设过程仅发挥了很小的作用。

但是到了1950年代初,这一切突然发生了巨变。尼赫鲁所决策的昌迪加尔建设使印度人民面对面地真实地接触到了那个奇怪的物件,那个勒·柯布西耶的世界(图3-1)。昌迪加尔不是乌托邦;远不是这样。积满尘埃的格子窗(图3-2),中世纪式的

图 3-1 昌迪加尔高等法院

图 3-2 昌迪加尔城市景观

[①] 原文参见:Programme and Priorities. The Architectural Review.London.1971-Dec.329—331

[②] Robert Browning:罗伯特·伯朗宁(1812—1889年),英国诗人,以写戏剧独白,如《我的已故公爵夫人》、《弗拉·利波·利比教士》和《主教安排他的墓地》而著称。他的作品,包括杰作《指环与书》(1868—1869年),在措词和诗的节奏上探索了新路。

[③] 原文注解:即使在今天(指1971年,译者注),这个数据仍旧非常小。在这个国家,规划师不超过600人,建筑师不超过5000人。而全国人口差不多已有5.5亿。

等级分化，公共交通的缺乏，所有这些都令人震惊。然而，正如尼赫鲁曾经说过的，"昌迪加尔的重要意义不在于你喜欢它或不喜欢它，而在于它让你意识到现代建筑的存在。"

由于昌迪加尔城的出现及其所带来的各种问题，促使在印度北部和南部出现了一批有意识进行设计的社区，从旁遮普到德里到艾哈迈达巴德、巴罗达①和孟买。越来越多的人们聘请建筑师和规划师来建造房屋、学校，以至整座城镇。很多专业学校建立起来，而在1950年代末国内仅有一所专业学校，现在已经达到了15所。之后，政府又建立了很多研究中心，对建筑材料、设计和建造方法进行研究，如德里的全国建造组织、艾哈迈达巴德的国家设计协会以及鲁尔基的中央建造研究协会。

所有这些都为建筑师和规划师们创造了前所未有的机会。但随着这些机会的出现也产生了一个问题：他们是不是能够证明自己足以胜任这种情况？这真是一个很大的挑战。建筑师们总是对发展新的理性模式感兴趣，事实上，在世界范围内，他们经常对建筑形态和功能进行扭曲以获得某种有趣的形式。但是，在印度进行工作有一件了不起的事，即：这样的扭曲是不必要的。在这里，需要处理一系列独一无二的社会和经济条件、气候情况、生活习惯、建筑材料和很多其他因素。当然了，那些研究此类问题的设计者们迟早会创造出一些新形式、新技术、新模式——总之，是一种新景象吗？这就是驱使他们前进的希望。

事实上，很不幸的是，这些景象并不是进步的趋向。正相反，这个国家中大多数的建筑师和规划师们正在做出的越来越多的设计决策，忽视了这个国家经济的、政治的和社会的现实因素。当然了，部分原因主要是思想观念的问题：在最近20年巨大建设市场的繁荣景象所造成的压力和带来的机会使得私人事务所的建筑师们还没来得及看清整个形势。我们好像陷入了一种奇怪的状况之中，就像19世纪推崇极尽繁琐的装饰艺术的建筑师那样。我们对获得一种新颖而有活力的建筑非常感兴趣就像那些建筑师，我们大多数的时间和精力都被富人们的问题所占去了。弗兰克·劳埃德·赖特是19世纪第一个着手解决这个被人忽视而又很内涵深刻的问题的人，即双卧室住宅。他一下子把它拔到了很高的高度，与此同时，现代建筑运动也诞生了。他周围的推崇装饰艺术的建筑师们缺乏创造这种新建筑的能力，并不是因为他们没有真正的才能，而是因为他们并不致力于解决真正的问题。印度的建筑师和规划师们将自己视同于弗兰克·劳埃德·赖特式的改革者，但同时他们真正的身份却正是赖特所反对的：迎合少数人要求的、不具有真正的专业精神、推崇装饰艺术的建筑师。

印度的现代派建筑师们需要从温适的小屋中走出来。建筑师们必须将自己的工作不仅仅视为一种"疯狂的珠宝匠人式的活动"；对于我们身边的所有人来说，印度的城市环境正在滑入混乱的境况。要解决这种情况，需要的不是某一件单独的建筑杰作，而是对于我们所生存的复杂环境基础的考虑。看到加尔各答的市场与巴罗达或特里凡得琅的市场竟是如此的相似，有没有印度人对此感到奇怪呢？这些城市分布在印度版图相去甚远的各端。这不是交流的结果；交流几乎不存在；就语言、食品、宗教和生活模式来讲，印度比欧洲更多样化。不，也许最有

---

① Baroda: 巴罗达，印度中西部一城市，位于艾哈迈德巴德东南。曾是巴罗达国的首都，以古代公共建筑、宫殿和印度教寺庙而闻名。

可能的原因就是混乱的状况总是看起来很相似(图3-3)。只有将房屋有序安排时,你才会注意到其中的差别(将胡伯里尔和安拉阿巴德进行有序安排时,我们也许会发现它们各自宗教之间的区别就像西班牙与瑞典的宗教之间的区别一样大)。但是,如何才能使人们对自己的环境负起责任来呢? 如何才能唤起几代人的冷漠之情呢? 生活在印度城市中的人们对自己环境的淡漠感真是一种超乎寻常的令人难以理解。地中海建筑的一个关键构成因素就是环境中的愉悦感,这可追溯到希腊时代。建筑和城市规划都是乐观的艺术,在意大利的建筑、食品和露天市场之间就存在着某种联系。但印度人并不是乐观主义者。这就是为什么当欧洲人第一次到达这里时,他们认为这个国家是一个精神之国。当时,这意味着非物质性,但这并不准确。印度人与其他任何地方的人们一样具有物质性。印度人真正需要培养的是一种公民感,一种环境中的自豪感。例如,拿出我们每年用于建造建筑的财政预算中的一部分来修建基础设施——如铺砌道路、安装街灯、建造供水设施、铺设下水管道、种植树木等,不仅可以使我们的城市变得更加美丽,还可以将数千座现有建筑物的使用功效和居住性能提高几乎一倍,这是仅仅增建一些建筑物所永远无法获得的效果,无论这些建筑物是多么的漂亮(图3-4~5)。

也许我们需要以一种更加实用的态度来看待建筑问题。例如:气候问题。印度的气候丰富多样,从德里和拉贾斯坦的干燥炎热的沙漠到孟买、孟加拉和喀拉拉的潮湿的热带林地气候。在任何一个地方,使用空调都是不经济的。即使是最富有的人也最多只在一间或两间卧室中安装空调,一部分原因是支付的费用,还有一部分原因是出自印度人喜欢新鲜空气和微风拂面的感觉。因此,面向太阳、顺应风向和调节小气候就成为了设计的决定因素。阿格拉红堡中的帐篷就像古代西班牙摩尔人王宫中的庭院一样,不仅自身建造得辉煌壮丽,而且它们还具有比周围温度至少低10℃的特性。这种小气候的创造对我们产生了一种很基本的美学影响。

但是,与他们的前辈们相比,今天的建筑师们很少甚至几乎不再注意气候控制的因素了。结果是:建造出的建筑很漂亮,但却非常不适合居住。进一步的结果是:建造在50年前殖民地时期的旧式班格罗平房仍然为我们提供着最舒适的居住环境。昌迪加尔城是否能够比沿同一条高速公路接下去的城市区域凉爽10℃呢?

当问题的严重性与增长人口的需求结合在一起时,时间、金钱和能量都造成了巨大的浪费(图3-6)。政府数据表明,现在印度的住房短缺量为8370万套[①](图3-7)。这一数字还在以每年200万套的速度增长。全国的建造能力,包括私人建造在内,是30万套;结果造成8300万套的短缺量还在以每年170万套的速度增长。而且,建造这8300万套住房的费用以现在的价格来估算的话,大约为3000亿卢比。对此,第4个五年计划中的拨款还不足21.7亿卢比。

那么我们如何才能创造出弥补这种短缺的资源呢? 实际上,我们可不可以在每个普通印度人的预算之内为他们设计出一种基本的庇护房呢? 现在,一户城镇住房的最低造价为大约5000卢比。但普通印度人无法负担这笔费用。他只有承担500卢比的能力。非常有趣的是,在他自己居住的村镇中,他却可以以这样

图3-3 混乱的状况总是看起来很相似

图3-4 加尔各答的道路景观

图3-5 加尔各答的商业中心

图3-6 人口剧增

图3-7 住宅严重短缺

---

① 原文注解: 1190万套的短缺在城市地区,7180万套的短缺在农村地区。

图3-8 拉贾斯坦邦比卡内尔①的村庄

图3-9 法特普尔·西克里城

图3-10 孟买的维多利亚火车站

图3-11 新德里的总督府

的费用来建造一座漂亮的住宅(图3-8)。这里出了什么问题吗?我们是不是在使用错误的建造材料?或者是错误的建造技术?还是从一开始我们就搞错了问题?

简言之,印度的建筑师们是不是在从事着如他们的前辈们所从事的工作呢,即掌握传统技艺的匠人?创造出漂亮上镜的建筑形式是一回事,建造出适合使用的建筑环境却完全是另一回事。在整个印度,越来越多的建筑师都投入到了一种疯狂的、旨在突出自我的女主角式的设计活动中,而国家却为他们支付了巨大的代价。这些专业人士如何才能脱离这个方向呢?很悲哀,也许答案存在于那个令人震惊的建筑原型自身之中:昌迪加尔城。现在已经过去了20年,可以再回过头来看看这个城市,想一想昌迪加尔城和勒·柯布西耶的建筑都提出了什么问题?实际上,这些问题与这个国家所遇到的问题有什么关系吗?

正如一些人所指出的,印度存在着莫卧儿时期的辉煌建筑,从阿克巴到柯曾①,再到我们现在身处的时代;也许昌迪加尔不过是一系列纪念碑式的、冷酷而糜费的建筑中的一个罢了,还有曼杜古城②,法特普尔·西克里城(图3-9)、阿格拉红堡等等——因为它们所偏好的解决方式与印度数百万的饥饿人群毫无关系而变得冷酷而浪费;就像巴西利亚的用玻璃和铝材建造的住宅塔楼与里约热内卢的贫民区③无关一样。

但是在印度居住却很容易沉浸在这种英雄式的氛围之中。这里存在着一些与这个国家的氛围有关的因素,并沉淀出一些发人深思的景观;而且,最终是它们赢得了喝彩。在《第三个人》一书中,奥森·威尔斯④写下了令人难忘的一段话:"在波吉亚家族⑤统治意大利的30年中,到处充满了战争、恐怖、谋杀和流血事件。但是这个时代也造就了米开朗基罗、莱昂纳多·达·芬奇和文艺复兴运动。在瑞士,人们有着兄弟般的友谊,500年的民主与和平的生活给他们带来了什么呢?——布谷鸟钟⑥!"

印度就像意大利一样,充满了热情和放纵的激荡。面对着贫穷与不公,一个艺术家还可以做些什么呢?放荡形骸使他可以忍耐贫穷的环境——但这显然也使贫穷变得永恒。我们如何打破这个循环呢?我们什么时候才能停止建造金字塔而开始转动布谷鸟钟呢?

---

① Curzon, George Nathaniel: 乔治·内森尼尔·柯曾(1859-1925年),英国政治家,曾担任印度总督(1898-1905年)和英国外交大臣(1919-1924年)。

② Mandu: 曼杜,又名曼多尔赫,印度中部中央邦西南的一处城市废墟,位于茵多尔城西南60km,据说始建于6世纪。14~15世纪为穆斯林的马尔瓦王国都城。该城在胡桑沙统治下(1405~1434年)达到鼎盛,由于蒙古人的到来而衰退。胡桑沙的大理石圆顶墓和1454年建成的大清真寺是帕坦建筑风格的著名实例。(参见:《不列颠百科全书》国际中文版(10).北京:中国大百科全书出版社,1999.429)

③ Favela: 棚户区,简陋棚屋的住宅区,尤指在巴西的贫民区。

④ Welle, Orson: 奥森·威尔斯(1915-1985年),美国电影制片人和演员。他自导自演了《公民凯恩》(1941年),其他电影还有《罪恶的接触》(1958年)和《审判》(1962年)等。

⑤ Borgias: 博尔吉亚家族,西班牙巴伦西亚贵族后裔,定居意大利。在15~16世纪的宗教和政治中起到巨大作用。这个家族中的某些成员以善于背信弃义而闻名。该家族出过两个教皇和许多政治、宗教领袖。该家族在16世纪末叶开始衰败,到18世纪末已湮没无闻。(参见:《不列颠百科全书》国际中文版(3).北京:中国大百科全书出版社,1999.45)

⑥ Cuckoo Clock: 布谷鸟钟,是一种挂钟或座钟,其报时的声音好像布谷鸟叫,并且通常在报时的同时有一只机械鸟从一扇小门中出现。

⑦ Bikaner: 比卡内尔,印度西北部一城市,位于德里西南偏西巴基斯坦边境附近的塔尔沙漠上。有几座16世纪用红沙岩建造的拉其普特人的宫殿。

4. 形式跟随气候（1980年）[①]

Form Follows Climate, 1980

在第三世界国家欠发达的经济条件制约下生活，就应该考虑气候因素的影响。我们负担不起在玻璃高层塔楼里依赖空调系统所产生的能源消耗。当然，这也带来了一种优势。这意味着建筑必须通过采用适宜的形式来调节气候，满足使用者的需求。

调节气候不仅包括太阳入射角度和百叶窗的设置问题，还与建筑的剖面形式、平面布局、体量造型和内部组织相关。阿克巴皇帝在法特普尔·西克里城的豪华宫殿群不但试图创造出一种建筑经典造型（尺度、比例、轮廓、材料），而且致力调节建筑小气候，比周围环境至少低10℃。这里，亭榭采用开放的形式，错落有致地贯穿在喷泉流水的庭院之中。在黄昏夜色的衬托下，这组建筑极具感染力，只有当你身处其中时，才能感悟到促使该建筑形式形成（即建筑深层结构）的原动力。其中，控制建筑的亮度、气流和温度成为了必须考虑的因素。简而言之，就是为它的使用者创造出适宜的微环境（这就是我们将要讨论的——创造一种生活方式）。

从这个观点来看，能源危机远远不只是包括对温度调节的机械装置的滥用。对于美国的建筑师（尤其对于那些关注建筑造型的视觉效果和雕塑感的建筑师更是如此），这也许是阿拉真主赐予的机会，使他们把目光转向了建筑形式的始祖：气候。

作为设计师，我们都希望看到（和修建）有趣的、新颖奇异的建筑形式。但是，美好的事物的产生并不需要特立独行，与周围的自然环境相敌对。相反，赖特设计的草原住宅中宽大的挑檐、巴洛克式的双倍层高以及柯布西耶的巨大遮阳板，所有这些具有雕塑感的伟大设计的灵感都来自当地气候条件，以求尽可能地与之相适应。类似的例子，在大多数的第三世界国家的传统建筑中也不鲜见。它们有效地构成了一种技术转换的运用形式，其价值不可衡量。

例如，在印度南端特里凡得琅这个湿热地区，有座古老的千年宫殿——帕德马纳巴普兰宫殿，就是一个典范，在利用当地主导风向和解决日照方面独具特色。其中的亭榭剖面形式独具匠心，方形底座呈金字塔形状，与上方的瓦坡屋顶取得呼应。至高无上的统治者端坐在金字塔的顶端，群臣在较低的台阶上环绕而坐（图4-1）。这种设计有两大优点：第一，不需要任何起围护作用的墙体来遮阳避雨；第二，当人们身处亭子中时，视线可以毫无阻隔地投向四周绿意盎然的草地，郁郁葱葱的凉爽之意扑面而来，这真是对炎炎酷热的一剂良方。

我们已经把这个设计原理运用到了许多工程实践中。例如，科瓦拉姆海滨开发项目（作品20）就是其中的一个例子。这儿是印度最美丽的海滨地区之一，距离帕德马纳巴普兰宫殿仅数十公里之遥。旅馆建筑采用当地的建筑语汇，如瓦屋顶、白灰墙、砖承重等元素，而且与自然山形相吻合，形成优美的轮廓线。

[①] 原文参见：Form Follows Climate. Architectural Record. New York，1980-July. 89~99. 此文的译文还曾发表在《世界建筑》1982，1，题目为《建筑形式遵循气候》，译者李笑美、杨淑蓉。为了保持英文原文的完整，且统一专用词汇的表达，因此本书中的译文经过本书著者的重新独立翻译完成。

穿堂风在印度大多数滨海湿热地区是十分必要的。例如，在孟买，终年气候温暖，温度大约在 70~100°F① 之间变化，相对湿度通常高于90%。在这种气候条件下，如果没有空调，穿堂风就必不可少了。如在萨尔瓦考教堂(作品12)设计中，这栋建筑需要同时容纳2000多人进行宗教集会，就必须借助穿堂风了。

现在，在欧洲相对寒冷的气候条件下逐渐演化出的传统教堂形式，基本上是一个封闭的盒子。而在东方发展起来的伊斯兰教，是惟一的一种宗教形式，需要众多的信徒进行集会祈祷，其建筑形式也截然不同。在巴基斯坦和印度的大清真寺(如位于德里的朱马清真寺②)都采用系列露天庭院，由周围的柱廊进行限定。换言之，仅有的建筑构架只不过是让人们感到还是处于"人造环境"中，而实际上却是身在露天空间之中。

这样，因为宗教仪式的需要，伊斯兰教的清真寺并没有用屋顶包裹起来。假如起源于近东的基督教仍然原地不动，没有迁移到罗马，也许它的教堂形式也会出现露天空间。这样，在孟买的萨尔瓦考教堂设计中，我们创造出一系列相互关联的无顶庭院和有盖空间，这种模式使得某种特定活动可根据天气状况来选择室外或者室内进行。有顶盖的部分用混凝土壳体进行覆盖，就像巨大的烟囱：热空气通过屋顶排风口上升排出，同时又从周围的庭院中吸纳新鲜空气。无论室内还是室外，建筑各个不同部位在水平方向上相联系，这样组成的空间可让徐徐微风贯穿整个场地。

这里，还有另外一个截然不同的例子，是栋高层建筑，即孟买的干城章嘉公寓大楼(作品23)。当地的主导风向来自西边的阿拉伯海，因此各住宅单元必须朝向这个方向。但是这样也有种种弊端，就不可避免地将受到午后烈日的曝晒和季风暴雨的侵淋。为了处理这个两难问题，我们决定在居住单元和外部环境之间创造性地设置一个"缓冲区"——一个跨越两层高的平台花园成为了在白天的某些特定时段的主要起居空间(图 4-2)。

在剖面设计上，各个户型相互连接，贯穿了建筑的东西立面。这不仅保证了穿堂风，而且还便于观看东西向良好的城市景观：西侧面向阿拉伯海，而东侧则是繁忙的港口，一直延伸到大陆本土。跨越两层高的平台花园形成了每一户单元的视觉中心，为各家提供了绝佳的视角来俯瞰孟买城，其上部设置遮阳设施，让微风吹进畅通无阻。

在孟买，由于湿度高，引起整夜结露，因此在一些标高的平台上必须得添加顶盖。但是在印度中、北部地区的干燥气候条件下，夜晚在屋顶平台上露宿已是延续数百年的传统习惯。这些露天平台也适用于冬季阳光丰沛的日子里，人们在此围坐谈

---

① 折合大约为 21.1℃~37.8℃。

② Masjid: 麦斯吉德，或者加米，即清真寺。

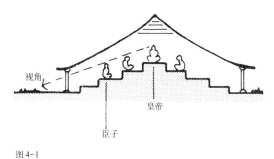

图 4-1

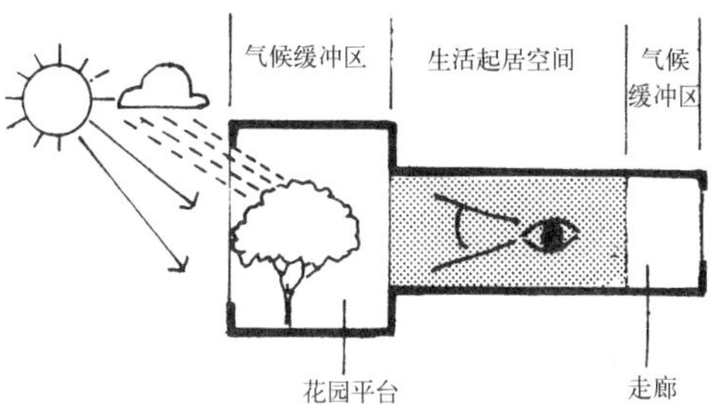

图 4-2

天,或者晾晒谷物。

从这个概念引发了塔拉组团住宅(作品35)的设计,它是位于德里的低层高密住宅组团。狭长的住宅单元在前部设置一个开放的、两层高平台。中央围合出一个社区中心,局部地区上部覆盖棚架。其中的植树和喷泉作为调节湿度的因素,这在干燥地区十分必要。

在社区创造中心地带,并营造出独特的小气候,这种想法也成为了设计海得拉巴一栋办公楼的出发点。海得拉巴是位于德干高原①上的干热地区。这栋办公综合楼(作品27)是为印度电子有限公司(ECIL),一家大型快速发展的电子公司设计的管理中心大楼。从一开始,业主就坚持建筑形式要布置灵活,这样当情况发生变化,建筑有进行调节的余地,可以随着时间而增建。其次,他们希望建筑内部能够形成适宜的小气候环境,而不必借助机械通风和制冷系统。

由于以这两点为设计目标,建筑形式由一系列模数单元组成,围绕中央区布置:整个屋顶用棚架覆盖,还有一层100mm厚的薄薄水膜,通过该水膜表面层反射太阳的幅射热,使建筑物顶层的温度下降(图4-3)。

因为整个工厂和镇区位于场地的西部,因此要设计一个大型的遮阳棚架,来遮挡西晒。整个遮阳框架就像个筛子,让拂面而来的微风更湿润些。

现在我们再来讨论另外一个项目,虽然规模要小一些,但意义非凡,代表了我们近些年来建筑设计思想的演化过程。这就是管式住宅(作品16),曾在古吉拉特邦住宅委员会举行的低收入住宅的全国设计竞赛中获得了第一名。竞赛要求设计无电梯住宅单元,但是我们发现:通过采用3.6m面宽的单元形式能够实现同样的建筑密度。热气流顺着斜坡屋顶上升,从顶部的通风口逸出。然后从窗户补充新鲜空气,这样就形成了自然通风。通过调节窗户百叶窗的位置,来控制房间内部的空气转换频率(图4-4)。

一年后,我们将同样的设计手法运用到拉姆克里西纳住宅(作品18)的设计中,这是一栋大型的私人住宅,是为艾哈迈达巴德最富有的一位工厂主建造的。整个想法在拉贾斯坦邦科塔地区附近的凯布尔讷格尔镇住宅区(作品14)中得到了进一步的发展。当地出产丰富的砂岩,可做成跨度达3.5米的楼板。

在设计这种狭长形的联排住宅时,我们发展出两种基本剖面形式。第一种,我称之为"夏季剖面",建筑室内采用类似金字塔的形式,基部宽敞,顶部狭窄,这样就能把住宅由上而下封

---

① Deccan Plateau: 德干高原,印度中部偏南一高原,位于东高止山脉和西高止山脉之间。德干半岛也指纳马达河以南的整个印度半岛。

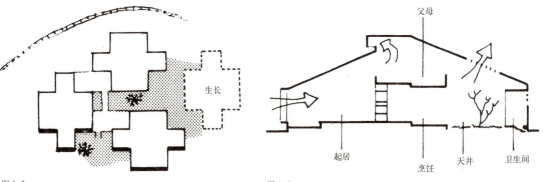

图4-3   图4-4

闭起来，适用于炎热的午后；第二种则是"冬季剖面"，是倒金字塔的形式，向顶部开敞，适用于寒冷季节和夏季午夜。

在同一时期，在艾哈迈达巴德还修建了帕雷克住宅(作品19)。沿着住宅中部设置夏季剖面，成为了位于两侧的冬季剖面和服务区之间的夹心层。这样，在一年不同的时段，可以使用住宅不同的区域。

这给我们引入了一个基本概念，即把建筑分解成为多个既离散，又相互关联的空间组合形式(图4-5)。

我们已经多次使用这个概念，其中最为著名的是位于浦那的帕特瓦尔丹住宅①，以及位于艾哈迈达巴德的圣雄甘地纪念馆(作品05)。在世界各地气候温暖的地区，都可以找寻到许多这种多中心的建筑形式，从环行布置的非洲酋长土屋到蒙古的大帐篷的组织形式都是如此。这些建筑形式都为居民创造出一种游牧式的生活方式，以此来调控小气候。每天特定的时段相应使用建筑中特定的空间。这种模式的使用方式也能够随着季节的转换而进行相应的调整。例如，在阿格拉红堡中，在夏季清晨，庭院上空撑起一幅天鹅绒遮篷，纳入底层房间里隔夜的凉空气(图4-6)。在夜晚，遮篷撤去，皇帝就来到平台上凉爽的花园和亭榭中。到了寒冷(然而有阳光的)冬季里，这种生活模式就反过来：平台花园在白天使用，夜晚则到底层房间里去。

为了对气候进行创造性地调节，就必须在生活方式上进行调整。虽然同为皇室，居住在法特普尔·西克里城的莫卧儿人就创造出与凡尔赛宫大相径庭的建筑形式。同样，在美国新奥尔良州附近的大农庄庄园主住宅，其空间组织和居住模式与欧洲的农庄住宅相去甚远。

总而言之，所有新出现的建筑形式与规划都与生活方式的改变相关联，对于解决现状的能源危机也提供了一个机会。把建筑这个复杂的问题简化到只考虑在外观和材质玩些花样，这是流于表层肤浅的思考。这种短视正是近十几年来影响现代建筑师的症结所在。这也就是说，自从那时起，建筑师把本属于他的众多责任推卸给了设备工程师。这让我们想起了路易斯·沙里文的警言：建筑可与句子结构相类比，它不仅包括形容词和感叹符号，而且必须要用句法将其连为整体。气候，这个建筑创作源源不竭的源头，将提供我们所需要的深层结构。

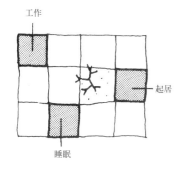

图4-5

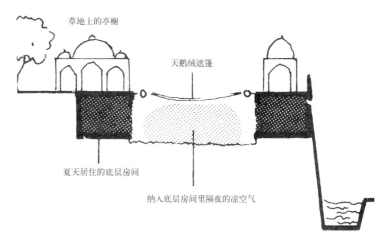

图4-6

---

① 帕特瓦尔丹住宅(1967-1969年)。

5. 第三世界的城市住宅：建筑师的作用（1980年）[①]

Urban Housing in the Third World:The Role of the Architect, 1980

  第三世界的执业建筑师们面临着一项独一无二的艰难挑战运用他们所掌握的技术和智慧去改善城市中穷人们困苦的生活条件。显然，他们要付出最大努力攻克的目标就是住房。当前，建筑师必须面对两个令人难以置信的现实：第一个是巨大的需求规模；第二个是城市贫困人口的极低收入。

  在一些第三世界的城市中（如达卡、伊巴丹[②]、卡拉奇和孟买），露宿街头的穷人们竟占到人口比例的 25%~50%，而其增长速度比该城市中其他方面要快得多。相反，户均收入却低得可怜。在孟买，1/3 的住户月收入不足 250 卢比，或 30 美元；还有 1/3 的住户月收入不足 60 美元。如果从如此低微的收入中还要拿出 15% 负担房租，对他们来说就是一笔很大的数字了，每个住宅单元的资金预算就会分别达到 450 和 900 美元。今天的孟买，新住宅的销售价格为 300 到 600 美元 $/m^2$。由此我们就可以计算出通过市场购买每户能够负担的住宅面积！即使我们完全不考虑土地和其他设施的费用，仅计算建造费用的话，一座简单的砖墙承重结构结合钢筋混凝土板建造的四层无电梯式住宅也要花费 70 美元 $/m^2$。这个价格也是穷人所无法承受的。

  建筑师们发现：无论自己付出多大的努力也无法使住宅的造价降低到穷人们可以负担得起的水平。他们所能负担的是那种自己熟练建造的简单的单层住宅，而且式样美观，所利用的是本地建筑材料，如泥土和竹子，回收的锡制易拉罐和棕榈树叶，以及自身掌握的智慧和经验进行建造。

  但是，如果存在这样的解决方法的话，为什么还有这么多人不得不露宿街头？有两个关键的原因。第一，需求规模决定了大部分的城市土地都要用于其他用途，从而将大多数的自建住宅排挤到了城市边缘地带。由于远离主要交通干线和其他城市基础设施，以及缺乏公共交通，穷人们无法实现流动，从而缺乏工作机会，甚至根本得不到工作。这就是为什么在那么多的城市中居住在贫民窟的人们拒绝任何将其搬迁到远离城市主要基础设施的善意企图的原因。这些人通常都会沦为廉价劳动力，被当地的企业主们所控制（这也许可以解释为什么商业企业越来越多）。很自然的，穷人们——至少是那些头脑比较灵活的穷人们——又回到了城市中心的街头居住。在他们所考虑的生存问题中，住房并不是很紧迫，被排在食物、衣服、健康等之后。比拥有舒适的庇护所重要得多的是要靠近城市的神经中枢来获得

[①] 原文参见：Urban Housing in the Third World: The role of the Architect.Open House. London，Vol.6.，31-35

[②] Ibadan: 伊巴丹，尼日利亚西南一城市，位于拉各斯西北偏北。19世纪30年代作为一个军事营地而建立；后发展成为一个强大的约鲁巴城邦。现在是一个重要的工商业中心。

工作机会。

这就将我们引入了第二个为什么———一种看似万能的住房却无法实施的原因。虽然很多第三世界城市中的规划师和决策者们承认自建住宅所具有的优点,但当他们考虑到以如此低的密度来使用城市土地时,就发现经济效益消失了。这种被否决的观点源自方方面面,就像新加坡和香港一样,可用的城市土地总是有限的,不能将其"浪费"在单层住宅上。

这是一种被广泛接受的观点,但却值得认真思考一下。城市住宅不是一个独立的问题;社会对其付出的总体代价比房屋自身的造价要高昂得多。它是相关地点一系列其他因素确定后的综合结果,包括工作地点的分布、所需的市政管线、交通干线等等。实际上,我们所寻找的是建造费用(随密度而变化)与城市土地的机会成本之间的平衡点。

为了对这一平衡点进行认识,我们需要对住房进行仔细的界定并确定它的实际功能。住宅比建筑本身的意义要广泛得多。房间,作为住宅单元,仅仅是人们生活所需的一整套空间系统中的一个元素。在印度的城市环境中,存在着四种必须的空间元素。按照等级排列,分别是:家庭自己使用的私密空间(如做饭,睡觉,储藏等等);塑造亲密氛围的区域(如门前台阶,孩子在这里玩耍,人们在这里与邻居聊天);邻里聚集的场所(如城市里的打水处或村庄里的水井旁),这里使个人融合到整个社区之中;最后还有城市的公共空间,如供整个城市使用的绿化广场。在其他社会中,这些空间组成元素的数量以及相互之间的关系会有所不同,但无论在哪里——从小城市到蔓延扩展的大都市——人类的居住环境都存在着相似的等级体系,这一点是很确定的。这种相似的空间体系会随着各个社会的气候、收入水平以及文化模式而发生变化。

对于这种空间体系,我们可以确定两个重要的事实。第一个是其中某些空间会包含有顶盖的空间和/或露天空间。这一点对发展中国家来讲具有非常重要的意义,因为几乎所有发展中国家都处在热带气候条件下,人们的很多基本活动都发生在户外。例如,做饭、睡觉、娱乐、孩子们的玩耍,等等,这些都不需要在室内进行,在开放的庭院中进行也可以获得高效率。设想一下,在某种特定的文化传统中,约75%的城市生活基本活动都可以在露天空间中进行。如果排除天气条件的限制(季风等因素),在一年中,这些户外活动仍然占到了70%的比重。这使庭院获得了一个略高于室内空间的50%的使用率。所有的地域性住宅,从阿尔及尔老城区卡斯巴到东京的纸式住宅,都是对住宅的建造费用和露天空间的土地费用进行巧妙平衡的结果。每个社会和其中的每个家庭都能够找到自己的平衡点。

有关这种生活空间序列的另一个事实是各个空间元素之间是相互依存的;一个空间区域的缺乏可以由另一个空间区域进行补充。例如,邻里社区空间可以成为对小面积居住单元的补偿,反之亦然。有时也存在一些明显的不平衡,例如,在德里,每个家庭拥有大约75m²的公共露天空间。如果其中的一部分作为每户的一个小型庭院(大约10m²)出售的话,就如在伊斯法罕和贝拿勒斯[①]那样,是否可以收到更好的效果呢?

确认这种空间等级体系和理解这种平衡的本质是进行住房

---

① Benares:贝拿勒斯,为印度东北部城市印度教圣城瓦拉纳西的旧称。

供应的第一步。没有这种评估，就可能会陷入错误处理问题的危险之中。这就是为什么那么多提供低收入住宅的努力仅仅将遇到的问题视为在给定的地点建造出尽可能多的居住单元，而不考虑这一整套系统中所涉及到的其他空间的原因。这样产生出来的环境是无法使用的；随着周围的建筑越变越高，露天空间的功能也就越来越有限了。在由单层住宅围合而成的庭院中人们可以睡觉；而两层建筑围合的庭院中人们仍然可以做饭；5层围合的庭院则只能供孩子们玩耍了；10层围合出的空间就只能用做停车场了。旧有指标中所规定的每千人开放空间拥有量过于笼统空泛了，这些空间必须在数量和质量上进行相应地变化。

如果空间体系中的所有元素之间都保持一种功能上的平衡，那么密度与造价之间是如何联系呢？在印度，如果每个居住单元的面积为$25m^2$，每户拥有的社区面积为$30m^2$的话，则每公顷土地可以容纳单层住宅125户。5层的无电梯式住宅可以达到大约250户；20层的住宅可以再翻一番，大概500户。随着建筑高度变为原来的20倍，邻里密度会提高到原来的4倍。

如果我们放眼整个城市，那么密度变化的影响就显得更微小了。与人们的普遍认识相反，城市中仅有1/3的土地用于居住。实际的住宅占用土地还不足城市可用土地的20%，与交通用地(25%)和工业用地(15%)相比，这个比例实在是太小了。所以，将居住区的密度增加一倍是无法将城市的总体规模降低一半的，实际上，其收效甚微。20年前的胡克新镇开发的规划理念就充分证明了这一事实。这里需要强调的是，任何居住密度的变化都会给居民的生活方式带来巨大的影响。在大多数处在热带气候条件下的第三世界国家中，这一点是毫无疑问的。为了换取城市总体规模上的一点点降低而提高居住密度会大幅度地减少露天空间的数量，从而降低了住宅的使用性能。不仅如此，这会使个人住宅的建造费用暴涨，比发达国家中的增长幅度要大得多。

在第三世界国家中，关于1层的、5层的和20层的建筑的规范变化很大。多层住宅(无论是5层的还是20层的)必须以砖和钢筋混凝土建造，这并不是由于气候的原因(就像在欧洲那样)，而是出于结构强度的考虑。相反，低层住宅则可以以较广泛的本地材料进行建造——从瓦材到泥土砖，到泥巴和竹子，其费用也可降低到原来的几分之一。"低层"住宅不仅包括自建住宅，还泛指传统的地域性建筑——由世界各地的人们创造出来，拥有极其丰富的建筑语言，而且不需要专业建筑师的帮助。正如众多诚实睿智的建筑师们所言，从经济、美学和人文角度来讲，传统的地域性建筑不仅更有成功解决居住问题的可能，而且其建造过程还涉及到恰当得多的社会经济程序。蔓生的多层住宅方案只能由某些能够处理各种涉及到的技术和经济问题的建造者和开发商们来承建。而地域性建筑所需的投资则可以控制在街头集市的水平，也极大地增加了第三产业的就业量。

在第三世界建造低层住宅还将带来另外一些好处。第一，住宅可以生长扩建，在发展中国家，对这种扩建可能性的需求非常紧迫，尤其是出现了新的优先考虑因素时更是如此。第二，低层住宅对整个环境的社会、经济和宗教因素更加敏感。这一点越来越受到发展中国家的重视，因为这样的建筑模式使人们更容易调整空间形式来适应自己所需的生活方式。引用一个伊斯兰世界的例子，伊斯法罕的庭院式住宅与德黑兰机场周围缺乏可变性的高层住宅形成了对比。

如果我们看看人文主义者和环境主义者现在所考虑的主要问题——平衡的生态系统、废物回收、公众参与、恰当的生活方式、地域技术等——我们会发现第三世界的人们已经表现出了对这些问题的反应。从波利尼西亚的岛屿到地中海的山城小镇，再到孟加拉国的丛林，令人难以置信的美丽住宅已经建造了数千年。事实上，第三世界中的一件奇妙的事就是它们从来都不缺乏住宅。当然，缺乏的是实施这些优秀的解决方法的城市环境。第三世界的建筑师们所面临的真正的任务和需要承担的责任就是塑造这种城市环境。

恰当的城市环境的建立需要提高与需求规模相称的城市用地。除了常规的城市生长之外，还需要更多的住宅建设。这也许会涉及到或多或少地期望着对工作地点的重新分布，从而在城市中造成增压点。其结果可能会是整个城市的重构。这就是新孟买规划的构想，容纳200百万人的新的城市增长中心，正在老城海港对面的地区进行建设。在现在的大都市区中，人口密度非常高，在某些地区已经超过了每公顷3000人。这种高密度不是建筑高度带来的结果，而主要是由每单元中的居民密集数量(10~15人)以及少得可怕的学校、医院和其他社会基础设施所导致的。与德里每人拥有15m²的露天空间相比，在孟买岛该数据为大约一平方米，这还包含了交通岛中的绿地。道路面积仅占总用地的8%，使得城市看起来总是很拥挤。

这些令人难以置信的数字在其他第三世界的城市中随处可见。在这种情况下，改善住宅质量的首要任务就是对城市用地的分配进行调整。在现有的城市结构中，如果不对工作模式和道路系统进行调整，这真的可以实现吗？

在对新孟买进行规划所做的研究工作过程中，我们力图确定什么是最佳的居住密度(根据当前城市的收入和资源状况)。我们发现对于最高的地价来讲，结合建造费用而得出的平衡点是建造低层住宅，从每公顷250人到1000人的密度不等。超过每公顷1000人的居住密度在第三世界国家中将会导致问题的出现。事实上，可以用体温进行类比：我们都知道，当体温超过98.6 °F[①]时我们就生病了，城市是否也存在着同样的指数呢？有人曾认为这同样也适用于发达国家。例如，伦敦和巴黎的总人口密度很相近，但它们各自对居民数量的容纳力则有着很大的差异。

第三世界的建筑师们参与的其他类型的建设涉及了从大规模的场地规划到组团式的房屋建造。这句话中的关键词是"参与"。过去，社会中建筑师的原型并不是推崇装饰艺术的艺术家，而是掌握传统技艺的匠人。有经验的石匠或木匠，来帮助人们进行设计和建造住宅。这种实践方式在今天印度的一些小村庄中仍然继续着：屋主和这样的土工程师一起来到工地，用小树枝在地上勾勒出建筑物的轮廓。一般情况下，双方总会发生一些争论，讨论开窗位置和楼梯位置利弊等等问题，但重要的是，两者具有共同的美学取向，他们站到了谈判桌的同一边。这种

[①] 折合为37℃。

工作方式隐藏在过去所有伟大建筑的背后，从西班牙的阿尔罕布拉宫到法特普尔·西克里城。

现代建筑师们是否愿意以这种方式参与建造呢？也许不愿意，因为我们所受的所有专业训练都在鼓励我们来说服业主，并以我们自己的方式进行建造。或者，我们采用另一种极端方式：当来到穷人们中间时，好像这是一片可怖之地，我们将自己想象成为伤兵疗伤的弗罗伦斯·南丁格尔。为什么建筑师只能充当旨在突出自我的女主角，或者是简单地表达同情。他所做的必须是和土工程师通常所做的一样，带来具有适用性、充满丰富经验以及高水平视觉美感的住宅。

为了改善第三世界的环境质量，我们必须具备一种强烈的视觉美感。穷人们总是可以理解这些。一个墨西哥陶匠可以通过在泥土罐子上画上粉红的一笔就改观罐子的整个形象。他几乎不用额外花费什么，但这却改变了购买者的生活质量。最优秀的手工艺品和最优秀的视觉美感的作品都来自于世界上最贫穷的国家，这并不是巧合。如哈桑·法赛经常指出的，阿拉伯世界住宅的美丽之处在于建造者只有最简单的材料可用：沙子、泥土和天空。这些建造者必须具有创造力。法赛自己的作品就非常优美，他并不以借口对美学的"遗忘"来资助穷人们。相反，他投入了自己全部的激情、智慧和视觉感受，让每个人都成为获益者。

概括一下第三世界中建筑师所扮演的角色，我们认识到：穷人们并不是为了住房才来到城市中的，他们来到这里是为了工作。所以询问如何进行建造也就是询问在哪里进行建造。建造场地和基础设施是答案的一部分，但并不是万灵药。为了能够生存下去，他们不得不居住在道路等基础设施的关键节点位置。由于需求量巨大，这就必须对我们的城市进行重构。第三世界国家建筑师的首要责任就是构想并催生这种重构。然后，在微观尺度上，建筑师应该参与到场地规划等活动中来，就像旧时掌握传统技艺的匠人那样；他应该记住他和人民是站在一起的。如果他有效地完成这两项任务，当遇到住宅项目时，一切问题都将迎刃而解。

6. 露天空间——温暖气候条件下的建筑（1982年）[①]

Open to Sky Space——Architecture in a Warm Climate, 1982

建筑物是建造在各种自然条件之下，从一个极端封闭的盒子到另一个极端开放的露天空间。在这两种极端情况之间存在着相当多的选择（图6-1～2）。

不幸地是，在严酷的寒冷天气条件下这些选择一下子变少了。事实上，在一座密斯式的摩天楼中，人们便会陷入一种两极化的状态：一个盒子，安置在一个开放空间中。你或者处在盒子内，或者处在盒子外。从一种状况到另一种状况的过渡必须通过一条坚固而清晰划定的界线：入口大门。

将这样的经历与产生于温暖气候条件下、复杂而多样的建筑形式进行一下比较。在封闭的盒子和开放空间之间存在着一系列连续的区域，各自具有不同的防护能力。人们会顺着这样的空间序列，发现自己起先……站在走廊中，就来到了庭院内，然后在树下驻足，接着来到了由竹子制作而成的遮阳棚架下的平台，也许接下来又折回到了房间里，再信步走出到阳台上……等等。各个空间之间的分界线并不是刻板僵硬的，而是轻松随意。光影斑驳，空气清新，在每一个空间转化过程中带给了我们美好的感受。

图6-1　德里大清真寺

每天都在经历着同样的情况，生活在热带地区的人们就具有了一种对建筑形式完全不同的态度。因此，虽然在北美地区学校教育的象征可理解成为小小的红色校舍，但在印度，或在大多数的亚洲国家中，它却是端坐在树下的先知。佛祖和菩提树的形象不仅具有一种超自然性，而且更具有一种启示性。从他自己和听者的身体舒适的角度来讲，这比坐在一个乏味而老旧的"盒子"中要明智得多。所以各种露天空间（走廊阳台、遮阳棚架等）并非只是一种取代建造封闭性构筑物、可以随便建造的廉价物。相反，在一天的某些特定时间中，在一年的某些特定时间中，它们的存在为我们的活动提供了最舒适惬意的环境。

在一间班格罗平房的走廊上或日落时的海滩上小坐，或者穿越一片沙漠来到一座围绕庭院而建的房子中，这并不是一种单纯为了摄影造型而进行的人性体验。此时，在我们脑中勾起了诸多记忆，这些记忆都是以我们这个星球上无数代人的生命为基础的。也许这是一种原始景观或已逝天堂的残留记忆吧。但无论如何，这样的时刻对建筑具有极其重要的意义。为了帮助我们更好地理解和使用这些空间，我们需要考虑更多的问题。

图6-2　法特普尔·西克里城

象征与仪式

几乎所有东方的宗教制度都为信徒们创造了各种精巧的露天空间。欧洲的大教堂则不过是对封闭的盒子模式进行变化，而

[①] 原文参见：Open to Sky Space——Architecture in a Warm Climate.Mimar.Singapore, 1982—July—Sep..31～35。

德里和拉合尔①的星期五大清真寺则是另一个极端的产物，它们包含有面积巨大的露天空间，周围被丰富多彩的各种建筑形式所围合，从而使人们感觉到是身处建筑之中。实际上，他们是在体验一种巧妙的设计手法，模糊了室内外的边界。

再如，印度南部有许多经典不朽的印度教寺庙——在马杜赖②（图6-3），在特里凡得琅，在坦焦尔等地。它们不仅被视为庙门③和神殿的组合，而且是限定出一条在巨大空间中行走的通路（一条朝圣之路！）事实上，这种朝圣活动是最能够体现宗教意义和象征意义的。在世界各地的热带地区，从墨西哥太阳神庙（这是由数个金字塔组成的，其中更为重要的是，界定出进行圣典活动的系列平台空间），到巴厘岛④的神庙（图6-4）（朝圣之路拾坡而上，通过数个形式如刀刃般锐利的门道），甚至在日本日光市⑤的佛教圣殿群中都能够找到这样的例子。

很不幸，今天的我们已经忘记了那些行进式的活动中所蕴藏的深邃的象征意义。很显然是受了西方建筑师的影响，我们已经陷入了他们对形式的游戏之中，即："盒子"和那些可以通过表面图案（即像文身那样）来传达信号和符号。所以，意大利教堂的立面吸引着大家的注意力，而不是存在于这些立面之间的空间所具有的象征意义的相互关系，也不是庭院与其周围连廊所形成的空间关系所具有的内在的、深邃的象征意义。

气候

在温暖气候的国家，生活在这里的人们几个世纪以来一直在建造着现在非常流行、称之为被动式能源的房屋。在乡村里和宫殿中，他们对我们一直在讨论的各种自然条件发展出各种精彩的变化（从封闭盒子到露天空间）。取决于不同的气候条件，他们在一天中的不同时刻，在一年中的不同季节使用不同的空间场所。例如，阿格拉红堡中的莫卧儿皇帝们在夏季会使用沿着标高较低的庭院安排的房间（从而可以整夜利用冷空气来纳凉）；到了夜晚，他们又来到平台花园中优雅的亭榭之间的步道中散步。而到了冬天，生活方式则正好反过来。

以这种半迁移式的方法而形成不同的建筑形式是很普遍的现象，即使在美国，在1950年代，人们仍在夏天时使用门廊。但机械工程师们却改变了这一切（这是在建筑师们的纵容下而得以实现的）。到了1960年代，每个人都躲到了带空调的盒子里。很不幸，在这个过程中，建筑及其所蕴涵的问题受到了贬抑。

反过来，想一想面朝伊斯法罕大广场的阿里·加普宫（图6-5）。

---

① Lahore：拉合尔，巴基斯坦东北部一座城市，位于靠近印度边界。它作为莫卧儿王朝的首都于16世纪达到鼎盛时期，并且保存有许多那个时期的杰出建筑。

② Madurai：马杜赖，印度南部城市，位于马德拉斯西南偏南方向，以"节日和庙宇之城"著称。它是印度教的朝圣地、教育和文化中心，有著名的湿婆和米娜克希神庙。

③ Gopurams：印度南部寺院大门上方的楼塔，华饰庙门。

④ Bali：巴厘岛，印度尼西亚南部一岛屿，位于爪哇正东的小巽他群岛。有大片的山脉，为热带气候，土壤肥沃，被称为"东方明珠"。

⑤ Nikko：日光，日本本州岛中部的一座城镇，位于东京北部。它是一个以金碧辉煌的寺庙及神殿著称的朝拜圣地。

图6-3 印度马杜赖的湿婆和米娜克希神庙前举行盛典的空间

图6-4 巴厘岛神庙前的庆典广场

图6-5 伊朗阿里·加普宫，抬高的门廊供人们在此观看前方广场的庆典活动

图6-6 1925年勒·柯布西耶在法国佩萨克①设计的住宅，采用了遮阳棚架和半开敞的天井

一座巨大的屋顶垂在入口处，既起到了遮阳和保护的作用，又创造出一个面向城市、具有召唤性的造型。这就难怪勒·柯布西耶，那个冷傲的瑞士人，游历过地中海后又来到巴西时才会迸发出如此的热情和活力了。他提出了"居住的机器"的概念。是的，总是这些具有雕塑感的设计因素（挑檐，两层通高的设计）成为了立面的装饰元素——安排在居住区的商用部分（如巴黎世界博览会"新时代馆"、多种居住单元①、艾哈迈达巴德舒丹住宅等）（图6-6）。随着勒·柯布西耶的影响传到了寒冷气候地区，这些英雄式的造型不得不退缩进了带有防御能力的空间之中，隐入到建筑物的室内区域。随着这一后退，它失去了很多原有的基本性质，开始变得如此矫揉而武断。事实上，它们变得越大也就看上去越造作——直到最后它变成了海厄特摄政时期②狂妄自大的作品。在这样的大厅里，虽然也有一些出色的空间，但整体环境却基本上是非人性、矫揉造作、僵死的。这都是出自一个非常简单的原因：完全与露天空间失去联系，而原本露天空间是可以增强它的活力。即使像纽约的福特基金大厦这样优秀的建筑也存在着同样的症结，在这一杰作中跳动着一颗人造的心脏——一座温暖的、采用人工照明的花园。

古代西班牙摩尔人的阿尔罕布拉宫与此截然相反：一座结构落后的洛可可式建筑却创造出了一种具有最深邃体验的效果。为什么呢？因为这座宫殿的基本设计概念是一组依轴线安排的庭院，各种喷泉和水渠镶嵌在露天空间中，唤起了人类深层意识结构中的一种本能反应。

住宅

这是所有发展中国家所面对的最重要的一个问题。在亚洲、非洲和南美洲，人们大量地涌入城市——结果，每一天都有越来越多的家庭不得不被迫住到了大街上（图6-7）。在长期缺乏基本的建造材料以及人均收入极低的情况下，这些国家能做些什么来缓解这样的情况呢？

图6-7 城市贫困人群居住在市政工人遗留下的管道中

正是在这种情况下对露天空间所起的作用进行理解才能具有决定性的意义，这不仅仅是为了住房供给，还是为了这些城市的生存。很不幸，这种理解却并未出现。相反地，大多数的官僚和政客们所认为的公众住房计划不过是建造一些盒子，每个家庭可以分到一个。他们并没有意识到住房供应所涉及的远远不止仅仅建造一些住宅建筑。居住所用的房间（居室）只是这些家庭所需要的一整套空间中的一个。这一整套空间通常分为不同的等级，从家庭私密区域开始到大门入口处的阶梯（你在这里问候你的邻居），再到水龙头或村中的水井（这里是社区聚会的地方），最后到大广场（城市的主要核心场所）（图6-8）。

这一整套空间的一个重要特点是：每个元素都均衡地包含了各种形式的建筑实体以及露天空间，根据所涉及地区的文化

---

① Unites：居住单元，勒·柯布西耶认为带有服务设施的居住大楼应该是组成现代城市的一种基本单元，他把这样的大楼叫做"居住大楼"。他理想的现代化城市就是由"居住单元"和公共建筑所构成。马赛公寓大楼是其中的代表作品。（参见：外国近现代建筑史. 北京：中国建筑工业出版社，1992.85）

② Regency：摄政时期，是指威尔士亲王乔治摄政时期和19世纪初英王乔治四世统治时期。对希腊罗马古代艺术的兴趣是其建筑装饰艺术的主要表现、动力与源泉。设计师从中借鉴建筑与装饰的要素，热衷于古典艺术结构的单纯和细节的明朗。（参见：《不列颠百科全书》国际中文版（14）. 北京：中国大百科全书出版社，1999.192）

③ Pessac：佩萨克，法国西南一城市，波尔多的一个郊区。它是葡萄酒生产区的一个配销中心。

图6-8 开放空间的空间序列

与经济环境的脉络而发生变化。

确定这种空间等级并理解这种平衡的微妙本质是供应经济住房的第一步。没有这一步,就很容易陷入错误处理问题的危险之中。这就是为什么那么多提供低收入住宅的努力仅仅将遇到的问题视为在给定的地点内建造出尽可能多的居住单元,而不考虑这一整套系统中所涉及到的其他空间的原因,结果是:穷人们拼尽全力,却住进了与自己的需求毫无关系的环境中。

当审视居住单元自身时,这种问题就变得越发严重。在温暖的气候条件下,家庭生活中很多基本的活动(如做饭,或者睡觉,或者与朋友一起娱乐等)不需要在四面墙壁围合形成的盒子中,而可能发生在走廊上,或是庭院。就印度的气候条件来讲,这样的空间在一年中可以使用长达9个月的时间,我们估计这样的空间所具有的利用率大约相当于一间房间的60%。围合的房间是有生产成本的(砖、水泥、钢材等),庭院同样也有成本(附加的土地、道路、服务设施等)。根据这些作为变量的成本,一个最佳的平衡点就可以确定下来,从而获得最经济的住房模式。

在这些年来绝大部分的建造项目中,这恰恰就是人们一直以来在为自己所建造的,一个创造性使用露天平台、走廊和庭院的居住区;一个达到了高密度但并未牺牲露天空间所带来好处的居住区(如北非阿尔及尔老城区卡斯巴,图6-9);一个直观地理解了自身主要需求的居住区:在温暖的气候条件下,对我们的建筑设计来讲,露天空间就像水泥或钢材一样,是一种基本资源(图6-10~12)。

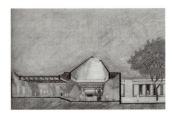

图6-11 印度巴哈汶艺术中心入口区域

图6-12 从印度巴哈汶艺术中心内的博物馆的细部设计可以看到开放空间的"轴"是如何把各个空间组合起来的

图6-9 北非阿尔及利亚老城区卡斯巴的台阶式住宅是开放空间的原型

图6-10 印度巴哈汶艺术中心的剖面图

7. 太阳照耀的地方(1983年)①

A Place in the Sun, 1983

我今天演讲②的题目是关于一个远离不列颠的国度中的建筑。印度的情况与这里大不相同：气候、能源、社会模式以及文化观念。

所以我选择了这个题目：太阳照耀下的地方。事实上，就像舍尔班·坎塔库济诺先生③曾经亲切地告诉过我的那样，我所阐述的应该称为：太阳照不到的地方——这大概是源自印度普遍使用遮阳设施(如果我是在夏季德里的炎热气候中进行这次演讲，我也许就应该这么来称呼它)。但是，现在我是在伦敦的仲冬，所以我希望这个词"太阳照耀下的地方"可以传达出我想要表达的意思，把我们从这个北欧的严寒气候中带到另外一种遥远的气候条件，让我们进入另一种思维状态，在那里温暖而柔和的微风吹拂着我们。

如果我们可以在头脑中产生这样一种幻象，那么我觉得：我们可以开始体验另一种全新的看待周围事物的态度：对于我们穿着的态度，对于我们所居住的房间的态度，实际上，是另一种在房间里的生活方式。

气候使我们对建筑形式的需求和感受产生了最基本的差别。在这种北方地区，严寒刺骨，建筑师们不得不徘徊在一个整体隔热的、抵抗风雨的盒子里。你或者处在盒子之内，或者处在盒子之外。从一种状况到另一种状况的过渡只有通过一道牢固的、清晰限定的界线：入口大门。在一种简单的二元体系中，内与外是相对立的(密斯的公式清晰地表达出了这种主张：一个钢材与玻璃建造的盒子，镶嵌在一片开放的露天空间之中)。

将这样的经历与产生于温暖气候条件下的复杂而多样的建筑形式进行一下比较。在封闭盒子和露天空间之间存在着一系列连续的区域，各自具有不同的保护能力。人们会顺着这样的空间序列，发现自己起先……站在走廊中，就来到了庭院内，然后在树下驻足，接着来到了由竹子制作而成的遮阳棚架下的平台，也许接下来又折回到了房间里，再信步走出到阳台上……等等。各个空间之间的分界线并不是刻板僵硬的，而是轻松随意。光影斑驳，空气清新，在每一个空间转化过程中带给了我们美好的感受。

我相信：这种多元化——这种模糊性——是温暖气候条件下建筑形式的一种基本特征。我相信：这就是随着欧洲古典建筑师们从希腊诸岛传到罗马和文艺复兴，再到针线街两侧的住宅客厅中所失落的那种品质。

不仅如此，我还相信对于我们印度的国民来说，对这种多元空间品质的理解具有非常重要的意义，因为它就是解决我们现在所面对的大多数关键问题的钥匙。今晚，我们要谈三个问题。第一个问题是关于我们与建筑形式之间的关系；第二个问题是有关被动式能源建筑；第三个则涉及到如何为城市中的贫

---

① 原文参见：A Place in the Sun.Places. MIT Press.Massachusetts—Fal.40~49

② 这是柯里亚于1983年1月31日在英国伦敦为皇家艺术协会所做的一次学术报告。

③ 在新加坡Mimar出版社1983年出版的柯里亚专集是由舍尔班·坎塔库济诺先生写的前言。

困人口提供住房的问题,也就是如何解决正在改变着所有发展中国家的城市面貌的大量迁入人口的问题,从雅加达到加拉加斯①,再到加尔各答和孟买。回顾一下我这近30年建筑师和规划师的职业生涯,我发现这三个似乎毫无关联的问题却成为了我工作的重心。通过这次回顾,我要在这些问题之间找到相互的关系,并将它们放在第四个问题的范畴内进行考虑——这是一个对印度来讲非常重要的问题(实际上,对整个发展中国家都非常重要)——这就是求变的本质。

让我们先从第一个问题开始:我们与建筑形式之间的关系。让我再总结一下刚才所说的:在温暖气候条件下生存的人们可利用的物质条件比寒冷气候条件下的人们要宽泛得多;而且,这一系列空间(在房间、走廊、平台和庭院)之间的界线是模糊而随意的,从而使人们可以很容易地从一个地方过渡到另一个地方。

在这种情况下,人们形成了对建筑物完全不同的态度。他们发现对于一年中的多数时间所进行的大量活动来讲,"盒子"既不是最好的选择也不是惟一的选择。这一发现具有深刻的含义——既具有实际意义又具有功能意义,而且还含有超越物质的哲学内涵。所以,虽然在北美地区学校教育的象征可理解成为小小的红色校舍,但在印度,或在大多数的亚洲国家中,它却是端坐在树下的先知(图7-1)。佛祖和菩提树的形象不仅具有一种超自然性,而且更具有一种启示性。从他自己和听者的身体舒适的角度来讲,这比坐在一个乏味而老旧的"盒子"中要明智得多。所以各种露天空间(走廊阳台、遮阳棚架等)并非只是一种取代建造封闭性构筑物、可以随便建造的廉价物。相反,在一天的某些特定时间中,在一年的某些特定时间中,它们的存在为我们的活动提供了最舒适惬意的环境。

图7-1 塞内加尔,木棉树下

这当然会对我们理解什么是理想的建筑形式以及它所具有的意义产生不同的影响。如果一个人居住在寒冷的气候条件下,而且一直笼罩在建造盒子的氛围之中(以及它的一些变异形式),那么他就会变得对这些表面图案、建筑规范以及这些盒子的外表形式非常关注。而杂志和书籍中所展示的建筑实景照片也增强了这种关注——因为这些印制的图片强化了二维图案,但对于传达任何环境氛围的感觉来讲却总是没有任何价值。

这实在是非常遗憾。因为日落时的海滩上小坐,或者穿越一片沙漠来到一座围绕庭院而建的房子中,这并不是一种单纯为了摄影造型而进行的人性体验。此时,在我们脑中勾起了诸多记忆,这些记忆都是以我们这个星球上无数代人的生命为基础的。也许这是一种原始景观或已逝天堂的残留记忆吧。但无论如何,随着我们接触到这一系列空间尽头的露天空间,它们极其强烈地影响着我们的感受。

这就是为什么在欧洲,建筑的丰富源泉总是来自围绕在地中海周围所形成的各种宗教。在这里,柱廊不仅仅作为一种屏护(在建筑规范中有明确的要求),通过它你可以看到建筑物的主体,而且它还是一个令人感觉非常愉悦的场所,你可以将一天中的大部分时间花掉在其中悠闲漫步。印度南部有许多经典不朽的印度教寺庙——在马杜赖、在坦焦尔、在特里凡得琅等地方——不仅被视为庙门和神殿的组合,而且是限定出一条在巨

---

① Caracas:加拉加斯,委内瑞拉首都。

图7-2 印度尼西亚，爪哇岛婆罗浮屠

图7-3 德里，大清真寺

图7-4 阿格拉，法特普尔·西克里城

图7-5 雅典卫城

图7-6 斋浦尔，风宫

图7-7 斋浦尔，风宫细部

大空间中行走的通路(一条朝圣之路！)事实上，这种朝圣活动是最能够体现宗教意义和象征意义的。在世界各地的热带地区，从墨西哥太阳神庙(这是由数个金字塔组成的，其中更为重要的是，界定出进行圣典活动的系列平台空间)，到巴厘岛的神庙(朝圣之路拾坡而上，通过数个形式如刀刃般锐利的门道)，甚至在日本日光市的佛教圣殿群中都能够找到这样的例子。

在亚洲，宗教仪式总是非常强调在露天空间中所进行的移动(图7-2)——以及其中所蕴涵的一种半神秘的感受。欧洲的大教堂则不过是封闭盒子模式的变化，而德里和拉合尔的大清真寺(图7-3)则是另一个极端的产物。它们包含有面积巨大的露天空间，周围被丰富多彩的各种建筑形式所围合，从而使人们感觉到是身处建筑之中。实际上，他们是在体验一种巧妙的设计手法，模糊了室内外的边界。

这不仅仅存在于神庙和清真寺中，在世俗世界中也可以找到类似的例子：法特普尔·西克里城(图7-4)，便是一个验证了我们现在所讨论的大部分空间意义的范例。还可以在民用建筑的范畴内找到类似的例子：你们中间曾经到过温暖气候的环境中旅行的人也许会回忆起徜徉在清晨的草坪上，或坐在室外走廊中的感觉，而此时回到那个安装空调设备的盒子中就会突然袭来一种幽闭恐惧感。

我们最熟悉的例子也许莫过于雅典卫城(图7-5)了，它带给我们的既是可触及到的感受(皮肤表面的空气流动)，又带有一种超自然性(在露天空间中逐渐上升的行进过程)，这一切深深地感动着我们。不幸地是，随着我们逐渐向地球的北部地区移动，这种感觉便失去了。所以，即使存在这样的一条步道，如勒·柯布西耶在巴黎建造的救世军大楼，寒冷的气候也会把露天空间挤压成一种我们不得不连蹦带跑快速通过的空间。如此看来，雅典卫城的空间性质就不仅是一次行进中才能感受到的盛宴了。

对这种温暖气候条件下的移动模式的讨论将我们引入了第二个问题，即这种模式对被动式能源建筑这一关键问题所具有的重要意义。因为在像印度这样一个贫困国家中，我们无法负担起为建造一座坐落在热带地区的玻璃塔楼所安装的空调设备提供所需的资源而造成的巨大浪费。当然，这也是一种优势。因为这意味着建筑物自身必须通过它的形式来创造出使用者所需的各种"控制"。几个世纪以来，印度人民——无论生活在村镇中还是宫殿里(图7-6~7)——已经发明了我们在这里所讨论的，将这些空间结合使用的各种方法(从封闭盒子到露天空间)。同时，他们也形成了各种以最佳的模式来利用这些不同空间的生活方式。以阿格拉红堡为例：在夏日清晨，一幅天鹅绒遮篷覆盖在庭院的上空，从而将整夜凉爽的空气储存在标高较低的房间中，皇帝便在这里度过一整天。到了夜晚，遮篷被移走了，皇帝和他的朝臣们便又回到了处在较高露天平台上的庭院和凉亭中。在寒冷而阳光充足的冬季，这种迁移式的模式正好反过来：露天平台上的花园在白天使用，而夜晚则使用处在标高较低处的底层房间。

简言之：有效的处理气候问题需要对生活模式具有一种创造性，即，创造一种生活方式。实际上，从最终的意义上来看，所有真正的建筑和规划都涉及到将另一种生活方式概念化。这就是隐藏在赖特的草原别墅背后的设计动力。这对于现在亚洲和欧洲共同面临的能源危机，同样也是一个机会！

　　莫卧儿王朝的例子并不是很玄妙。以这种半迁移式的方法而形成不同的建筑形式是很普遍的现象，即使在美国，在1950年代，人们仍在夏天时使用门廊。但到了1960年代，机械工程师们却改变了这一切(这是在建筑师们的纵容下而得以实现的)。每个人都躲到了带空调的盒子里。很不幸，在这个过程中，建筑及其所阐发的问题受到了贬抑。

　　这同样也是常规建筑语言的一种混乱。以面朝伊斯法罕大广场的阿里·加普宫为例。一座巨大的屋顶垂在入口处，既起到了遮阳和保护的作用，又创造出一个面向城市、具有召唤性的造型。这就难怪勒·柯布西耶，那个冷傲的瑞士人，游历过地中海后又来到巴西时才会迸发出如此的热情和活力了。他提出了"居住的机器"的概念。是的，总是这些具有雕塑感的设计因素(挑檐，两层通高的设计)成为了立面的装饰元素——安排在居住区的商用部分(如巴黎世界博览会"新时代馆"、多种居住单元、艾哈迈达巴德舒丹住宅等)。随着勒·柯布西耶的影响传到了寒冷气候地区，这些英雄式的造型不得不退缩进了带有防御能力的空间之中，隐入到建筑物的室内区域。随着这一后退，它失去了很多原有的基本性质：开始变得如此娇柔而武断。事实上，它们变得越大也就看上去越造作——直到最后它变成了海厄特海厄特摄政时期狂妄自大的作品。在这样的大厅里，虽然也有一些出色的空间，但整体环境却基本上是非人性、矫揉造作、僵死的。这都是出自一个非常简单的原因：完全与露天空间失去联系，而原本露天空间是可以增强它的活力。即使像纽约的福特基金大厦这样优秀的建筑也存在着同样的症结，在这一杰作中跳动着一颗人造的心脏：一座温暖的、采用人工照明的花园。

　　古代西班牙摩尔人的阿尔罕布拉宫与此截然相反：一座结构形式落后的洛可可式建筑却创造出了一种具有最深邃体验的效果。为什么呢？因为这座宫殿的基本设计概念是一组依轴线安排的庭院，各种喷泉和水渠镶嵌在露天空间中，唤起了人类深层意识结构中的一种本能反应。

　　哥克顿[①]曾说过："小说是一种原始的记忆。"也许这句话同样适用于建筑形式。当然了，建筑所要考虑的因素比它的物理特性要多得多。它是一种包含多个层面的事物。在功能和结构以及材料和纹理的各层次之上和之下隐含着最深刻的、最无法遏抑的各个层面。它们不仅可以通过雄伟壮观的纪念碑式建筑，还可以通过规模小得多的、简陋得多的建筑物来张显自己。

　　现在我们来谈第三个问题，即，为城市中的贫困人口提供住房。这实际上是一个巨大的难题：因为这个领域涉及到一些完全不同的知识范畴和技巧：经济、社会、土地政策、贷款利率等等。即使如此，我们将发现所讨论的一系列空间形态仍然具有决定性的意义——这不仅仅是为了住房供给，同时也是为了这些城市自身的生存。

---

① Cocteau, Jean: 简·哥克顿(1889-1963年)，法国作家和电影制作者，几乎涉猎各种艺术传媒形式，最有名的是小说《调皮捣蛋的孩子们》(1929年)、戏剧《爆炸装置》(1934年)和电影《美女与野兽》(1945年)。

你们中的大多数也许已经意识到了这个问题的严重性。整个第三世界，从非洲到亚洲到拉丁美洲，大量的人口从农村涌入城市来寻找工作机会。从18世纪和19世纪以来，世界上还从未经历过如此大规模的人口迁移——那时，欧洲人借助自己的武力来使自己的足迹遍布全世界，也是出于几乎同样的原因。这种特权是今天的大多数第三世界国家所无法具有的，所以我们必须现实地看待像雅加达和孟买这样的城市：将它们视为创造工作机会的机器(特别是第三产业和商业)，将它们视为吸收那些令人头痛的大量涌入人口的增长中心。以孟买为例，1964年的人口为大约400万；但现在已经超过了800万。到这个世纪末，将超过1500万。要塑造与如此规模的人口相适应的城市区域就必须改变现有的交通网络、工作地点的分布以及所需的市政管线等等，总而言之：重构城市结构。

在这一过程中，我相信建筑师应扮演两个重要的角色。第一，提出新的增长概念；第二，建立住房供应的基本规范。这两个角色都需要对空间(及其用途)进行理解；当然这不是首要的，但它与我们一直讨论的空间序列问题具有显而易见的联系。

住房供给所需的比建造房屋本身要多得多。居住所用的房间(居室)只是这些家庭所需要的一整套空间中的一个。这一整套空间通常分为不同的等级，从家庭私密区域开始到大门入口处的阶梯(你在这里问候你的邻居)，再到水龙头或村中的水井(这里是社区聚会的地方)，最后到大广场(城市的主要核心场所)(图7-8)。

在这个等级体系中包含的序列空间(从封闭盒子到露天空间)，处在由这个特定的社会中的文化和经济环境所决定的一种微妙的平衡之中。因此，提供经济住房首先应该做的就是确定这种空间等级并理解这种微妙平衡的本质。否则就很容易陷入错误处理问题的危险之中。这就是为什么那么多提供低收入住宅的努力仅仅将遇到的问题视为在给定的地点内建造出尽可能多的居住单元，而不考虑这一整套系统中所涉及到的其他空间的原因，结果是：穷人们拼尽全力，却住进了与自己的需求毫无关系的环境中——一种既非人性又不经济的状况。

在温暖的气候条件下，家庭生活中很多基本的活动(如做饭，或者睡觉，或者与朋友一起娱乐等)不需要在四面墙壁围合形成的盒子中，而可能发生在走廊上，或是庭院中。就印度的气候条件来讲，这样的空间在一年中可以使用长达9个月的时间，我们估计这样的空间所具有的利用率大约相当于一间房间的50%，而走廊相当于75%。住房具有建造成本，决定于砖、水泥、钢材和其他建材的使用数量。走廊和庭院也有建造成本：由所需的附加土地、道路和服务管线来决定。通过计算各种成本和收益就可以确定出某个平衡点和各种最经济的——最高效的——住房模式。在大多数第三世界的城市中，这应该是一种低层高密

图7-8　炎热气候条件下的生活空间序列

度的模式，可以充分利用露天平台、走廊和庭院。在温暖的气候条件下，就像水泥和钢材一样，空间本身就是一种资源。

这个结论具有极其重要的意义。首先，它描述了一种人们可以自己建造的住宅——这不仅仅意味着建造地点和服务设施，还表示了一种可以在任何地方找到的地方性建筑，从迈科诺斯到拉贾斯坦邦，再到北非阿尔及尔老城区卡斯巴。不仅如此，它对就业也有重要意义。当投资于由钢材和混凝土建造的高层建筑的资金落到了少数的可以建造这样建筑物的承包人和可以为它们提供经费的银行的手中时，这些低层住宅模式却在被小规模的泥瓦匠和承包人们建造着——这当然会在适宜的地方创造出大量的工作机会：大量从农村涌入的人口正是为此而来。

当然了，这些以及其他一些相关的好处(可增长性、统一性、多样性等等)只有在我们认识到在第三世界中采取低收入住宅的方式不是要利用日益成熟的高技术，而在于创造性地使用处在空间序列尽端的露天空间时才能实现。这里才是我们真正应该投入大气力的地方——也是人们自身具有惊人的智慧和创造力的地方。而正是我们建筑师忽视了这一点。

发展中国家最渴望创新和变化。这种渴望比西方世界强烈得多(也许是因为它退得这么快)。"我看到了未来——它确实起作用了！"一位美国记者林肯·斯蒂芬斯①在1920年代从苏联归来后这样写道。一种如此乐观、如此质朴、如此辛辣的描述，即使在1980年代看来也是如此的不可理解。今天，欧洲和北美的建筑师和规划师们成为了一个极其谨慎的群体。"我们看到了过去，它似乎起作用了……也许吧。"

这确实非常具有讽刺意味。正是像印度这样的社会才与过去共存，才在其日常生活中像妇女垂下莎丽一样容易而随意地将其接受——这些社会对创造未来是缺乏耐心的。它们每天都会回顾过去——而大部分的过去在大多数时间里并没有起什么作用。这里产生了毛泽东，他以人民公社的理想来重构了中国社会。这里还产生了圣雄甘地和他所领导的非暴力的反抗运动以及萨尔乌达耶②社会运动。

创造未来……建筑作为一种变化的媒介。这是我们要讨论的第四个问题——也许是最基本的一个问题。过去与将来，传承与创造——如何取得平衡呢？如果看一看毛泽东和甘地，我们就会发现他们并没有考虑一种理想是新还是旧——或者它们到底源于何处——只要他们知道自己可以在自身所处的特定条件下将其实现就足够了。所以毛泽东的共产主义理想源于一个世纪以前生活在地球另一侧的一个德国人那里，而甘地的理想则显然是源于爱默生和梭罗③。他们两位所具有的智慧就是可以将这种理想付诸一个古老的社会结构中并创造出一项近乎完美的伟大奇迹。正是新的理念使过去发挥作用(反之亦然！)

没有伟大的人，只有伟大的事件，斯汤达④如是评价拿破仑。我们自身的大小取决于我们界定问题的大小。就我而言，这就是一位第三世界建筑师生命中的坚定信念。不是设计项目的规模和价值，而是它所带来问题的本质才是我们必须强调的。这就产生了这样一个机会：创造太阳照耀的地方所具有的恒久价值。

---

① Steffens, Lincoln：林肯·斯蒂芬斯(1866-1936年)，美国记者，作为麦克卢尔杂志(1902-1906年)的主编，他以一系列文章揭露了政府的腐败，并就此开创了丑闻报道的时代。

② Sarvodaya：萨尔乌达耶，意思为"人人幸福"，是印度圣雄甘地所主张建立的新社会之名。

③ 参见P252第五部分关于"Walden Pond：瓦尔登池"的注解。

④ Stendhal：斯汤达，法国作家，他的创作影响了现代小说的发展，作品如《红与黑》(1830年)。

8. 寻找身份(1983年)①

Quest for Identity, 1983

什么是身份？首先，它是一个过程，而不是某种"找到"的事物。它也许会被比作人类文明在历史中所留下的轨迹。这条轨迹就是这个文明所拥有的文化，或者这个文明的身份。

第二，作为一个过程，身份是不能被故意创造出来的。我们通过解决自己所认为的真正问题从而构建我们的身份。例如，欧洲人是工业革命的先锋，他们并不担心自己的身份。他们通过努力将自己的身份赋予更多的内涵，但他们仍然是法国人、英国人或德国人。

第三，身份并不是一种自觉的东西。我们也许会谈论法国式的逻辑，但法国人自己却并没有刻意使自己变得具有法国式的逻辑，他们仅仅是想要变得具有逻辑性。这就形成了我们对他们的看法，而且会说"这真是太有法国味儿了"。

我们通过理解自身和我们的环境来找到自己的身份。任何抄近路的企图，或者刻意创造身份的企图对我们自己都是危险的。这会成为一种操纵，一种信号式的东西。信号与象征有着很大的区别，因为它具有巴甫洛夫②式的条件反射性质的意味，成为一种被操纵的反应。换句话说，就像一个人挥舞着旗帜时，其他人就跟着跳起来致敬一样。如果一个建筑师在周游世界之后想要回到印度，并试图在这里再建一座他曾经在纽约看到的玻璃建筑的话，则他仅仅是在传递信号。但是，反过来，他如果吸取了建筑的设计原则，并将其应用于一套完全不同的材料、习俗、天气和传统中去的话，他就可能建起一座并非全玻璃的现代建筑，与它的地点非常契合——与自己的身份非常契合。

在这个过程中，天气是一个具有决定性的因素。例如，一座教堂应该采用一种封闭的方盒子还是一座带庭院的清真寺的形式，其结果就取决于它要建在什么地方。印度、马来西亚和印度尼西亚需要通风顺畅，因为那里的气候炎热而潮湿。那么我们应该如何吸收伊斯兰教和基督教建筑的设计原则并将其融会到这样的环境中去呢？

我发现气候从两个层次上决定着形式：其一，它是一种直接的确定因素，决定着庭院的形式(炎热，干燥)或顺畅的通风(炎热，潮湿)。其二，在更深的层次上，气候决定着文化和各种宗教仪式的模式。在这一层次上，由于它是各种仪式的首要确定因素，所以它也就决定着建筑形式。

所以，对身份的寻求可以赋予我们对环境、对自身，以及对

---

① 原文参见：Robert Powell, ed. "Quest for Identity" In Architecture and Identity. Singapore: Concept Media。

② Pavlov, Ivan Petrovich：伊凡·彼得洛维奇·巴甫洛夫(1849-1936年)，俄国生理学家，因发现条件反射而闻名，1904年因在研究消化作用的特征方面的贡献而获诺贝尔奖。

我们所生活的社会的更深刻的感受。这是审视我们真正面临的问题所产生的副产品，而不是自觉刻意地力图找到一种身份来做为终结，而不顾及我们所面对的各种问题。以我的经验而论，它存在着如下四种因素。

生活模式(图 8-1 ~ 4)

在一种温暖的气候中，人们与建筑形式具有非常不同的关系。在白天，一个人需要哪怕是最少量的遮蔽，如悬挂在头顶的斗篷；在清晨或夜晚，最好的场所当然是在户外，在广阔的天空下。

所以，在亚洲，文化启迪的象征从来就不是学校建筑，而是菩提树下端坐的先知；印度南部经典不朽的庙宇不仅被视为庙门和神殿的组合，还是一种在广阔的开敞空间中的行进，这些空间存在于它们之间。这种运动是生活在寒冷气候条件下的人们所无法了解的，在印度建筑中，它总是空间组织和功能组织上的决定性因素(从法特普尔·西克里城到斯里兰格姆都是如此)。

被动式能源建筑

在像印度这样的第三世界国家里，我们无法承受建造一座在热带气候中的玻璃塔楼所需的建造费用和空调费用所造成的巨大浪费。当然，这也是一种优势；因为这意味着建筑物必须通过自身的形式来创造满足使用者所需的对气候的控制。这不仅需要考虑太阳角度和使用百叶窗；还必须考虑剖面、平面、体量，总之：考虑建筑最核心的问题。

穿越一片沙漠或走进围绕庭院布置的一座建筑，是一种超出了单纯的造型摄影的快乐；正是阳光的特性以及周围流动的空气形成了这种感受。将建筑视为一种处理各种因素的装置(居住的机器)，这是我们第三世界所面临的巨大挑战。

城市化(图 8-5 ~ 7)

农村的人们涌进城市。他们不仅是在寻找住处，还在寻求工作、教育和各种机会。掌握专业技能的建筑师们与他们有关系吗？在今后的30年中，这将是我们这一职业所要面对的中心问题。去找寻如何、何处、何时才能是一个对社会真正有用之人，这使得建筑师拓展视野，不再局限于关注中高等收入者委托项目的惟一方法，而这些项目在亚洲建筑行业中占绝大部分的比重。

变化的本质

我们生活在具有伟大的文化遗产的国度里。这些国家承载着自己的过去，就像妇女们穿着莎丽一样容易。但是为了理解和利用这些过去，让我们千万不要忘记这些亚洲国家中的人们真实的生活条件，以及他们对美好未来所进行的苦苦挣扎。只有毫无生气的建筑才会看上去是倒退的("我看到了过去。它在发挥着作用")。对于建筑来讲，最具有决定意义的就是成为"变化"的代名词：来创造明天，这是它最有意义的功用。

我想以这张孟买的天际线的照片(图8-8)来做为结束——前景中是一群困窘的农村移民在蹲着。天际线中的那些建筑虽然

图 8-1　非洲村庄，在热带气候地区，人们有着独特的生活方式

图 8-2　爪哇岛婆罗浮屠

图 8-3　法特普尔·西克里城：独特的建筑形式

图 8-4　艾哈迈达巴德圣雄甘地纪念馆水庭院

丑陋，但对于那些蹲着的人来说却是即使拼尽全力也永远无法进入的梦想世界。我们能否真正了解人们在渴望什么吗？

众所周知，大约15年前，当嬉皮士第一次出现在孟买时，许多富有的印度人极其厌烦看到这些坐在人行道上乞讨的欧洲人，他们衣衫褴褛、满头虱子。理解这些富人的反应是很困难的，因为当看到很多这样的印度人时，他会无动于衷。但为什么看到一个这样的欧洲人，反应就如此强烈呢？但我的一个朋友告诉我：你有没有意识到，如果你是一个富有的印度人，坐在自己的梅塞德斯－奔驰车上招摇过市，看到了这样的嬉皮士，他给你传递的信号是"我来自你想要去的地方——那儿并不值一去"，这将使那个印度人感到非常愤懑。但是，请等一下，也许可以采取另一种方式。如果这个嬉皮士足够敏感的话，他会注视着梅塞德斯－奔驰车内的这个穷凶极恶的人，并意识到这个人也传递出同样的信息给自己：我来自你将要去的地方。换句话说，我们不过是在漫漫长夜里航行的船只。也许我并没有权力来质问这些人的渴望。

图8-6 新孟买低收入者住宅

图8-5 外来贫困者沿着铁路干线而居

图8-8 大都市宛若海市蜃楼

图8-7 生活在城市边缘的贫困人群居住在市政工人遗留下的管道中

9. 转变与转化(1987年)[①]

Transfers and Transformations, 1987

将建筑形体分解成为系列彼此独立、又相互关联的体量在印度建筑中非常普遍。例如，在拉贾斯坦邦一些村庄中的住宅(图9-1)就是由数个圆形小屋围绕着中心庭院布置而成。每一个圆形小屋都各司其职，有的用做客房，有的用做粮仓，有的则用做卧室。根据一天中不同的时段和从事活动的不同，人们从一间屋走到另一间屋。这种生活方式类似于游牧民族，既合乎时尚，又吸引人。

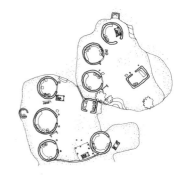

图9-1

位于阿格拉和德里的红堡，是由莫卧儿时期的帝王们修建的。不同于底层防御、储藏部分经济实用的做法，位于平台上的建筑顶部十分奢华，建造有数个雅致的独立式凉亭。在这个美仑美奂的花园里，设有喷泉、水渠和潺潺流水(图9-2)。这些凉亭在用途上进行了区别，有的用做待客，有的用以祈祷，有的用于沐浴。这种离散的建筑模式是如何适应印度北部冬季的严寒，同时又能削弱炎热的酷暑？答案就在其中数个下沉庭院中。这些庭院有通道直接通向底层房间。夏季清晨，在庭院上空撑起一个天鹅绒遮篷，纳入底层房间里隔夜的凉空气。在这儿，莫卧儿皇帝度过白天的时光(图9-3)。在夜晚，遮篷撤去，皇帝和他的宫廷侍卫就来到平台上的花园和亭榭中。到了冬季，在有阳光的日子里，这种生活模式就反过来：平台花园在白天使用，夜晚则到底层房间里去。

图9-2

这种建筑形式的形成源于对中亚(这里正是莫卧儿的老家——蒙古)沙漠地区帐篷生活方式的绝妙再诠释：它犹如凡尔赛宫一样优雅高贵，只不过经过了精心处理，比起停车场来，其尺度更像网球场。这其中还包含了当代建筑设计中的一些观念，如灵活性、可增长性等。多年来，在数个项目实践中，我也一直来试图进行诠释，其中最早的项目有位于萨巴尔马蒂河畔甘地故居原址的圣雄甘地纪念馆(1958-1963年)(作品05)。在这个建筑中，展览和研究中心被分解成为系列独立空间。其中，一个空间用于书籍，一个用于照片，还有一个用于信件等(图9-4)。这样不仅为未来发展留有余地，而且创造出漫游的路径，来强调水平布局，从而营造出宁静、冥想的氛围。

图9-4

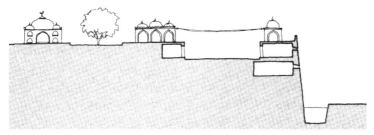

图9-3

[①] 原文参见：Hasan-Uddin Khan. Transfers and Transformations.in Charles Correa.Singapore，Butterworth, London & New York: Mimar, 1987. 此文的译文还曾发表在《世界建筑》1990，6，题目为《转变与转化》，译者王辉。为了保持英文原文的完整，且统一专用词汇的表达，因此本书中的译文经过编著者的重新独立翻译完成。

图 9-5

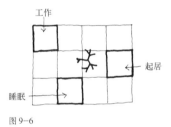

图 9-6

图 9-7

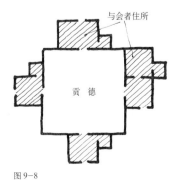

图 9-8

位于加尔各答郊区的桑农宅(未建，1972年)(图9-5)设计成4个凹房间，分别用做起居、卧室、厨房和盥洗，并围绕一个棚架覆盖的庭院布置。在一天中的不同时段，根据人们不同的活动内容，将庭院结合某个特定的房间来使用。同样的原则(图9-6)也用在了位于浦那的帕特瓦尔丹住宅(1967-1969年)的设计上。在这里，卧室和厨房被分别放置到多间石砌的方形盒子里。通过组合，来为起居空间提供徐徐的、自然的穿堂风(图9-7)。

卡普尔智囊团成员寓所(未建，1978年)(作品09)对这些设计原则做了更深入的调整。这是为一群出类拔萃的印度政府智囊团成员设计的，他们在这里讨论印度的未来。其中主要空间是一个土筑而成的方形广场，四周用高高的土墙加以限定(图9-8)。每一位成员的房间都附着围墙的外侧，每间房间都朝着中央庭院开门。庭院是进行商议的场所。在形式上，它就像一只"翻转的袜子。"这个设计思想在位于博帕尔的考古博物馆(未建，1985年)得到进一步的发展。在这里通过连续的砖墙，数个庭院组成的系统第一次被明确地限定出来。不同功能的区域被分散建造，并可在墙体的另一侧进行扩建(图9-9)。"翻转的袜子"的概念可以用来应付建设资金的变动以及像印度这样的国家的经济情况变化，因为建筑的最基本元素——围合露天庭院的墙体，在建设中的第一阶段就已完工，那其他结构的增减都对整个构思不会有所影响。

这种离散的、独立的建筑形式给通风、采光带来了极大的便利。它们是在热带气候条件下孕育的：白天，在骄阳下，有些许遮蔽，哪怕一把伞都好；而在清晨和夜晚，最好的去处就是户外的露天空间。

这与欧洲和北美的寒冷气候条件下的建筑形式是多么的不同！为了抵抗严寒，人们生活在封闭的、严实的建筑盒子里。在那里，室内外的空间转换需要通过一个坚硬的、清晰的边界——门。内与外是一对共存的、相对的概念，体现出一种简单的二元性(这个命题在密斯的建筑中得到了顶礼膜拜，放置在河岸开放空间的一个玻璃-钢材的方盒子就是最好的例证)。

相反，在热带地区的建筑形式，在封闭的房间和露天空间之间还布置着多个连续的空间。根据不同的界定形式和庇护程度，建筑表现出复杂的体量形式。走出房间，就来到了走廊，再进入庭院，然后在树下驻足，经过竹子制作而成的遮阳棚架下的平台，最后可能又折回房间里，信步走到阳台上……。各个空间之间的分界线并不是刻板僵硬的，而是轻松随意。光影斑驳，空气清新，在每一个空间转化过程中带给了我们美好的感受。

在不同的环境里，人们对建筑形式有截然不同的态度。在北美，学校的原型可理解成为小小的红色校舍，而在印度以及大多数亚洲国家，学校是大树下围坐在导师旁聆听教诲。较之沉闷的方盒子，这种形式不仅更合理，而且益于启迪智慧(图9-10)。

事实上，在印度南部许多经典不朽的印度教寺庙，例如位于马杜赖、坦焦尔、斯里兰格姆的神庙(图9-11、12)，不仅只是把庙门和神殿组合到一起，而且还布置了行进的路径，把各个神圣空间串联起来。这种露天空间的行进路径最能体现宗教和象征的含义。在世界各地的热带地区，从墨西哥太阳神庙(这是由数个金字塔组成的,其中更为重要的是,界定出进行圣典活动的系列平台空间),到巴厘岛神庙(朝圣之路拾坡而上,通过数个形式如刀刃般锐利的门道),都能够找到这样的例子。

亚洲的宗教仪式通常强调在露天空间里的行进,以及在这个过程中体验到的神秘感。这样当欧洲的教堂都是封闭盒子模式的变种时,在德里和拉合尔的大清真寺(图9-13)则主要由大尺度的开放空间组成,周围环绕的建筑物只不过是让人们感到还是身处建筑中。

手织品陈列馆(1958年)(作品04)的构思就是基于"漫游的路径"(图9-14)。当人们步入这个遮蔽不甚明晰的空间,在系列平台之间上升,然后下沉,沿曲形线路前进。在较远处的上空是由手织布品覆盖而成。在四周围合的土墙中行走,营造出熟悉的路径感。在位于浦那的卡斯图巴·甘地等持纪念馆(1962-1965年)也包括一条微微下降的路径(图9-15),由系列平行砖墙限定出来,并将轴线进行转换,到达整个空间序列的终止点。

在德里甘地百年纪念馆((1968-1969年,图9-16)以及日本大阪'70世博会印度馆(未建,1969年)(图9-17)中,对行进的路径、转换的轴线和低调的建筑形式等主题有了新的变化。行进路径一直延伸并包裹住屋面。人们行走其中,犹如在古老的迷宫漫步。在建筑的意义上来说,这种形式也相对平实、不张扬,可理解成为"非建筑。"尺度感是由外部台阶来体现出来的(这与圣城贝拿勒斯的朝拜前沐浴用贡德的台阶相呼应),处于支配地位的是罗波那①,这是一个多头神魔像,在印度各地每年举行的达色拉节上都能够看到。

在行进过程中逐渐展开的空间序列,一些是围合空间,而另一些是露天空间。这也成为了设计萨尔瓦考教堂(1974-1977年)(作品12)和博帕尔印度巴哈汶艺术中心(1975-1981年)(作品08)的基础。前者(图9-18)思索在亚洲地区(其实这就是基督教的起源地),而不是欧洲寒冷气候条件下的基督教的教堂形制。而后者(图9-19)是对令人愉悦的古老花园的再诠释,这仍是印度许多家庭最爱使用的场所,在日落凉爽的时段或清晨都是好去处。在德里的国家工艺品博物馆(1975-1990年)(作品07),这个露天路径

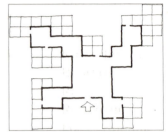

图9-9

图9-10

图9-11

① Ravanna:罗波那,印度教神话中的十首二十臂魔王。他诱劫罗摩之妻悉多,最后为罗摩所败,这是叙事诗《罗摩衍那》所记载的主要事件。印度北部地区民间每年都举行游行,其高潮是表演罗波那故事并焚烧巨大罗波那像。(参见:《不列颠百科全书》国际中文版(14).北京:中国大百科全书出版社,1999.158)

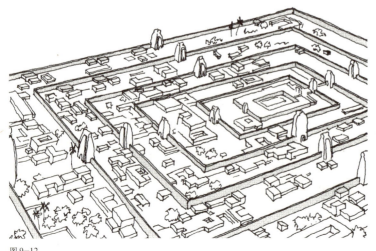

图9-12

图 9-16

图 9-13

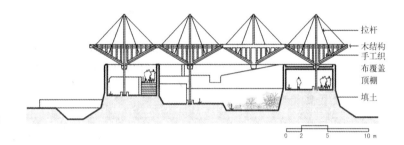

图 9-14

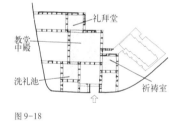

图 9-18

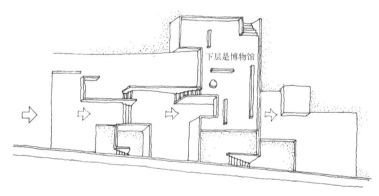

图 9-15

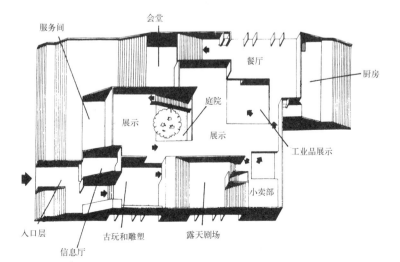

图 9-19

图 9-17

成为了一条连续的步行路，穿越博物馆的核心地带，借此来隐喻印度古老的街道形制，引导参观者从乡村苑、祠庙苑到达宫廷苑。

露天空间在住宅设计中也是一个至关重要的元素，它是否存在，是空间适宜亲切还是冷漠无趣的分水岭。这点对低收入者来说尤为重要。即使在高密度的住宅设计中，我也竭力为各家提供独立的平台或露天花园，吉瓦·比马·讷格尔镇住宅区(1969-1972年)(图9-20)、比马讷格尔镇住宅区(1972-1975年)以及在艾哈迈达巴德为古吉拉特邦住宅委员会设计的低收入者住宅区(1971-1972年)(图9-21)就是例证。

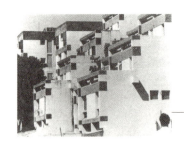

图9-20

露天空间不仅可以改善居住条件，而且还会带来可观的经济效益，尤其对于像印度这样的发展中国家。人们可以利用这块场地来饲养禽畜(甚至一头大水牛)以增加收入。通常这种做法在公司所有的住宅区中是不被鼓励的，但在马拉巴尔水泥公司住宅区(1978-1982年)(作品43)是个例外。虽然每户住宅在两个不同的楼层上，但每家都有一小块土地，可直接相连，便于管理(图9-22)。

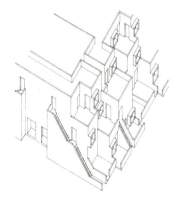

这些原则甚至对于位于炎热地区的孟买城内修建高层住宅也同样适用。东西朝向能够引入徐徐海风，提供最好的城市景观视野，但同时就将不可避免地暴露在午后烈日和季风暴雨中。旧式殖民地时期带围廊的班格罗平房的建筑形制帮助巧妙地解决了这个两难问题：将主要起居空间布置在中央，四周加上一圈围廊来遮阳避雨(图9-23)。从剖面(图9-24)上，可以看出坡屋顶使得在起居室处空间抬高，而围廊的层高降低。这个外圈空间提供了一个缓冲区，在季候风季节里和酷暑的午后就可以打开门窗进行通风。

图9-21

我们也曾将这个概念运用到另外几个设计中。在索马尔格公寓大楼(1961-1966年)(图9-25)以及后来的拉里斯公寓大楼(1973年)(作品24)(图9-26)都体现出来。系列走廊、工作室、浴室等围绕主要起居空间四周，共同组成了一个缓冲区。它们也可以用多种不同的方式进行组合。例如，房间之间可以进行扩展或者相互联系，来形成相当可观的变化组合。而其中的分界线是动态、模糊的。

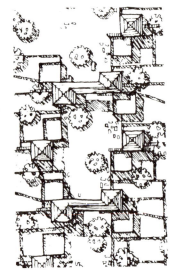

对班格罗平房设计原则进行的另一种变化是将走廊(即缓冲区)移到花园里，这样不仅保护起居空间免受日晒雨淋，而且还能够将这些元素焕发出勃勃生机，变得多姿多彩。因为它们提供了植物生长所需的营养(图9-27)。设计平台时留出足够的高度(图9-28)，从而赋予它多种用途。在一天中合适的时段里，做为主要的起居空间来使用，并将各个单元联系起来，产生东西向的穿堂风，这对于在孟买生活来说，是必不可少的(图9-29)。我们利用这个原型在两个未建成的项目中进行过尝试，即孟买的大都市公寓大楼(1958年)和浦那的博伊斯住宅(1962-1963)(图9-30)。最后我们终于获得了机会，设计建造干城章嘉公寓大楼(1970-1983年)(作品23)，一栋位于孟买的公寓大楼(图9-31)。在这个建筑中，通过增设了半跃层卧室，将各个基本单元进行咬合。每一套户型都设有走廊构成的缓冲区加以保护，并在转角处设大尺度的花园平台，这构成了整栋公寓的视觉焦点。

图9-22

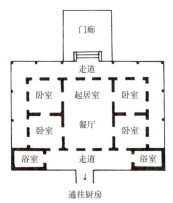

在塔拉组团住宅(1975-1978年)(作品35)的设计中，两层高的

图9-23

316

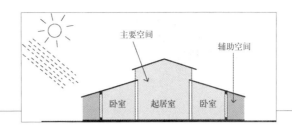

图 9-24

图 9-29

图 9-25

图 9-30

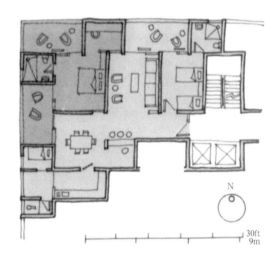

图 9-26

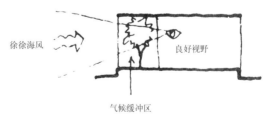

图 9-27

图 9-31

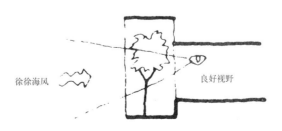

图 9-28

花园平台也是每套户型的视觉焦点,这是位于德里的一栋高密、较小户型公寓楼。平台上用轻质棚架加以覆盖(图9-32),因为在印度北部地区的干热气候条件下,在户外露天空间里睡眠是一个由来已久的风俗习惯。

在印度,建筑不能只考虑中、高收入阶层。在整个第三世界国家里,有大量的农村人口移民潮涌向城市地区。建筑师结合自己的专业知识,能够为此做出些什么吗?在未来数十年中,这个问题仍将是我们职业面临的中心课题。在第三世界国家的情况中,建筑师发掘自身价值的惟一途径就是延伸视野,超越中高阶层的世界,从而找到如何、何处、何时才能是一个对社会真正有用之人。

图9-32

在本书[①]中,在有关孟买的文章中,我试图大致勾勒出职业所能发挥的作用,从城市重构(这将要求城市土地供给量增大)到邻里单元总平面设计(设计师将帮助创造序列空间,与世界各地的风俗习惯相吻合)。这样,在各个阶段参与过程中,从城市结构调整到场地规划,专业人员能够最好地运用工程技术和造型能力,同时又能使当地居民根据乡土建筑的已有原型建造自己的房屋。

通过这种方式,露天空间起到了决定性的作用,不仅是对于每个单元,而且在整个空间序列(从私密空间到公共空间)中也是如此,它对设计面积有限的住宅单元非常有用。运用此原则的一个例子就是孟买贫困人口住宅(1973年)(作品42),四个住户单元组合成团,用一个四坡屋顶统一起来(图9-33)。另一个例子就是新孟买贝拉布尔低收入者住宅(1983-1986年)(作品44)(图9-34),每个户型都是独立建造,将来可根据需求进行增建。虽然这些住宅用户跨越了多个不同收入阶层,但地块大小差别不大——由此引入了平等的原则,这个观点具有重要的政治意义。这些模式也帮助我们实现一些对第三世界国家非常重要的目标,如居民参与、产生收益、离散性和多元性。

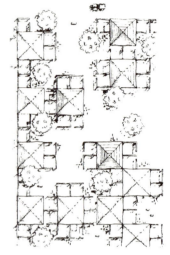

图9-33

能源是另一个意义重大的参数。在西方国家,建筑师越来越依赖机械设备来调控建筑内部的采光和通风,但像印度这样的国家负担不起如此大量使用能源。这实际上带来了一个优势,因为这意味着建筑本身得通过它独特的形式,来进行调节,以满足使用者的需求。这种反应不仅涉及到太阳入射角度和百叶窗的设置,还体现在剖面、平面、造型上,简言之,就是建筑中最核心的内容(图9-35)。

图9-34

如此说来,在阿尔罕布拉宫的庭院、水池(其温度比周围环境要低10℃左右)不仅是装饰作用,而且还是建筑设计灵感的源泉(图9-36)。在这样的场所里行走(抑或穿越沙漠,然后来到充满生机的庭院住宅的感受是相同的),哪怕是最简陋的房屋,也将带来愉悦,远非精美的图片所能及。是光影斑驳、气息流动形成了我们体验中的精彩部分。建筑成为了综合这些元素的机器(的确,建筑是居住的机器!),这就是我们第三世界国家所面临的巨大挑战和难得机遇。

在传统建筑,尤其是乡土建筑,使我们从中受益匪浅,它

---

① 是指"Hasan-Uddin Khan.CHARLES CORREA.Singapore, Butterworth, London & New York: Mimar, 1987"一书。

图9-35

图 9-36

图 9-37

图 9-38

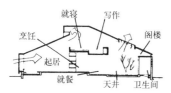

图 9-39

们逐渐发展成为了一种具有基本共性的建筑原型。例如，在印度北部的干热气候条件下，最普遍的形式是共用分户墙的狭长建筑单元组合的模式。两道长长的侧墙阻挡热量的侵入，所有的通风和采光都通过两个短边和内院进行调节。我已经多次使用这种模式的不同变种，结合剖面设计，通过传送气流来调节室内温度。热空气上升并沿着坡屋顶流动，从顶端通过排风口排出，这样在建筑底层又吸纳新鲜空气来取而代之。(图9-37)。在德里的印度斯坦·莱沃陈列馆(1961年)(作品06)(图9-38)以及为古吉拉特邦住宅委员会设计的艾哈迈达巴德低收入者住宅原型(1961年)(作品17)(图9-39)都是对这种概念的运用。基于同样原则设计的一个规模较大的例子就是拉姆克里西纳住宅设计(1962-1964年)(作品18)(图9-40)，也是位于艾哈迈达巴德。

这个概念在一个工厂住宅区(未建，1967年)(作品14)得到了进一步发展，它位于拉贾斯坦邦科塔附近。在这种干旱地区，热量的最大蓄热面是屋面，因为这是暴露在太阳下最大的表面积。屋顶越厚，温度升高的时间就需要越长。但一旦升温后，在夜间就会持续不断地向室内辐射热量，直至冷却下来(图9-41)。防止屋面升温的最好办法就是使落在屋面上的日照量最小，这可以通过多加一层膜来实现，做成条形效果更佳(图9-42)，来尽快冷却。抬高这层膜，屋顶就能够作为一个有遮蔽的露天平台，在夜晚使用非常适宜(图9-43)。而且，通过调节内部剖面形式(图9-44)来形成前文中所提到的空气对流。

在科塔的工厂住宅区的设计中，我们发展了两种类型的剖面，可被称为"夏季剖面"(图9-45)和"冬季剖面"(图9-46)。夏季剖面基部宽敞，顶部狭窄，朝着上空封闭，形成金字塔型的室内空间，适用于炎热的午后；而冬季剖面则采用倒金字塔的形式，向天空开敞，适用于寒冷季节和夏天夜晚。在大型的私人住宅设计中要兼及二者。例如在位于艾哈迈达巴德的帕雷克住宅(1967-1968年)(作品19)中，夏季剖面(图9-47)像三明治一样夹在冬季剖面和服务空间之间，从而调和场地东西朝向这个不利条件。在我一栋位于艾哈迈达巴德的自宅(未建，1968)中，场地坐落南北向，因此夏季剖面和冬季剖面成直线型排列(图9-48)。

当然，因为两边平行承重墙的局限，使联排住宅的布置受到了严格的限定。为了扬长避短，在秘鲁利马普雷维住宅区(1969-1973年)(作品41)的设计中，我们发展出这个主题新的变种形式，即"管式"联排住宅，中间开间扩大至两倍，从而在室内创造出一个两层高空间，作为家庭起居中心活动区(图9-49)。

这些观念是否也能运用到其他建筑类型上呢？例如，办公

图 9-40

319

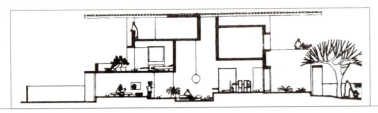

图 9-45

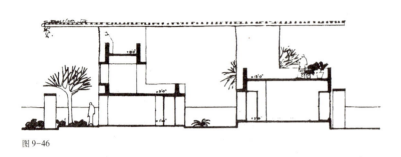

图 9-46

图 9-48

传统形式

设置遮阳屋顶

将遮阳屋顶抬高

调整建筑形式，形成空气对流

图 9-41 ~ 44

图 9-47

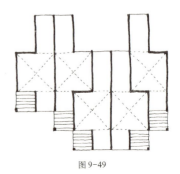

图 9-49

建筑？在早期的实践中，处理遮阳问题时，通常是对百叶窗的使用加以变化。例如，在阿嫩德的瓦拉巴·维迪亚纳加尔大学行政大楼(1958-1960年)(图 9-50)就进行了尝试。很快，我们发现，这种百叶窗为建筑造型提供了很强的视觉冲击力，在白天遮挡阳光效果不错，在夜间还是个高效的散热器。同样在海得拉巴印度电子有限公司(ECIL)办公综合楼(1965-1968年)(作品27)(图 9-51)的设计中，我试图通过建筑形式来控制工作场所里的小气候。

逐渐，一整套设计手法慢慢成型：利于空气对流的剖面设计、内部的小气候带，逐级后退的平台、棚架屋顶等。这些手法的变种形式被用在了班加罗尔的卡纳塔克邦电力局(KSEB)办公楼(未建，1973)，以及博帕尔的中央邦政府(MPEC)办公综合楼(1980-1992年)(图 9-52)。在德里印度人寿保险公司(LIC)办公大楼(1975-1986年)(作品25)(图 9-53)，屋顶上设棚架，成了建筑的遮阳伞。在康罗特区的柱廊和远处的现代高层塔楼之间，充当了类似剧场舞台的前台和后台，光滑的玻璃幕墙反射出康罗特区的建筑群和树木，而远处的德里新建的高层塔楼区也尽收眼底。

在印度，从南到北的环境和文化条件大相径庭，从旁遮普邦的干热气候(以及印度-伊斯兰为基础的文化根源)到泰米尔纳德邦和喀拉拉邦枝繁叶茂的热带作物中就可见一斑。每一个地区的建筑形式折射出环境和文化之间的差异，是非同凡响的创

图 9-50

图 9-51

图 9-54

图 9-55

图 9-56

图 9-57

造成果。例如，位于特里凡得琅（在印度的最南端）的帕德马纳巴普兰宫殿中有一个亭子独具特色，它的剖面形式独具匠心（图9-54），方形底座呈金字塔形状，与上方的瓦坡屋顶取得呼应。我们能够想像出来：至高无上的统治者端坐在金字塔的顶端，群臣在较低的台阶上环绕而坐。这真是对等级森严的社会现象的绝妙反映。这不需要任何起围护作用的墙体来遮阳避雨，而且，当人们身处亭子里时，视线可以毫无阻隔地投向四周绿意盎然的草地，郁郁葱葱的凉爽之意扑面而来，这是对炎炎酷热的一剂良方。

这条原则激发了孟加拉湾安达曼岛上的湾岛酒店（1979-1982年）(作品21)（图9-55）的设计灵感。

瓦坡屋顶是印度南部大部分地区本土建筑语汇中的重要组成部分，而且也常常出现在我的思绪中，从孟买富特哈利住宅（未建，1959）和班加罗尔马什卡雷利亚什住宅（1964-1965年），到特里凡得琅的科瓦拉姆海滨度假村（1969-1974年）(作品20)、阿里巴格乡村健康门诊部（1978-1979年）以及阿瓦布尔的拉森&图布罗镇住宅区（1982-1985年）设计等作品中都有所运用。

在果阿邦果阿酒店（1978-1982年）(作品13)（图9-56）的设计中对地方传统的借鉴运用形式更复杂，更精妙，在卡拉学院艺术表演中心（1973-1983年）(作品11)也是如此。在这些项目中，在早期实践中开发出来的整套元素得到进一步的发展。例如，卡拉学院艺术表演中心(作品11)（图9-57）的屋顶棚架是结合了色彩和绘画形式，在建筑形式和视觉形象之间构筑起辩证关系，这一主题在孟买举办板球第一次实验性比赛的钦卡纳酒吧（1983年）设计中进行了再诠释。

也许，综合这些设计元素和概念最有趣的尝试是正在建造中的博帕尔中央邦新国民议会大厦（1980-1996年）[①](作品01)（图9-

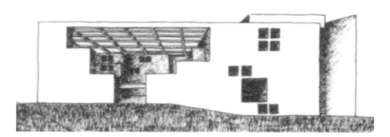

图 9-52

图 9-53

---

① 国民议会大厦已于1996年竣工。

58~59)以及斋浦尔艺术中心(1986-1992年)(作品02)(图9-60)。前者为一圆形平面,分为9个部分。在古代的曼荼罗中(这些神秘的图案是神庙平面形成的基础),在最中心的位置被称为"空无"(图9-61)。"空无"在终极的意义上即"全部",一切力量的源泉。我兴奋地发现:它与当代物理学中的"黑洞"概念可类比。在第二个项目中(功能为博物馆和艺术表演中心),九方格的曼荼罗(也正是斋浦尔古城平面赖以形成的基础)被直接用在了这个平面设计中。高墙的形制定义出各个方块。每个围合的空间分别包含各种功能,与高墙直接相连。这些概念的运用首先源于在卡普尔智囊团成员寓所(1978年)(作品09)设计中的运用(图9-8),并在考古博物馆(1985年)(图9-9)得到进一步发展。

这种对曼荼罗的借鉴,不仅具有考古学的意义,要进行艰辛的挖掘工作,同时它也反映出当代的情感认同。曼荼罗是一种永恒的、代表宇宙的形式,在世界各地的其他许多文化和历史长河中都能够找到踪迹。也许它直接源于人类大脑中某个深层结构。的确,回顾我的作品,我发现这个方形平面一次又一次地出现(始于1958年手织品陈列馆(作品04)的设计中)。然而,我也希望这些作品是符合所处的历史时代。因为我相信,一个建筑师对历史元素的运用应该是再诠释与再创造。

从这个意义上,建筑应该既古又新,因为它的形成源于三种主要力量的交汇。第一,是技术与经济的因素;第二,是文化与历史的因素;第三,是人民的精神需求。第三种力量可能是其中最为重要的因素。在亚洲,我们生活在具有伟大文化遗产的社会中。这些国家承载着它们的过去,就像妇女穿戴莎丽一样容易。然而理解和接受历史的同时,我们不能忘记如此众多的人们正面临的生存现状,他们正为美好的未来在拼搏。只有颓废的建筑才悲观地朝后看。我也在思考历史及其带来的影响。建筑至关重要的一点在于:它是历史变迁的代言人。

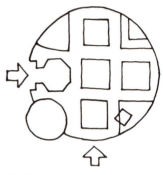

图9-58

图9-60

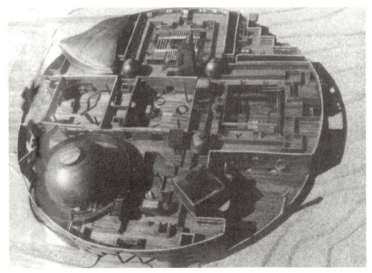

图9-59

图9-61

10. 建筑的灵魂（1988年）[1]

Spirituality in Architecture:Introduction, 1988

图 10-1

图 10-2　德里胡马雍[6]陵

---

[1] 原文参见："Spirituality in Architecture: Introduction"In MIMAR 27:Architecture in Development.Singapore：Concept Media Ltd.

[2] Mont Blanc：布朗峰，阿尔卑斯山的最高峰，海拔4810.2 米，位于意大利边界、法国东南部的萨瓦—阿尔卑斯山。

[3] Picasso，Pablo 帕布罗·毕加索(1881-1973年)，西班牙画家，是20世纪最多产和最有影响的画家之一。毕加索擅长绘画、雕刻、蚀刻、舞台设计和制陶艺术。与乔治·布拉克开创了立体主义画派(1906-1925年)，并引入了拼贴艺术。毕加索的杰作有《阿维尼翁的小姐》(1907年) 和《格尔尼卡》(1937年)。

[4] Matisse，Henri：亨利·马蒂斯(1869-1954年)，法国艺术家、野兽派画家先锋，他运用纯色彩、简单形体和细致精心的设计来作画，作品有《舞》(1930-1932年)等，这些艺术手法和他的拼贴艺术影响了现代艺术的进程。

[5] Stravinsky，Igor Fyodorovich：伊戈尔·费多尔洛维奇·斯特拉文斯基(1882-1971年)，俄裔芭蕾舞作曲家，包括交响乐《春之祭》(1913年)、歌剧《浪子的历程》(1951年)和其他的作品。他被认为是20世纪最有创造性的作曲家之一。

[6] Humayun：胡马雍（1508-1556），印度第二代莫卧儿皇帝，1530-1540 年和 1555-1556 年在位。

　　最近我参与了一个名为"印度的节日"的印度建筑展筹备工作。这次展览涵盖了非常广泛的建筑形式，从最早期到现代的建筑作品都有(图 10-2，10-3)。由于几个世纪以来，印度积淀了一批非常优秀的建筑物，所以从这些建筑中挑选出50个作为范例进行展出是一件非常困难的事。但更困难的是，如何去理解这些精彩建筑和其中洋溢的激情(神话般的信仰)，并与之进行交流。因为每当我们进行建造时，无论是有意还是无意，我们都会被这种神话式的形象和价值观所感动。这便成为了我们进行建筑创作的源泉。

　　这些形象和价值观渗透在世间万物之中：从拉贾斯坦和中央邦的泥土村落到孟买和艾哈迈达巴德的巨型都市。记录下这些变迁着的人类聚居地真可谓是一种新的发掘工作。甚至在一座像布勒斯沃或马内克-乔克这样熙熙攘攘的商业中心里，每隔5~6米我们都会发现某种神秘的符号(图10-4，10-5)，这些符号或者是绘制在门口阶梯上的兰戈里(用彩粉绘制的图案)，或者是绘制在墙面上或神殿、庙宇中的"具"。

　　这些符号的出现令人目不暇接，我非常惊讶：它们为何没有引起现代规划师和建筑师们更多的关注。虽然今天公共性和私密性领域已经得到了相当的重视(并进行讨论)，但却几乎没有人关注这一领域——宗教领域。

　　而且，从人文的角度来讲，也许这是一种最重要的意识领域。例如，在欧洲各国中，意大利是最引人注目的，像布勒斯沃和马内克-乔克一样充满了各种宗教符号。当你来到法国，宗教(天主教)与文化(拉丁语系)在社会生活中是同等的，但各种符号却很少出现。也许法国更加世俗化一点儿，所以就没有像意大利那样的打动你。当你来到瑞士，这里几乎没有任何宗教符号。这就是为什么我敢大胆宣称，瑞士永远不会拥有像意大利那样的影响力的原因。瑞士的巧克力味道美妙，瑞士的山脉令人陶醉，瑞士的人民欢乐愉快，等等……但是这是不相同的。对日本人来说，富士山是神圣的，是带有神话色彩的；对瑞士人来说，布朗峰[2]则仅是一座高山而已。这种区别对于认识建筑来说至关重要。

　　当然了，神圣这个词并不仅仅意味着宗教，还意味着原始。宗教也许是通向精神世界最便捷的途径，但它并不是惟一的。这就是为什么像毕加索[3]、马蒂斯[4]以及斯特拉文斯基[5]这样伟大的艺术家们始终在寻找一种远古情怀，一种原始意味。他们是在寻找神圣。这也是为什么勒·柯布西耶总是以太阳每日的升落轨迹进行比拟来作为阐述自己信条的开篇语。最终的分析表明，正是这种神话般深邃的层面促使着他创作出朗香教堂这样的作品(另一位建筑师——与家乡更为亲近的一位建筑师——也具有一种对于神圣的深邃感受，他就是伟大的哈桑·法赛)。

在展览中，我们回顾了很多充满神话色彩的信仰，并找寻到根源：在印度，从最早的吠陀时代（建筑被视为彼岸世界的拟像物）到这个世纪（带有理性、科学、进步而铸造的神话）。就今天的印度来讲，最不同寻常之处在于所有这些体系都可以共生并存。它们就像一份重写本中的每一层都保持透明一样，所有的色彩和图案都保持着同样的生动鲜活。从这一点上来讲，印度与美国就存在着很大的不同。虽然美国社会也可以被称为多宗教社会，但他们的宗教大多是失去神话色彩的——这当然就是为什么在任意一座教堂（或机场的候机厅）中你都可以使用同样裸露无装饰的桌子，基督教仪式过后可以举行犹太教仪式，然后是伊斯兰教仪式，然后又是佛教仪式等等。

图10-3　中央邦桑吉窣堵坡

无视神话和神圣就是消减生命。我们今天所创作出来缺乏力度的建筑不仅仅是由于形式元素的缺乏，另一个原因而是我们对世俗信仰的阐述（从而成为我们向往的生活的一种暗示）。例如，如果出于其他什么目的来修建的话，莫德拉太阳神庙贡德（图10-6）无疑会对我们的想象力产生一种完全不同的影响，例如做为一个可以开车进入的剧院。形式也许完全一样，但连接贡德的下方水面和头顶天空的神圣轴线将会安排在哪里呢？

图10-4　孟买路边的神龛

为了感受和理解这种精神世界，这个不可见的世界，我们必须深深地内省自身。这才是我所认为的神圣——无论是宗教的还是原始的。这就是艺术所要表达的。所以，要将建筑作为一种历史来理解，就要找到创造出我们周围各种建筑形式的神话信仰。否则，在寻根的过程中，我们很可能会陷入一种浅薄的形式转换的危险之中。相反，正如我要尽力在接下来的文章①中进行阐述的，我们必须找到深藏的神圣。我们必须运用现代技术和对未来的渴望，通过再次引入"神圣"来加以转变。

转变与转化之间的差别具有非常重要的意义。纵观他的作品，柯布西耶是"一个地中海血统的人"——然而他的建筑没有一座运用了坡屋顶的形式。相反，他采纳了充满神话色彩的建筑形象和地中海地区的价值观，并以20世纪的混凝土和玻璃技术将它们创造地表达出来。这是一种真正的转化。这也正是建筑应该表达的。

图10-5　在部落住屋中的宗教绘画

图10-6　莫德拉贡德

① 这篇文章指的是：Hasan-Uddin Khan. Transfers and Transformations.in Charles Correa.Singapore，Butterworth，London & New York: Mimar, 1987。参见：本部分中的第九篇《转变与转化》。

11. VISTARA ①建筑回顾展：印度的建筑(1988年)②

VISTARA:The Architecture of India, 1988

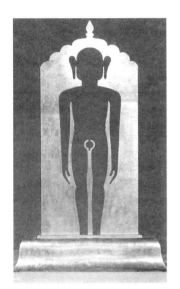

图11-1　原人，描述人类和宇宙的关系

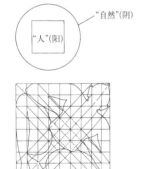

图11-2　原人曼荼罗图形

① VISTARA：这是印度一项重要的建筑展，由柯里亚召集而举办的。它旨在展示印度在更大的社会、政治和经济范围内(在地区历史上)的建筑典范的变化，引发出新的建筑典范并开启新的方向。(参见：R·麦罗特拉. 综合评论.《20世纪世界建筑精品集锦》第8卷——南亚. 北京：中国建筑工业出版社，1999.30的注解28)

② 原文参见："VISTARA:The Architecture of India". In MIMAR 27: Architecture in Development. Singapore:Concept Media Ltd.

我们生活在一个显性世界里。但是，自从时间之始，人类已经感受到了另一个彼岸世界的存在：一个隐性世界，它是含蓄的——坚韧的——但我们每天都在感受着它。为探索并传达这个隐性世界蕴涵的深刻概念，我们的主要工具是宗教、哲学和艺术。与它们相类似，建筑的建造同样也是以神话为基础，表达着比显性世界更深邃的另一种现实的存在。几个世纪过去了，各种神话发生了变化。新的神话产生了，被吸收，被内化——最终转化成为一种新的建筑形式。每次形式发生蜕变时，一种新的变化便进入到我们的意识中。对于印度传统的音乐家、歌者和舞者而言，向空间的外向拓展同时也是向自身的内省。经历了种种拓展之后，这些变化就提升了我们的意识。印度的建筑历史就是一系列变化的非凡进程。在所有这些变化的中心都伫立着原人，一个尺度巨大的古代耆那教徒形象的复制品(图11-1)，它的两个主要侧面分别代表"自然"(阴)与"人"(阳)两种宇宙本原。这就是几千年前人类感受自身及自然的方式。

几百年来(也许整个地球都是这样的)，人类并没有改变。但人类所感知的自身所存在的自然却发生了巨大的变化。在这里，原人的图像不仅用来表示人类和宇宙，也代表了更加广泛的人类与其环境的存在状态(即包容万物的圆环)。

在吠陀时代，彼岸就是宇宙本身——人类所考虑的核心问题就是限定自身、自身行为与它的关系。因此，即使建筑物的建造也成为了对宇宙模型的表达——不折不扣。这些建筑物是根据被称为"原人"的曼荼罗而创造出来的。它们代表着能量场，其中心既是"空无"，同时也是"能量之源"(图11-2)——一种幻觉式的概念，令人惊奇是，它与现代物理学中的黑洞是如此的相似。随着伊斯兰教的传入，圆环发生了变化：人类的生存环境被视为与一个万能之神主宰世界各种关系的一部分，同时也是社会契约的一部分(像在基督教中所说的"爱你的邻居"的概念一样)。掩藏在建筑后面的神秘中心图像也发生了变化——通过比较耆那教宇宙秩序所具有的超自然景象(图11-3)和伊斯兰教察·巴尔(图11-4)带来的感官愉悦，你就能够明白。

之后，随着欧洲人的到来，这种环境又再次发生变化。圆环转变成了理性时代——和它的衍生物：理性、科学、技术。也许到了今天，到了20世纪末，这个圆环又一次发生了变化。在西方，技术和进步的神话被对环境和生态的关注所取代。人类的思想、活动——以及建筑——都会发生变化以与此相适应。在每一次变化中，原人代表"人"(阳)的这种宇宙本原似乎始终保持恒定。这一点在他为自己建造的、运用了一种似乎恒久不变的建筑语言来建造栖息之所中可以得到生动的证实。所以我们塑造出了班尼的泥土房屋，可以说它是只有几年历史的新建筑，又可以认为是具有几千年历史的老建筑。在这些建造过程中，就像鸟儿搭建自己的巢一样的自然、有机，各种神秘的价值似乎隐含在了人类自身的本质之中。我们可以找到一些例子，从杰伊瑟尔梅尔的要塞城市到孟买的殖民地城市。即使在这些由粗野经济力量严重影响城市景观的移民城市中，我们仍然会在某座建筑物的前门上突然发现某种符号，某种图像——如"兰戈里"，或者是在莎丽上发现一个"布蒂"图案，在前额发现一个"宾杜"图案——这让我们意识到这些图案是被一种古老的、深邃的、更加直率的神话所创造出来的："具"、曼荼罗、察·巴尔。随着时间的流逝，这些神话当然也发生了变化——有时是通过外部力量的介入，有时是对我们自身过去的重构。最终导致的冲突、紧张、激荡不可避免地发生了。在这场激荡中，至关重要的是应该区别对待，将过程视为基础，将结构视为转化，而表面的形式变化只不过是一种转变而已。转化包含了对神话的吸收和内化——最终成为再创造。从而产生了法特普尔·西克里城枢密殿的"独柱宝座"（图11-5）①。阿克巴坐在一根柱子顶端曼荼罗中心的位置，深刻地反映出宇宙的神秘轴线。阿克巴不仅创造了一种非凡的建筑构件，而且创造了一种对强权政治的表达形式。他借用古老的神话告诉我们一种新的秩序已经建立起来。将这种变化与3个世纪之后勒琴斯在新德里新城规划中所进行的建造活动进行比较就可以发现：后者仅仅是将一些来自佛教建筑的形象进行形式上的变化，而无视产生它的深邃的神秘价值。

今天的神话是什么呢？我们很难看到在我们生命中打动我们的力量。但是，当偶然看到一座玻璃摩天楼在阿拉伯湾一些新兴城市里冒出来时，我们可能会察觉到美国式的城市中心区的神话是多么的阴险，以一种极为隐秘的方式危害（甚至毁灭）着我们的城市景观。看一看今天的印度。在我们的生活中，还有多少这种流于表面的形式转变？对于一片曾经将建筑形式视为宇宙模式的土地来说，这真是一种悲剧；今天的建筑学校里不再传授给学生们有关这些概念的知识——即使在历史课上也没有，这也同样也是一种悲剧。当然更不会在设计工作室中涉及这些内容——这个它们原本应该属于的地方。

建筑不是在真空中创造出来的。它是对我们对生命信仰（含蓄的或是直率的）所进行的无法抑制的表达。在审视印度的建筑遗产时，我们发现了丰富得令人难以置信的神话形象和坚实信仰——它们都共生于一个简单而自然的多元体系中。它们就像一份重写本中的每一层都保持透明一样——以宇宙模型为起点，一直延续到这个世纪。正是它们在我们人类生命中的连续不间断地表达，才创造出今天印度的多元社会。

我们的目的是要理顺每层之间的相互关系，将各种关系清晰而直率地表现出来。我们过去的建筑杰作并不仅仅是在原始时代我们还是原始人类时用海滩上找到的小卵石建成的构筑物。相反，构成我们历史、连续不间断的每一次变化都起到了关键作用、具有决定性的意义。

图11-3 吉祥轮②

图11-4 察·巴尔

图11-5 法特普尔·西克里城枢密殿的"独柱宝座"

① Diwan-i-khas：枢密殿的"独柱宝座"，为印度教柱头、伊斯兰教柱身、耆那教柱础。阿克巴坐在宝座上，四个大臣则在四个方向的桥上。（参见：邹德侬，戴路. 印度现代建筑. 郑州：河南科学技术出版社，2002.47）

② Yantra："具"的一种。礼拜性力女神沙克蒂所使用的吉祥具，又称吉祥轮，由9个三角形组成：5个三角形顶朝下，据说代表约尼即女性生殖器像；4个三角形顶朝上，据说代表林伽即男性生殖器像。（参见《不列颠百科全书》国际中文版（18）. 北京中国大百科全书出版社，1999.393）

12. 展望(1994年)[①]

Vistas, 1994

那些在阿拉伯沙漠中建造玻璃摩天楼的建筑师们会找到上百种理由为自己的建造理由进行辩护——但除了可能存在的真正原因之外，就是一种无意识的冲动，为了重塑20世纪精英城市所具有的神话般的形象：就像德克萨斯州的休斯顿一样。

这就是塑造此种神话般形象的动力之源——这种控制力量在我们的生活中发挥出作用。这当然也是隐藏在阿卡汗建筑奖后的关键所在。建筑师和业主们如何才能使自己摆脱思维上的殖民主义呢？这是一个很难完成的任务，并且不仅涉及到伊斯兰世界。相反，这是一个供所有建筑师表演的舞台，包括西方国家的建筑师们。对现代建筑运动和后现代主义的划分，或者它们与解构主义者的划分，都可以视为这种情况同类性质的事件。因此该奖项的议程就成为了我们建筑界非常重要的事件。筹划指导委员会成员提出的应该洞察最为关键的一些问题，正是印度建筑师以及其他地区的建筑师所共同面临的。本文就其中一些问题以及它们所引起的一些观点，进行讨论。

虚幻形象

当然了，充满神话色彩的虚幻形象比德克萨斯的出现要早得多，它是设计进程中的一个基本机制。依据伊斯兰世界保留的极其丰富的形象元素，在设计过程中，每位建筑师都收集了大量的形象资料供绘图时选择使用。这些形象元素起源于沙漠，向东传到也门和印度，向西渐至摩洛哥和西班牙，它将所遇到的各种建筑体系进行了消化，将它们融合成一种在建筑历史上具有无以匹敌的魅力的建筑语言。当然，这些建筑类型是以炎热干燥气候为基础形成的，从西方格拉纳达到东方的德里和阿格拉都是如此，极大地满足着我们现代情感的需求，如集合式庭院住宅紧密地布置在一起，相互遮蔽着阳光，环绕在由厚重的抗热墙体所建造的巨大的穹隆式公共建筑周围。

对大多数人来讲，这些就是反映在头脑中的伊斯兰建筑的形象。但，具有讽刺意味的是，大多数穆斯林并非生活在这种建筑形式风行的国家中。他们生活在德里的东部；事实上是加尔各答的东部；还有孟加拉国、印度尼西亚以及马来西亚。这些地区都是处于炎热而潮湿的气候条件下。他们需要的并不是高密度的集合住宅，而是轻盈的独立式结构以及穿堂风。那么伊斯法罕带大穹顶的清真寺和他们又有何相干？在他们的世界里，他们无法建造石砌拱券和穹顶；他们只能利用斜坡瓦屋顶来抵抗季风气候所带来的大量降水。他们的清真寺应该是什么样子的呢？现在，大多数穆斯林通过建造一座瓦顶结构，并在其顶部固定一个小型锡制穹顶来解决问题(通常来讲，这只是一个带有二维图案的平面形象)，以此来表达象征意味。印度尼西亚和孟加拉国的穆斯林建筑师们能不能自由地运用这种形象，或者

[①] 原文参见：James Steele, ed. "Vistas" In Architecture for Islamic Societies Today. London: Adademy Editions

接受它们作为自己信仰形象的一个基本组成部分呢？

但是，这个问题提得公平吗？无论如何，是不能将某种象征性标志视为一件衣服依据我们的喜好来进行定制。几个世纪以来，它所蕴涵的能量和意义逐渐增长，是无法一夜之间被改变的。所以耶稣的十字架只是象征着将人们引向死亡的工具，那么在那些代之以断头台和电椅的国家，基督教的教堂是否应该据此进行调整呢？或者换一种更确切的表达方法，他们能做到吗？

深层结构

为了回答这个问题，让我们来审视一下建筑师的设计方法。在一个世俗世界中，建筑师每天的工作就是面对一些常规问题，来处理业主们提出的特殊需求、预算、时间进度等等问题。在这些因素的限制之内，建筑师尽力找到一种恰当的建筑形式。

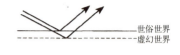

图 12-1

但是从另一个稍微深一点儿的层次来讲，建筑师们——至少是他们中的一部分人——好像已经接近了那个我们一直在谈论的无法遏抑的、近乎神话般的虚幻世界了。这些形象就像具有魔力的万灵药，将每天所应付的琐碎工作变得生动鲜活，令人激动(图 12-1)。

但这就是整张图片的含义了吗？的确，这种"摸彩袋"①形式的存在就意味着一种第三层次的出现：一种深邃得多的深层结构，正是它在历史上滋养着艺术的成长(图 12-2)。

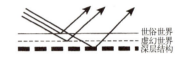

图 12-2

这种深层结构就是建筑源泉，它是一种潜藏在中层结构之下的原始动力，催生出了一种自发形象。例如，弗兰克·劳埃德·赖特并不是因为触及了这种中层结构(即现存的英国都铎王室②建筑式样和科德角③建筑语言)而创作出草原住宅的，而是通过他对美国西部的中产阶级的精神需求进行直觉性的理解。换句话说，他的设计历程似乎横穿了这种中层结构，直接插入到了神话形象的最深处。于是，建筑师和开发商们找到了途径，在本世纪形成了适合大多数北美郊区的新的生活方式，例如到达餐厅的两级踏步、车库、景窗、开敞的平面等等。

地域主义

在此过程中，赖特向美国东海岸的文化精英论及其推崇装饰艺术发起了挑战。在进行项目设计时，建筑师们对文化蔑视是很敏感的。所以在委托建造美国驻印度大使馆时，建筑师在尝试设计一座"印度"式的建筑来适合德里的氛围。另一方面，如果设计印度驻华盛顿大使馆的话，同一位建筑师很可能会创作出一项传达了印度文化价值而不是美国文化价值的设计。所以我们并没有真正意识到作为相互镜像的这两个设计任务的双面性。在这两者中，我们的反应都是带有偏见的，而不是平等对称的。我们模模糊糊地感觉到：在遍布世界的权利纷争中，存在着某些"受压迫"的文化价值和某些"压迫者"的价值，但这种不平衡性与文化的内在价值无关，起决定作用的是经济力量。

今天的建筑师们将重点放在对地域主义的关注上；很不幸，它本身并不是什么万灵药，因为在建筑领域里地域主义可以有两个完全不同的来源。第一个来源包括了那些对中层结构进行试探的建筑师们。他们与所谓的"国际式"风格主义者的最大区别就是他们装满带有地域性的各种形象的"摸彩袋"。但从本质

---

① Grab Bag："摸彩袋"，一种游戏，即在摸物件时不准看袋里的东西。

② Tudor：英国都铎王室(1485-1603年)的建筑式样。

③ Cape Cod：科德角，位于美国马萨诸塞州。

上讲，这也是一种同样肤浅的设计过程。

另一方面，还存在着另一个设计过程，与第一种大相径庭。它同样源自地域建筑之中，但表达着强烈的文化之根。这个过程涉及研究最低层次的深层结构。这是一条更为艰辛的探索之路，但更具价值。这样得出的建筑不只是对形象(无论是本土的还是舶来的)的变化，更重要的是进行重新创造的转化。

为了理解这是如何发生的，我们必须来审视一下产生建筑的各种动力。第一种动力当然是历史文化。这就像一个巨大的蓄水库，沉静而持续，仅随时间的推移而变化着。第二种动力就是精神需求，它是动态的、不稳定的。虽然两者间持续地相互影响着，但同样具有很大区别。某些精神需求存在得非常短暂，而另外某些精神需求却成为了文化的组成部分。

所有艺术都深深地受着顺应这两种动力所形成的轴线之间的各种变化的影响。所以如果我们将图12-3中的中心点来代表共同推崇的一座建筑(例如位于撒马尔罕①的里吉斯坦广场或法国的沙特尔大教堂)的话，此图将说明其中的关系。

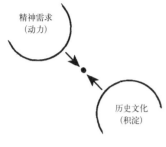

图12-3

另外还有两种力量对建筑的影响远比对其他艺术形式的影响来得重要得多。一个是气候。这是一种基本的、永恒不变的力量。建筑师必须学会掌握它的实践意义(太阳角度、风向等等)，并进行深层次的了解。因为在深层的结构层次上，气候决定了文化及其表达形式、以及习俗礼仪。从它自身来说，气候是神话之源。它见证了超自然的特性对露天空间形成的影响力，无论从墨西哥到阿拉伯半岛，从印度到日本都是如此。

第四种对建筑起作用的力量是技术。没有其他任何一种艺术形式能够如此直接地受到它的影响。虽然乐器会发生变化，但仅仅是一种渐变的过程。但对于建筑来讲，流行的技术每隔几十年就会发生变化。每次变化时，居于图表(图12-4)的中心会移动到一个新的位置。

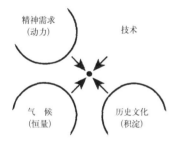

图12-4

建筑存在于这四种影响力的相互平衡之中。有时中心点会因为基本文化范畴的变化而改变。当做为一种宇宙模型的吠陀建筑理念被伊斯兰教察·巴尔"天堂花园"所蕴涵的神圣价值和图像所取代时，这种变化就在印度产生了，随后又被欧洲人带来的对科学和理性的神圣信仰而代替。在欧洲历史上，从罗马风向哥特建筑的转化也许是一种技术变化的表露，但从哥特文艺复兴的转变则无疑是一种沿历史文化－精神需求的轴线所发生变化的结果。

转变与转化

沿历史文化－精神需求的轴线所发生的变化是包括建筑在内的所有艺术形式所共有的。其中许多艺术形式，例如诗歌和音乐，实际上更为纯粹，因为它们并不需要应对我们所生活的这个世俗商业社会中所发生的种种急变。不，正是技术变化所具有的频繁性和决定作用，才是建筑艺术所独有的，这使它成为了敏感的体温计，反映着某个社会的健康与活力。这就是为什么城市及所包含的建筑物对文化历史学家具有如此重大意义的原因。

当我们不得不以钢材来取代石材，或以木材来取代混凝土时，我们就会面临一种挑战：我们可以运用新技术肤浅地将旧

---

① Samarkand: 撒马尔罕，乌兹别克斯坦撒马尔罕州的城市和行政中心，是中亚最古老的城市之一。公元前4世纪名为马拉坎达，系粟特的首都。现老城中有14～20世纪中亚建筑史上最精美的建筑，其中若干建筑始建于撒马尔罕成为贴木儿帝国首都之际。(参见:《不列颠百科全书》国际中文版(14). 北京: 中国大百科全书出版社, 1999.538)

有建筑形象进行转变(如遍布我们周围的仿冒的哥特式拱券和伊斯兰穹顶),或者我们可以对其进行转化,重新创造出新的建筑形式,来表达它们所代表的神圣价值。两种方法都是可以采用的,但其中存在着天壤之别。转化的过程非常简单,但却很脆弱。相反,转变则对社会提出了挑战并对其进行着更新。每次技术发生变化时,建筑都会在社会实践中对其予以表达,这是挑战,也是回馈。

勒·柯布西耶的创作就是我们这个世纪出类拔萃的例子。他的每一个作品都充满了地中海的风情,但却没有一个使用了红瓦坡顶。相反地,柯布西耶所做的是以20世纪的材料来表达地中海的理念。同样在北美,路易斯·沙利文和他的同事们在芝加哥创作的作品给一个多世纪的美国建筑提供了创作能量。但后现代的设计方法却削弱了这个社会,因为在最根本的层次上,它并不含有任何养分。

神圣与陈腐

通过重拾地域建筑的价值,我们可以讨论一些具有普遍性的问题。从概念上讲,所有真实的建筑都是地域性的。并不是因为它会躲藏到迪斯尼乐园式的单纯幻想之中(就像漫画史),而是因为是通过使用我们这个地球上任何地方所能获得的技术表达出了基本的力量元素(历史文化、精神需求与气候)。从这个深层次的感受上来讲,历史上所有最优秀的建筑,从阿格拉的法特普尔·西克里城到奈良①神庙,再到弗兰克·劳埃德·赖特设计的橡树园,它们都是地域性建筑。并不是因为它们简单地开拓了图像的浅层表象,而是因为它们触及到了其下的深层结构。

正是通过这样的过程,建筑才表达出了蕴涵在社会中的、不可见的神圣意义。当然,神圣并不仅仅意味着是由地域性所引发的,它同样也会被自然引发,被原始和神秘因素而引发。日本的茶道和西班牙的斗牛可以成为两个例子。它们显然都对应着深埋于无意识之中的深层元素,如庭院周边的房间所形成的向心性。穿过炎热的沙漠来到这样的庭院之中,此种经验已经超出了单纯的摄影艺术。某些深层的东西激荡起我们的思想——也许是已逝天堂的残留记忆吧?

在这不可见中,掩藏着建筑的本原。也许路易·康在谈及那并不存在的建筑史第零卷时所说的正是如此,他谈到"以那些未谈或未建之物来应对思想深处"。

处在这样的脉络之中的伊斯兰穹顶究竟是宗教的永恒象征还是技术的偶然结果?如果是后者,那么也许对孟加拉国的建筑师们来讲,最好去寻找一种神秘直觉的更深层意识,就如可兰经中的天堂花园一样。在孟加拉国的热带气候中如何重新对察·巴尔进行表达呢?也许从这个问题中就可以获得他们正在寻找的形式,一种既具有地域性又具有普遍性的建筑。

在这种寻找过程中,我们应该对新技术敞开怀抱,只要是恰当和有效的技术都广为吸纳,并保持自己的自信心。何时且何因导致一个社会停止中庸之道并开始怀疑自己呢?这是一个很微妙的问题。在1980年代早期,当中国人开始饮用百事可乐时,人们开始本能地感觉到这是一个终结和开始,最终,所有毛泽东时代的人们都要弄清楚是怎么一回事。另一方面,当你看

---

① Nara: 奈良,日本本州中南部的一座城市,在大阪以东,是古老的文化和宗教中心,建于706年,成为日本第一个永久性首都(710–784年)。

到纽约人在中国餐馆中进餐时，你会感到慌乱并认为这是美国中国化的第一步吗？

其中的区别当然是自信心。当伊斯兰教穿越阿拉伯沙漠中来到伊朗和也门时，它充满了自信。它发现了这些地方的已存建筑，它吸收了它们，消化了它们，将其转化成自己的一部分。但当伊斯兰教传播到印度时，它发现这里存在着各种各样前所未见的奇异的大理石和宝石，而这些又同样被它强大的自信心所吸收同化。从而我们拥有了阿格拉的法特普尔·西克里城、曼杜古城以及其他建筑杰作。我们也获得了建于也门山城中的美丽惊人的房屋形式，以及伊朗住宅里的捕风塔，所有这些，无论其本原如何，我们今天都将其视为伊斯兰建筑。然而，今天的自信心到哪里去了？

居住与习俗

这将我们带到了另一系列问题之中，这些是阿卡汗建筑奖所深刻涉及到的，它所具有的重要意义不仅仅限于穆斯林世界的建筑。这些问题涉及到我们的居住、我们的城市和我们的环境。

我们刚才所讨论的居住建筑在世界任何地方都是一个有机的过程，涉及到整个社会。迈科诺斯、拉贾斯坦邦和塔希提岛①的异常优美的住宅并不是单个建筑师的创作，它们是整个社区及其历史所导致的结果。实际上，人们可以像鸟类筑巢那样自然而本能地建造自己所需的住宅。实际上，居所所表达的强调了我们当代社会所考虑的各种因素（平衡的生态系统、废物回收、人性尺度、文化认同等等），并已存在于全世界各个地域性住宅体系之中了。所不存在的是容纳它们的城市环境。这就是我们的主要责任：建造出这样的城市环境。

这就是为什么我们必须将最大的热情投入到提供支撑结构，这个产生居所的亚系统的原因。这对城市中心来讲是极为重要，不仅在第三世界，而且对工业化国家也是如此。当我们城市衰败时，情况随之恶化。那些承受最大苦难的当然只能是穷人。

在这一过程中，建筑师如何运用手中所掌握的技术，仅是简单地满怀同情地进行救助，就像来到伤兵中的弗罗伦斯·南丁格尔那样？同样我们也不要做一个旨在突出自我的歌剧女主角式的专业人员，而应该更加谦逊、不计虚名。这样的角色有很多的先例。遍及亚洲各国及世界各地，建筑师的原型就是掌握传统技艺的匠人，有经验的泥瓦匠、木匠，以其所掌握的技术来设计和建造居所。

这些工匠们所具有的超凡的技术不仅表现在住宅建筑中，还表现在建筑历史杰作之中。事实上，没有这些出类拔萃的工匠们，泰姬陵和法特普尔·西克里城是不可能出现在历史之中：不仅无法建造起来，而且连建筑语言自身的概念都无法形成。我们完全低估了这些工匠对建筑所做出的决定性贡献，在最近的几十年中，他们的技术几乎失传。

我们自大的态度来自于缺乏对建筑与其他艺术形式的关系的了解。所以我们设计一座建筑，然后再将其他一些艺术形式放入其中，例如在前面摆上一尊雕塑，这是非常短视的行为。壁画不仅可以装饰房间，它还可以通过其所表现出来的张力将空间的动感完全凸现得淋漓尽致。这就是菲利波·利皮②在佛罗伦

---

① Tahiti: 塔希提岛，南太平洋一个岛屿，位于法属波利尼西亚的社会群岛中迎风群岛上。最早由波利尼西亚人于14世纪在此定居。

② Lippi, Filippo: 菲利波·利皮(1457?-1504?)年，意大利画家，他完成了佛罗伦萨布郎卡奇教堂内马萨奇奥的壁画，作品还包括《圣母加冕》等，显示了鲜明的立体风格。

萨的教堂庭院中绘制壁画的原因，也是阿旃陀的岩洞绘画对外部景观的塑造效果，同样也是奥地利洛可可教堂中以白色与金色绘制的小天使的形象效果，它们从窗外飞入，在阳光漫射的映衬下散放着夺人魅力。我们要对建造者、建筑师和业主进行各种建筑创作所涉及到的各种因素进行理解，并在头脑中理清脉络，才能够弄明白为什么它们有时成功，而有时又会失败。

建筑过程

这确实是一个很重要的问题。当你注视海湾周边国家的建筑时，你会对受委托的建筑师所具有的高水平(在很多设计项目中)与设计结果的低水平之间的不相称感到不可思议。为什么会这样呢？这与是否有外国建筑师参与是无关的。相反，当勒·柯布西耶在多年前设计昌迪加尔城时，很多人都会问：印度建筑师难道不反对将如此重要的设计项目交给一个外国建筑师来设计吗？我总是回答道：不，正相反，我们很幸运能聘请到柯布西耶。他对建筑的态度非常严谨，并树立起一个典范，使我们获益非浅，并以两种很重要的方式表现了出来。第一，因为勒·柯布西耶的工作处在建筑的最前沿，而随着对其工作的关注，印度一下子成了世界的焦点。来自世界各地的人们来这里参观昌迪加尔城和艾哈迈达巴德。印度的建筑师们开始感觉到自己成为了主流设计的一部分，而不躲是在迪斯尼乐园中的某个形象怪诞的角落里工作，这种感觉延续至今。第二，年轻一代的建筑师们获得了一个向柯布西耶的建筑进行学习的绝佳机会。

这确实不假。年轻一代的建筑师们不仅向这些杰出的建筑进行学习，同时还在学习柯布西耶本人所具有的品格。他与旁遮普邦政府签定的协议中规定他必须每年两次到昌迪加尔进行现场监督，每次一个月的时间。这项附加条件使印度及印度的建筑师们获益。我们从而可以深入彻底地了解到这种最高水平的创作过程。同时，暴露在旁遮普邦的气候和生活条件之下，同样也使勒·柯布西耶深获裨益，更不用说他还从他的建筑使用者那里获得的宝贵反馈意见了。

这种安排并非独一无二的。在20世纪，当设计新德里时，与埃德温·勒琴斯爵士、赫伯特·贝克签定的合约中规定项目进行期间他们每年必须在德里连续居住六个月。这对该项目的最终成功具有决定性的意义，因为这可以使他们对这个国家、它的气候、它的文化和它的人民具有极其深入的了解。

相反，海湾地区的大多数建筑师们总是以一种蜻蜓点水式的规划和设计来蒙混过关，这是非常可怕的。他们飞来这里停留几天(或几小时)来处理比昌迪加尔规模大得多的项目。他们之后如何与当地的各种环境接触呢？当地环境又如何接触他们呢？设计建筑与旅行袋之间存在着天壤之别。业主们应该变得足够精明，以了解这些情况。他们千万不能仅要求与建筑师的频繁会面，而更应该从建筑师的工作中获得收益。如果他们不这么做的话，应该受到责备的只能是他们自己。

没有一座建筑能超越设计师本身，或者那些建筑承包人，或者还有那些委托任务的业主。这正是海湾地区富裕的业主们所应该反思的。若干年后，当读到了一些柯布西耶在30年代写的文章，了解到他对那些工商业巨头流露出的过分热情，你会怀疑他真正努力所做的一切就是讨好业主，但于他幸运的是，这些业主并没有上钩。如果海湾的繁荣出现在30年代，柯布西耶也许就会投身其中，并毁在那里。就像我曾经说过的：印度聘请到柯布西耶是很幸运的。但对柯布而言，能到印度来也是他的幸运。在这里他与那些坚持建筑严肃性以及认识到建筑能够创造他们生活的业主们会面了。

结束语

我无法忘记科学家及人文学家雅各布·布洛诺夫斯基①在1967年阿斯彭②设计大会上所做的关于"秩序与无序"的精彩演讲。计算机成为了建筑师们和规划师们最先进的工具，而且似乎通过它们所能取得的成果是不可限量的。布洛诺夫斯基的观点却不是那么乐观。他通过讨论那个"一只猴子如果不停地随意敲打键盘，最终它会将威廉·莎士比亚③的全部作品都打出来的"的旧有命题来对此进行了说明。布洛诺夫斯基戏称：他自己还没有阅读过莎士比亚的全部作品，所接触的只不过是其中的十四行诗，而且还不是全部，而仅仅只是妇孺皆知的那首，其首句为：

我是否应该将你与那夏日相比？

其实你更可爱也更温柔。

实际上，布洛诺夫斯基仅用这两行诗句，就证明以随机选择来完成这两句需要花费极其大量的时间，即使猴子被换成了运算速度最快的大型计算机也是如此。布洛诺夫斯基向我们演示了每一个连贯词汇的计算过程，但当算及第二行的最后一个字时，他停住了，说道：大家都知道，这个词必须含有三个音节——但只有莎士比亚会考虑使用这个最精彩的词汇：温柔。对于布洛诺夫斯基而言，艺术和科学都不是随机行为的结果。如他所言："如果大自然要创造出蜂蜜，它会先创造出蜜蜂；如果大自然要创造出诗篇，她会先创造出人类。"

也许当大自然想要创造出阿尔罕布拉宫这样优秀的建筑时，她会先创造出穆斯林。当我们沿着历史探察伊斯兰建筑所具有的广博和优美时，我们难道不也是在探察社会的方方面面吗？通过剔除对雕刻与绘画以及书法的依赖，借助不可拉伸材料以及对石材拱券和穹顶的运用，是否就意味着能够创造出一种令人无法置信的、完美秩序的建筑呢？历史上不仅存在着那些名副其实的伟大建筑师，还存在着更多的平庸的执业者们。为了回复到曾经的高水准，难道不需要对这些过程及其在当今时代的精神需求与技术条件下进行的重组进行认真分析吗？

---

① Bronowski, Jacob: 雅各布·布洛诺夫斯基(1908－1974年)，是出生于波兰的英国数学家和以有说服力地介绍科学的人文主义方面事例而闻名的作家。他不但在数学上享有盛誉，而且在诗文方面也受到评论界的赞扬。著作有《科学的常识》(1951年)、《人的特性》(1965年)和影响很大的《科学和人类的价值》(1956；1965年再版)等。(参见：《不列颠百科全书》国际中文版(3).北京：中国大百科全书出版社，1999.168)

② Aspen: 阿斯彭，美国科罗拉多州中西部的一座城市，位于落基山脉的萨瓦其山，约在1879年由银矿勘探者建立，现为一流行的滑雪圣地。

③ Shakespeare, William: 威廉·莎士比亚(1564-1616年)，英国戏剧家和诗人，他的作品被认为是英语文学作品中最伟大的戏剧，其中大多在伦敦的全球戏院演出过，包括历史作品，如《理查德二世》；喜剧包括《无事生非》和《皆大欢喜》；悲剧包括《哈姆雷特》、《奥赛罗》和《李尔王》等。

13. 宇宙的模型(1994年)[①]

Models of the Cosmos, 1994

建筑作为一种宇宙模型：本文中介绍的这两个方案是相伴而生的。每个方案都力图以自己的形式来表达一种对现实的超越，从而超出导致这两个方案产生的实际功能的需求。

第一个方案是坐落在斋浦尔的艺术中心(作品02)，展现出一种对古老而传统的隐性世界的感知。它所采用的建筑形式是基于原人曼荼罗图案，这是一种神秘的吠陀图案，它已经存在了很多个世纪了，对印度教、佛教和耆那教都具有非常重大的意义。

第二个方案是建于浦那一座学校内的天文学和天体物理学校际研究中心(作品03)，它力图表达一种完全不同的精神意识 即，在20世纪对我们所居住的正在持续膨胀的宇宙的理解，由那些真正伟大的科学家们(爱因斯坦、卢瑟福[②]、霍伊尔[③]等人)对宇宙产生的理解，是他们使宇宙对人们来讲变得可以理解，是他们帮助我们建立了现代的理性智慧。这两个方案在功能上截然不同(一个是博物馆，另一个是学术机构)。但是，在某种程度上，它们却具有相当的对等性：都是对宇宙概念进行表达。这两座建筑都建于现代，表现出今天印度所具有的技术、手工艺和艺术技巧的水平。斋浦尔艺术中心的壁画是由拉贾斯坦最杰出的传统艺术家所绘制的，外墙所使用的红色砂岩都采自当地(莫卧尔人曾经在法特普尔·西克里城使用过，埃德温·勒琴斯爵士也在新德里新城规划中采用过)。同样地，浦那天文学和天体物理学校际研究中心的外墙也是采用了可以在本地区德干高原采集到的黑色玄武岩建造的(英国人曾在孟买的新哥特式建筑中使用过)。

宇宙的概念——正如几千年前被人类所理解的那样，今天仍然被人们同样感知着。这两个方案似乎是以两种截然不同的精神意识做为基础——是这样吗？令人惊讶的是，用来感知隐性世界的古代原人曼荼罗的中心图案与当代科学家们对太空黑洞概念的理解很相似。这仅仅是一种巧合吗？这里是否存在一种基本性的解释呢？这是因为这两种对于宇宙的理解都是从同样的人类精神意识中产生的，经历了这么多世纪之后，一直没有改变。

当然，古代吠陀先知们所使用的语言与我们当代的天体物理学家是不同的。传统上的原人曼荼罗是一个正方形，可以被分割成4，9，16，25，49个小正方形，还可以继续再分。(用于庙宇的曼荼罗通常都包含64个或81个小正方形)。曼荼罗真是

[①] 原文参见：Models of the Cosmos.A+U.Tokyo ，No.280，Jan..12-13

[②] Rutherford, Ernest: 欧内斯特·卢瑟福(1871-1937年)，新西兰裔英籍物理学家，把射线划分成α、β和γ三种类型并发现了原子核。获1908年诺贝尔化学奖。

[③] 参见：P38作品03的注解。

一个神秘的图案，同时是一个能量场，每个神都可以在其中找到自己恰当的位置。到现在为止，历史上的几乎每一种文明都发现了这种正方形(显然这是人类深层精神结构的一部分)。所不同的是，对于原人曼荼罗这个神秘图案，其中央空间充斥着一对矛盾：因为它既是表示"空无"，又是"一切力量的源泉"。万物的缔造者婆罗门神占据其中心位置：他是洞穿宇宙一切法则之神。印度教相信当他的灵魂随着涅磐转世的轮回而完结时，他就遁去了——并不是到达了天堂，或到达了乐土，而是隐入了婆罗门之中。这真是一个令人惊奇的美好信念。我们遁入了能量漩涡的中心。正如太空的黑洞那样，能量吞噬了自身。这便是古代吠陀先知们的核心图案，也是20世纪的科学家们的中心图案。

而它也创造了我们20世纪的图像：无线望远镜所捕捉到的具有强大能量旋涡的黑洞图像；处在遥远的宇宙边缘的银河系所具有的壮观的图像，等等。这些又激发了我们对自己所居住的宇宙的本质创造出新的神话般的概念。它们是否可以通过建筑语言来表达呢？这便是天文学和天体物理学校际研究中心的项目所面临的挑战——一种与斋浦尔艺术中心完全不同的挑战。因为在后一个项目中，吠陀的宇宙图案已经被转化成一种简洁的图像符号：对原人曼荼罗的再次划分。我们所要做的仅仅是对这个图案赋予三维的建筑形式。但天文学和天体物理学校际研究中心却完全不同。几乎没有现代科学的图案被转化为视觉上的图像符号，即使有也是极少的($E=mc^2$的公式已经成为爱因斯坦相对论的概念性符号)。

因此，为了获得天文学和天体物理学校际研究中心的建筑形式和建筑语言，我们必须直接从太空的图像中获取灵感，从无线望远镜和轨道卫星上采集图像。所以，就产生了带有锐角转折的黑色墙体，其顶部配着光滑的黑色磨光花岗岩(隐喻着蓝天和流云)，加上建筑形式本身，就仿佛像是从中央的石质贡德(一种古老的模式，在这里经过调整，借以象征我们所居住的正在持续膨胀着的宇宙)中爆裂迸射出来一般。与此相反，斋浦尔艺术中心的形式是由代表行星的9个方块所构成的曼荼罗，既简洁又具有几何性(转角处的方块进行了移位，提醒着我们斋浦尔城的起源，以及我们20世纪所具有的理性智慧！)。

宇宙：就如几千年前被人们所理解着一样，今天同样被人类所感知着。这两个方案，似乎很不相同，但实际上却具有相当的对等性。

APPENDIX

附 录

附录1　查尔斯·柯里亚简历

1930 年	• 9月1日生于印度塞康德拉巴德
1939-1946 年	• 就学于孟买圣泽维尔中学
1946-1948 年	• 就学于孟买大学圣泽维尔学院
1949-1953 年	• 就学于密歇根大学，获建筑学士学位
1953-1955 年	• 就学于麻省理工学院，获建筑硕士学位
1958 年 - 现在	• 在孟买开办建筑师私人事务所
1961 年	• 与莫尼卡·塞凯拉结婚
1962 年	• 被聘为麻省理工学院建筑系的艾伯特·贝米斯教授
1964 年 - 现在	• 成为印度建筑师协会会员
1964-1965 年	• 着手准备新孟买城总平面规划
1969-1971 年	• 受秘鲁政府和联合国的邀请，设计利马的普雷维低收入者住宅
1971-1974 年	• 担任马哈拉施特拉邦政府城市和工业开发公司的总建筑师，主持新孟买的开发计划
1972 年	• 获得印度总统颁发的帕德玛·希来里奖
1974 年	• 被《时代》周刊提名作为全球150位新领袖封面人物之一
	• 被聘为伦敦大学的弗莱切尔教授
1974 年 - 现在	• 成为印度建筑理事会成员
1975 年	• 参加在美国举办的"印度现代建筑"展
1975-1976 年	• 担任联合国秘书长的"居住问题"顾问
1975-1978 年	• 担任卡纳塔克邦政府的顾问建筑师
	• 成为班加罗尔城市艺术委员会成员
1975-1983 年	• 担任孟买城市住房更新及生态保护委员会主席
1975-1984 年	• 成为印度储蓄银行西部委员会成员
1975-1989 年	• 成为新孟买城市和工业开发公司董事会成员
1975-1994 年	• 成为孟买区域发展署执行委员会成员
1976 年	• 担任伊朗帕哈拉文国家图书馆竞赛评委
	• 在坦桑尼亚新首都规划，担任联合国秘书长的顾问
	• 担任联合国人居会议总理事的顾问
1977-1986 年	• 成为阿卡汗建筑奖筹划指导委员会成员
1979 年	• 成为美国建筑师学会荣誉会员
	• 被聘为美国新奥尔良图兰大学戴维斯教授
1980 年	• 被美国密歇根大学授予"名誉博士"的称号
1980-1984 年	• 成为海得拉巴城市开发部城市保护委员会成员
1981-1988 年	• 成为MIMAR顾问委员会成员
1982 年	• 参加在意大利举办的"威尼斯双年展"
1982-1985 年	• 成为卡纳塔克邦政府总理经济与规划顾问委员会成员

图附1-1

图附1-2

图附1-3

1983 年	• 成为印度国家艺术与文化遗产托拉斯创建成员 • 参加在纽约举办的"第三世界国家的建筑：寻求可识别"展览
1984 年	• 由于对改善人类居住质量的贡献，获得查尔斯王子颁发的英国皇家建筑师协会金奖； • 获得国际建筑师协会罗伯特·马修爵士奖(改善人居环境质量奖) • 成为孟买城市设计研究协会托拉斯创建成员 • 在英国皇家建筑师协会举办个人展 • 在英国坎布里亚郡举办"建筑的庆典"个人展 • 在印度英国议会大厦举办个人展
1984-1986 年	• 担任"VISTARA建筑回顾展：印度的建筑"委员会主席
1985 年	• 成为法国建筑师学会会员 • 被聘为剑桥大学的尼赫鲁教授 • 参加在法国巴黎举办的"印度的节日：艺术学派"展览 • 在印度孟买出版其重要著作《新景象》
1985-1988 年	• 担任印度政府国家城市建设委员会主席
1986 年	• 获得美国建筑师学会芝加哥建筑奖 • 参加在孟买尼赫鲁研究中心举办的"VISTARA建筑回顾展"
1987 年	• 获得印度建筑师协会金奖 • 在保加利亚索菲亚成为国际建筑学会荣誉会员 • 参加在莫斯科、列宁格勒及塔什干举办的"印度的节日"展览
1988-1991 年	• 担任阿卡汗建筑奖评审团主任评委
1989 年	• 担任科威特房地产公司"科威特珍珠大厦设计竞赛"评委 • 参加在日本东京举办的"印度的节日"展览
1990 年	• 获得国际建筑师协会金奖 • 成为菲律宾建筑师联合会荣誉会员
1991 年	• 获得印度JK工业协会的"杰出建筑师"奖 • 担任乌兹别克斯坦撒马尔罕设计竞赛评委 • 参加在德国柏林文化中心举办的"印度的节日"展览
1992 年	• 成为芬兰建筑师学协会荣誉会员 • 参加在日本奈良博物馆举办的"世界建筑博览会"
1992-1998 年	• 担任普利茨克建筑奖评委
1993 年	• 成为英国皇家建筑师协会荣誉会员 • 成为美国艺术与科学院荣誉外籍院士 • 担任科威特国家标志物设计竞赛评委 • 担任迪拜文化遗产中心设计竞赛评委 • 被聘为同济大学名誉教授 • 在伦敦建筑协会举办"仪式性的道路"个人展
1994 年	• 获得日本艺术协会皇家建筑奖 • 担任华盛顿特区美国建筑师学会/奥迪斯电

图附 1-4

图附 1-5

图附 1-6

	梯联合举办的住房设计竞赛评委
	• 在德里、孟买及马德拉斯举办"仪式性的道路"个人展
1995 年	• 在日本东京举办"天空的祝福"个人展
1996 年	• 在土耳其伊斯坦布尔"人居 II"担任联合国秘书长的国际顾问
	• 担任马哈拉施特拉邦政府孟买纺织厂委员会主席
1997 年	• 获得卡塔尔政府举办的伊斯兰艺术博物馆竞赛第一名
	• 成为爱尔兰皇家建筑师学会荣誉会员
1998 年	• 获得阿卡汗建筑奖
	• 担任中国国家住宅竞赛的评审团成员
	• 成为美国艺术和文学学会荣誉会员
1998 年 – 现在	• 担任荷兰克劳斯王子奖评委
1999 年	• 成为牙买加特立尼达建筑师学会荣誉会员
	• 被聘为清华大学名誉教授
	• 担任开罗美国大学新校园竞赛的评审团成员
1999 年 – 现在	• 担任果阿邦政府顾问建筑师
	• 成为阿卡汗建筑奖筹划指导委员会成员

附录 2　查尔斯·柯里亚主要作品一览表[①]

图附 2-1

图附 2-2

1958

- *(作品 04)手织品陈列馆(图附 2-1)，1958 年，德里
  Handloom Pavilion，1958，Delhi

- *(作品 05)圣雄甘地纪念馆(图附 2-2)，1958-1963 年，艾哈迈达巴德
  Gandhi Smarak Sangrahalaya，1958-1963，Ahmedabad

- 大都市公寓大楼(未建)，1958 年，孟买
  Cosmopolis Apartments(unbuilt)，1958，Bombay

- 卡玛旅馆，1958-1959 年，艾哈迈达巴德
  Cama Hotel，1958-1959，Ahmedabad

- 瓦拉巴-维迪亚纳加尔大学行政大楼，1958-1960 年，阿嫩德
  Administration Building，1958-1960，Anand

1959

- 拉尔巴伊住宅，1959-1961 年，艾哈迈达巴德
  Lalbhai House，1959-1961，Ahmedabad

- 瓦拉巴-维迪亚纳加尔大学人文学院，1959-1960 年，阿嫩德
  (Vallabh Vidyanagar)Humanities Department，1959-1960，Anand

- 桑住宅，1959-1961 年，加尔各答
  Sen House，1959-1961，Calcutta

- 板球露天运动场及体育综合馆，1959-1966 年，艾哈迈达巴德
  Cricket Stadium & Sports Complex，1959-1966，Ahmedabad

- 兄弟住宅，1959-1960 年，古吉拉特邦
  Twin Houses，1959-1960，Gujarat

- 巴巴原子研究中心钚厂，1959-1963 年，孟买
  Plutonium Plant，1959-1963，Bombay

- 卡利索住宅，1959-1961 年，孟买
  Calico Housing，1959-1961，Bombay

- 富特哈利住宅(未建)，1959 年，孟买

---
① 加 * 号的作品在前文中有详细介绍。

Futehally House(unbuilt), 1959, Bombay

1960

- 艾哈迈达巴德步枪协会办公及展览楼，1960-1962 年，艾哈迈达巴德
  Gun House, 1960-1962, Ahmedabad

- 胡特厄辛住宅(未建)，1960 年，艾哈迈达巴德
  Hutheesing House(unbuilt), 1960, Ahmedabad

图附 2-3

1961

- *(作品16)管式住宅(图附 2-3)，1961-1962 年，艾哈迈达巴德
  Tube Housing, 1961-1962, Ahmedabad

- 艾哈迈达巴德市政交通服务(AMTS)工厂车间，1961-1963 年，艾哈迈达巴德
  AMTS Workshop, 1961-1963, Ahmedabad

- *(作品06)印度斯坦·莱沃陈列馆(图附 2-4)，1961 年，德里
  Hindustan Lever Pavilion, 1961, Delhi

- 索马尔格公寓大楼，1961-1966 年，孟买
  Sonmarg Apartments, 1961-1966, Bombay

- 实验室加工厂，1960-1962 年，孟买
  Laboratory & Processing Plant, 1960-1962, Bombay

- 化学涂层制造工厂，1961-1963 年，巴罗达
  Chemicoat Factory, 1961-1963, Baroda

- *(作品17)艾哈迈达巴德低收入者住宅(未建)(图附 2-5)，1961 年，艾哈迈达巴德
  Low-income Housing (Unbuilt), 1961, Ahmedabad

图附 2-4

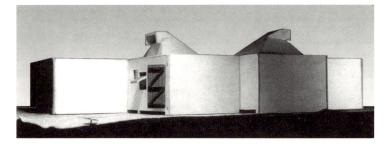

图附 2-5

1962

- 桑-罗利工艺学校，1962—1964 年，阿散索尔①
  Sen-Raleigh Polytechnic，1962—1964，Asansol

图附 2-6

- *(作品18)拉姆克里西纳住宅设计(图附 2-6)，1962—1964 年，艾哈迈达巴德
  Ramkrishna House，1962—1964，Ahmedabad

- 卡斯图巴·甘地等持纪念馆，1962—1965 年，浦那
  Kasturba Gandhi Samadhi，1962—1965，Poona

- 瓦达巴士终点站，1962—1963 年，艾哈迈达巴德
  Wadaj Bus Terminal，1962—1963，Ahmedabad

- 纳夫兰普拉巴士终点站，1962—1963 年，艾哈迈达巴德
  Navrangpura Bus Terminal，1962—1963，Ahmedabad

- 棕榈大街住宅，1962—1964 年，加尔各答
  Palm Avenue House，1962—1964，Calcutta

- 富特哈利住宅，1962—1964 年，孟买
  Futehally House，1962—1964，Bombay

- 艾哈迈达巴德市政交通服务莱达尔瓦扎中心(未建)，1962 年，艾哈迈达巴德
  Lal Darwaza Center(unbuilt)，1962，Ahmedabad

- 博伊斯住宅(未建)，1962—1963 年，浦那
  Boyce Houses(unbuilt)，1962—1963，Poona

1963

- 粮食学校，1963—1967 年，孟买
  Catering Institute，1963—1967，Bombay

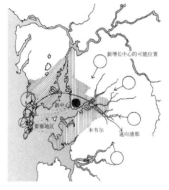

图附 2-7

- 电池厂，1963—1966 年，海得拉巴
  Battery Plant，1963—1966，Hyderabad

- 舒克拉住宅(未建)，1963 年，艾哈迈达巴德
  Shukla House(unbuilt)，1963，Ahmedabad

- 塔科雷住宅(未建)，1963 年，孟买
  Thakore House(unbuilt)，1963，Bombay

1964

- *(作品45)孟买规划(图附 2-7)，1964 年
  Planning for Bombay，1964

---

① Asansol：阿散索尔，印度东北部城市。

- 马什卡雷利亚什住宅，1964—1965 年，班加罗尔

Mascarenhas House, 1964-1965, Bangalore

1965
- 杜塔住宅, 1965-1966 年, 德里
  Dutta House, 1965-1966, Delhi

- *(作品27)印度电子有限公司(ECIL)办公综合楼(图附2-8), 1965-1968 年, 海得拉巴
  ECIL Administrative Complex, 1965-1968, Hyderabad

- 拉贾斯坦邦电力局办公综合楼(未建), 1965 年, 斋浦尔
  Office Complex(unbuilt), 1965, Jaipur

图附 2-8

1966
- 人行道步行系统(未建), 1966 年, 孟买
  Pedestrian System(unbuilt), 1966, Bombay

- *(作品32)旁遮普组团住宅(未建)(图附2-9), 1966-1967 年, 孟买
  Punjab Group Housing(unbuilt), 1966-1967, Bombay

- 萨巴尔马蒂甘地故居客人住宅(未建), 1966 年, 艾哈迈达巴德
  Sabarmati Ashram① Guest House(unbuilt),1966,Ahmedabad

图附 2-9

1967
- 门内泽斯住宅, 1967-1968 年, 浦那
  Menezes House, 1967-1968, Poona

- 费雷拉住宅, 1967-1968 年, 孟买
  Ferreira House, 1967-1968, Bombay

- 帕特瓦尔丹住宅, 1967-1969 年, 浦那
  Patwardhan Houses, 1967-1969, Poona

- *(作品19)帕雷克住宅(图附2-10), 1967-1968 年, 艾哈迈达巴德
  Parekh House, 1967-1968, Ahmedabad

图附 2-10

- SNDT 女子大学校园设计, 1967-1975 年, 孟买
  SNDT University Campus, 1967-1975, Bombay

- 德里开发局商业综合楼, 1967-1970 年, 德里
  Rajendra Place, 1967-1970, Delhi

- 圣伊丽莎白护士之家(未建), 1967-1969 年, 孟买
  St.Elizabeth's Nursing Home(unbuilt),1967-1969,Bombay

- *(作品14)凯布尔讷格尔镇住宅区(未建)(图附2-11), 1967年, 科塔, 拉贾斯坦邦
  Cablenagar Township(unbuilt), 1967, Kota, Rajasthan

① Ashram: (印度教高僧的)修行的处所, 聚会所。

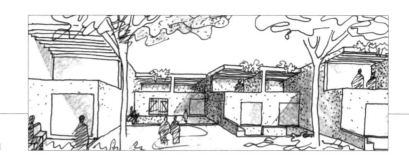

图附 2-11

1968

- 甘地百年纪念馆，1968-1969 年，德里
  Gandhi Darshan，1968-1969，Delhi

- *(作品46)专为小贩设计的人行道(未建)(图附2-12)，1968 年，孟买
  Hawkers Pavements(unbuilt)，1968，Bombay

- 柯里亚住宅(未建)，1968 年，艾哈迈达巴德
  Correa House(unbuilt)，1968，Ahmedabad

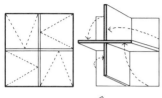

图附 2-12

1969

- *(作品20)科瓦拉姆海滨度假村(图附2-13)，1969-1974 年，喀拉拉邦
  Kovalam Beach Resort，1969-1974，Kerala

- 吉瓦·比马·讷格尔镇住宅区，1969-1972 年，孟买
  Jeevan Bima Nagar Township，1969-1972，Bombay

- *(作品41)普雷维住宅区(图附2-14)，1969-1973 年，利马，秘鲁
  Previ Housing，1969-1973，Lima，Peru

- 为碳化物联盟所建的 EMD 工厂，1968-1970 年，孟买
  EMD Plant，1969-1970，Bombay.

- 日本大阪'70 世博会印度馆(未建)，1969 年，大阪，日本
  India Pavilion(unbuilt)，1969，Osaka，Japan

图附 2-13

1970

- *(作品23)干城章嘉公寓大楼(图附2-15)，1970-1983 年，孟买
  Kanchanjunga Apartments，1970-1983，Bombay

- 海雷迪尔住宅，1970-1973 年，孟买
  Heredil House，1970-1973，Bombay

1971

- 低收入者住宅区，1971-1972 年，艾哈迈达巴德
  Low-income Housing，1971-1972，Ahmedabad

- 德里制衣厂(DCM)公寓大楼(未建)，1971 年，德里

图附 2-14

DCM Apartments(unbuilt), 1971, Delhi

1972
- 莫苏姆达住宅，1972-1974 年，德里
  Mozumdar House, 1972-1974, Delhi

- 印度人寿保险公司比马讷格尔镇住宅区，1972-1974年，班加罗尔
  Bimanagar Township, 1972-1974, Bangalore

- 埃兰加尔海滨度假村(未建)，1972年，孟买
  Erangal Beach Resort(unbuilt), 1972, Bombay

- 桑农宅(未建)，1972年，加尔各答
  Sen Farmhouse(unbuilt), 1972, Calcutta

1973
- *(作品11)卡拉学院艺术表演中心(图附2-16)，1973-1983年，果阿邦
  Kala Akademi, 1973-1983, Goa

- *(作品42)孟买贫困人口住宅(未建)(图附2-17)，1973年，孟买
  Squatter Housing(unbuilt), 1973, Bombay

- *(作品24)拉里斯公寓大楼(未建)(图附2-18)，1973年，孟买
  Rallis Apartments(unbuilt), 1973, Bombay

- 卡纳塔克邦电力局(KSEB)办公楼(未建)，1973年，班加罗尔
  KSEB Office(unbuilt), 1973, Bangalore

1974
- 印度人寿保险公司(LIC)维斯韦斯瓦拉亚中心，1974-1980年，班加罗尔
  Visvesvaraya Center, 1974-1980, Bangalore

图附 2-15

图附 2-16

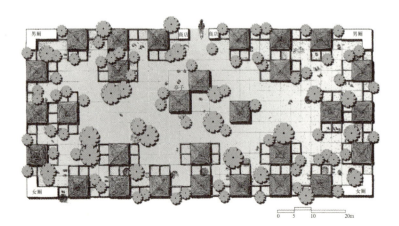

图附 2-17

图附 2-19

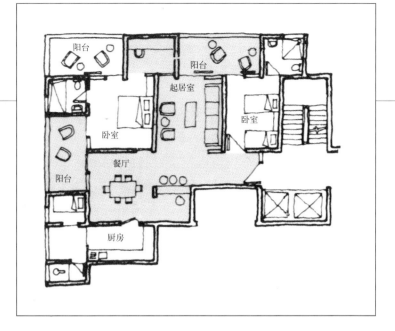

图附 2-18

图附 2-20

- *(作品12)萨尔瓦考教堂(图附 2-19),1974-1977 年,孟买
  Salvacao Church, 1974-1977, Bombay

- 科钦滨水地区设计(未建),1974 年,科钦,喀拉拉邦
  Cochin Waterfront(unbuilt), 1974, Cochin, Kerala

- *(作品47)纳里曼岬地区规划(图附 2-20),1974 年,孟买
  Nariman Point, 1974, Bombay

- 巴克湾滨水地区设计(未建),1974 年,孟买
  Backbay Waterfront(unbuilt), 1974, Bombay

- 班加罗尔城市结构规划(未实施),1974 年
  Structural Plan for Bangalore(not implemented), 1974

1975

- *(作品07)国家工艺品博物馆(图附 2-21),1975-1990 年,德里
  National Crafts Museum, 1975-1990, Delhi

图附 2-21

- *(作品08)印度巴哈汶艺术中心(图附2-22),1975-1981 年,博帕尔
  Bharat Bhavan, 1975-1981, Bhopal

- *(作品25)印度人寿保险公司办公大楼(图附 2-23),1975-1986 年,德里
  Jeevan Bharati, 1975-1986, Delhi

- *(作品35)塔拉组团住宅(图附 2-24),1975-1978 年,德里
  Tara Group Housing, 1975-1978, Delhi

图附 2-22

1976

- 钢铁厂总平面设计，1976-1977年，利比亚
  Steel Township，1976-1977，Libya

- 瓦伦贝格中心(未建)，1976年，马德拉斯
  Wallenberg Center (unbuilt)，1976，Madras

- 梅索雷大学希莫加校园(未建)，1976年，卡纳塔克邦
  Shimoga Campus(unbuilt)，1976，Karnataka

图附2-23

1977

- 帕拉雅购物中心(未完成)，1977年，特里凡得琅
  Palayam Shopping Center(incomplete)，1977，Trivandrum

- 制衣厂，1977-1981年，马德拉斯
  Garment Factory，1977-1981，Madras

图附2-24

1978

- *(作品13)果阿酒店(图附2-25)，1978-1982年，果阿邦
  Cidade De Goa，1978-1982，Goa

- *(作品38)龙卷风难民住宅(图附2-26)，1978-1979年，安得拉邦
  Cyclone-Victims Housing，1978-1979，Andhra Pradesh

- *(作品43)马拉巴尔水泥公司住宅区(图附2-27)，1978-1982年，喀拉拉邦
  Malabar Cements Township，1978-1982，Kerala

- 德里国际机场，1978-1986年，德里
  International Airport，1978-1986，Delhi

- 乡村健康门诊部，1978-1979年，阿里巴格
  Village Health Clinic，1978-1979，Alibag

- 德里制衣厂(DCM)旅馆(未建)，1978-1979年，德里
  DCM Hotel(unbuilt)，1978-1979，Delhi

- 芒格洛尔①化学农药公司(MCF)办公楼(未建)，1978年，芒格洛尔
  MCF Office(unbuilt)，1978，Mangalore

- *(作品09)卡普尔智囊团成员寓所(未建)(图附2-28),1978年，德里
  Kapur Think Tank(unbuilt)，1978，Dehli

图附2-25

图附2-26

1979

- *(作品21)湾岛酒店(图附2-29)，1979-1982年，布莱尔港，安达曼岛
  Bay Island Hotel,1979-1982,Port Blair,Andaman Island

图附2-27

① Mangalore: 芒格洛尔，印度西南部港市。

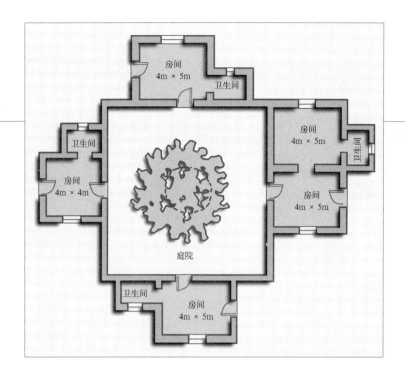

图附 2-28

图附 2-29

- 库玛拉喀姆度假村(未建)，1979 年，喀拉拉邦
  Kumarakam Resort(unbuilt), 1979, Kerala

- 塔伊夫城市中心(未建)，1979 年，沙特阿拉伯
  Taif City Center(unbuilt), 1979, Saudi Arabia

1980

- 中央邦政府办公综合楼，1980-1992 年，博帕尔
  MPSC Offices, 1980-1992, Bhopal

- 巴拉帕尼度假村开发，1980-1984 年，梅加拉亚邦①
  Barapani Resort Development, 1980-1984, Meghalaya

图附 2-30

- *(作品01)中央邦新国民议会大厦(图附 2-30)，1980-1996 年，博帕尔
  Vidhan Bhavan Bhopal, 1980-1996, Bhopal

- 梅加拉亚邦电力局(MSEB)办公综合楼，1980 年，西隆
  MSEB Offices, 1980, Shillong

- 棕榈大街办公综合楼(未建)，1980 年，加尔各答
  Palm Avenue Offices(unbuilt), 1980, Calcutta

- 《印度特快报》综合楼(未建)，1980 年，马德拉斯
  BD Center(unbuilt), 1980, Madras

- 卡尔韦蒂组团住宅(未建)，1980 年，科钦
  Calvetty Group Housing(unbuilt), 1980, Cochin

---

① Meghālaya：梅加拉亚邦，位于印度东北部，邦名意为"云雾迷漫的地方"，首府为西隆(Shillong)。

- 带内院的住宅(未建)，1980年，阿布扎比[①]
  Courtyard Housing(unbuilt), 1980, Abu Dhabi

1981

- 石油天然气委员会(ONGC)所在镇区的总平面设计，1981-1982年，新孟买
  ONGC Township Master Plan, 1981-1982, New Bombay

- 曼杜阿海滨住宅(未建)，1981年，曼杜阿
  Beach House(unbuilt), 1981, Mandwa

- 塔塔·埃沙希(Tata Elxsi)公司计算机中心(未建)，1981年，新加坡
  Computer Center(unbuilt), 1981, Singapore

- 乔古莱住宅(未建)，1981年，果阿邦
  Chowgule House(unbuilt), 1981, Goa

1982

- 沙阿住宅，1982-1985年，孟买
  Shah House, 1982-1985, Bombay

- 拉森 & 图布罗镇，1982-1985年，阿瓦布尔
  L&T (Larsen & Toubro) Township, 1982-1985, Awarpur

- *(作品22)韦雷穆海滨住宅(图附2-31)，1982-1989年，果阿邦
  Verem Houses, 1982-1989, Goa

图附2-31

- 佛陀婆尼玛滨水地区开发，1982年，海得拉巴
  Buddha Poornima Waterfront, 1982, Hyderabad

- BVB艺术中心(未建)，1982年，纽约
  BVB Center(unbuilt), 1982, New York

图附2-32

1983

- 钦卡纳酒吧，1983年，孟买
  Cymkhana Bar, 1983, Bombay

- *(作品44)贝拉布尔低收入者住宅(图附2-32)，1983-1986年，新孟买
  Belapur Low-income Housing, 1983-1986, New Bombay

- 住宅计划，1983年，茵多尔
  Housing Scheme, 1982, Indore

- 坎宁安住宅群(未建)，1983年，班加罗尔
  Cunningham Crescent(unbuilt), 1983, Bangalore

[①] Abu Dhabi: 阿布扎比，是阿拉伯东部波斯湾上的一阿拉伯联合酋长国之国名以及阿拉伯联合酋长国的首都。

- 吉勒金德住宅(未建)，1982年，孟买
  Kilachand House(unbuilt)，1982，Bombay

1984
- 坎顿蒙特教堂，1984-1987年，浦那
  Cantonement Church，1984-1987，Pune

- *(作品36)水泥联合有限公司(ACC)住宅区(图附2-33)，1984年，瓦迪
  ACC Township，1984，Wadi

- 出版印刷社管理办公楼，1984年，新孟买
  Printing Press And Administrative Offices，1984，New Bombay

1985
- *(作品48)巴格尔果德住宅区(图附2-34)，1985年–现在，卡纳塔克邦
  Bagalkot Township，1985-to date，Karnataka

- 印度驻联合国代表团大楼，1985-1992年，纽约
  Permanent Mission Of India to the U.N.，1985-1992，New York

图附2-33

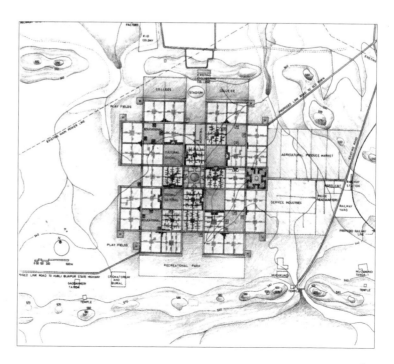

图附2-34

- 科拉马南加拉住宅，1985-1989 年，班加罗尔
  House at Koramangala, 1985-1989, Bangalore

- *(作品50)政府委托的城市化研究项目(图附2-35)，1985-1987年
  The National Commission on Urbanization, 1985-1987

- 安得拉邦政府泰卢固传统音乐戏剧学院，1985年，海得拉巴
  Telegu① Vignana Peetam, 1985, Hyderabad

- 考古博物馆(未建)，1985 年，博帕尔
  Archaeology Museum(unbuilt), 1985, Bhopal

图附 2-35

1986

- *(作品02)斋浦尔艺术中心(即贾瓦哈尔-卡拉-坎德拉博物馆)(图附2-36)，1986-1992 年，斋浦尔
  Jawahar Kala Kendra, 1986-1992, Jaipur

- *(作品10)苏利耶太阳贡德园(图附 2-37)，1986 年，德里
  Surya Kund, 1986, Delhi

- 贾瓦哈尔拉尔·尼赫鲁发展银行学院(JNIDB)1986-1991 年，海得拉巴
  Jawaharlal Nehru Institute of Development Banking, 1986-1991, Hyderabad

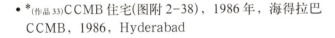

图附 2-36

- *(作品33)CCMB住宅(图附 2-38)，1986 年，海得拉巴
  CCMB, 1986, Hyderabad

- *(作品15)住宅和城市开发公司的带内院的住宅(未建)(图附2-39)，1986 年，焦特布尔
  HUDCO Courtyard Housing(unbuilt), 1986, Jodhpur

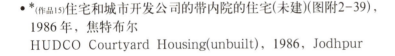

图附 2-37

1987

- 马德拉斯橡胶工厂(MRF)公司总部大楼,1987-1992 年,马德拉斯
  MRF Headquarters, 1987-1992, Madras

图附 2-38

---

① Telegu: 泰卢固族，聚居于东南部的安得拉邦，通用泰卢固语，原信仰佛教和耆那教，后来大多改信印度教。多从事农业和渔业。(参见：于增河主编. 中国周边国家概况. 北京: 中央民族大学出版社, 1994.334)

图附 2-39

- 英国议会大厦,1987-1992 年,德里
  British Council, 1987-1992, Delhi

1988

- 人寿保险公司(LIC)中心,1988-1992 年,毛里求斯,路易港区
  LIC Center, 1988-1992, Mauritius, Port Louis

- 多纳·西尔维亚海滨旅馆,1988-1991 年,果阿邦
  Dona Sylvia, 1988-1991, Goa

- *(作品37)天文学和天体物理学校际研究中心住宅(图附2-40),
  1988-1992 年,浦那
  Housing in IUCAA, 1988-1992, Poona

图附 2-40

- *(作品03)天文学和天体物理学校际研究中心(图附2-41),1988-1993 年,浦那
  Inter-University Center for Astronomy & Astrophysics, 1988-1993, Poona

- 印度斯坦机械器械公司(HMT)总部(未建),1988年,班加罗尔
  HMT Headquarters(unbuilt), 1988, Bangalore

- 印度核能公司(NPC)总部(未建),1988年,孟买
  NPC Headquarters(unbuilt), 1988, Bombay

1989

- 职工住宅,1989 年 - 现在,海得拉巴
  Staff Housing, 1989-to date, Hyderabad

- 马兰卡拉东正教叙利亚教堂,1989-2000 年,帕鲁玛拉
  The Malankara Orthodox Syrian Church,1989-2000,Parumala

1990

- 塔塔·埃沙希计算机软件硬件开发中心,1990-1993 年,班加罗尔
  Tata Elxsi, 1990-1993, Bangalore

图附 2-41

- 印度科学院尼赫鲁研究中心,1990-1994 年,班加罗尔
  JNC at IISc, 1990-1994, Bangalore

- *(作品29)尼赫鲁研究中心住宅(图附2-42),1990-1994 年,班加罗尔
  JNC Housing Project,1990-1994,Bangalore

- *(作品30)印度科学院尼赫鲁研究中心院长住宅(图附2-43),
  1990-1994 年,班加罗尔
  JNC at IISc,1990-1994,Bangalore

图附2-42

1991

- *(作品49)乌尔韦:新孟买的城市中央商务区(CBD)(图附2-44),
  1991 年-现在
  Ulwe: The CBD of New Bombay,1991-to date

- *(作品31)提坦镇总平面设计(图附2-45),1991 年-现在,班加罗尔
  Titan Township,1991-to date,Bangalore

图附2-43

1992

- 梅德加翁车站,1992 年,果阿邦
  Madgaon Station,1992,Goa

- 高级管理人员培训学院(ACME)校园设计(未建),1992 年,马德拉斯
  ACME Campus(unbuilt),1992,Madras

- *(作品39)吉隆坡低收入者住房(图附2-46),1992年,吉隆坡,马来西亚
  Low-income Housing,1992,Kuala Lumpur,Malaysia

图附2-44

1993

- 印度政府纺织品出口促进中心(未建),1993 年,孟买
  Textile Export Promotion Center(unbuilt),1993,Bombay

- *(作品28)阿拉梅达公园开发办公大楼(未建)(图附2-47),1993年,

图附2-45

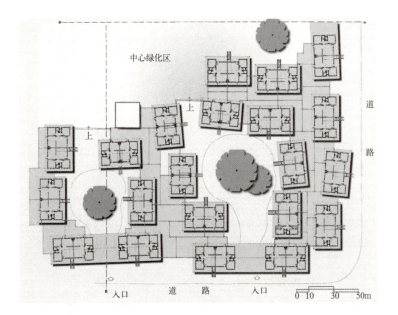

图附2-47

图附2-46

图附 2-48

图附 2-49

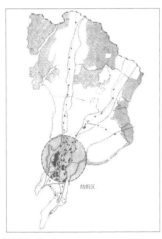

图附 2-50

---

① Bihār：比哈尔邦，位于印度东北部，邦名意为"精舍"，首府为巴特那(Patna)。

② Orissa：奥里萨邦，位于印度东部，邦名意为"农民"，首府为布巴内斯瓦尔(Bhubaneswar)。

墨西哥城
Alameda Park Development, 1993, Mexico City

1994

- 绿地农宅(未建)，1994年，雷瓦斯
  Green Earth Farmhouses(Unbuilt), 1994, Rewas

- 棉制品公司办公楼(未建)，1994年，新孟买
  Cotton Corporation(Unbuilt), 1994, New Bombay

- 科钦内湖住宅开发区(未建)，1994年，科钦
  Cochin Back-Waters(Unbuilt), 1994, Cochin

- *(作品34)卡哈亚住宅(未建)(图附2-48),1994年,吉隆坡,马来西亚
  Cahaya, 1994, Kuala Lumpur, Malaysia

1995

- TVS金融中心，1995-2001年，马德拉斯
  TVS Finance, 1995-2001, Madras

- 城市博物馆，1995年-现在，孟买
  City Museum, 1995-to date, Bombay

- *(作品26)戈巴海住宅(图附2-49),1995-1997年,马哈拉施特拉邦
  Gobhai House, 1995-1997, Maharashtra

1996

- *(作品51)帕雷地区规划(图附2-50)，1996年，孟买
  Parel, 1996, Bombay

- 马欣德拉研究中心，1996年，孟买 Mahindra Research Center, 1996, Bombay

- 戈巴尔布尔钢铁城，1996年，比哈尔邦①
  Gopalpur Steel Town, 1996, Bihar

- *技术训练学院，1996年-现在，戈巴尔布尔
  Technical Training Institute, 1996-to date, Gopalpur

1998

- 伊斯兰艺术博物馆(竞赛)，1998年，多哈，卡塔尔
  Museum of Islamic Art(Competition), 1998, Doha, Qatar

- 拉帕戈 & 坎萨里戈哈区总平面，1998年，奥里萨邦②
  Master plan at Lapanga & Kansariguha, 1998, Orissa

- 贾马哈纳立面设计，1998年-现在，多伦多，加拿大
  High Profile Jamatkhana,1998-to date,Toronto,Canada

1999

- *(作品40)马哈拉施特拉邦住宅开发委员会住宅开发项目(图附2-51)，1999年，孟买
  MHADA，1999，Bombay

- 国家工程学会，1999年－现在，海得拉巴
  National Academy of Construction,1999-to date,Hyderabad

- 布达普利玛滨湖开发项目，1999年－现在，海得拉巴
  Buddhapurnima Lakefront Development,1999-to date,Hyderabad

- 盐湖城中心区，1999年－现在，加尔各答
  Salt Lake City Centre, 1999-to date, Calcutta

- 沙漠绿洲温泉疗养地，1999年－现在，孟买
  Oasis Day Spa, 1999-to date, Bombay

图附2-51

2000

- 系列纪念大门(竞赛)，2000年，伦敦
  Memorial Gates(Competition), 2000, London

- HIKAL研发中心，2000年－现在，新孟买
  HIKAL R&D Center, 2000-to date, New Bombay

- 塔塔技术学院校园设计，2000年－现在，浦那
  Tata Technologies Campus, 2000-to date, Pune

- 伯耶曼博物馆系列内花园，2000年－现在，鹿特丹，荷兰
  Inner Gardens of Boijman's Museum, 2000-to date, Rotterdam, Netherlands

- 神经学研究中心，2000年－现在，剑桥，美国
  Neuroscience Center, 2000-to date, Cambridge, USA

- 卡博雷住宅，2000年－现在，西非
  Kabore House, 2000-to date, West Africa

- 孙达拉姆联盟家庭财政办公楼，2000-2001年，马德拉斯
  Sundaram Home Finanace Office, 2000-2001, Madras

- 孙达拉姆牛顿办公楼，2000-2001年，马德拉斯
  Sundaram Newton Office, 2000-2001, Madras

- 皇家孙达拉姆联盟办公室，2000-2001年，马德拉斯
  Royal Sundaram Alliance Office, 2000-2001, Madras

2001

- 凯恩班格罗平房，2001年－现在，孟买
  The Cairn Bungalow, 2001-to date, Bombay

附录3　查尔斯·柯里亚发表论文及著书一览表

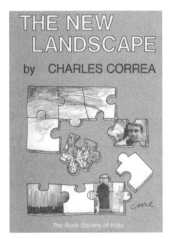

图附 3-1　著作《新景象》封面

论　文

- 1959　《建筑表达》
  原文参见：Architectural Expression.Lalit Kala Academy.Delhi, Seminar on Architecture.48~50

- 1964　*《昌迪加尔议会大厦》①
  原文参见：The Assembly Chandigarh.The Architectural Review.London, 1964-June.405~411

- 1965　《资源》
  原文参见：Resources.The Architect and the Community.India International Centre.Delhi, 47~50.

- 1965　《建筑的根》
  原文参见：The Roots of Architecture.Conspectus.Delhi

- 1965　《孟买规划》
  原文参见：Planning for Bombay.Marg.Bombay, April.29~56

- 1966　《我们的城市》
  原文参见：Our Cities.Seminar.Delhi, March.25~32

- 1969　*《气候控制》
  原文参见：Climate Control.Architecture Design.London, August.448~451

- 1970　《科瓦拉姆———一个旅游目的地》
  原文参见：Kovalam-A Tourist Destination Area.Indian Institute of Town Planners Journal.Bombay, Dec..52~55

- 1971　*《前期策划和优先考虑因素》
  原文参见：Programme and Priorities.The Architectural Review.London, December.329~331

- 1972　《城市发展模式》
  原文参见：Patterns of Urban Growth.Architecture Design.Vol.34.London, December.433~434

- 1973　《自助城市》

---

① 加*号的文章在"论著摘录"部分有详细介绍。

原文参见：Self Help City.Seminar.Delhi,February.21~30

- 1973 《建筑的黄金年代》
原文参见：A Golden Age of Architecture.The Illustrated Weekly of India.Bombay, 17.31

- 1973 《大都市的内部结构》
原文参见：Internal Organisation of Metropolitan Areas. UN E/Conf.60/SYM/Ⅲ/9.Stockholm, September.26

- 1973 《大型交通》
原文参见：Mass Transport.Seminar.Delhi, Feb..21~30

- 1974 《新孟买：一个自助城市》
原文参见：New Bombay: The Self Help City.Architecture Design.Vol.44.London, January.48~51

- 1974 《自我创造的城市》
原文参见：The City Which Makes Itself.Lotus.Milan, June.106~111

- 1974 《城市污染》
原文参见：Urban Pollution.Times of India Annual. Bombay, 63~70

- 1975 《喔！加尔各答》
原文参见：Oh!Calcutta.Times of India.Bombay,April 27,11

- 1976 《空间作为一种资源》
原文参见：Space as a Resource.Ekistics.Athens, Jan.. 33~38

- 1976 《果阿的规划和保护》
原文参见：Goa Planning and Conservation. Design.Delhi, 33~37

- 1977 《新景象》
原文参见：The New Landscape.Habitat.London.

- 1977 《功能和空间规划》
原文参见：Functional and Spatial Planning.Housing Science.Vol.1.London, 273~292

- 1980 *《形式跟随气候》
原文参见：Form follows Climate.Architectural Record. New York, July.89~99

- 1980 《城市对策》
  原文参见：Urban Strategies.Habitat International.Vol.5.Nos.3/4.London，447~455

- 1980 *《第三世界的城市住宅：建筑师的作用》
  原文参见：Urban Housing in the Third World:The role of the Architect.Open House.London，Vol.6.31~35

- 1980 《第三世界国家的城市对策》
  原文参见：Urban Strategies for Third World Countries.Spazio e Societa 15/16.Milano，44~55

- 1982 *《露天空间——温暖气候条件下的建筑》
  原文参见：Open to Sky Space——Architecture in a Warm Climate.Mimar.Singapore，July-September.31~35

- 1983 《昌迪加尔：贝拿勒斯的景观》
  原文参见：Chandigarh：The View from Benares.Le Corbusier Archive.Vol.XXII.Garland Publishing.New York，9~14

- 1983 *《太阳照耀的地方》
  原文参见：A Place in the Sun.Royal Society of Arts Journal.Vol.131.London，May.328~340

- 1983 *《寻找身份》
  原文参见：Robert Powell ed.Quest for Identity.In Architecture and Identity.Singapore：Concept Media

- 1983 《沸水中的青蛙》①
  原文参见：Of Frogs,well-done.India Magazine.Delhi，May.6~7

- 1983 《太阳照耀的地方》
  原文参见：A Place in the Sun.Places.MIT Press.Massachusetts，Fall.40~49

- 1983 《冲突》
  原文参见：Conflict.Architect.Vol.7.Melbourne,December.10~11

- 1984 《意识Ⅱ》
  原文参见：Consciousness II.Seminar.Delhi,Jan..293~296

- 1984 《昌迪加尔》
  原文参见：Chandigarh.Ninety Years On edited by Charlotte Ellis.The Architects' Journal.London,Vol.179.June 27.47~112

---

① 这是对人们生活在不经意中无限膨胀的城市的形象比喻。即如果把一只青蛙扔到一锅沸水里，它会竭尽全力地挣脱出来。但是如果把青蛙放入温水中，然后逐渐逐渐升温，青蛙将怡然自得地在其中游泳，调整自己来适应这个危险的环境。直到最后被活活烫死，还浑然不觉。柯里亚认为：也许在孟买，对于我们来说，情况就是如此。不经意间，大家发现孟买越变越大，已经成了一个可怕的地方。详细内容参见本书第五部分：新景象的P254。

- 1984 《有关连续和变化问题的专业方法》
  原文参见：Professional Approaches to Issues of Continuity and Change.In Continuity and Change：Design Strategies for Large-Scale Urban Development.Margaret Bentley Sevcenko(ed).Cambridge,Massachusetts：The Aga Khan Program for Islamic Architecture.

- 1985 《新景象》
  原文参见：The New Landscape.Transactions of The Royal Institute of British Architects.London，60~67

图附3-2 1987年作品集封面

- 1987 《为<建筑教育>杂志所做的一篇随笔》
  原文参见：An Essay for JAE.Journal of Architectural Education.Jubilee issue.Vol.40：2.New York，12

- 1988 *《建筑的灵魂：绪论》
  原文参见：Spirituality in Architecture：Introduction.In MIMAR 27：Architecture in Development.Singapore：Concept Media Ltd

- 1988 *《VISTARA建筑回顾展：印度的建筑》
  原文参见：VISTARA：The Architecture of India.In MIMAR 27：Architecture in Development.Singapore：Concept Media Ltd.

- 1988 《拉贾斯坦和神圣之地》
  原文参见：Rajasthan and the Realm of the Sacred. Approach.Tokyo，Autumn.12

- 1989 《公共的、私密的和神圣的》
  原文参见：The Public, the Private, and the Sacred. Daedalus,American Acad.of Arts & Sciences.Cambridge, Mass，Fall.53~114

- 1989 《博物馆建筑》
  原文参见：Museum Architecture.Museum.UNESCO. Paris，223~229

- 1992 《向马林快车道学习》
  原文参见：Learning from Marine Drive.Sunday Times of India.Bombay，Feb..12

- 1992 《建筑中的地域主义》
  原文参见：Regionalism in Architecture.MASS.Journal of the University of New Mexico.Vol.IX.Spring.4~5

- 1993 《热带滨海城市：零件和机器》
  原文参见：韦湘民，罗小未主编.椰风海韵——热带滨海城市

图附3-3　1995年作品集封面

设计.北京：中国建筑工业出版社，1994.43~52

- 1994　*《展望》
  原文参见：James Steele ed.Vistas.In Architecture for Islamic Societies Today.London：Adademy Editions

- 1994　*《宇宙的模型》
  原文参见：Models of the Cosmos.A+U.Tokyo, No.280, Jan..12~13

- 1997　《新景象》
  原文参见：The Architecture of Empowerment, Ed.The New Landscape.I.Serageldin.Academy Editions,30~37

- 1997　《大城市……可怕的地方》
  原文参见：Great City..Terrible Place.The Human Face of Cities.World Bank.Washington D.C.

- 1997　《城市宣言》
  原文参见：An Urban Manifesto.Cities on the Move.SECESSION.Vienna, 52~57

- 1997　《向埃克拉亚学习》
  原文参见：Learning from Eklavya.The Education of the Architect.MIT Press, 445~452

- 1997　《城市议程》
  原文参见：The Urban Agenda.World Affairs.Delhi, July-Sept..110~117

- 1998　《人造黄油，作为城市催化剂》
  原文参见：Marg as an urban Catalyst.Bombay to Mumbai.Marg.Bombay, 312~333

- 1998　《火车汽笛、中国园林和建筑》
  原文参见：Hornby Trains.Chinese gardens, and architecture.Res 34.Journal of the Peabody Museum.Harvard, Mass, Autumn, Front, Back and Inside covers & pp.162~165

- 1999　《雷蒙德·麦格拉思的演讲》
  原文参见：Raymond McGrath Lecture.RIAI Architects Yearbook 1999.Dublin, 163~166

- 1999　《保持场地中的艺术感》
  原文参见：Keeping art in Site.The Art News Magazine of India.Vol.Ⅲ.Issue Ⅳ. Bombay, 56~57

图附3-4　1996年作品集封面

- 1999 《博物馆：一种更替的建筑类型》
  原文参见：Museums：An Alternate Typology.America's Museums.Daedalus, Cambridge, Mass, Summer, 327~332

- 1999 《对某些论点的质疑》
  原文参见：A Question of Issues.Seminar 481.Delhi, Sept..28~31

- 2001
  9月5日至6日在新加坡举行了亚洲建筑师协会每两年一次的建筑论坛(Arcasia Forum)，会上查尔斯·柯里亚作主题报告。

论 著

- 1985 *《新景象》
  原文参见：The New Landscape：The Book Society of India.Bombay, 1985

- 2000 《查尔斯·柯里亚：住宅 & 城市化》
  原文参见：Charles Correa：Housing & Urbanization. London：Thames & Hudson, 2000

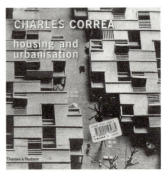

图附3-5　2000年作品集封面

附录4 汉英对照词汇表

A

阿比让(P)	Abidjan
阿波罗码头(P)	Apollo Bunder
阿布扎比(P)	Abu Dhabi
阿达拉吉(P)	Adalaj
阿得雷德(P)	Adelaide
阿迪勒可汗(N)	Adil Khan
阿尔法马	Alfama
阿尔罕布拉宫	Alhambra
阿尔及尔旧城区卡斯巴(P)	Casbah
阿尔孔	Alcon
阿格拉(P)	Agra
阿格拉红堡(P)	Agra Red forts (Lal Kilas)
阿加尔塔拉(P)	Agartala
阿卡汗建筑奖	Aga Khan Award
阿克巴皇帝(N)	Emperor Akbar
阿拉梅达公园	Alameda Park
阿勒萨尼(N)	Al-Thani
阿里·加普宫	Ali Qapu Pavilion
阿里巴格(P)	Alibag
阿里瓦拉达斯，拉姆克里西纳(N)	Harivallabhdas, Ramkrishna
阿嫩德(P)	Anand
阿萨姆邦(P)	Assam
阿散索尔(P)	Asansol
阿斯彭(P)	Aspen
阿瓦布尔(P)	Awarpur
阿耶波多，塞奇(N)	Aryabhatta, Sage
阿旃陀(P)	Ajanta
埃克拉亚	Eklavya
埃兰加尔(P)	Erangal
埃沙希，塔塔	Elxsi, Tata
艾哈迈达巴德(P)	Ahmedabad
艾哈迈达巴德市政交通服务	AMTS
艾藻尔(P)	Aizawl
安达曼岛(P)	Andaman Island
安达曼-尼科巴群岛中央直辖区(P)	Andaman and Nicobar IS.Union Terr.
安得拉邦(P)	Andhra Pradesh
安拉阿巴德(P)	Allahabad
安塔朗	Antarang
奥克兰(P)	Oakland
奥兰加巴德(P)	Aurangabad
奥里萨邦(P)	Orissa

B

巴巴	Bhabha
巴甫洛夫, 伊凡·彼得洛维奇(N)	Pavlov, Ivan Petrovich
巴格尔果德(P)	Bagalkot
巴哈汶	Bhavan
巴克湾(P)	Backbay
巴拉帕尼(P)	Barapani
巴厘岛(P)	Bali
巴黎港口区(P)	Portes of Paris
巴罗达(P)	Baroda
巴门东里火车站(P)	Bamandongri Station
巴特那(P)	Patna
巴西贫民区	Favela
班格罗平房	Bungalow
班加罗尔(P)	Bangalore
班尼(P)	Banni
包纳加尔(P)	Bhavnagar
鲍里瓦利国家公园	Borivali
北方邦(P)	Uttar Pradesh
贝尔高姆(P)	Belgaum
贝克，赫伯特(N)	Baker, Herbert

注：(P)表示地名；(N)表示人名
大家所熟知、译名已为广泛接受的地名在此不再列出。本书的人名翻译采用《世界人名翻译大辞典》(新华社译名室编. 北京: 中国对外翻译出版公司，1993)；本书的地名翻译采用《世界地名录》(北京: 中国大百科全书出版社编辑、出版，1984)。

贝拉布尔(P)	Belapur	祠庙苑	Temple Court
贝拿勒斯(P)	Benares		
贝廷-坎多利姆路(P)	Betim-Candolim	**D**	
本地治里中央直辖区(P)	Pondicherry Union Terr.	达达布海-瑞罗吉大道(P)	Dadabhai Naoroji Road
本韦尔(P)	Panvel	达德拉-纳加尔哈维利中央直辖区(P)	Dādra and Nagar Haveli Union Terr.
比哈尔邦(P)	Bihār		
比贾普尔(P)	Bijapur	达迪奇,纳雷什(N)	Dadich, Naresh
比卡内尔(P)	Bikaner	达尔瓦扎门	Darwaza
比马讷格尔镇(P)	Bimanagar	达尔文,查尔斯(N)	Darwin, Charles
毕加索,帕布罗(N)	Picasso, Pablo	达喀尔(P)	Dakar
宾杜	Bindu	达喀尔"高地"(P)	The Plateau
宾万德卡(N)	Bhiwandkar	达卡(P)	Dacca
波哥大(P)	Bogota	达曼-第乌中央直辖区(P)	Damāns and Diu Union Terr.
波利尼西亚(P)	Polynesian		
钵喇特崎拿仪式	Pradakshina	达色拉节	Festival of Dassera
伯格曼,英格玛(N)	Bergman, Ingmar	大阪(P)	Osaka
伯耶曼(N)	Boijman	戴维营	Camp David
博尔吉亚家族	Borgias	道萨迪亚斯(N)	Doxiades
博洛涅森林(P)	Bois de Bologne	德干高原(P)	Deccan Plateau
博帕尔(P)	Bhopāl	德里制衣厂	DCM
博伊斯(N)	Boyce	德里中央直辖区(P)	Delhi Centrally Administered Union Terr.
布埃纳文图莱(P)	Buenaventure		
布巴内斯瓦尔(P)	Bhubaneswar		
布达普利玛(P)	Buddhapurnima	德赛,马哈德夫(N)	Desai, Mahadev
布达星	Budh	德西卡	De Sica
布蒂	Butti	等持	Samadhi
布谷鸟钟	Cuckoo Clock	迪斯布尔(P)	Dispur
布莱尔港	Port Blair	都铎	Tudor
布朗峰(P)	Mont Blanc	杜尔格-比莱(P)	Durg-Bhilai
布朗克斯(P)	Bronx	杜塔(N)	Dutta
布勒斯沃	Bhuleshwhar	多哈(P)	Doha
布里斯班(P)	Brisbane	多伦多(P)	Toronto
布洛诺夫斯基,雅各布(N)	Bronowski, Jacob	多纳(N)	Dona
秘鲁(P)	Peru		
		E	
C		阿育王(N)	Asoka
察·巴尔	Charbagh	阿育王柱	Asoka Column
昌迪加尔(P)	Chandigarh		
昌迪加尔中央直辖区(P)	Chandigarh Union Terr.	**F**	
		法赛,哈桑(N)	Fathy, Hassan
草原住宅	Usonian	法特普尔·西克里城(P)	Fatehpur-Sikri
城市	Cidade	翻转的袜子	Inside-out Sock
城市和工业开发公司	City and Industrial Development Corporation(CIDC)	凡尔赛宫(P)	Versailles
		吠陀教	Vedic
		费雷拉(N)	Ferreira
城市土地最高限度法案	ULCA	风宫	Hawa Mahal
城市中央商务区	CBD	佛科钟摆	Foucault's Pendulum

佛陀，即释迦牟尼	Buddha	胡马雍(N)	Humayun
弗兰姆普敦，肯尼斯(N)	Frampton, Kenneth	胡特厄辛(N)	Hutheesing
福尔门托	Formento	花神喷泉(P)	Flora Fountain
富勒，理查德·巴克敏斯特(N)	Fuller, Richard Buckminster	霍尼曼圆形区(P)	Hornima
		霍奇金，霍华德(N)	Hodgkin, Howard
富士山(P)	Mount Fuji	霍伊尔，弗雷德(N)	Hoyle, Fred
富特哈利(N)	Futehally		

G

J

		基兰(N)	Kiran
干城章嘉	Kanchanjunga	吉迪恩，西格弗里德(N)	Gideon, Sigfried
甘地(N)	Gandhi	吉勒金德(N)	Kilachand
甘地，卡斯图巴(N)	Gandhi, Kasturba	吉隆坡	Kuala Lumpur
甘地，拉吉夫(N)	Gandhi, Rajiv	吉瓦·比马·讷格尔镇(P)	Jeevan Bima Nagar
甘地，英迪拉(N)	Gandhi, Indira		
甘地讷格尔(P)	Gāndhinagar	祭司－建筑师	Sthapati
甘帕蒂庆典	Ganpati Festival	加济阿巴德(P)	Ghaziabad
高级管理人员培训学院	ACME	加拉加斯	Caracas
戈巴尔	Gobar	加勒比海(P)	Caribbean
戈巴尔布尔(P)	Gopalpur	加内斯浦里火车站(P)	Ganeshpuri Station
戈巴海，梅赫利(N)	Gobhai, Mehlli	贾格迪什	Jagdish
哥克顿，简(N)	Cocteau, Jean	贾马哈纳	Jamatkhana
哥哩	Jail	贾瓦哈尔－卡拉－坎德拉	Jawahar Kala Kendra
革杜星	Ketu	贾维(N)	Jaoul
格拉纳达(P)	Granada	贾殷，乔丁德拉(N)	Jain, Jyotindra
格拉斯哥(P)	Glasgow	焦特布尔(P)	Jodhpur
格瓦拉(N)	Che Guevara	杰伊瑟尔梅尔(P)	Jaisalmer
公共高速交通线	MRT	救世军	Armee du Salut
宫廷苑	Darbar Court	居住单元	Unites
贡巴拉山(P)	Cumballa	具	Yantra
贡德	Kund		
古吉拉特邦(P)	Gujarāt	### K	
古鲁星	Guru	喀拉拉邦(P)	Kerala
管式住宅	Tube House	卡博雷(N)	Kabore
广州(P)	Canton	卡达姆巴王朝	Kadamba
国际建筑师协会	UIA	卡达普哈河(P)	Ghataprabha
国家纺织业委员会	NTC	卡尔韦蒂	Calvetty
果阿邦(P)	Goa	卡夫大道／纳里曼岬(P)	Cuffe Parade/ Nariman Point
### H		卡夫洛斯姆海滩(P)	Cavelossim
哈里亚纳邦(P)	Haryāna	卡哈亚(N)	Cahaya
哈维利斯式住宅	Havelis	卡拉	Kala
海得拉巴(P)	Hyderābād	卡拉奇(P)	Karachi
海厄特摄政时期	Hyatt Regency	卡利索	Calico
海雷迪尔(N)	Heredil	卡纳塔克邦(P)	Karnātaka
侯赛因，马克布勒·菲达(N)	Husain, Maqbool Fida	卡纳塔克邦电力局	KSEB
		卡普尔	Kapur
胡伯里尔(P)	Hubli	卡萨斯镇	Casas
胡克镇(P)	Hook	卡斯巴(P)	Casbah

卡塔尔(P)	Qatar	雷奇曼	Reichman
凯恩	Cairn	雷瓦斯(P)	Rewas
坎顿蒙特	Cantonement	里吉斯坦广场	Registan Square
坎宁安	Cunningham	里斯本(P)	Lisbon
坎普尔(P)	Kanpur	利比亚(P)	Libya
坎塔库济诺，舍尔班(N)	Cantacuzino, Sherban	利马(P)	Lima
康诺特环形区(P)	Connaught Circle	利皮，菲利波(N)	Lippi, Filippo
柯曾，乔治·	Curzon,	联合国开发计划署	UNDP
内森尼尔(N)	George Nathaniel	露天空间	Open-to-sky Space
科德角(P)	Cape Cod	卢瑟福，欧内斯特(N)	Rutherford, Ernest
科拉马南加拉(P)	Koramangala	鲁尔基(P)	Roorkee
科钦(P)	Cochin	鲁赫星	Rahu
科塔(P)	Kota	鹿特丹(P)	Rotterdam
科塔奇瓦蒂(P)	Kotachiwadi	路斯，阿道夫(N)	Loos, Adolph
科瓦拉姆(P)	Kovalam	路易港区(P)	Port Louis
科希马(P)	Kohima	吕塞尔(N)	Russell
克劳斯王子(N)	Prince Claus	罗波那	Ravanna
克利夫兰(P)	Cleveland	罗亚尔镇	Royal Town
肯巴维，阿吉特(N)	Khembavi, Ajit		
库达帕哈	Kudappah	**M**	
库玛拉喀姆(P)	Kumarakam	马达夫(N)	Madhav
		马德拉斯(P)	Madras
L		马德拉斯橡胶工厂	MRF
拉尔巴伊(N)	Lalbhai	马蒂斯，亨利(N)	Matisse, Henri
拉格朗日(N)	Lagrange	马杜赖(P)	Madurai
拉各斯(P)	Lagos	马多维河(P)	Mandovi
拉合尔(P)	Lahore	马哈拉施特拉邦(P)	Maharashtra
拉吉卡达(P)	Ragighat	马哈拉施特拉邦	MHADA
拉贾斯坦邦(P)	Rājasthān	住宅开发委员会	
拉杰果德(P)	Rajkot	马拉巴尔希尔区(P)	Malabar Hill
拉克沙群岛	Lakshadweep	马来西亚(P)	Malaysia
中央直辖区(P)	Union Terr.	马兰卡拉	Malankara
拉里斯(N)	Rallis	马里纳(P)	Marina
拉帕戈坎 &	Lapanga &	马林(P)	Marine County
萨里戈哈区(P)	Kansariguha	马内克－乔克	Manek Chowk
拉森镇(P)	Larsen	马尼拉(P)	Manila
莱达尔瓦扎	Lai Darwaza	马什卡雷利亚什(N)	Mascarenhas
莱戈雷塔，里卡多(N)	Legoretta, Recardo	马西吉里(P)	Mathigiri
莱沃	Lever	马欣德拉	Mahindra
莱因哈特(N)	Ad Reinhardt	马修，罗伯特(N)	Matthew, Robert
赖丘(P)	Raichur	玛哈尔(P)	mahal
兰德，彼得(N)	Land, Peter	迈赫赖纳	Makhrana
兰戈里	Rangoli	迈科诺斯(P)	Mykonos
兰契(P)	Ranchi	麦格拉思，雷蒙德(N)	McGrath, Raymond
朗香教堂	Chapel at Ron Champ	麦钱特，马哈茂德(N)	Merchant, Mohamud
勒克瑙(P)	Lucknow	麦斯吉德，即清真寺	Masjid
勒琴斯爵士，埃德温(N)	Lutyens, Edwin	曼杜古城(P)	Mandu
雷德朋(P)	Radburn	曼杜阿海湾(P)	Mandwa

曼谷(P)	Bangkok
曼加勒星	Mangal
曼尼普尔邦(P)	Manipur
曼荼罗	mandala
芒格洛尔(P)	Mangalore
芒格洛尔化学农药公司	MCF
毛里求斯(P)	Mauritius
毛泽东(N)	Mao Tse Tung
梅德加翁	Madgaon
梅赫里(P)	Mehrauli
梅赫塔，普维纳(N)	Mehta, Pravina
梅加拉亚邦(P)	Meghālaya
梅加拉亚邦电力局	MSEB
梅塞德斯－奔驰	Mercedes
梅索雷大学	Mysore
美国建筑师学会	AIA
门内泽斯(N)	Menezes
孟加拉湾(P)	Bay of Bengal
孟买	Bombay
孟买"要塞"地区(P)	THE FORT
孟买区域发展署	BMRDA
弥楼山	Mountain of Meru
米兰达，马里奥(N)	Miranda, Mario
米佐拉姆邦(P)	Mizoram
庙门	Gopurams
摩尔街区(P)	Moorish Quarter
摩尔人	Moor
摩亨佐达罗(P)	Mohenjodaro
莫德拉太阳神庙(P)	Modhera, the Sun Temples
莫苏姆达(N)	Mozumdar
莫卧儿时期	Moghul
墨西哥城	Mexico City
墨西哥太阳神庙	Sun Temples of Mexico

N

那加兰邦(P)	Nāgāland
纳夫兰普拉	Navrangpura
纳拉河(P)	Nallah
纳利卡(N)	Narlikar
纳利卡，贾扬(N)	Narlikar, Jayant
纳赛尔(N)	Nasser
纳西克(P)	Nasik
奈良(P)	Nara
奈尤杜(N)	Nayudu
南丁格尔,弗罗伦斯(N)	Nightingale,Florence
南亚地区合作组织	SAARC
尼泊尔(P)	Nepal
尼赫鲁，贾瓦哈尔拉尔(N)	Nehru, Jawaharlal
尼赫鲁发展银行学院	JNIDB
尼亚瓦－谢瓦港口(P)	Nhava Sheva
涅鲁(P)	Nerul

O

| 欧拉兹欧(N) | Orazco |

P

帕德马纳巴普兰宫殿	Pad-manabhapuram Palace
帕哈拉文	Pahalavi
帕拉雅	Palayam
帕雷(P)	Parel
帕雷克(N)	Parekh
帕鲁玛拉(P)	Parumala
帕纳吉(P)	Pānāji
帕特尔，夏瑞希(N)	Patel, Shirish
帕特卡(N)	Patkar
帕特瓦尔丹(N)	Patwardhan
旁遮普邦(P)	Punjab
佩达路(P)	Peddar
佩萨克(P)	Pessac
佩思(P)	Perth
毗阇耶纳伽罗帝国	Vijayanagara
婆罗门	Lord Brahman
婆尼玛	Poornima
珀塞波利斯(P)	Persepolis
浦那(P)	Poona
普拉加蒂－迈丹(P)	Pragati Maidan
普雷维	Previ
普利茨凯(N)	Pritzker

Q

奇鲁(N)	Chinu
奇马布埃(N)	Cimabue
奇特洛汉	Citrohan
耆那教	Jain
钱德拉星	Chandra
乔古莱(N)	Chowgule
乔帕蒂海湾(P)	Chowpatty Beach
钦卡纳	Cymkhana

R

| 让塔·曼塔观象台 | Jantar Mantar Observatory |
| 人居Ⅱ | Habitat Ⅱ |

人寿保险公司	LIC	苏利耶太阳神	Surya
日光(P)	Nikko	苏瑞河(P)	Zuari
容格(N)	C.G.Jung	窣堵坡，佛塔	Stupa
瑞伏拉，第牙哥(N)	Riveira, Deigo	孙达拉姆	Sundaram
		索马尔格	Sonmarg

S

萨巴尔马蒂甘地寓所	Sabarmati Ashram	**T**	
萨巴尔马蒂河(P)	Sabarmati River	塔尔沙漠(P)	Thar Desert
萨巴海，维克拉姆(N)	Sababhai, Vikram	塔科雷(N)	Thakore
萨尔瓦考	Salvacao	塔拉	Tara
萨尔乌达耶社会运动	Sarvodaya	塔洛贾(P)	Taloja
萨那(P)	Saana	塔纳(P)	Thana
塞凯拉，莫尼卡(N)	Sequeira, Monika	塔维纳	Taverna
塞康德拉巴德(P)	Secunderabad	塔希提岛(P)	Tahiti
塞内加尔(P)	Senegal	塔伊夫(P)	Taif
赛弗迪(N)	Safdie	泰姬陵	Taj Mahal
桑(N)	Sen	泰卢固族	Telegu
桑吉	Sanchi	泰米尔纳德邦(P)	Tamil Nādu
桑-罗利	Sen Raleigh	坦焦尔(P)	Tanjore
沙阿(N)	Shah	特里凡得琅(P)	Trivandrum
沙杰罕	Shah Jahan	特里普拉邦(P)	Tripura
沙尼星	Shani	特立尼达(P)	Trinidad
沙特阿拉伯	Saudi Arabia	提坦镇(P)	Titan
沙特尔(P)	Chartres	铁托(N)	Tito
沙特尔大教堂	Chartres Cathedral	通多(P)	Tonda (=Tondo)
莎丽	Sari	图布罗镇(P)	Toubro
莎士比亚，威廉(N)	Shakespeare, William	图尔纳，约翰(N)	Turner, John
上议院	Vidhan Parishad	图尔斯树	Tulsi
绍德汉(N)	Shodhan	图兰大学	Tulane Uni.
申克尔(N)	Schinkel	托尔布尔	Dholpur
圣安尼，约瑟夫(N)	St.Anne, Joseph		
圣保罗	San Paolo	**W**	
圣米歇尔林荫大道(P)	The Boulevard San Michel	瓦达	Wadaj
		瓦迪(P)	Wadi
圣乔治港(P)	St.George	瓦尔登湖(P)	Walden Pond
石油天然气委员会	ONGC	瓦格纳(N)	Wagner
枢密殿，法特普尔·西克里城(P)	Diwan-i-khas	瓦格伊瓦伊湖区(P)	Waghivaii Lake
		瓦拉巴-维迪亚纳加尔大学	Vallabh Vidyanagar
舒丹	Shodan		
舒凯里星	Shukra	瓦拉纳西(P)	Varanasi
舒克拉(N)	Shukla	瓦勒瑞(N)	Valerie
水泥联合有限公司	ACC	瓦伦贝格	Wallenberg
斯蒂芬斯，林肯(N)	Steffens, Lincoln	瓦斯塔基金会	Wasta
斯里兰格姆(P)	Srirangam	瓦希(P)	Vashi
斯汤达(N)	Stendhal	威尔斯，奥森(N)	Welle, Orson
斯特拉文斯基，伊戈尔·费多尔洛维奇(N)	Stravinsky, Igor Fyodorovich	韦雷穆(P)	Verem
		维多利亚(N)	Victoria
苏拉特(P)	Surat	维斯韦斯瓦拉亚	Visvesvaraya

沃拉耶湖(P)	Walayar	也门(P)	Yemen
乌代布尔(P)	Udaipur	伊巴丹	Ibadan
乌尔米拉	Urmila	伊斯法罕(P)	Isfahan
乌尔韦(P)	Ulwe	伊塔纳加(P)	Itanagar
乌尔韦节点	Ulwe Node	因帕尔(P)	Imphāl
乌伦(P)	Uran	茵多尔(P)	Indore
乌米亚姆湖(P)	Umiam	印度(印度语)	Bharat
伍重,约恩(N)	Utzon, Jorn	印度电子有限公司	ECIL
		印度国家艺术与文化遗产托拉斯	INTACH

X

西尔维亚(N)	Sylvia	印度核能公司	NPC
西隆(P)	Shillong	印度教	Hindu
西孟加拉邦(P)	West Bengal	印度教黑天神	Krishna
西姆拉(P)	Simla	印度斯坦	Hindustan
希来里,帕德玛(N)	Shri, Padma	印度斯坦机械器械公司	HMT
希莫加(P)	Shimoga	英国皇家建筑师协会	RIBA
喜马拉雅山(P)	Himalayas	原人	Vastu-purusha
喜马偕尔邦(P)	Himāchal Pradesh	约根施(N)	Yogesh
下议院	Vidhan Sabha		
夏尔丹,泰亚尔(N)	Teihard de Chardin		

Z

乡村苑	Village Court	槙文彦(N)	Fumihiko Maki
象岛石窟(P)	Elephanta Caves	泽尔士(N)	Xerxes
辛德米斯,保罗(N)	Hindemith, Paul	泽维尔中学	Xavier
辛格王公,贾伊(N)	Jai Singh	斋浦尔(P)	Jaipur
新时代馆	Esprit Nouveau Pavilion	掌握传统技艺的匠人	Mistri
		遮陀罗	Chatrri
信德(P)	Sind	遮扎	Chajja
叙利亚(P)	Syrian	政府开发公司	MIDC
		中央邦(P)	Madhya Pradesh

Y

		中央邦政府	MPEC
雅典卫城	Acropolis	朱胡海湾(P)	Juhu Beach
雅加达(P)	Jakarta	朱马清真寺	Jumma Masjid
雅各布,S(N)	Jacob, S	住宅和城市开发公司	HUDCO
亚帕斯大街(P)	Janpath	爪哇岛婆罗浮屠(P)	Borobudur(Java)
仰光(P)	Rangoon		

参考书目

书 籍

1. Charles Correa. The New Landscape. The Book Society of India, 1985
2. Hasan-Uddin Khan. CHARLES CORREA. Singapore, Butterworth, London & New York: Mimar, 1987
3. 印度建筑师查尔斯·柯里亚作品专集. 深圳: 世界建筑导报, 1995, 1
4. CHARLES CORREA. London: Thames and Hudson, 1996
5. Charles Correa: Housing & Urbanization. London: Thames & Hudson, 2000
6. Charles Correa. New World Architect. Seoul, 2001
7. "The New Encyclopaedia Britannica" 15th Edition
8. Chris Johnson ed. The City in Conflict. Sydney: The Law Book Co. Ltd. , 1985
9. William R. Curtis. Modern Architecture since 1990. London: Phaidon Press, 1987
10. Vikram Bhatt & Peter Scriver. Contemporary Indian architecture: After the Masters. Ahmedabad: Mapin: Publishing Pvt. , 1990
11. Bill Lacey. 100 Contemporary Architects: Drawings & Sketches. London: Thames and Hudson, 1991
12. Gordon Johnson. Cultural Atlas of India, Facts On File, Inc. , 1996
13. William S. W. Lim and Tan Hock Beng. Contemporary Vernacular——Evoking Traditions in Asian Architecture. a Mimar Book. Selected Books Pte Ltd, 1998
14. Cynthia C. Davidson ed. Legacies for the Future——Contemporary Architecture in Islamic Societies (The Aga Khan Award for Architecture). London: Thames and Hudson, 1998
15. Ilay Cooper and Barry Dawson. Traditional Buildings of India. London: Thames and Hudson, 1998
16. George Michell. The New Ccambridge History of India: Architecture and Art of Southern India. Cambridge University Press, 1995
17. Milo Cleveland Beach. The New Ccambridge History of India: Mughal and Rajput Painting. Cambridge University Press, 2000
18. Catherine B. Asher. The New Ccambridge History of

India: Architecture of Mughal India. Cambridge University Press, 2001

19. A·L·巴沙姆主编. 印度文化史. 北京: 商务印书馆, 1997
20. E·F·舒马赫. 小的是美好的. 北京: 商务印书馆, 1984
21. 邹德侬, 戴路. 印度现代建筑. 郑州: 河南科学技术出版社, 2002
22. 《不列颠百科全书》国际中文版. 北京: 中国大百科全书出版社, 1999
23. R·麦罗特拉主编.《20世纪世界建筑精品集锦》第8卷南亚. 北京: 中国建筑工业出版社, 1999
24. 李道增编著. 环境行为学概论. 北京: 清华大学出版社, 1999
25. M·布萨利著. 单军, 赵焱译. 东方建筑. 北京: 中国建筑工业出版社, 1999
26. 徐迟译. 瓦尔登湖. 吉林: 吉林人民出版社, 1997
27. 韦湘民, 罗小未主编. 椰风海韵——热带滨海城市设计. 北京: 中国建筑工业出版社, 1994
28. 于增河主编. 中国周边国家概况. 北京: 中国民族大学出版社, 1994
29. 李大夏. 路易·康. 北京: 中国建筑工业出版社, 1993
30. 我国周边国家(地区)概况. 空司情报部, 1993
31. 吴良镛. 广义建筑学. 北京: 清华大学出版社, 1989
32. [英]P·霍尔著. 邹德慈, 金经元译. 城市和区域规划. 北京: 中国建筑工业出版社, 1985
33. 张轲. 地区性与地方性——柯里亚的建筑规划思想及其对我国的启示: [硕士学位论文]. 北京: 清华大学建筑学院, 1996
34. 杨彩亮. 查尔斯·柯里亚作品及思想评述 [硕士学位论文]. 上海: 同济大学建筑与城规学院, 1997

文 章

35. 吴晓敏, 龚清宇. 原型的投射——浅谈曼荼罗图式在建筑文化中的表象. 广州: 南方建筑, 2001, 2
36. 杨昌鸣, 张繁维, 蔡节. "曼荼罗"的两种诠释——吴哥与北京空间图式比较. 天津: 天津大学学报(社会科学版), 2001, 3
37. 张钦楠. 《20世纪世界建筑精品集锦》编后感. 北京: 建筑学报, 2000, 5
38. 吴良镛. 城市世纪、城市问题、城市规划与市长的作用. 北京: 城市规划, 2000, 04
39. 吴庆洲. 曼荼罗与佛教建筑. 北京: 古建园林技术, 2000, 1
40. 房志勇. 传统民居聚落的自然生态适应研究及启示. 北京: 北京建筑工程学院学报, 2000, 1
41. 伊斯兰艺术博物馆设计方案竞赛. 武汉: 华中建筑, 1999, 1
42. R·麦罗特拉. 综合评论,《20世纪世界建筑精品集锦》第8卷南亚. 北京: 中国建筑工业出版社, 1999
43. 半禅, 一土. 开放与兼容——阿克巴与法特普尔·西克里城.

北京：世界建筑，1999，8

44. 单军. 新"天竺取经"——印度古代建筑的理念与形式. 北京：世界建筑，1999，8

45. 吴良镛. 乡土建筑的现代化,现代建筑的地区化——在中国新建筑的探索道路上. 武汉：华中建筑，1998，1

46. 曾坚,袁逸倩. 回归于超越——全球化环境中亚洲建筑师设计观念的转变. 武汉：新建筑，1998，4

47. 单军. 当代乡土建筑：走向辉煌——"97当代乡土建筑·现代化的传统"国际学术研讨会综述. 武汉：华中建筑，1998，1

48. 赖德霖. 富勒,设计科学及其他. 北京：世界建筑，1998，1

49. 林少伟. 当代乡土——一种多元化世界的建筑观. 北京：世界建筑，1998，1

50. 单军. 根与建筑的地区性. 北京：建筑学报，1996，10

51. 王辉译. 转变与转化. 北京：世界建筑，1990，6

52. 王毅. 香积四海——印度建筑的传统特征及其现代之路. 北京：世界建筑，1990

53. 李笑美，杨淑蓉译. 建筑形式遵循气候. 北京：世界建筑，1982，1

54. 查尔斯·柯里亚. 建筑形式遵循气候——一份来自印度的报告. 北京：世界建筑，1982，1

55. Models of the Cosmos. A+U. Tokyo，No. 280，Jan.

56. Climate Control. Architecture Design. London，1969-Aug.

57. Jawahar Kala Kendra. Architecture Design. London，1991-Nov.

58. The Assembly Chandigarh. The Architectural Review. London，1964-June

59. Form Follows Climate. Architectural Record. New York，1980-July

60. Herbert L. Smith. A Report From India. Architectural Record. New York，1980-July

61. Mildred Schmertz. Mediterranean Metaphors. Architectural Record. New York，1983-April

62. Mildred Schmertz. Climate as Context. Architectural Record. New York，1987-August

63. Squaring the Circle. Architectural Record. New York，1992-March

64. Peter Davey. Correa Courts. The Architectural Review. London，1985-Oct.

65. William J. R. Curtis. Modernism and the Search for Indian Identity. The Architectural Review. London，1987-Aug.

66. Matin Meade. Europe in India. The Architectural Review. London，1987-Aug.

67. Eric Parry. Ritual of the City. The Architectural Review. London，1987-Aug.

68. Romi Khosla. Indigenous India. The Architectural Review. London，1987-Aug.

69. Romi Khosla. Those Wonderful Economic Arguments. The Architectural Review. London, 1987—Aug.
70. Robert Powell. Indian Intricacy. The Architectural Review. London, 1995—Aug.
71. Charles Correa. Introduction published in "Contemporary Vernacular——Evoking Traditions in Asian Architecture". a Mimar Book, Selected Books Pte Ltd, 1997
72. Charles Correa. Spiritual in Architecture. Mimar
73. Hasan-Uddin Khan. Houses: A Synthesis of Tradition and Modernity. Mimar 39
74. Open to Sky Space——Architecture in a Warm Climate. Mimar. Singapore, July—September
75. Quest for Identity. In Architecture and Identity. Robert Powell, ed. Singapore: Concept Media
76. Spirituality in Architecture: Introduction. In MIMAR 27. Architecture in Development. Singapore: Concept Media Ltd.
77. "Transfers and Transformations" in Charles Correa. Singapore, Butterworth, London & New York: Mimar, 1987
78. VISTARA: The Architecture of India. In MIMAR 27: Architecture in Development. Singapore: Concept Media Ltd.
79. A Place in the Sun. Places. MIT Press. Massachusetts, Fall
80. Urban Housing in the Third World: The role of the Architect. Open House. London, Vol. 6
81. Jim Murphy. Open the Box. Progressive Architecture. New York, 1982—Oct.
82. Jawahar Kala Kendra. Progressive Architecture. New York, 1993—April
83. L'Inde intemporelle. Techniques & Architecture. Paris, 1988—Feb./Mar.
84. Musee a Jaipur, Inde. Techniques & Architecture. Paris, 1992—April
85. Programme and Priorities. The Architectural Review, London. 1971—Dec.
86. Variations and Traditions. The Architectural Review, London. 1987—Aug
87. James Steele, ed. Vistas. In Architecture for Islamic Societies Today. London: Adademy Editions.
88. Charles Correa. Foreword. In Contemporary Vernacular ——Evoking Traditions in Asian Architecture. Singapore: Select Books, 1997
89. Edition Axel Menges. Dharna Vihara. Ranakpur, 1995

致 谢

在写上最后一个标点、暂告一段落时，本想免去一切繁文琐节，但是在写作过程中，遇到的种种困难曾在师长和朋友的帮助下才得以度过，如今的喜悦怎能够不和他们共享？在此无法略去我最诚挚的谢意。

没有戴静女士、李天骄先生、蒋丕彦女士、单军先生、吴刚先生的无私帮助，也许这本书早已夭折。李天骄先生和蒋丕彦女士帮助收集资料花费了大量时间和精力；单军先生和吴刚先生曾远赴印度考察，获得了珍贵的一手资料，慷慨地赠予我使用。

此外，王伯扬先生的认真审稿、唐继军先生从国外寄来我苦苦找寻的资料、王镛教授在有关印度词汇上给予的指点、付俊玲女士帮助描绘的图纸、董苏华女士和黄源先生、施国平先生提供的宝贵资料，都包含在这本书中。

联系《新景象》一书的版权时，吴良镛院士亲笔写下的联系函复印件，以及在校对《新景象》译稿时，李道增院士和雷普文教授密密麻麻的修改稿，我都精心保留。尤其导师李道增先生当时是在病榻上完成这项工作的，我对此无法忘怀。

最为重要的是，没有查尔斯·柯里亚教授和肯尼斯·弗兰姆普敦教授的支持，此书是不可能出版的。衷心感谢他们给予后学的信任和爱护。

最后，没有父母的鼓励和爱人许帅先生真切的关心，也许已早早辍笔，今天的欢悦之情也就无从谈起。

过程是辛苦的，更是幸福的。虽然这项工作前前后后、断断续续历经近四年，但仍然有许多是我不明白的。

汪 芳，于畅春园

2003 年 7 月 17 日